Roland Lippuner
Raum – Systeme – Praktiken

SOZIALGEOGRAPHISCHE
BIBLIOTHEK

Herausgegeben von
Benno Werlen

Wissenschaftlicher Beirat:
Matthew Hannah
Peter Meusburger
Peter Weichhart

Band 2

Roland Lippuner

Raum
Systeme
Praktiken

Zum Verhältnis von Alltag, Wissenschaft und Geographie

Franz Steiner Verlag 2005

Bibliografische Information der Deutschen Bibliothek
Die Deutsche Bibliothek verzeichnet diese Publikation
in der Deutschen Nationalbibliografie; detaillierte
bibliografische Daten sind im Internet über
<http://dnb.ddb.de> abrufbar.

ISBN 3-515-08452-5

ISO 9706

Inhalt

Vorwort

Anthony Giddens, einer der meistzitierten Sozialtheoretiker der jüngeren Vergangenheit, stellt mit Blick auf die Entwicklungen in der Human- oder Anthropogeographie fest, dass »das Werk der Geographen heutzutage ebensoviel zur Soziologie beizutragen hat, wie umgekehrt die Soziologie der Geographie anzubieten hat« (Giddens 1992, 423). Dass Giddens zu dieser Einschätzung gelangt, liegt mitunter daran, dass sich die Anthropogeographie in den 1980er-Jahren stärker sozialwissenschaftlich orientiert und mit Erfolg im Feld der Sozialwissenschaften positioniert hat. Ein Disziplinvertreter, dessen erste Beiträge noch zum raumwissenschaftlichen Programm der Geographie gehörten, bringt diese Wende im Selbstverständnis folgendermaßen auf den Punkt: »Fast jeder Anthropogeograph hält heute die Anthropogeographie für eine Sozialwissenschaft« (Hard 1999, 137). Aufgrund dieser disziplinären Ausrichtung ist die sozialwissenschaftliche Geographie aber auch in die gleichen theoretischen und methodischen Debatten verstrickt wie die übrigen Sozialwissenschaften.

In der vorliegenden Arbeit werden Theorien sozial- und kulturwissenschaftlicher Geographie unter dem Gesichtspunkt der Unterscheidung von Wissenschaft und Alltag untersucht. *Ein* Motiv für dieses Vorhaben ist die (frühere und fortdauernde) Auseinandersetzung mit der *Sozialgeographie alltäglicher Regionalisierungen* (Werlen), genauer: das oft vernachlässigte Adjektiv ›alltäglich‹. Eingeklemmt zwischen Substantiven, von denen eines das Fach anzeigt und das andere dessen Gegenstand, trägt es letztlich die ganze Last der theoretischen Innovation, die diesem Ansatz bescheinigt wird.[1] Es lenkt das thematische Interesse der sozialwissenschaftlichen Geographie auf *alltägliche* Regionalisierungsprozesse und bestimmt so deren Perspektive auf grundlegende Weise. Sozialwissenschaftliche Geographie hat demnach mit etwas Alltäglichem zu tun – mit »Alltagsgeographien und ›alltäglichen Regionalisierungen‹, die alltäglich gemacht werden« (Hard 1999, 131). Sie sieht ihre Aufgabe darin, Formen des ›alltäglichen Geographie-Machens‹ wissenschaftlich zu erschließen. Es geht ihr also nicht darum, die soziale Welt in räumlichen Kategorien darzustellen, vielmehr untersucht sie die soziale Konstruktion von Raum.

---

1   Vgl. zur Bedeutung der ›Sozialgeographie alltäglicher Regionalisierungen‹ für die (deutschsprachige) Geographie beispielsweise Meusburger (1999).

Mit der ›Sozialgeographie alltäglicher Regionalisierungen‹ versucht Werlen, die sozialgeographische Perspektive konsequent sozialwissenschaftlich auszurichten. Alltägliche Regionalisierungspraktiken erscheinen dabei als aussichtsreichstes Forschungsobjekt. Das Adjektiv ›alltäglich‹ beschert der Sozialgeographie aber nicht nur einen sozialwissenschaftlichen Forschungsgegenstand; es bildet auch eine Kluft zwischen den beiden Substantiven – zwischen der Sozialgeographie als Theorie und Forschungspraxis einerseits und den Regionalisierungen, die Gegenstand ihrer wissenschaftlichen Beschreibung sind, andererseits. ›Alltäglich‹ bewacht eine Grenze und hält die Sozialgeographie gegenüber den Regionalisierungen auf Distanz. Den Regionalisierungen vorangestellt, lädt es die Sozialgeographie ein, diese zu beobachten, verhindert aber, dass sich Beobachter und Gegenstand zu nahe kommen – weniger, um das Objekt zu schützen, als vielmehr, um es anzuzeigen, einzurahmen und deutlich zu machen, was zum Gegenstandsbereich gehört und wo der Beobachter steht. Mit anderen Worten: es setzt den Unterschied von Wissenschaft und Alltag und markiert den Alltag als Gegenstand.

Unter dem Gesichtspunkt der Unterscheidung von Wissenschaft und Alltag tut sich eine ganze Reihe anwendungsbezogener Fragen auf. So könnte beispielsweise die Praxisrelevanz sozialgeographischer Forschung, im Sinne einer Anwendung der Theorie in Planungsprozessen, überprüft werden; oder man könnte Fragen nach dem Potential einer Verwendung ihrer Erkenntnisse als Orientierung und Richtlinie des (politischen) Handelns (im Sinne einer Beratungsfunktion) stellen. Denkbar wäre auch eine Untersuchung ihrer pädagogischen Eignung für die Bildung eines »geographischen Bewusstseins« (Daum/Werlen 2002, 4). Die Problemstellung dieser Arbeit ist jedoch anders gelagert. In der folgenden Auseinandersetzung wird unter dem Gesichtspunkt der Unterscheidung von Wissenschaft und Alltag der ›Alltag‹ als Gegenstand sozialwissenschaftlicher Geographie thematisiert.

Ein solches Interesse für den Alltag als Gegenstand sozialwissenschaftlicher Beobachtung scheint in den aktuellen Theoriedebatten nicht (mehr) besonders ausgeprägt. So wird die Alltagspraxis kaum in Bezug auf ihr Verhältnis zur Wissenschaft thematisiert. Vielmehr wird sie als ein wie selbstverständlich gegebenes ›Anderes‹ hingenommen, das es zu untersuchen gilt. Auch wenn sie zu Reflexionen über ihren Gegenstand ansetzt, kreist beispielsweise die ›Paradigmendiskussion‹ der (deutschsprachigen) Geographie um Fragen danach, wie auf die Herausforderungen der Globalisierung »angemessen zu reagieren« sei (Danielzyk 2000, 463). In der Konstellation dieser Debatten erzeugen außerwissenschaftliche Veränderungen in der Gesellschaft – im Alltagsleben und in der Alltagspraxis – innerwissenschaftliche Probleme mit dem Paradigma der Disziplin. Eher rhetorisch wird dann gefragt, ob in Anbetracht der Komplexität einer globalisierten Welt nicht »die Notwendigkeit multi-perspektivischer Zugangsweisen und einer Vielfalt von Paradigmen gegeben ist« (ebd.).

In der Theorie- und Methodendiskussion wird unter anderem über die ›richtige‹ Raumkonzeption, über aussichtsreiche Anbindungen an sozial-, kultur- und geisteswissenschaftliche Ansätze oder über Maßstabsfragen (Mikro-/Makroebene) und Forschungstechniken gestritten. Neue Entwicklungen auf der Beobachterseite machen neue (bisher unbekannte) Aspekte auf der Gegenstandsseite sichtbar; neue Perspektiven zeigen bekannte Aspekte des Alltagslebens und der Alltagspraxis in einem anderen Licht. Diese Auseinandersetzungen mit Theorie- und Methodenproblemen können der Differenzierung sozialgeographischer Betrachtung nur förderlich sein. Eine Reflexion der Unterscheidung, mit der jeweils bestimmt wird, was als Alltag beobachtet wird, ist damit jedoch nicht erreicht. Gleichzeitig ist aber (auch in der Geographie) die Auffassung vertraut, dass Forschungsgegenstände perspektivisch konstruiert werden, dass die Gegenstände sozialwissenschaftlicher Forschung nicht unbearbeitet ›in der Wirklichkeit‹ vorliegen. Auch in der Geographie scheint sich mehr und mehr die Ansicht durchzusetzen, es sei »ein Irrtum zu glauben, es gebe eine natürliche Ordnung der Dinge und diese werde durch die Ordnung der wissenschaftlichen Disziplinen einfach abgebildet« (Blotevogel 2000, 469).

Wenn aber die Sozialwissenschaften ihre Gegenstände perspektivisch konstruieren – liegt dann nicht der Schluss nahe, dass auch der Alltag nicht schlicht gegeben ist, sondern durch die sozialwissenschaftliche Grundperspektive erst hervorgebracht wird? Diese Frage muss nicht zwangsläufig die Behauptung enthalten, es gebe kein Leben außerhalb der Wissenschaft (und ebenso wenig muss sie behaupten, es gebe überhaupt eins). Den Alltag als Einbildung oder Fiktion von (Sozial-)Wissenschaftlern abzutun, hieße, das Problem verkennen. In den Kategorien des Seins und Nicht-Seins wäre das Problem falsch dargestellt.[2] Es gilt, sich auch hier an die Vorgabe der perspektivischen Konstruktion von Gegenständen zu halten. Dann zeigt sich die paradoxe Konstellation der Sozialwissenschaften, die sich mit dem Alltag oder der Alltagspraxis befassen: Die Sozialwissenschaften berufen sich auf den Alltag oder die Alltagspraxis, und diese Aufrufung des Alltags ist konstitutiv für die sozialwissenschaftliche Perspektive. Weil sozialwissenschaftliche Gegenstände ihrer Beobachtung nicht vorgängig sind, bedeutet das, dass die Sozialwissenschaften dabei nicht nur ihre jeweilige Perspektive auf, sondern auch den Alltag selbst konstruieren.

Diese Konstellation hat streng genommen recht weit reichende Konsequenzen für die sozialwissenschaftliche Arbeit. Nicht nur, dass die Annahme einer einfachen Korrespondenz von sozialwissenschaftlichen Theorien und alltäglichen oder alltagspraktischen Tatsachen so nicht aufrecht zu erhalten ist; auch Kriterien für die Adäquanz von Beobachtungsinstrumenten und Beschreibungen sind dann nicht ohne weiteres angebbar. Man braucht aus dieser Konstellation keine nihilistische Zurückweisung jeder Form von Wissenschaft abzuleiten, sondern kann in ihr einen Ausgangspunkt für eine oft vernachlässigte Theoriefrage sehen – *für die Frage nach den Möglichkeiten, aus sozialwissenschaftlicher Sicht einen Umgang mit dem Alltag, d. h. eine Perspektive zu finden, die das Verhältnis von Wissenschaft und Alltag, von alltäglichem Geographie-Machen und Geographie, von Praxis und Theorie der Praxis reflektiert.*

---

2   Die Behauptung ›den Alltag gibt es nicht‹ negiert die perspektivische Konstitution von Beobachtungsgegenständen, weil sie sich auf ›Sein‹ beruft, auf etwas, das jenseits aller Konstitutionsprozesse liegt.

Das folgende erste Kapitel ist als allgemeine Erörterung dieser Problemstellung angelegt. Dabei werden zuerst die (erkenntnis-)theoretischen Grundhaltungen ›traditioneller‹ und ›raumwissenschaftlicher‹ Ansätze der Geographie unter dem Gesichtspunkt der Unterscheidung von Wissenschaft und Alltag dargestellt. Daraufhin soll in Bezug auf das gegenwärtig dominante Selbstverständnis der Human- oder Anthropogeographie skizziert werden, welche Problemkonstellation unter diesem Gesichtspunkt in der Aufgabe enthalten ist, die Produktion und Reproduktion von Geographien als soziale Konstruktionen von Raum zu beschreiben. Im zweiten und dritten Kapitel werden vor diesem Hintergrund die in jüngerer Zeit (wieder verstärkt) vernehmbare Thematisierung von Raum durch eine kulturtheoretische Sozialwissenschaft und die konzeptionelle Bedeutung des Alltags in neueren Ansätzen der Sozialgeographie untersucht. Dabei zeigt sich, dass *das theoretische Problem, Geographien der Praxis zu beobachten* – jenseits methodischer Fragen über die richtigen Einstellungen und Forschungstechniken – vor allem in der Schwierigkeit besteht, bei der sozialwissenschaftlichen Beobachtung von Alltagspraktiken, Aufmerksamkeit für die eigene Beobachtung abzuzweigen. Im fünften und sechsten Kapitel wird diese Problemstellung auf die systemtheoretische Auseinandersetzung mit der Konstruktion von Raum übertragen und nach den Möglichkeiten gefragt, aus systemtheoretischer Sicht die sozialwissenschaftliche Beobachtung und Beschreibung mit einer mitlaufenden Selbstbeobachtung zu koppeln. Im achten und neunten Kapitel schließlich wird unter Bezugnahme auf die praxistheoretische Konzeption Bourdieus nach den Ausgangspunkten für eine theoretische Praxis gefragt, die bei der Beobachtung und Beschreibung sozialer Praktiken die Konstruktionsprinzipien der sozialwissenschaftlichen Repräsentationsarbeit im Auge behält. Die Kapitel vier und sieben sind kurze Resümees möglicher Zwischenergebnisse und enthalten einen Ausblick auf die jeweils nachfolgenden Kapitel.

1 Alltag, Wissenschaft und Geographie

Gegenstände sozialwissenschaftlicher Forschung sind konjunkturellen Schwankungen unterworfen, und der ›Alltag‹ steht heute kaum mehr im Verdacht, ein Modebegriff zu sein, der einen aktuellen Trend im Theoriediskurs anzeigt. In den Sozial- und Geisteswissenschaften hatte der Alltagsbegriff vor drei Jahrzehnten, ungefähr Mitte der 1970er-Jahre, Konjunktur.[3] Unter verschiedenen Vorzeichen taucht dort der Alltag als einer jener Schlüsselbegriffe auf, »die die Selbstentwicklung des Zeitgeistes gleichzeitig anzeigen und anfeuern« (Hard 1985a, 191): Von gesellschaftskritischer Warte aus wird das Alltagsleben als »Ort einer kapitalistisch beschädigten Praxis« und als Hort für einen Rest von Widerstandspotential thematisiert; die deutschsprachige Psychologie reagiert zur gleichen Zeit mit einer »ökologische Wende« auf die Alltagsvergessenheit der »theoretisch, operationalistisch und experimentell geprägten Psychologie« der 1950er- und 1960er-Jahre und in der Geschichtswissenschaft sind ›Alltagsgeschichte‹ oder *oral history* die Schlüsselwörter einer »neuen Geschichtsbewegung« (ebd., 192). Mit Blick auf die Soziologie konstatiert Norbert Elias (1978), dass der Alltagsbegriff, wie er von Vertretern einer vornehmlich an Ethnomethodologie und phänomenologischer Theorie orientierten Soziologie gebraucht wird, »alles andere als einheitlich« sei (ebd., 22). Was die verschiedenen Ansätze der Thematisierung von Alltag, Alltagsbewusstsein und Alltagskultur jedoch verbinde, sei »die gemeinsame Reaktion gegen zuvor dominierende und ganz gewiss noch immer recht einflussreiche Typen soziologischer Theorien, also vor allem gegen die Systemtheorien der strukturellen Funktionalisten und deren Gegenspieler am anderen Ende des Spektrums, gegen den marxistischen Typ der soziologischen Theorien« (ebd., 22f.).

Die verschiedenen Versionen der Thematisierung von Alltag im Umfeld der Geographie können, wie Hard (1985a, 194) erläutert, insgesamt als Reaktion auf eine »Hypertrophie der Theorie« betrachtet werden. Sie seien ein »Produkt des Katzenjammers der großen Theorie« (ebd., 191). Der Alltag fungiert dabei als Gegenbegriff gegen »unterschiedliche Varianten (und Konsequenzen) von Wissenschaft, Szientismus und szientifischer Rationalität« (ebd., 190). Das erklärt laut Hard auch, warum zur gleichen Zeit in der Geographie von dieser Alltagseuphorie

---

3   Vgl. z. B. Hammerich/Klein (1978), Michel/Wiese (1975) oder Matthes (1973).

nichts zu vernehmen ist[4]: Weil die wissenschaftliche Geographie selbst »dem Alltag nahe steht, d. h. eine alltagsweltliche Weltkonstitution besitzt« (ebd., 194), ist
sie gemäß Hard auch nicht anfällig für die in den Alltagswenden vorgebrachte
Kritik »an einem disziplinär erfahrenen Objektivismus« (ebd., 194). Die Geographie habe eine solche Gegenbewegung zum Wissenschaftsoptimismus und zum
wissenschaftlichen Fortschrittsglauben gar nicht vollziehen können, weil sie in ihren Beschreibungen eher durch ›Theorieabstinenz‹ als durch Wissenschaftlichkeit
geglänzt habe.[5] Kurz: In einer Disziplin, in der sich nie ein ›szientifischer Objektivismus‹ etabliert hatte, konnte auch die mit den Alltagswenden einhergehende
Kritik an diesem Objektivismus nicht stattfinden.

Die geographische Landschaftsforschung und der epistemologische Bruch

Hards Einschätzung der wissenschaftstheoretischen Verfassung der Geographie
betrifft die ›traditionelle‹ oder ›klassische‹ Geographie, die ihre Aufgabe in der Beschreibung des »konkreten territorialen Menschen in Harmonie und Kontrast, im
Gleich- und Ungleichgewicht mit seinem konkret-ökologischen, landschaftlich-
regionalen Milieu« fand (Hard 1985a, 194).[6] Diese regionalen Milieus seien in der
traditionellen Geographie stets alltagsweltlich, »durchaus nicht-szientifisch, (…)
z. T. sogar antiszientifisch« (ebd.), als eine gemeinsame Welt der Geographen, ihrer Leser und der beschriebenen Menschen konzipiert worden:

> »Die Geographen waren und sind (wie sozusagen jedermann) ›mundane Denker‹ (…),
> d. h. sie beschreiben die Welt unter der Prämisse, dass sie (und ihre Leser) mit den von
> ihnen beschriebenen Leuten in einer gemeinsamen Welt leben und dass die Standpunkte
> und Weltperspektiven aller Beteiligten zwar nicht unbedingt immer identisch, aber doch
> (weil auf die gleiche Wirklichkeit gerichtet) prinzipiell austauschbar seien und zumindest
> insofern für alle praktischen und geographischen Belange ohne weiteres miteinander
> identifiziert werden können. (…) Die geographische Tradition hat die Welt (…) im gro-
> ßen und ganzen immer so beschrieben, wie sie auch schon das Auge des Nicht- oder
> Laienwissenschaftlers sah – oder zumindest so, dass der common sense diese geographi-
> sche Sicht der Dinge leicht nachvollziehen konnte« (Hard 1985b, 18).[7]

---

4   Die erste nennenswerte Auseinandersetzung mit dem Alltagbegriff in der (deutschsprachi-
     gen) Geographie dokumentiert ein Band der Osnabrücker Studien für Geographie (Isenberg
     1985).
5   Auch die Forderung nach einer neuen Ganzheitsformel als »Effekt enttäuschter revolutionä-
     rer Eschatologien« (Hard 1985a, 191) habe in der Geographie nicht greifen können, weil
     Geographen – wenn ihnen denn dies nicht ganz fremd war – dafür schon funktionale Äqui-
     valente – vor allem den Begriff der ›Landschaft‹ – gehabt hätten.
6   Die Schlüsselbegriffe der traditionellen Geographie (›Land‹ und ›Landschaft‹) sind laut Eisel
     (1987, 90) gleichermaßen »Decknamen für das heuristische Prinzip (…), gesellschaftliche
     Verhältnisse als Anpassungsleistung zwischen Mensch und Natur zu sehen«. Dieses Para-
     digma ist »in der Geographie noch immer lebendig, aber dominant war es, global gesehen, vor
     allem im 19. Jahrhundert und bis in die 60er-Jahre des 20. Jahrhunderts« (Hard 1995a, 46).
7   Mit dieser Charakterisierung der Erkenntnishaltung und des Selbstverständnisses der tra-
     ditionellen Geographie soll nicht bestritten werden, dass es in der Geographie immer schon
     Definitionsversuche und Standortbestimmungen der geographischen Wissenschaft sowie

Der Eindruck, dass die Geographie es bis in die Mitte des 20. Jahrhunderts nicht schaffte, »das Stadium einer ›normalen Wissenschaft‹ (…) zu erreichen« (Schultz 1980, 93), entsteht vor allem durch die Art und Weise, wie sie ihren zentralen Gegenstand – die Landschaft – konzipiert und beschrieben hat.[8]

Werlen (2000) zufolge bezeichnet ›Landschaft‹ in der traditionellen Geographie den »von einem bestimmten Standpunkt aus beobachtbaren, individuellen Gesamteindruck eines Teilstücks der Erdoberfläche« (ebd., 387). Werlen paraphrasiert dabei eine einschlägige Definition von Josef Schmithüsen. Nach Schmithüsen (1964, 13) ist eine Landschaft »der Inbegriff der Beschaffenheit eines auf Grund der Totalbetrachtung als Einheit begreifbaren Geosphärenteils von geographisch relevanter Größenordnung.« Das hauptsächliche Problem für die Definition eines wissenschaftlichen Begriffs der Landschaft sieht Schmithüsen in der Bestimmung der ›geographisch relevanten Größenordnung‹, d. h. in der Festlegung der Grenzen dessen, was noch oder was nicht mehr als Landschaft gelten kann. Dieses Problem wird von Schmithüsen ähnlich ›anschaulich‹ über die Anschauung und den gesunden Menschenverstand ›gelöst‹:

> »Noch niemand hat es fertiggebracht, diese Grenze zu definieren, obwohl es am konkreten Objekt darüber kaum jemals eine Meinungsverschiedenheit gibt. Wie ein paar Quarzkörner oder ein Feldspatkristall noch kein Granit sind, obwohl sie zu einem solchen gehören, so ist ein Teich, ein Acker oder ein Kirchdorf noch keine Landschaft. Aber ein in Obstgärten gebettetes Dorf am Rande einer mit Kuhweiden erfüllten Quellmulde, mit Ackerzelgen und ein paar Wegen auf der angrenzenden Hochfläche, Niederwald auf dem Grauwackenfels steilhängiger Tälchen, mit Wiesenstreifen im Grund und einem Touristengasthaus in einer ehemaligen Lohmühle am erlenumsäumten Bach, dieses zusammen kann schon die wesentlichsten Züge einer Landschaft ausmachen« (ebd., 11).

Ein solcher Landschaftsbegriff entspricht im Wesentlichen der gängigen Verwendung des Wortes ›Landschaft‹ in der deutschen Umgangssprache.[9] Landschaft bezeichnet dort gemeinhin einen bildhaften Ausschnitt der Erdoberfläche, dem in aller Regel positive ästhetische Qualitäten zugeschrieben werden. Wie Hard (1982, 117) zeigt, stammt diese Bedeutung des Wortes ›Landschaft‹ aus der »Sondersprache der Maler, Kunstverständigen und Kunstliebhaber«, von wo aus sie im späten 18. Jahrhundert »in die Sprache der kunstinteressierten Gebildetenschicht« gelangte und die ältere Verwendung dieses Wortes als Synonym für ›Region‹ oder ›Landstrich‹ verdrängte.

Auf diesem Weg fand ein ästhetisches Konstrukt aus Kunst und Poesie Eingang in die wissenschaftliche Geographie. Es transportierte zum einen Sehn-

---

Methodendiskussionen gab. Vgl. z. B. Schultz (1980), Thomale (1972), Werlen (1997, 43-50) oder zum Stand der entsprechenden Debatten Mitte der 1960er-Jahre die Zusammenstellungen einschlägiger Schriften über *Gegenstand und Methode der Geographie* im Allgemeinen sowie der *Sozialgeographie* im Speziellen in Storkebaum (1967 u. 1969).

8   In der Landschaft habe die Geographie der ersten Hälfte des 20. Jahrhunderts »zwar nicht unbedingt ihre Einheit, aber doch ihren Frieden gefunden« (Sedlacek 1979, 4). Erst in den 1950er- und verstärkt in den 1960er-Jahren setzt nach Schultz (1980, 259) eine »Grundlagenkrise der Geographie« ein, die zu einem eigentlichen ›Paradigmenwechsel‹ führt.

9   Vgl. Hard (1970a; 1970b; 1982 u. 1983)

suchtsbilder und Ideale »des wahrhaft guten Lebens auf dem Lande« (ebd., 120) sowie idealisierte Bilder der Harmonie und der Vollkommenheit vorindustrieller Welt in den wissenschaftlichen Diskurs. Zum anderen vermittelte es auch eine »intellektuelle (›kognitive‹) Utopie (…) unmittelbarer und ganzheitlicher Erkenntnis« (ebd., 131). Die Konzeption der Landschaft als ›bildhafte Wahrnehmungseinheit‹ stellte die traditionelle Geographie vor die Aufgabe, eine Beschreibung dessen zu liefern, »was alle mit unbewaffnetem Auge im Gelände sehen« (ebd., 135):

> »Was alle sehen und allen ins Auge fällt, ist auch der Gegenstand des Wissenschaftlers,
> ist auch für den Wissenschaftler das Feld der Beobachtung und Erklärung« (ebd.).

Die traditionelle Geographie neigte folglich dazu, die Dinge so zu beschreiben, wie sie auf den ersten Blick erscheinen und glaubte, im Sinne der Utopie eines »unmittelbaren, sinnlichen, augennahen Zugangs zu Erkenntnis und Theorie« (ebd., 136), ›bei den Sachen selbst‹ zu sein. Sie hat vor diesem Hintergrund stets ›landschaftliche Alltagswelten‹ beobachtet und sich dabei weitgehend einer Anschaulichkeit verpflichtet gefühlt, die sie »mit dem vorwissenschaftlich-primärsprachlichen Landschaftserleben des Reisenden und gebildeten Touristen verband« (Schultz 1980, 116). Auch in methodischer Hinsicht begnügte sie sich oft mit Beschreibungsformen, die den Alltagsverstand nicht überfordern:

> »Die Kunst des Geographen bestand darin, die Welt intuitiv richtig zu rastern, und zwar
> so, dass sein geographisch-alltagsweltliches Deskriptionsschema den eigenen Leuten die
> Alltagshandlungen der fremden Leute umstandslos verständlich machte« (Hard 1985b,
> 17).[10]

Eine weiterführende Betrachtung des Landschaftsbegriffs in der traditionellen Geographie zeigt außerdem, dass deren Erkenntnishaltung auch einem »optisch-

---

10   Dabei verließ sich die traditionelle Geographie, wie Hard (1982, 136) betont, auf eine »wahrnehmende Erkenntnis«, d. h. auf jene »ganzheitlichen, pittoresken und eindrucksvollen Intuitionen der Alltagswelt«. Unmittelbare Beobachtung und Intuition werden in den Texten der traditionellen Geographie auch explizit als geeignete Methoden der Gewinnung von Erkenntnissen über räumliche Zusammenhänge bezeichnet. So beispielsweise bei Plewe (1967, 99): »Eine Quelle für die Erkenntnis solcher Zusammenhänge ist die unmittelbare Beobachtung. Wer einen Wolkenbruch, das Zusammenschießen seiner Wässer, das Abspülen der Hänge, das Einreißen von Erosionsrinnen, den Schutttransport eines im Hochwasser rasenden Gebirgsflusses, abgehender Muren oder Lawinen erlebt hat, dem ist die Zertalung und Abtragung der Gebirge kein grundsätzliches Rätsel mehr.« Und selbst wenn in Bezug auf die ›räumliche Gliederung‹ kategorielle Bestimmungen nötig werden, hilft die Intuition in Form eines ominösen ›geographischen Takts‹: »Tatsächlich ist ja auch die sehr große Mannigfaltigkeit unterschiedlicher Erdräume ihrer Wesensart nach nicht einem einzigen unterscheidenden und bestimmenden Prinzip unterzuordnen. Man sucht vielmehr Kerngebiete von ausgesprochener Eigenart auf, sucht deren dominierende Eigenschaften und deren Rückwirkung auf den übrigen Landschaftsinhalt in ihrem Wesen zu begreifen und wird schließlich mit ›geographischem Takt‹ diesen Raum nach außen begrenzen, Übergangsgebiete, ›periphere‹ Landschaften zu einem neuen Kernraum mit anderen Eigenschaften herausarbeiten« (ebd., 104).

emotionalen und gemüthaften Erlebnisbereich verpflichtet war« (Schultz 1980, 116). Die traditionelle Geographie bediente sich laut Schultz einer ästhetischen Repräsentationsweise, die nicht nur den Verstand, sondern »auch die Seelen der Menschen erreichen« wollte (ebd.). Mit dem Gegenstand ›Landschaft‹ und der landschaftsgeographischen Perspektive räumte die Geographie der ›ästhetischen Erfahrung‹ einen beachtlichen Stellenwert in ihrem wissenschaftlichen Programm ein:

> »Wohl nur in seltenen Fällen ist, wie in der Landschaftsgeographie des 20. Jahrhunderts, die Ästhetik einer Wissenschaft im disziplinären Gegenstand selbst (in Paradigma und Programm der Disziplin) fest eingebaut« (Hard 1995b, 50).

Die Landschaft war für die Landschaftsgeographie nicht nur *der* Forschungsgegenstand, sondern auch »eine reizvolle Wahrnehmungsfigur«, die »nicht nur beiläufig als ästhetischer Reiz« (ebd.) beschrieben wurde.[11] Mit der Landschaft als Gegenstand bewahrte sich die Geographie eine »ich-nahe, subjektivierende, projektive, im weitesten Sinne ästhetische Erfahrung« (Hard 1995b, 57) oder strebte und strebt (auch in jüngerer Zeit) eine Entdifferenzierung von wissenschaftlicher und ästhetischer Erfahrung an.[12]

Die alltagsweltliche Weltkonstitution und die Betonung eines ästhetischen Mehrwerts untergraben aber das Fundament einer szientifischen Gegenstandskonstitution und blockieren eine wissenschaftliche Erkenntnisgewinnung. Deshalb blieb die traditionelle Geographie, so Hard (1995c, 329), auf ihrem »Weg der Verwissenschaftlichung« auf einer vorwissenschaftlichen Stufe stehen. Wahrhaft wissenschaftliche Erfahrung bezieht sich schließlich nicht auf die primären Gegenstände der Alltagserfahrung und der Alltagssprache, sondern auf sekundäre Gegenstände, die es in der außerwissenschaftlichen Welt nicht gibt:

> »Rose und Landschaft gehören zur primären Welt, die Doppelhelix und eine mathematische Theorie gehören zur sekundären Welt. Es gibt Grenzverkehr zwischen diesen Welten, aber die Gegenstände werden beim Systemübergang auf charakteristische Weise verändert« (ebd., 325).

---

11   Vgl. dazu Eisel (1987) oder Schultz (1980). Vor allem Schultz (1980, 116) zeigt, dass auch die stärker »kausalwissenschaftlich-genetisch interessierte Landschaftskunde« ihrer Landschaftsbetrachtung eine »poetische Färbung« gab und dass sich umgekehrt die »ästhetische Geographie (…) unter dem Stichwort ›Vervollkommnung‹ mit der kausalwissenschaftlich-genetischen Richtung verquickte« (ebd.).

12   Vor allem im Zusammenhang mit der Forderung nach einer verstärkten Berücksichtigung »der Bedeutung der menschlichen Emotionalität für die anthropogeographische Erklärung von Mensch-Umwelt-Beziehungen« (Hasse 1999, 64) sowie in den Texten einer postmodernen »Landschaftsgeografie und Naturhermeneutik« (Falter/Hasse 2001) wird verstärkt auf eine Entdifferenzierung von ästhetischer und wissenschaftlicher Erfahrung gedrängt. Die Ansätze dieser postmodern (re-)formulierten Landschaftshermeneutik stimmen, wie Eva Gelinsky (2001, 148) zeigt, »in zentralen Annahmen, Vorgehensweisen sowie im Resultat mit der traditionellen Landschaftsgeographie überein.«

Vom Standpunkt einer auf objektive Erkenntnis bedachten wissenschaftlichen Einstellung aus gesehen, sind die fehlende Dissoziation von Alltagswelt und Wissenschaft oder die Entdifferenzierung von ästhetischer und wissenschaftlicher Erfahrung ein Fall für das »Museum der Irrtümer« (Bachelard 1987, 56). Sie rufen eine Problemblindheit hervor, »die nicht nur trotz sinnlicher Erfahrung, sondern gerade auch durch sinnliche Erfahrung entstehen kann« (Hard 1982, 136):

> »Wo die Dissoziation der Erfahrungsweisen nicht vollzogen oder rückgängig gemacht wird, entsteht erfahrungsgemäß eine wertlose Wissenschaft, die zum Ausgleich intime existentielle und emotionale Bedürfnisse erfüllt, und eine Kunst, die sinnlose Ansprüche auf Erkenntnis erhebt. (…) Wirkliches Wissen bedeutet immer einen radikalen Bruch mit all den Innenwelt-Phantasmen in der Außenwelt, diesen attraktiv-intimen Bilder- und Symbolwelten, die den Gegenstandsbereich immer schon besetzt halten. Erst jenseits dieser ›rupture épistémologique‹ gibt es wirkliches Wissen« (1995b, 56f.).

Der Unterschied zwischen nicht-szientifischem (alltagsweltlichem) und ›wirklichem‹ Wissen sei »in abstracto nur schwer und umständlich beschreibbar« (Hard 1985a, 191). Die Unterscheidung sei, wie Hard erklärt, auch »nicht wertend gemeint« (ebd.). Vielmehr gehe es um die spezifischen Erkenntnisleistungen der Wissenschaft, die diese nur erbringen könne, wenn sie sich vom Alltag, von der Alltagserfahrung und vom Alltagswissen distanziert. Dabei beruft sich Hard auf eine Erkenntnistheorie, die besagt, dass Wissenschaft und Alltag durch einen epistemologischen Bruch voneinander getrennt sind, dass es ›wissenschaftlichen Geist‹ und wissenschaftliche Erkenntnis nur dort geben kann, wo diese den ›vorwissenschaftlichen Geist‹ und die vorwissenschaftliche Erkenntnis überwinden und ersetzen. Die Grundzüge einer solchen erkenntnistheoretischen Position formuliert u. a. Gaston Bachelard in den 1930er-Jahren.[13]

---

13 Die Epistemologie Bachelards (vgl. Bachelard 1987, 1988 u. 1974) ist in zweifacher Hinsicht von der Vorstellung von Diskontinuitäten, von der Kategorie des Bruchs (*rupture*) geprägt: zum einen von der Idee eines epistemologischen Bruchs, der die wissenschaftliche von der nicht-wissenschaftlichen Erfahrung trennt und zum anderen von Diskontinuitäten im historischen Verlauf der Wissenschaftsentwicklung, von epistemologischen Brüchen, die verschiedene Stadien der Wissenschaftsentwicklung radikal voneinander trennen. Dabei betont Bachelard einerseits, dass die Wissenschaft nicht kontinuierlich zu einer immer umfassenderen, vollständigeren und letztlich wahren Erkenntnis fortschreitet, sondern sich in Etappen bewegt (Lepenies 1987, 17). Andererseits hebt er hervor, dass sich Wissenschaft und wissenschaftliches Wissen vom Alltag und vom alltäglichen Wissen absetzen. Die Vorstellung von einem diskontinuierlichen Verlauf der Wissenschaftsentwicklung bildet in der Folge den Grundgedanken der wissenschaftshistorischen Arbeiten von Georges Canguilhem (vgl. z. B. Canguilhem 1979 u. 1989). Über das Werk von Canguilhem beeinflusst Bachelards Denken in Diskontinuitäten u. a. die Arbeiten von Michel Foucault (vgl. dazu Lepenies 1987 und Lecourt 1975), der die Wissenschaften der Renaissance, der Klassik und der Moderne als »epistemologische Felder« (Foucault 1974, 24) beschreibt, die durch Brüche in der Erkenntnisweise voneinander getrennt sind. Darüber hinaus können, wenn man Bachelard »nur ein wenig gegen den Strich« (Lepenies 1987, 27) liest, »überraschende Parallelen« (ebd.) zu Thomas Kuhn gezogen werden, der mit dem Begriff des ›Paradigmas‹ eine wissenschaftssoziologische Konzeption von Brüchen der wissenschaftlichen Erkenntnisweise entwickelt. Vgl. Kuhn (1976).

Die modernen (Natur-)Wissenschaften zeichnen sich laut Bachelard (1974, 19) dadurch aus, dass sie »geradewegs mit der gewöhnlichen Erkenntnis brechen.« Sie berichten von verborgenen Phänomenen, die in der alltäglichen Erfahrung ebenso wenig vorkommen, wie in den Naturwissenschaften des 19. Jahrhunderts.[14] Wissenschaftliche Erkenntnis wird demzufolge »gegen die alltägliche Erkenntnis, nicht mit ihr« gewonnen (Lepenies 1987, 13). Die Wissenschaften schaffen sich ihre Objekte »durch die Zerstörung der Gegenstände der Erfahrung« (ebd.). Sie richten sich laut Bachelard nicht wie die Alltagserfahrung auf unmittelbar Gegebenes, sondern konstruieren ihre eigenen Objekte[15]:

>»Für einen wissenschaftlichen Geist ist jede Erkenntnis die Antwort auf eine Frage. Hat
>es keine Frage gegeben, kann es auch keine wissenschaftliche Erkenntnis geben. Nichts
>kommt von allein. Nichts ist gegeben. Alles ist konstruiert« (Bachelard 1987, 47).

Die vorwissenschaftlichen Einsichten des Alltagsverstands und die so genannte konkrete oder unmittelbare Erfahrung sind in Bachelards Darstellung ›Erkenntnishindernisse‹, die die Entfaltung wissenschaftlichen Denkens behindern.[16] Wissenschaftliche Erkenntnis kann es Bachelard zufolge nur geben, wo diese sich »von der Alltagserfahrung absetzt« (Lepenies 1987, 18).

Wissenschaft (wissenschaftliches Wissen) und Alltag (alltägliches Wissen) sind im Sinne *dieser* Erkenntnis*theorie* durch einen epistemologischen Bruch von-

---

14   Im ausgehenden 19. Jahrhundert stehe die Naturwissenschaft noch »in kontinuierlicher Verknüpfung mit den unmittelbaren Aspekten der alltäglichen Erfahrung« (Bachelard 1974, 19). Sie stelle eine »Wissenschaft unserer eigenen Welt« (ebd., 16) dar, welche mit den Mitteln des Laboratoriums hypothetische Verbindungen zwischen realen Gegenständen herstellt. Der Naturwissenschaftler des 19. Jahrhunderts wiegt und misst Gegenstände im Grunde so, wie sie auch im täglichen Leben gewogen und gemessen werden (ebd. 20). Von dieser Naturwissenschaft habe man glauben können, sie sei »real durch ihre *Gegenstände*, hypothetisch durch die *Verbindungen*, die sie zwischen den Gegenständen herstellt« (ebd., 18). Dieses Verhältnis kehrt sich laut Bachelard in der Naturwissenschaft des 20. Jahrhunderts um. Die moderne Naturwissenschaft überbringe »Nachrichten aus einer unbekannten Welt« (ebd., 16). Hypothetisch seien nun die Gegenstände, die »durch Metaphern repräsentiert werden«, während ihre Organisation »als Realität fungiert« (ebd.).

15   Der moderne Naturwissenschaftler kann »a priori keinerlei Vertrauen in die Unterweisung setzen, die das unmittelbar Gegebene (…) zu erteilen vorgibt. Es ist kein Richter, noch nicht einmal ein Zeuge; es ist ein Angeklagter, und zwar ein Angeklagter, der früher oder später der Lüge überführt werden wird« (Bachelard 1974, 18).

16   Der Begriff des Erkenntnishindernisses bezieht sich auf Einstellungen und Haltungen des wissenschaftlichen Denkens, die nicht in Frage gestellt werden und so ein verbessertes Problembewusstsein verhindern: »Ein Erkenntnishindernis nistet sich auf der nicht in Frage gestellten Erkenntnis ein« (Bachelard 1987, 48). In seinem Werk über *Die Bildung des wissenschaftlichen Geistes* befasst sich Bachelard (1987) mit diesem »Gruselkabinett der Vorgeschichte« (Lepenies 1987, 18) wissenschaftlicher Erkenntnis. In virtuosen Erörterungen werden dabei Einstellungen und Sprachpraktiken vorgeführt, die einer szientifischen Gegenstandskonstitution und einer objektiven Erkenntnis entgegen wirken. Zu den bedeutendsten Erkenntnishindernissen dieser Art zählt Bachelard (1987) die Plausibilität der ersten Erfahrung, vorschnelle und leichtfertige Verallgemeinerungen, die Verwendung und »missbräuchliche Ausweitung geläufiger Bilder« durch sprachlichen Gewohnheiten, allgemeine weltanschauliche Prinzipien und Substantialisierungen.

einander getrennt, und es gibt keinen Grenzverkehr bei dem die Gegenstände im
je anderen Feld nicht neu konstituiert werden. Durch die szientifische Einstellung
werden »die Gegenstände und Gegenstandskonstruktionen der Laienwelt auf eine
oft kontraevidente und kontraintuitive Weise durch Gegenstände und Gegenstandskonstruktionen ersetzt, die in Laienwelt, Laienwissenschaft und Laienspra-
che weder vorher noch nachher aufgefunden werden können« (Hard 1985a, 191).
Ein solcher epistemologischer Bruch kennzeichnet laut Hard jede Art von wissenschaftlicher Erkenntnis (nicht nur bestimmte Formen naturwissenschaftlicher
Forschung, etwa im Bereich der theoretischen Physik). Auch für Sozial- und Kulturwissenschaften gilt demzufolge:

> »Diesseits des Bruchs gibt es mehr oder weniger alltagsverwertbares Alltagswissen (Lai-
> enwissen, Alltagswissenschaft), jenseits gibt es wissenschaftliches, ›szientifisches Wissen‹,
> das weder aus der Alltagswelt stammt, noch von der Alltagswelt redet (und wenn, dann
> auf ganz unalltägliche Weise) und das in der Alltagswelt dann auch nicht mehr oder nur
> noch sehr mittelbar verwertet werden kann« (ebd.).

Diese Konzeption einer scharfen Trennung von Alltagswissen und Wissenschaft
begründet die Position, von der aus die oben skizzierte Kritik der traditionellen
Geographie erfolgt. Nach Maßgabe dieser Erkenntnistheorie hat die traditionelle
Geographie ihren »szientifischen Sprung« (Hard 1985b, 18) nie erlebt. Sie konnte
daher auch kein größeres Interesse für die Wissenschaftskritik der Alltagswenden
in ihrer disziplinären Umgebung entwickeln.[17]
    Vor allem in der Folge des Kieler Geographentages von 1969 nahmen in der
deutschsprachigen Geographie Bestrebungen zu, die Geographie in »eine wissenschaftliche, nicht bloß beschreibend registrierende Disziplin« (Werlen 2000, 208)
zu verwandeln. Das sollte vornehmlich durch die Entwicklung einer »geographischen Raumtheorie« geschehen, im Rahmen derer »systematische, intersubjektiv
überprüfbare Beobachtungen gemacht und objektive Daten« erhoben werden
konnten (ebd.). Die methodischen Neuerungen und der verstärkte Einsatz (com-
putergestützter) statistischer Verfahren, die so genannte ›quantitative Revolution‹,
scheinen jedoch die mangelnde Dissoziation von der Alltagswelt und die fehlende
Konstruktion eines szientifischen Forschungsgegenstandes oft nur zu verschlei-
ern:

---

17 Hard weist allerdings darauf hin, dass die nicht-szientifische Einstellung der traditionellen
    Geographie z. T. eine gewollte ›anti-szientifische‹ Haltung war, die u. a. auf einem speziellen
    pädagogischen Anspruch beruhte: »Die (...) Alltagsnähe der Geographie war (...) eine Legi-
    timationsquelle und ideologiepolitische Ressource – vor allem in der Bildungs- oder Schulpo-
    litik sowie in bestimmten zivilisations- und wissenschaftskritischen Weltanschauungs-Groß-
    wetterlagen (...). (...) Man kann nicht ohne weiteres sagen, dass diese klassische Geographie
    sich über ihren alltagswissenschaftlichen Charakter und die lebensweltliche Art ihrer Welt-
    konstruktion völlig im Unklaren gewesen wäre« (Hard 1985a, 194). So gesehen gab es in der
    traditionellen Geographie sehr wohl eine *praktizierte* Beziehung von Wissenschaft und Alltag,
    die auch in der von Seiten der akademischen Geographie gepflegten Verbindung zu Kolonial-
    und Geopolitik zum Ausdruck kommt. Vgl. beispielsweise Trolls »Kritik und Rechtfertigung«
    dieser Verstrickungen (Troll 1947) und Lossau (2002b) zum Verhältnis von Politischer Geo-
    graphie und Geopolitik.

> »Man kann sich tatsächlich fragen, ob die mathematischen Berechnungen und der Gebrauch des Computers, der jene verschlüsselten ›bekannten Größen‹ verarbeitet, welche infolge der Interessen der großen Firmen und Staatsapparate gesammelt wurden, nicht eine scheinbar wissenschaftliche Art sind, der schwierigen Aufgabe einer Konstruktion der für die Geographie grundlegenden Begriffe auszuweichen« (Lacoste 1975, 253).

Bachelard (1987, 306) weist darauf hin, dass eine »quantitative Erkenntnis« ebenso ein Hindernis für die wissenschaftliche Objektivierungsarbeit darstellen kann, wie die unmittelbare »qualitative Erkenntnis«, die das Objekt »in fataler Weise mit subjektiven Eindrücken« belädt. Die Anhäufung von Zahlen und die betonte Präzision der Messung entsprechen Bachelard zufolge »ganz genau der übertriebenen Bildhaftigkeit im Bereich der Qualität« (ebd., 308). Wissenschaftlichkeit und Objektivität bemessen sich oft allein an der Genauigkeit der Messung und an der Verwendung besonders aufwändiger Messmethoden, ohne dass die Definition des Gegenstandes und die Voraussetzungen der Untersuchung einer genaueren theoretischen Prüfung unterzogen würden. Diese technische und methodische ›Aufrüstung‹ sei, wie Bachelard betont, ein Merkmal des ›vorwissenschaftlichen Geistes‹, der sich »auf das Wirkliche stürzt und sich in außergewöhnlichen Präzisierungen bestätigt« (ebd., 309). Gegenüber der »Attraktivität einer übergenauen Mathematisierung« (ebd., 308), die nicht selten den naiven Realismus quantitativer Verfahren verdeckt, bemerkt Bachelard (ebd., 309): »Man muss nachdenken, um zu messen, und nicht messen, um nachzudenken.«

Konzeptionelle Grundlage der Aufzeichnung und Auswertung von Daten ist in der raumwissenschaftlichen Geographie eine Beschreibung der »chorischen Verteilung der jeweils interessierenden Phänomene« (Werlen 2000, 213), d. h. eine »Fixierung von Tatbeständen hinsichtlich ihrer Lage auf der Eroberfläche, (…) als Punkte, Linien und Flächen« (Bartels 1970, 14). Eine solche ›Geometrisierung‹ umfasst in Bachelards Wissenschafts- und Erkenntnistheorie »die erste Aufgabe, in der sich der wissenschaftliche Geist bewährt« (Bachelard 1987, 37). Bachelard betrachtet diese Aufgabe als eine Art Vorstufe wissenschaftlicher Erkenntnis – als einen Übergangsbereich »zwischen dem Konkreten und Abstrakten« (ebd.). Auf dem Weg zu einer objektiven Erkenntnis wird sich der wissenschaftliche Beobachter von diesen Aufzeichnungen ab- und den ihnen zugrunde liegenden, unsichtbaren Zusammenhängen zuwenden. Bachelard beschreibt diesen Schritt in einer Passage, in der es zwar nicht um die Geographie geht, die jedoch ausgezeichnet zur Geographie und ganz besonders zum Versuch der Verwissenschaftlichung der Geographie im Rahmen eines raumwissenschaftlichen Ansatzes passt:

> »Früher oder später ist man in den meisten Bereichen zu der Feststellung gezwungen, dass diese ersten, auf einem *naiven Realismus der Eigenschaften des Raumes* basierenden geometrischen Darstellungen verdecktere Übereinstimmungen ins Spiel bringen, topologische Gesetze, die nicht so klar mit den unmittelbar zutage liegenden metrischen Verhältnissen übereinstimmen, kurz, wesentliche Zusammenhänge, die tiefer liegen als die der üblichen geometrischen Darstellung. Mehr und mehr verspürt man das Bedürfnis, gewissermaßen *unterhalb* des Raumes zu arbeiten, auf der Ebene der wesentlichen Be-

ziehungen, die den Raum und die Erscheinungen tragen. Das wissenschaftliche Denken lässt sich dann zu ›Konstruktionen‹ verleiten, die eher metaphorisch als real sind, zu ›Konfigurationsräumen‹, für die der Raum der Wahrnehmung am Ende nur ein ärmliches Beispiel ist« (ebd.).

Es ist vor allem Dietrich Bartels, der in der deutschsprachigen Geographie die theoretischen Grundlagen eines raumwissenschaftlichen Forschungsprogramms formuliert, welches genau diesen Weg vom Konkreten zum Allgemeinen, von erdräumlich fixierbaren Sachverhalten zu Anordnungsmustern und von ›anschaulichen Qualitäten‹ (der Nähe und Ferne) zu objektiven Gesetzmäßigkeiten (Distanzrelationen) beschreitet.

Geographie als Raumwissenschaft

Die Überzeugung, dass die Geographie im Grunde eine Raumwissenschaft sei oder zu sein habe, ist wesentlich älter als die wissenschaftstheoretische Begründung eines szientischen Programms durch Bartels. So notiert beispielsweise Paul Henri Vidal de la Blache (1913): »Die Geographie ist die Wissenschaft der Orte, nicht der Menschen.«[18] Ebenfalls in den ersten Jahrzehnten des 20. Jahrhunderts versucht Alfred Hettner die Geographie als eine empirische Raumwissenschaft zu bestimmen. Deren Interesse sollte nicht allein der »örtlichen Verteilung von Objekten«, sondern vor allem der »Erfüllung der Räume« gelten (Hettner 1927, 125). Hettner sieht sich darin durch Kant bestätigt, der die »Beschreibung einer Gegend und ihrer Eigenthümlichkeiten« (Kant 1968, 159) als Chorographie bezeichnet. Hettner übersieht aber laut Werlen (2004), dass Kant eine solche Erdbeschreibung als eine »Propädeutik in der Erkenntnis der Welt« definiert (Kant 1968, 157). Die Geographie dient gemäß Kant (ebd. 165) der »zweckmäßigen Anordnung unserer Erkenntnisse« oder »unserm eignen Vergnügen«, ist aber im Vorhof der Wissenschaft anzusiedeln.[19]

Im engeren Sinne Vorläufer von Bartels raumwissenschaftlicher Programmatik sind die Vorarbeiten von Theodor Kraus und Erich Otremba, die in der ersten Hälfte des 20. Jahrhunderts, von den »Protagonisten der damaligen Geographie weitgehend unbemerkt« (Werlen 2000, 107), Methoden einer funktionalen Wirtschaftsraumanalyse entwickelten.[20] Dazu kommen die teilweise außerhalb der fachwissenschaftlichen Geographie formulierten (älteren) Standorttheorien von Johann Heinrich von Thünen, Alfred Weber, Walter Christaller und August Lösch. Aus diesen und anderen Arbeiten übernimmt Bartels das raumwissenschaftliche Forschungsinteresse für die Aufdeckung von räumlichen Verteilungs-

---

18 Zit. in Werlen (2004, 24).
19 Werlen (2004) zufolge beruht Hettners Bestimmung der Geographie als nomothetische Wissenschaft auf einer Sinnverschiebung bei der Bezugnahme auf Kant. Sie erweise sich letztlich als ein »missglückter Versuch der Verwissenschaftlichung der Geographie« (ebd., 25), denn Hettner verwandle die Choro*graphie,* als die Kant die Geographie definiert, unter der Hand in eine Choro*logie.* Vgl. auch Werlen (1993b, 244ff. und 1995, 224ff.).
20 Vgl. Werlen (1988, 221f.).

und Verbreitungsmustern und entwickelt »unter Bezugnahme auf angelsächsische Vorleistungen« (Werlen 2000, 204) die erkenntnistheoretischen Grundlagen sowie ein Forschungsprogramm für die raumwissenschaftliche Sozial- und Wirtschaftsgeographie.[21]

In Bezug auf die erkenntnistheoretische Einstellung einer raumwissenschaftlichen Geographie betont Bartels (1970, 13), dass die Erfassung von realen Sachverhalten durch »das Herauslösen distinkter Beobachtungsgegenstände aus der zusammenhängenden Fülle aller Wahrnehmungen« erfolgt und somit eine »gedankliche Isolierung unter bestimmten Gesichtspunkten« darstellt. Eine Erklärung dieser Sachverhalte kommt laut Bartels (ebd.) durch die »gedankliche Verknüpfung aufgrund von vorhandenen Erfahrungen über regelhafte Züge der Wirklichkeit« zustande und setzt »Vermutungen und Theorien über die tatsächlich bestehenden Zusammenhänge« voraus. Aus diesen Theorien gehen wiederum die »Aspekte der Beobachtung« (ebd.) hervor, d. h. die Selektionsprinzipien der Erfassung von Sachverhalten.[22] Im raumwissenschaftlichen Ansatz wird, mit anderen Worten, davon ausgegangen, dass alles, »was als bedeutsame Eingangsgröße beobachtet wird und was übergangen wird, (...) von den vorhandenen Dispositionen, der vorhandenen Theorie ab[hängt]« (Werlen 1988, 31). Dabei übersieht Bartels (1970, 13) nicht, dass »in gewissem Sinne (...) sämtliche Gedanken über die Beschaffenheit der Welt« als Theoriegebilde begriffen werden müssen. Ein besonderes Merkmal wissenschaftlicher Theorien und wissenschaftlicher Beobachtung sei ›lediglich‹ die »strenge Kontrolle ihrer Konsistenz und Gültigkeit« (ebd.).

Für die Erfassung und Erklärung von räumlichen Verteilungs- und Verbreitungsmustern skizziert Bartels ein dreistufiges Forschungsprogramm raumwissenschaftlicher Geographie. Dessen erste Etappe beinhaltet die räumliche Lokalisierung und die kartographische Visualisierung der je nach Erkenntnisinteresse bedeutsamen Sachverhalte. In einer zweiten Etappe sollen diese Sachverhalte einer ›choristischen Ordnungsbeschreibung‹ unterzogen werden, d. h. einer Regionalisierung nach problemspezifischen Kriterien. Dies soll schließlich in einer dritten Etappe das Formulieren von »Theorien (...) chorischer Gesetzmäßigkeiten« (Bartels 1970, 21) erlauben und Modellbildung oder Prognosen ermöglichen.[23]

Durch die räumliche Lokalisation von Sachverhalten in der ersten Etappe dieses Forschungsprogramms werden die Standorte ermittelt. Standorte sind gemäß Bartels eine besondere Art von Attributen, »die man den Dingen zuschreibt« (ebd., 15).[24] Die Ausführung des ersten Schrittes einer raumwissenschaftlichen

---

21 In der englischsprachigen Geographie ist Peter Haggett die prominenteste Figur des so genannten *spatial approach* (vgl. Gregory 1994a, 52ff.).

22 In Anlehnung an Popper (1973) präzisiert Bartels, dass jede wissenschaftliche Beobachtung ›theoriegetränkt‹ ist.

23 Vgl. auch Werlen 1987, 233ff.

24 Im raumwissenschaftlichen Ansatz von Bartels wird der Raum »nicht mehr als objekthafte Gegebenheit verstanden, sondern (...) als eine Konzeption, die es ermöglicht, Dinge (...) zu ordnen bzw. Ordnungsrelationen zwischen ihnen herzustellen« (Werlen 2000, 214). Im Hinblick auf die »erdräumliche Lokalisation von Sachverhalten«, weist Bartels (1970, 18) aus-

Analyse erfordere deshalb die Festlegung »sinnvoller und angemessener Koordinatennetze« (ebd., 15). Die räumliche Lokalisation wird von Bartels jedoch nur als eine Vorbedingung oder Vorstufe der raumwissenschaftlichen Erklärung betrachtet, bei der es sich außerdem um keine spezifisch geographische Aufgabe handle.[25]

In der zweiten Etappe soll auf der Basis dieser Bestimmung der Standorte eine »räumliche Ordnungsbeschreibung« (ebd., 18) vorgenommen werden. Sie beinhaltet das Zusammenfassen von räumliche lokalisierten Sachverhalten zu Regionen und ist als eine »gedankliche Ordnung« (ebd., 17) zu verstehen.[26] Diese räumlichen Ordnungsbeschreibungen bilden das Repertoire »wissenschaftlicher Regionalisierung« (Werlen 1997, 41). Sie erfolgen stets in Bezug auf ein bestimmtes Erkenntnisinteresse, werden also anhand von Kriterien vorgenommen, die »das Ergebnis einer kommunikativen Übereinkunft (oder einer autoritären Festlegung)« sind und nicht als »der Sache wesensmäßig inhärent« aufgefasst werden dürfen (ebd., 54). Regionen müssen deshalb, im Sinne der raumwissenschaftlichen Geographie, als »theoretische Konstrukte und Modelle der Erfahrungswirklichkeit« begriffen und dürfen nicht als »real existierende Gegebenheiten eines wohlgeordneten Kosmos (miss-)verstanden« werden (Sedlacek 1978, 13):

> »›Räume‹ und ›Regionen‹ sind konstruierte Gegebenheiten, die sich je nach Fragestellung und Zweck/Interesse der Untersuchung auf unterschiedliche Gegebenheiten beziehen und somit auch unterschiedliche Ausprägungen annehmen können« (Werlen 2000, 215).[27]

---

drücklich auf die »nur symbolische Funktion aller Begriffe, besonders auch der Raumbegriffe« hin.

25 Bartels weist erstens darauf hin, dass die »choristische Festlegung von Tatbeständen mit die erste – wenn auch heute als preliminarisch anzusehende – Aufgabe der Geographie« (Bartels 1970, 15) sei, die vor allem von »Vermessungswesen und Kartographie« erledigt würde. Zweitens deutet er an, dass die choristische Fixierung eine fachunabhänige Beschreibung von Tatbeständen sei, der »von den verschiedensten Wissenschaften größere oder geringere Bedeutung beigemessen« werde (ebd., 15). Die choristische Fixierung von Tatbeständen erfolgt in jedem Fall unter dem Gesichtspunkt eines vom wissenschaftlichen Beobachter verwendeten Bezugssystems, welches sich nach dem Zweck der Untersuchung bestimmt.

26 Unter den Grundmustern dieser Ordnungsbeschreibung nennt Bartels (1970, 17) als »einfachste choristische Ordnungsform« die Zusammenfassung »gleicher oder doch ähnlicher Sachverhalte (...) zu Arealen als raumbegrifflichen, relativ geschlossen und homogen gedachten Verbreitungseinheiten«. In Bezug auf den Zusammenhang der in Arealen zusammengefassten Elemente können außerdem strukturspezifische und funktionsspezifische Areale unterschieden werden. Die Zusammenfassung von Standorten »nicht gleicher, sondern gleichmäßig abgewandelter Sachverhalte« bezeichnet Bartels (1970, 18) als »Feld«. In der raumwissenschaftlichen Geographie sind solche Regionalisierungsverfahren vielfach differenziert und weiterentwickelt worden. Vgl. dazu Sedlacek (1978, 4).

27 Die Verfahren wissenschaftlicher Regionalisierung entsprechen, wie Bartels (1970, 17) betont, »der klassenlogischen Begriffsbildung«. Die so gewonnenen Regionen dürfen demzufolge auch nicht als durch ein ›natürliches Wesen‹ bestimmte, in der Welt vorfindbare Regionen betrachtet werden: »Gern vollzieht sich während und nach solchen Regionalisierungen eine Reifikation der Arealbegriffe: sie und ihre Gebiete werden als tatsächlich existierende Einheiten angesehen, so wenn vom ›Wesen‹ des Naturraums die Rede ist, der als mehrdimensional definiertes Areal herausgearbeitet wurde. Derartige Begriffsrealismen sind der Wissenschafts-

Die dritte Etappe dieses raumwissenschaftlichen Programms führt zur Untersuchung »möglicher kausaler oder funktionaler Beziehungen zwischen den Elementen« (Bartels 1970, 22). Auf der Basis der Lokalisierung und Regionalisierung von Sachverhalten sollen Hypothesen über deren Zusammenhang und schließlich »Theorien über Koinzidenzrelationen oder ähnliche Verknüpfungen« (ebd., 21) formuliert werden. Als heuristische Ausgangsposition könne dazu beispielsweise eine Koinzidenzthese dienen, gemäß derer überall dort, wo eine »räumliche Koinzidenz gegeben ist, (…) Hypothesen eines inhaltlichen Zusammenhangs nahe[liegen]« (ebd., 16).[28] Komplexere Modelle sollten hingegen angewendet werden, um beispielsweise »Rückkoppelungs-, Steuerungs- und Regulierungsphänomene zwischen Siedlungselementen (…) sowie Gleichgewichts- oder Ungleichgewichtszustände und Stabilitätschancen eines Siedlungssystems« (Bartels 1979, 117) zu identifizieren. Das übergeordnete Ziel solcher Untersuchungen bleibt aber »die Erklärung der Elemente und ihrer Verteilung in ihrem gegenseitigen distanziellen Zusammenhang« (Bartels 1970, 36). Sie soll als Theorie der Raumsysteme formuliert werden, in der die »größere oder geringere räumliche Distanz als entscheidende Bestimmungsgröße angesehen« wird (ebd., 23).

Dieser Erklärungsanspruch steht in gewisser Weise dem von Bachelard beschriebenen Bestreben des ›wissenschaftlichen Geistes‹ entgegen. Der raumwissenschaftliche Ansatz dringt letztlich nicht zu den ›tieferliegenden‹ (Wirkungs-) Zusammenhängen ›unterhalb des Raumes‹ vor. Die entscheidende Bestimmungsgröße der Verknüpfung von Elementen in Raumsystemen – die Distanz – steht selbst auf der Ebene der räumlichen Beschreibung (Lokalisierung und Regionalisierung) dieser Elemente und nicht auf der Ebene der ›wesentlichen Beziehungen‹, die ›den Raum und die Erscheinungen tragen‹. Die Distanz kann, genau genommen, nicht als Bestimmungsgröße betrachtet werden, wenn es darum gehen soll, die Elemente von Raumsystemen in ihrem ›distanziellen Zusammenhang‹ zu erklären. Dazu wäre es vielmehr notwendig eben jene Ursachen zu eruieren, die eine bestimmte räumliche Verteilung von Elementen in einem bestimmten distanziellen Zusammenhang ›bewirken‹. Mit anderen Worten: Die Distanz kann keinen »unmittelbaren Kausalfaktor« (Werlen 2000, 232) für die beobachteten Raumkonstellationen darstellen. Vielmehr ist sie »nichts anderes als eine formale Repräsentation der Lageverhältnisse« und damit selbst nur ein »Ausdruck jener ›Kräfte‹, die eine bestimmte Verteilung bewirken« (ebd.).

Gemäß Bartels (1970, 33) sollte das ambitionierte Projekt raumwissenschaftlicher Forschung auch die wissenschaftliche »Erfassung und Erklärung erdoberflächlicher Verbreitungs- und Verknüpfungsmuster im Bereich menschlicher Handlungen und ihrer Motivationskreise« ermöglichen. Um eine raumwissen-

---

geschichte als Urheber mancher Irrtümer bekannt« (ebd.). Im Unterschied zur traditionellen Geographie wird in der raumwissenschaftlichen Geographie »die Idee der allumfassenden ›wahren‹ Region aufgegeben und durch eine zweckspezifische Regionalisierung ersetzt. Regionen und Regionalisierungen sind in diesem Sinne nicht mehr etwas ›Naturwüchsiges‹, sondern eindeutig als wissenschaftliche Konstruktion im Hinblick auf einen bestimmten Zweck gekennzeichnet« (Werlen 1997, 59).

28   Frei nach dem Motto: »Was sich räumlich nahe ist, ist sich inhaltlich ähnlich!«

schaftliche Beschreibung und Erklärung *sozialer Sachverhalte* leisten zu können, musste sich Bartels aber »auf die prekäre Frage einlassen, wie diese immateriellen Entitäten im physisch-materiellen Raum (...) verortet werden können« (Hard 1999, 136). Diese Frage ist insofern brisant, als gesellschaftliche Sachverhalte nicht ohne weiteres erdräumlich lokalisiert werden können, wenn man davon ausgeht, dass sie selbst keine physisch-materiellen Erscheinungen sind.

Bei der ›Lösung‹ diese Problems greift Bartels auf den Vorschlag Hartkes zurück, soziale Sachverhalte unter Bezugnahme auf die »materialisierten Handlungsfolgen« (Werlen 2000, 224) zu thematisieren. Die »physische Manifestation wirtschafts- und sozialwissenschaftlicher Sachverhalte« soll, so Bartels (1970, 34), die Beobachtungsgrundlage bilden, »welche die Analyse der eigentlichen Problemkategorie erleichtert.« So könne man beispielsweise

> »die Produktion eines bestimmten Gutes nach Art und Umfang bis zu einem gewissen – wenn auch meist bescheidenen – Grade aus dem Vorhandensein und der Beschaffenheit eines entsprechenden Fabrikgebäude-Komplexes erschließen oder die landwirtschaftliche Betriebsorganisation aus dem bestehenden Nutzflächenverhältnis oder eine intensivere Transportverkürzung zweier Standorte aus der Richtung und dem Ausbau konkreter Straßenzüge« (ebd.).

Die Bezugnahme auf materielle Spuren menschlicher Tätigkeiten sollte es letztlich ermöglichen, auch soziale Sachverhalte nach dem Schema des raumwissenschaftlichen Programms (Lokalisierung, Regionalisierung, chorologische Modellbildung und Theorie) zu beschrieben und zu erklären.

Diese Verräumlichung sozialer Sachverhalte ist verschiedentlich als Hauptpunkt der Kritik raumwissenschaftlicher Geographie hervorgehoben worden[29]: Ein solches Vorhaben übersehe, dass soziale Sachverhalte in distanzieller Hinsicht ›unterdeterminiert‹ sind, »weil die Distanz an sich inhaltsleer ist« (Glückler 1999, 45).[30] Eine raumwissenschaftliche Erklärung der Distanzrelationen sozialer Sachverhalte sieht sich mit dem Problem konfrontiert, »dass die (kilo)metrische Distanz – und zwar im Prinzip jede Distanz, auch die bescheidenste bis hin zur Distanzlosigkeit – in sozialer Hinsicht alles bedeuten kann, jeden sozialen Sinn, einschließlich der Bedeutungslosigkeit annehmen (...) kann« (Hard 1999, 136). Die für eine raumwissenschaftliche Erklärung entscheidende Distanzabhängigkeit ist »ohne eine inhaltliche Theorie über die soziale Relevanz von Distanz« (Glückler

---

29   Vgl. z. B. Werlen (1987; 1997 u. 2000), Hard (1999), Glückler (1999) oder Bahrenberg (1987).
30   Distanz stellt eine Skala dar, mittels derer eine räumliche Beschreibung sozialer oder ökonomischer Phänomene erfolgen kann: »Ökonomische Knappheitsrelationen können beispielsweise Konsequenzen haben, die auf der Distanzskala messbar sind« (Klüter 1986, 3). Es ist aber nicht möglich daraus umgekehrt eine Distanzabhängigkeit der beobachteten Prozesse abzuleiten: »Distanzunterschiede verweisen nicht unbedingt auf ökonomische Knappheitsrelationen, sie können ebenso subjektive Messwillkür sein. Auch wenn die geometrische Distanz nur als Standard zum Vergleich mit anderen (Mühe, psychologische etc.) herangezogen wird, bleibt sie auf eine externe Theorie angewiesen, die ihr Relevanz bescheinigt. Ohne eine solche ist sie wie alle Skalen aufgrund ihrer prinzipiellen Unbestimmtheit analytisch nicht zu gebrauchen: Ebenso könnte man behaupten, menschliches Verhalten sei durch Leistung (Watt), durch Masse (kg) oder Temperatur (°C) mehr oder weniger beeinflusst« (ebd.).

1999, 45) nicht mit ausreichender Bestimmtheit gegeben. Raum oder (erd-)räumliche Distanz können, so der Tenor dieser Kritiken, nicht als Bestimmungsgrößen sozialer Phänomene betrachtet werden, weil diese keine ›räumliche Existenz‹ haben und nicht durch den formalen Aspekt ihrer Lage determiniert seien.

Diese Einwände gegenüber der raumwissenschaftlichen Geographie sind selbst aus einer Sichtweise formuliert, deren dezidiert sozial- oder kulturwissenschaftliches Selbstverständnis heute in der Humangeographie als Konsens betrachtet werden kann. Gemäß dieser Einstellung befasst sich die Humangeographie weder mit physischen Eigenschaften des ›Naturraums‹ oder etwas anderem, was schon »als Gegenstand oder Struktur in der physisch-materiellen Welt (z. B. an der Erdoberfläche) herumstünde« (Hard 2003, 254), noch versucht sie, die soziale und kulturelle Wirklichkeit als Distanzrelationsgefüge zu beschreiben und zu erklären. In der Humangeographie geht es, gemäß ihrem aktuell dominanten Selbstverständnis, darum, unterschiedliche Dimensionen und Prozesse der gesellschaftlichen Konstruktion von Raum auf wissenschaftliche Weise zu untersuchen. Ihr Gegenstandsbereich bildet im weitesten Sinne die soziale Alltagspraxis, die aus unterschiedlichsten Blickwinkeln in Bezug auf Formen der Produktion und Reproduktion von Raum/Räumen beobachtet wird. Dadurch rückt aber die Frage nach dem Verhältnis von Wissenschaft und Alltag erst recht in den Mittelpunkt: zunächst, wie in der raumwissenschaftlichen Geographie, als Frage nach der Unterscheidung von wissenschaftlichen und alltäglichen Beobachtungs- und Beschreibungspraktiken, dann aber auch als Frage nach der Möglichkeit diese Unterscheidung aus wissenschaftlicher Sicht mit zu beobachten und den Alltag selbst als Konstrukt der wissenschaftlichen Beobachtung zu thematisieren.

Geographien des Alltags

Die traditionelle Geographie war aufgrund ihrer ›Alltagsnähe‹ kaum in der Lage, Aufmerksamkeit für die erkenntniskritische Aspekte einer theoretischen Auseinandersetzung mit dem Alltag aufzubringen. Sie konnte keine wissenschaftskritische Position beziehen, da sie das »szientistische Selbstverständnis der Wissenschaften« (Habermas 1973, 13) gar nicht teilte. In Bezug auf die raumwissenschaftliche Geographie kann festgehalten werden, dass diese ebenfalls wenig Anknüpfungspunkte für eine Reflexion ihrer Beschreibungs- und Erklärungsweise *als* Wissenschaft bot.[31] Dies weniger, weil auch im Rahmen des raumwissenschaftlichen Ansatzes die ›Verwissenschaftlichung‹ bis zu einem gewissen Grad durch dessen Erkenntnisweise blockiert wurde, sondern vor allem, weil dieser sich in einem objektivistischen Szientismus verankert sah – weil die raumwissenschaftliche Geographie fest im »Glauben der Wissenschaft an sich selbst« (ebd.) stand und daher keine Veranlassung hatte, ihre Funktion zu hinterfragen.

---

31 Auch in der raumwissenschaftlichen Geographie gab/gibt es, wie in der traditionellen Geographie, eine *praktizierte* Beziehung von Wissenschaft und Alltag. Sie bildet auch heute noch »die Basis für Raumplanung und Raumordnungspolitik« (Werlen 2000, 208).

In einem ganz anderen Licht steht das Verhältnis von Wissenschaft und All-tag hingegen in den Ansätzen der gegenwärtigen Sozial- oder Kulturgeographie. Meist ohne dass der Alltag explizit genannt wird, richtet sich die sozial- und kulturwissenschaftliche Perspektive dieser Ansätze auf das Geschehen im Alltag und fokussiert je nach Standpunkt unterschiedliche Aspekte der Alltagspraxis. Der Alltag bildet gewissermaßen das Feld, auf dem die kulturellen Praktiken stattfin-den, die aus sozial- und kulturwissenschaftlicher Sicht mit unterschiedlichsten Fragestellungen und Methoden untersucht werden. Die Vertreter einer sozial-oder kulturwissenschaftlichen Geographie gehen in der Regel davon aus, dass die Beziehung von Gesellschaft und Raum gesellschaftlich (re-)produziert wird. Geo-graphien (im Plural) sind diesen Theorierichtungen zufolge ein Ausdruck unter-schiedlicher Formen der Gestaltung dieser Beziehung; sie werden von gesell-schaftlich Handelnden ›gemacht‹, in sozialer Kommunikation erzeugt oder in dis-kursiven Praktiken hervorgebracht und verhandelt.

Es ist diese im weiteren Sinne ›konstruktivistische‹ Haltung, die auch eine be-sondere Aufmerksamkeit für die Unterscheidung von Wissenschaft und Alltag sowie einen reflexiven Umgang mit dem Verhältnis von wissenschaftlicher und alltäglicher Praxis vermuten lässt. Wenn man davon ausgeht, dass Geographien Bestandteile einer gesellschaftlich konstruierten Wirklichkeit sind, die von sozia-len Akteuren in (diskursiven) Praktiken hergestellt und aufrecht erhalten wird, dann müsste im Grunde auch die Frage nahe liegen, welchen Anteil die sozial-oder kulturwissenschaftlichen Beobachtungs- und Beschreibungspraktiken an der Formierung der Verhältnisse haben, die man beobachtet und beschreibt. Die Be-schreibungs- und Erklärungsweisen der traditionellen Geographie und der raum-wissenschaftlichen Geographie mögen (in Bezug auf ihren Erklärungsanspruch) ohne diese Reflexivität kohärent sein. Vor einem konstruktivistischen Hinter-grund wären aber auch die Konstruktionsprinzipien der wissenschaftlichen Beob-achtung zu hinterfragen. Für die Sozial- oder Kulturwissenschaften, die eine im weiteren Sinne konstruktivistische Grundhaltung für sich in Anspruch nehmen, stellt die Unterscheidung von Wissenschaft und Alltag daher ein fortdauerndes Problem dar. Einerseits bildet sie die Grundlage für die sozial- oder kultur*wissen-schaftliche* Beobachtung und Beschreibung von Alltagspraktiken. Andererseits kann man aus Sicht dieser Theoriepositionen nicht ohne weiteres von einer vorge-gebenen Trennung von Wissenschaft und Alltag als streng voneinander abge-grenzte epistemologische Bereiche ausgehen. Schon eher wird man versuchen, Wissenschaft und Alltag als unterschiedliche Sprachwelten, Diskursgemeinschaf-ten oder Beobachtungskonstellationen zu konzeptualisieren.

Insbesondere vor dem Hintergrund einer umfassenden wissenschaftstheore-tischen Kritik jenes szientifischen Objektivismus, der von einer Welt aus Fakten und von einer irgendwie ›der Natur inhärenten‹ Struktur ausgeht, die durch wis-senschaftliche Hypothesen und empirische Gesetze abgebildet wird, kann Ba-chelards Trennung von vorwissenschaftlicher Erfahrung und wissenschaftlicher Theorie auch nicht ohne weiteres als normative Vorgabe wissenschaftlicher Arbeit betrachtet werden. In den sozial- und kulturwissenschaftlichen Ansätzen der Geographie muss man sich stattdessen mit der Auffassung vertraut machen, »dass es keine Wahrheit gibt, wo es keine Sätze gibt, dass Sätze Elemente menschlicher Sprachen sind und dass menschliche Sprachen von Menschen geschaffen sind« (Rorty 1989, 24).[32] Daran knüpft sich die Vorstellung, dass ›die Welt da draußen‹ nicht als ›Schiedsrichter‹ hinsichtlich der Wahrheit von Beschreibungen der Welt auftreten kann, dass Wahrheit nicht gefunden, sondern *gemacht* wird:

> »Die Welt ist dort draußen, nicht aber Beschreibungen der Welt. Nur Beschreibungen der Welt können wahr oder falsch sein. Die Welt für sich – ohne Unterstützung durch beschreibende Tätigkeiten von Menschen – kann es nicht« (ebd.).

Wissenschaftssoziologische Untersuchungen zeigen außerdem, wie sich Wissenschaft und Alltag bei der Produktion von wissenschaftlichem Wissen gegenseitig durchdringen. Soziale Konstellationen, Gruppenstrukturen, persönliche Einstellungen der Forschenden etc. sind nicht bloß ›Störfaktoren‹, die die wissenschaftlichen Verfahren kontaminieren und zu unkorrekten Ergebnissen führen, sondern wesentlich an der »Fabrikation von Erkenntnis« (Knorr-Cetina 1984) beteiligt.

Gleichwohl ist die Unterscheidung von Wissenschaft und Alltag für die wissenschaftliche Beobachtung und Beschreibung von Alltag, Alltagswelten oder Alltagspraktiken *konstitutiv*. Eine Sozial- oder Kulturwissenschaft, die Konstruktionen (zweiten Grades) jener Konstruktionen (ersten Grades) erstellt, die »im Sozialfeld von den Handelnden gebildet werden, deren Verhalten der Wissenschaftler beobachtet« (Schütz 1971, 7), wendet ein Verfahren an, bei dem »die gedanklichen Gegenstände der alltäglichen Erfahrung von denen der Wissenschaft ersetzt werden« (ebd., 4). Alltagswelt und Wissenschaft stehen nicht nur in einem *Verweisungszusammenhang*, wie ihn beispielsweise Giddens ausspricht, wenn er in Bezug auf die Konsequenzen der ›doppelten Hermeneutik‹ sozialwissenschaftlicher Arbeit erwähnt, dass es eine Reziprozitätsbeziehung zwischen Alltagssprache und wissenschaftlichen Theorien gebe. Laut Giddens besteht diese Wechselbeziehung darin, dass sozialwissenschaftliche Fachbegriffe von den Akteuren im Alltag aufgenommen und »als konstitutive Elemente in die Rationalisierung ihres eigenen Verhaltens« (Giddens 1984, 196) einbezogen werden, während umgekehrt die Sozialwissenschaften alltagsweltliche Konstruktionen und Beschreibungen aufnehmen und innerhalb ihrer Theoriekonzepte (re-)interpretieren. Wissenschaft und Alltag stehen aber überdies in einem *Begründungszusammenhang*, weil die Voraussetzung der Alltagswelt als autonomer Erfahrungs-, Handlungs- und Wissensbereich ein konstitutives Element jener wissenschaftlichen Perspektive darstellt, die es mit einer Welt zu tun hat, die »schon innerhalb von Bedeutungsrahmen durch die gesellschaftlich Handelnden selbst konstituiert ist« (ebd., 199). Die Sozialwissenschaften ›brauchen‹ den Alltag, das Alltagshandeln oder die Alltagskommunikation als ein ›Außen‹ für ihre Beobachtungs- und Beschreibungs-

---

32 Vgl. zur Kritik des szientifischen Objektivismus z. B. Habermas (1973) oder Feyerabend (1983) und zur Kritik der Vorstellung von wissenschaftlicher Beschreibung als Herstellung einer einfachen Korrespondenz zwischen den Produkten der Wissenschaft und einer externen Welt z. B. Rorty (1993; 1981 u. 1989).

praxis. Sie richten sich in einer Dichotomie von Wissenschaft und Alltag ein, die sie nicht gefährden können und auch nicht gefährden wollen.

Nun geht es freilich nicht darum, diesen Graben zu vertiefen und darin ein wissenschaftstheoretisches Fundament für die sozial- oder kulturwissenschaftliche Geographie zu bauen. Es geht aber im Folgenden ebenso wenig darum, diesen Graben zuzuschütten und einen Weg zu suchen, der das wissenschaftliche Wissen und die wissenschaftliche Sprache enger mit dem Alltagswissens und der Alltagssprache verbindet.[33] Sozial- und Kulturwissenschaften sehen sich aber mit dem speziellen Problem konfrontiert, die Unterscheidung von Wissenschaft und Alltag anzusteuern und einen Umgang mit der Konstellation zu finden, dass der Alltag ein Konstrukt ihrer Perspektive darstellt – der Perspektive eines Beobachters, der sich aus dem Alltag ›zurückzieht‹, um ihn beobachten zu können. Eben das veranlasst dazu, *für* das wissenschaftliche Sehen und Denken zu fragen, »inwiefern dieser Rückzug, diese Abstraktion, diese Abgehobenheit auf das durch sie erst mögliche Denken und dadurch bis auf den Inhalt des (…) Gedachten durchschlagen« (Bourdieu 1998a, 206).

Den Gegenstandsbereich dieser Arbeit bilden zunächst die Argumentationslinien einer kulturtheoretischen Sozialgeographie. Dabei werden nicht allein fachgeographische Ansätze untersucht; vielmehr wird zuerst (zweites Kapitel) die Problemkonstellation erörtert, die in allen sozial- oder kulturwissenschaftlichen Feldern entsteht, in denen Formen der sozialen Konstruktion von Raum einen besonderen Interessenschwerpunkt bilden. Den Einstieg in diesen Diskurs bildet die Rede von einer zunehmenden ›Globalisierung‹ und ›Kulturalisierung‹ des Sozialen. Sie verweist erstens auf eine (Wieder-)Entdeckung der Bedeutung von Raum für die Beobachtung und Beschreibung sozialer Praktiken – auf einen so genannten *spatial turn* – und zweitens auf eine im weiteren Sinne kulturtheoretische Sozialwissenschaft, die sich den signifikativen Praktiken der Bedeutungs- und Zeichenproduktion zuwendet – auf einen so genannten *cultural turn*. Vor diesem Hintergrund wird im dritten Kapitel ein besonderes Augenmerk auf spezifisch fachgeographische Konzeptionen gelegt, in denen der Alltag zum Bezugsgesichtspunkt einer sozial- und kulturwissenschaftlichen Auseinandersetzung mit der symbolisch-signifikativen Konstruktion von Geographien erhoben wird. Dabei soll dargestellt werden, wie die sozial- oder kulturwissenschaftliche Thematisierung von alltäglichen Praktiken des ›Geographie-Machens‹ konzeptualisiert wird und inwiefern dabei dem Umstand Rechnung getragen wird, dass Sozial- und Kulturwissenschaften die Gegenstände ihrer Beobachtung (und somit auch den Alltag als Gegenstandsbereich) nicht unbearbeitet in der Wirklichkeit vorfinden.

---

33 Die allenthalben vernehmbare Forderung nach einer ›verständlichen‹ und ›praxisrelevanten‹ Wissenschaft enthält oft das Missverständnis, die Kluft zwischen Alltag und Wissenschaft müsse durch ein ›Näherrücken‹ der Wissenschaft an den Alltag überwunden werden. Es ist aber, wie sich bei genauerer Betrachtung herausstellt, gerade die Trennung von alltäglichem und wissenschaftlichem Erfahrungs- und Wissensstil und nicht ihre Verschmelzung, die ›praxisrelevante‹ Wissenschaft ermöglicht, d. h. Wissenschaft, die etwas *über* Alltagspraxis zu sagen hat.

2 Geographien, Globalisierung und Kulturalisierung

Peter L. Berger und Thomas Luckmann vermerken in dem 1969 erstmals auf deutsch veröffentlichten Buch *Die gesellschaftliche Konstruktion der Wirklichkeit*, dass die räumliche Struktur der Alltagswelt für ihre Untersuchung »ziemlich nebensächlich« sei (Berger/Luckmann 1999, 29). Es genüge vollauf zu sagen, dass auch sie eine gesellschaftliche Dimension habe. Dagegen sei Zeitlichkeit eine der »Domänen des Bewusstseins« (ebd.) und deshalb für die Auseinandersetzung mit der Produktion und Reproduktion der (inter-)subjektiven Ordnung der Alltagswelt bedeutsam. Diese Geringschätzung der Bedeutung des Raums (in einem für große Teile der Sozialwissenschaften richtungsweisenden Buch) mag heute überraschen. Die Räumlichkeit sozialen Handelns ist inzwischen ein Kernthema der sozialwissenschaftlichen Theoriediskurse.

In der weitläufigen Globalisierungsdebatte der Sozial- und Kulturwissenschaften wurden (wiederholt) Feststellungen über den ›radikalen Wandel‹ der räumlichen Bedingungen des täglichen Lebens gemacht. Soziale Akteure seien unter gegenwärtigen Lebensbedingungen auf komplexe Art und Weise in eine »Dialektik des Globalen und Lokalen« verstrickt (Werlen 1997, 1); das tägliche Leben sei mehr denn je von Entscheidungen beeinflusst, die andere an weit entfernten Orten treffen, während umgekehrt die eigenen Handlungen Folgen haben können, die weit außerhalb des von der »Anwesenheits-Verfügbarkeit« (Giddens 1992a, 175) bestimmten Aktionsradius liegen. Die Veränderung der potentiellen und tatsächlichen Aktionsreichweiten durch neue Transport- und Kommunikationsmittel führe zu einer »raumzeitlichen Implosion« (Werlen 2000, 23) – einer scheinbaren Verdichtung der Welt zu einem ›globalen Dorf‹ – und schaffe völlig neue Voraussetzungen für die Bestimmung des Verhältnisses von Gesellschaft und Raum.[34]

---

34 Vgl. z. B. Werlen (2000, 23): »Obwohl die meisten Menschen ihr Alltagsleben ausschließlich in einem lokalen Kontext verbringen, sind heute die meisten alltäglichen Lebensbedingungen in globale Prozesse eingebettet. Lokales und Globales sind ineinander verwoben. Globale Prozesse äußern sich im Lokalen und sind gleichzeitig Ausdruck des Lokalen. (…) Was zuvor (…) weit entfernt lag, kann damit in unmittelbare Nähe rücken.« Vgl. dazu David Harvey (1989, 240f.), der die Veränderung der raum-zeitlichen Bedingungen des sozialen Lebens als eine ›Raum-Zeit-Kompression‹ (*time-space-compression*) beschreibt, durch die Nähe und Ferne, unmittelbare und vermittelte Erfahrung in ein grundlegend neues Verhältnis treten.

Globalisierung und Kulturalisierung

Der Begriff der Globalisierung verweist in der Regel auf eine unbestreitbare »Intensivierung weltweiter sozialer Beziehungen, durch die entfernte Orte in solcher Weise miteinander verbunden werden, dass Ereignisse am einen Ort durch Vorgänge geprägt werden, die sich an einem viele Kilometer entfernten Ort abspielen, und umgekehrt« (Giddens 1995, 85). Eher beiläufig schreibt beispielsweise Lefebvre (1972) von einer ›Mondialisation‹, durch die »Kommunikationen jeder Art (materiell, sozial, geistig) (…) immer vielschichtiger, (…) immer komplexer« (ebd., 208) werden. So oder ähnlich lautet auch heute die Diagnose jener Theorien der Globalisierung, über die Armin Nassehi (1999a, 23) treffend bemerkt: »Die Formel könnte heißen: In der globalisierten Moderne hängt alles irgendwie mit allem zusammen.«

Wie immer die Feststellung einer ›faktischen Veränderung‹ sozialer Beziehungen unter globalisierten Lebensbedingungen im Einzelnen auch ausfällt, die räumliche Dimension des täglichen Lebens stellt unter dem Gesichtspunkt der Globalisierung eine besondere Herausforderung für die Sozial- und Kulturwissenschaften dar. Raum und Räumlichkeit erhalten durch die Thematisierung von Globalisierungsprozessen einen prominenten Platz in der sozial- und kulturwissenschaftlichen (Theorie-)Diskussion.[35] Selbst das ›Verschwinden des Raums‹ erfordert dessen Thematisierung:

> »Die Kommunikationstechnik, die einer viel berufenen, aber noch längst nicht hinreichend geklärten Globalisierung innewohnt, ruft Fragen nach einer Räumlichkeit wach, selbst und gerade, wenn diese in der Ubiquität eines Internets zu verschwinden droht« (Waldenfels 2001a, 181).

Dass der Raum in dem Maße als Herausforderung für die Sozial- und Kulturwissenschaften (wieder-)entdeckt wird, wie er als Distanzüberwindungshindernis an Bedeutung verliert, ist aber nur scheinbar widersprüchlich.[36] Denn mit der ›Entdeckung‹ der Globalisierung geht auch eine Revision der Raumauffassung einher, die an die Grundbegriffe der sozial- und kulturwissenschaftlichen Wirklichkeitsdarstellung rührt.

Die Transformation der räumlichen Bedingungen des Handelns, die wahlweise als Folge oder als Ursache von Globalisierungsprozessen beschrieben wird, betrifft das »›Herausheben‹ sozialer Beziehungen aus ortsgebundenen Interaktionszusammenhängen und ihre unbegrenzte Raum-Zeit-Spannen übergreifende Umstrukturierung« (Giddens 1995, 33). Sie führt zu einer Auflösung der ›räumlichen Kammerung‹ der Lebensbedingungen und zu einer Krise jener Form von

---

35 Während die »große Obsession des 19. Jahrhunderts« die Geschichte gewesen sei, betreffe, wie Michel Foucault (1999, 145) meint, »die heutige Unruhe grundlegend den Raum« (ebd., 147). Mike Crang und Nigel Thrift bringen diese Auffassung auf die Formel: »Space is the everywhere of modern thought« (Crang/Thrift 2000, 1).

36 Zygmunt Bauman (2000, 110) sieht darin eine eigenartige Entwicklung: »A bizarre adventure happened to space on the road to globalisation: it lost its importance while gaining in significance.«

wissenschaftlicher Darstellung, die sich auf *face-to-face*-Situationen der Kommunikation, regionale Kulturen, lokal integrierte Gemeinschaften oder territoriale Definitionen von Gesellschaft stützt. Den Grundbegriffen dieser Beschreibungen wird sozusagen von der Faktizität der Globalisierung jede Plausibilität entzogen. So liest man denn auch in sozialwissenschaftlichen Arbeiten über die »kulturelle (...) Repräsentationen des globalen Raums« (Noller 1999, 9), dass die Globalisierung als ein faktischer Wandel sozialer Beziehungen »einen sozialwissenschaftlichen Perspektivenwechsel provoziert« (ebd.). Sozialwissenschaftliche Ordnungsbeschreibungen, die nach wie vor Bilder von national(-staatlich) integrierten Gesellschaften produzieren, scheinen vor dem Hintergrund der globalisierten Wirklichkeit in einer »territorialen Falle« (Agnew 1994) zu stecken. Um sich »in der nicht-integrierten Vielfalt der grenzenlosen Welt begrifflich neu einzurichten und zu orientieren« (Beck 1997, 52), sehen sich Sozialwissenschaftler gezwungen, alternative Konzepte und Theorien zu entwickeln – Theorien und Ansätze, die unter anderem »die nationalstaatliche Axiomatik ersetzen können« (ebd., 53). Diese Theorien und Ansätze müssten in der Lage sein, »post- oder transnationale Gesellschaftsbilder« (ebd., 55) zu zeichnen.

Ein zentrales Merkmal der post- oder transnationalen gesellschaftlichen Wirklichkeit stellt – gemäß der bereits zitierten Standarderzählung von Giddens – die »(Sinn)›Entleerung‹ von Raum und Zeit« (Werlen 1995, 132) dar. Sie betrifft die weitgehende Aufhebung von fixierten und häufig reifizierten Bedeutungszuweisungen zu Orten und Zeitpunkten, die Auflösung der damit verknüpften traditionellen Handlungsanweisungen sowie deren Rekombination durch eine diskursive Verortung von Identitäten und Objekten:

> »Entleerung von Raum und Zeit meint (...), dass beide für die Handlungen nicht mehr sinnkonstitutiv sind. (...) Diese Loslösung von Bedeutungsgehalten des Handelns von räumlichen und zeitlichen Komponenten ist als Ausdruck des Erkennens der Differenz von Begriff und bezeichnetem Gegenstand zu sehen; als Trennung des Symbols vom symbolisierten Gehalt« (Werlen 1997, 112).

Vormals lokal lokalisierte soziale Einheiten, Kollektive, Kulturen und Bedeutungen sowie lokal verankerte, über Traditionen geregelte soziale Beziehungen werden, im Rahmen einer solchen Entankerung, aus ihrer ›erdräumlichen Verankerung‹ enthoben – de-lokalisiert – und über reflexive Verortungen global re-lokalisiert. Lokale Besonderheiten müssen dann im »translokalen Austausch, Dialog, Konflikt« (Beck 1997, 87) diskursiv verhandelt und (wieder-)hergestellt werden. Eine sozialwissenschaftliche Beschreibung globalisierter Lebensbedingungen muss sich demzufolge von der Vorstellung einer vorgegebenen und scheinbar festen geographischen Ordnung ebenso verabschieden wie von der Idee territorial definierter, national integrierter Gesellschaften. Sie muss stattdessen diese diskursiv hergestellten und praktisch inszenierten Geographien erfassen.

Ulrich Beck beruft sich bei seiner Kritik der »nationalstaatlich eingestellten Soziologie der Ersten Moderne« (Beck 1997, 51) unter anderem auf transnationale Migranten, deren konkrete, alltägliche Lebenswirklichkeit nachhaltig sichtbar mache, dass die Geographie nationalstaatlich organisierter Gesellschaften im Besonderen und die geographische Wirklichkeit im Allgemeinen diskursiv hergestellte und praktisch inszenierte Konstrukte sind:

> »Wie Patricia Alley-Dettmers [sic!] in ihrer Studie Trival Arts [sic!] zeigt, ist Afrika keine feste geographische Größe, kein abgrenzbarer Ort auf dem Erdball, sondern eine *transnationale Idee und ihre Inszenierung*, die an vielen Orten der Welt – in der Karibik, in den Ghettos Manhattans, in den Südstaaten der USA, in den Favelas Brasiliens, aber auch in dem größten europäischen Straßen-Maskenball in London – stattfindet, gezielt organisiert wird. (...) Aus der Sicht derjenigen, die Tänze und Masken des ›afrikanischen Karnevals‹ in Nottingham entwerfen, hat Afrika seinen geographischen Ort verloren. Für sie bezeichnet ›Afrika‹ eine Vision, eine Idee, aus der die Maßstäbe einer schwarzen Ästhetik abgeleitet werden können. Dies dient nicht zuletzt dem Ziel, eine afrikanisch-nationale Identität für Schwarze in Großbritannien zu begründen, zu stiften, zu erneuern« (Beck 1997, 55f.).[37]

Die räumliche Dimension sozialer Wirklichkeit müsste (unter Bedingungen der Globalisierung) demnach als Produktion und Reproduktion von symbolischen oder imaginativen Geographien und als räumliche Symbolisierung sozialer Ereignisse konzeptualisiert werden.[38] Indirekt und (wahrscheinlich) unbeabsichtigt zeigt das angeführte Beispiel (mit dem Beck die Notwendigkeit eines Perspektivenwechsels in den Sozial- und Kulturwissenschaften unterstreicht) aber auch, dass die vielbeschworene Entankerung zuweilen nichts anderes als eine räumliche Verankerung *anderswo* beschreibt. Mit der Rede von einer zunehmenden Globalisierung ist oft eine im Grunde sehr herkömmliche Vorstellung von territorial-kulturellen Einheiten verbunden. Kulturelle Praktiken oder Bedeutungen werden dabei als Phänomene beschrieben, die ›eigentlich‹ ihren angestammten Platz auf der Erdoberfläche hätten, aber heutzutage an vielen Orten auf dem Globus vorkommen. Das Besondere der Globalisierung wird dann als Auflösung dieser festen, vorgegebenen und quasi natürlichen Ordnung sichtbar. Dass ›Afrika‹ eine Idee und eine Inszenierung ist, die ›an vielen Orten der Welt‹ (re-)produziert wird oder, wie Beck meint, eine Vision, die »in den Köpfen eben jener transnationalen ›Afrikaner‹ herumschwirrt« (ebd., 56), die daraus eine afrikanisch-nationale Identität für Schwarze in Großbritannien zu begründen suchen, mag ein Ausdruck von Globalisierung sein. Es ist aber nur dann ein prägnantes Beispiel für die Bildung transnationaler, kultureller Räume, wenn man territorial definierte kulturelle Einheiten voraussetzt und davon ausgeht, dass ›Afrika‹ eigentlich einen geographischen Ort auf dem Globus und in Nottingham nichts verloren hat.

---

37   Vgl. Patricia Alleyne-Dettmers' Studie *Tribal Arts* (Alleyne-Dettmers 1997).

38   Dass diese Auffassung so neu nicht ist und u. U. weniger durch eine Veränderung der Lebensbedingungen erzwungen wird, sondern vielmehr der Einstellung des Beobachters geschuldet ist, zeigt sich z. B. darin, dass auch nach Emile Durkheim (1912) alle räumlichen Kategorien Konzepte darstellen, die die Art und Weise der gesellschaftlichen Repräsentation der Dinge betreffen: »Ces concepts exprime la manière, dont la société se représente les chose« (Durkheim 1912, 626). Vgl. dazu Werlen (1988, 188f.) und Konau (1977, 20). Man könne, wie Regina Bormann (2001, 253) meint, in Durkheims Auffassung eine Art »Vorläufer (...) von Giddens' ›Entleerung‹ von Zeit und Raum« sehen.

Homi Bhabha, Vordenker des so genannten Postkolonialismus, betont dagegen, dass die Migrationsfolgen der Globalisierung weniger das Aufeinandertreffen stabiler Kulturen sind, sondern vielmehr im Auftauchen eines Bereichs des »Darüber Hinaus« (Bhabha 2000, 1) bestehen – eines Bereichs der »Artikulation von kulturellen Differenzen«, in dem »ein Gefühl von Desorientierung, eine Störung des Richtungssinns [herrscht]: eine erkundende, rastlose Bewegung, die im französischen Verständnis der Wörter au-delà so gut zum Ausdruck kommt – hier und dort, überall, fort/da, hin und her, vor und zurück« (ebd., 2). Bhabhas Beschreibung der Situation transnationaler Migranten unterstreicht, dass die kulturelle Artikulation in diesem »Zwischenraum« (Lossau 2000) vor allem ein Problem der fortwährenden ›Übersetzung‹ darstellt:

> »Kultur als Überlebensstrategie ist sowohl transnational als auch translational. Sie ist transnational, weil die zeitgenössischen postkolonialen Diskurse in spezifischen Geschichten der kulturellen De-plazierung wurzeln (...). Kultur ist translational, weil solche räumliche Geschichten der De-plazierung – die jetzt von den territorialen Ambitionen der ›globalen‹ Medientechnologie begleitet werden – die Frage, wie Kultur signifiziert oder was durch Kultur signifiziert wird, zu einer höchst komplexen Angelegenheit machen. (...) Es wird entscheidend wichtig, zwischen der gleichartigen Erscheinung und Ähnlichkeit der Symbole über diverse kulturelle Erfahrungen (...) hinweg und der sozialen Spezifität jeder dieser Bedeutungsproduktionen zu unterscheiden, die innerhalb spezifischer kontextueller Orte und sozialer Wertesysteme als Zeichen zirkulieren. Die transnationale Dimension kultureller Transformation – Migration, Diaspora, De-plazierung, Neuverortung – lässt den Prozess kultureller Translation zu einer komplexen Form der Signifikation werden. (...) Der große, wenngleich beunruhigende Vorteil dieser Situation besteht darin, dass sie uns ein stärkeres Bewusstsein von der Kultur als Konstruktion und von der Tradition als Erfindung verschafft« (Bhabha 2000, 257).

Zwar bleibt auch diese Erzählung der kulturellen Transformation am Grunde ihrer exaltierten Terminologie insofern in der räumlichen Konfiguration von territorial verankerten (nationalen) Einheiten verhaftet, als sie ihre Evidenz aus der Opposition zur Vorstellung von territorial definierten, sozialen oder kulturellen Gebilden bezieht.[39] Es ist laut Bhabha letztlich die trans*nationale* Dimension kultureller Transformation (das Überschreiten der Grenzen räumlich definierter kultureller Einheiten), die einen signifikativen Prozesse der kulturellen Translation in Gang setzt und ein Bewusstsein von der Kultur als Konstruktion hervorruft. Gleichzeitig bringt Bhabha aber zum Ausdruck, dass die »fest verwurzelten Mythen der kulturellen Besonderheit wie ›Nation‹, ›Völker‹ oder authentische ›Volks‹-Traditionen (...) kaum als Bezugspunkt« (ebd.) der Thematisierung von Kultur oder kulturellem Pluralismus dienen können. Eine Beschreibung der postnationalen Geographien der globalisierten Gegenwart müsse vielmehr nach der

---

39 Ein ›Dazwischen‹ bildet nur solange einen »hybriden Ort« (Bhabha 2000, 258), wie die Einheit (und die Reinheit) des Ei(ge)nen und des Anderen vorausgesetzt wird. Die Rede von ›hybriden Kulturen‹ (Bronfen/Marius 1997) rekurriert in aller Regel auf eine Vorstellung von geschlossenen und fixierten Entitäten: »Pluralität setzt Identität voraus, wie Hybridisierung Artenreinheit voraussetzt. Strenggenommen kann man nur eine Kultur hybridisieren, die rein ist« (Eagleton 2001, 26).

»Artikulation kultureller Differenzen« (ebd., 259) fragen und Formationen »des Transnationalen als des Translationalen« (ebd., 258) aufzeichnen. An die Stelle der Annahme einer vorgegebenen Ordnung territorial oder national integrierter sozial-kultureller Einheiten tritt dann die Frage nach den diskursiven Ein-, Aus- und Abschließungen, im Rahmen derer kulturelle Identitäten und Kulturen (auch) als territorial fixierte Gebilde konstruiert werden. In den Blick einer so verstandenen geographischen Betrachtung rücken die signifikativen Aspekte alltäglicher Praktiken und der Kampf »um und mit Ideen, Formen, Bildern und Imaginationen« (Said 1994, 41).

Mit der ›Feststellung‹ einer zunehmenden Globalisierung des Sozialen verbindet sich in aller Regel die ›Feststellung‹ einer umfassenden ›Kulturalisierung‹ des Sozialen. Dabei geht es nicht nur um die globale Verbreitung und Homogenisierung kultureller Symbole, für die beispielsweise das Schlagwort »McDonaldisierung« (Ritzer 1993 u. 1999) steht, sondern vielmehr um die konstitutive Bedeutung, die den kulturellen Praktiken der Verortung von Identitäten und der Konstruktion von Selbst- und Fremdbildern zukommt. Im Kern dieser Ansicht steht die Annahme, dass letztlich »alle sozialen Phänomene einen semiologischen bzw. symbolischen Charakter aufweisen« (Ellrich 1999, 20).

Dieser besondere Status kultureller Praktiken wird häufig mit der ›Feststellung‹ begründet, dass Elemente ›lokaler Kulturen‹ – im Sog der globalen Ökonomie und der globalen Massenmedien – ihren ›angestammten Platz‹ auf dem Erdball verlassen, anderswo wieder auftauchen und ›sich niederlassen‹. Im Rahmen dieser ›kulturellen Glokalisierung‹ treffen unterschiedliche Deutungsmuster und Lebensformen aufeinander, so dass die Interpretation (fremder) kultureller Symbole zu einem zentralen Bestandteil des täglichen Leben wird.[40] Gemäß dieser in weiten Teilen der Globalisierungsdebatte vertretenen Theorie verlangen die alltäglichen Lebensbedingungen in der Gegenwart von den Akteuren zunehmend größere Kompetenz im Umgang mit (fremden) Symbolen und Sinnzuweisungen – auch im unmittelbaren, vertrauten Kontext der alltäglichen Lebenswelt. Unter globalisierten Lebensbedingungen trete ›das Fremde‹ nicht mehr bloß am Rand der Gesellschaft auf, sondern ›mittendrin‹, in der Alltagswelt der Metropolen, der Medien oder des Reisens. Kulturkontakte gehören heute ›zum Stoff des täglichen Lebens‹:

> »In der modernen Gesellschaft sind Kulturkontakte nicht mehr ein Phänomen mehr oder minder zufälliger und nur von Händlern, Kriegern und Gauklern gesuchter Kontakte an den Rändern von Stammesgesellschaften oder an speziell ausgewiesenen Orten der Feudalgesellschaft (...). Statt dessen machen sie den gleichsam alltäglichen und problemlos abzurufenden Erfahrungsstoff aller Mitglieder der modernen Gesellschaft aus, handle es sich um Touristen, die es mit Animateuren zu tun bekommen, um Studierende, die Professoren kennen lernen, oder um Mitarbeiter eines Unternehmens, die mit Kollegen eines gerade fusionierten Unternehmens zusammenarbeiten sollen« (Baecker 2000, 18).

---

40   Vgl. z. B. Beck (1997, 88-92) oder Robertson (1992 u. 1998).

Die entscheidende Konsequenz dieser Entwicklung sieht Dirk Baecker darin, dass unter den Bedingungen der Globalisierung *alles* als Kulturkontakt *codiert* wird.[41] Jede Interaktion werde als Kulturkontakt erfasst und vermittels dieser Zuschreibung geordnet und bewältigt. Das heißt, dass Kommunikation auf die Beschreibungsformel ›Kultur‹ zurückgreift, »um darin einen eigenen Modus der Inszenierung und Bewältigung kommunikativer Probleme zu finden« (ebd., 18). Kultur wird dadurch zu »einer als unbestimmt bestimmten Formel der Codierung von Kommunikation« (ebd.) und fungiert als »eine Kategorie der Beobachtung von Kommunikation schlechthin« (ebd., 14). Kommunikationssituationen werden als Kulturkontakte behandelt – unabhängig davon, ob man es mit Menschen aus anderen Ländern, Sprachen oder eben ›Kulturen‹ zu tun hat. Durch den Hinweis darauf, dass es sich um einen Kulturkontakt handelt, werden alle Arten von Beobachtungen und Kommunikationen sowohl problematisiert als auch entproblematisiert:

> »Ob man es mit einer Intimkommunikation zwischen Mann und Frau, mit einer Entscheidungskommunikation zwischen Abteilungen einer Organisation, mit politisch bindenden Anordnungen einer Behörde oder mit einem Waren- oder Dienstleistungsangebot eines Unternehmens auf einem Markt zu tun hat, in jedem Fall lassen sich vorhersehbare oder überraschende Komplikationen beim Verstehen und bei der Annahme oder Ablehnung der Kommunikation auf Kulturprobleme andersartiger Gepflogenheiten und Erwartungen zurechnen. (…) Mit diesem Hinweis erfährt man, das man sich auf Unverständliches einstellen und dafür Verständnis aufbringen muss« (ebd., 15).

Baecker betont an gleicher Stelle, dass Kulturkontakte nicht als Berührung von Kulturen begriffen werden dürfen, die vor diesem Kontakt schon als irgendwie vorgegebene Einheiten existieren. Vielmehr »entsteht eine Kultur überhaupt erst aus einem Kulturkontakt« (ebd., 16) und zwar dadurch, dass Probleme unterschiedlicher Verhaltensweisen in der Form von Kultur bearbeitet werden. Kultur und kulturelle Differenzen entstehen so gesehen aus der kommunikativ-signifikativen Bearbeitung der Erfahrung des Fremden – aus einer Erfahrung, die, wie Baecker meint, in der globalisierten Moderne beginnt, »sobald man das Haus verlässt und einmal um den Block geht, das Stadtviertel wechselt oder sich in die Cafeteria einer unvertrauten Organisation setzt« (ebd., 13).

Unbestimmt bleibt dabei allerdings die Konstitution des Fremden. Es wird implizit als ›das Unvertraute‹ vorausgesetzt, welches als Folge der Globalisierung verstärkt in der vormals vertrauten Alltagswelt auftrete. Armin Nassehi (1995) zeigt darüber hinaus, dass für das Fremde in modernen (globalisierten) Gesellschaften, die »keine nationalen *In-Groups* mit einheitlichen internen Strukturen«

---

41 Baecker (2000) argumentiert außerdem, dass die Vorstellung von national gefassten Kulturen fallengelassen wurde, »weil sie zu stark aggregiert und erkennbar die falschen Probleme sowohl produziert (›Nationalcharaktere‹) als auch löst (durch die Tendenz der Reduktion einer ›Nation‹ auf eine ›Ethnie‹)« (ebd., 14). An anderer Stelle betont er, dass die nationale Fassung von Kultur unter globalisierten Bedingungen versagen muss, weil Kulturkontakte (…) nicht mehr »dauerhaft und zuverlässig durch politische Grenzziehungen ausgeschlossen werden« können (ebd., 19).

(ebd., 453) mehr seien, eine Konstellation kennzeichnend ist, in der die Unterscheidung fremd/vertraut ihrerseits vertraut ist:

>»Das Fremde bzw. der Fremde liegt zwar immer noch jenseits aller vertrauten internen Unterscheidungen und Strukturen, seine Unvertrautheit wird aber vertrauter, man könnte auch sagen: er wird *reflexiver*« (Nassehi 1995, 450).[42]

Das (bzw. der oder die) Fremde wird durch die zunehmend reflexive Verortung kultureller Identität zwar nicht aus der (postkolonialen) Welt geschafft. Hingegen haben sich laut Nassehi mit dem »Übergang zur modernen Gesellschaft (…) die gesellschaftlichen Konstitutionsbedingungen des Fremden radikal geändert« (ebd.). Ein wesentliches Merkmal dieser Veränderung sei die funktionale Differenzierung der Gesellschaft, d. h. die »Ausdifferenzierung funktionaler Teilsysteme für Politik, Recht, Wirtschaft, Wissenschaft, Erziehung, Medizin, Kunst usw.« (ebd., 451). Sie enthalte eine »strukturelle Desintegration« (ebd., 452) und führe zum Verlust der sozial-strukturellen Basis der Integration. Kompensiert werde dieser Verlust durch den Einsatz ethnisch-nationaler Semantiken. Nach dem Wegfall der sozial-strukturellen Grundlage gesellschaftlicher Identitäten bilden diese ein »Simulakrum der Struktur« (ebd.), d. h. ein symbolisches Konstrukt, welches weiterhin ein- und ausschließende Zuschreibungen erlaubt:

>»Für die vormoderne Form der Integration sowohl von Handlungsbereichen als auch von Personen bzw. Personenständen in eindeutig bestimmbare, tradierte Lebensformen und Ordnungsmuster gibt es in der Moderne kein gesellschaftsstrukturelles Korrelat mehr. (…) Die Destabilisierung traditioneller Milieus und damit auch das Verschwinden traditioneller Solidaritäten und Vertrautheiten erforderten einen neuen Zurechnungsfaktor, von dem her gesellschaftliche Identität wenigstens semantisch erzeugt werden konnte, wenn sie gesellschaftsstrukturell schon verloren war. Ethnisch-nationale Semantiken haben die Funktion, gesellschaftliche Einheit zu simulieren – sie sind (…) das Simulakrum der Struktur, die der Autonomie des Zeichens, hier: der nationalen Semantik, nachgeordnet ist. (…) Die durch nationalistische Einschlusssemantiken hergestellte Form der Vertrautheit behandelt gesellschaftliche Zusammenhänge als vertraut, die letztlich alles andere als vertraut sind« (ebd.).

Die von Nassehi diagnostizierte Umlagerung der sozialen Integration – von Positionierungen auf der Basis einer sozial-strukturellen Ordnung zu symbolisch-signifikativen Zuschreibungen – ist vor dem Hintergrund der Unterscheidung von sozial-struktureller und semantisch-signifikativer Dimension in der Systemtheorie Luhmanns zu sehen. Sozial-strukturelle Differenzierung kann systemtheoretisch als Wechselverhältnis von operativ geschlossenen Systemen beschrieben werden, die in einem wechselseitigen Beobachtungsverhältnis zueinander stehen. Gesellschaftsstrukturelle Differenzen sind in diesem Sinne unterschiedliche Beobachtungsverhältnisse, wobei das jeweilige ›Außen‹ der beobachtenden Systeme für diese Systeme Umwelt ist. Sinnhaft operierende Systeme bilden Formen der Be-

---

42   Nassehi (1995) weist auch darauf hin, dass mit der Integration der Differenz fremd/vertraut ins Vertraute nicht gleichzeitig eine ›Befriedung‹ einher geht, dass damit vielmehr (neue) Voraussetzungen dafür geschaffen werden, den Fremden als Feind zu betrachten.

schreibung aus, mit denen die (kontingenten) Selektionen der Beobachtung ›aufbewahrt‹ werden. Die Gesamtheit solcher Beschreibungsformen bezeichnet Luhmann als die Semantik einer Gesellschaft, als »ihren semantischen Apparat, ihren Vorrat an bereitgehaltenen Sinnverarbeitungsregeln« (Luhmann 1980, 19). Eine kulturtheoretische Beschreibung müsste im Sinne der Systemtheorie Luhmanns daher semiotisch verfahren, d. h. mit Bezug auf die Semantik einer Gesellschaft, den Zeichenvorrat.

Nassehis Analyse des Fremden unterstreicht auch, dass mit Kulturkontakten nicht einfach die »Berührung zweier Lebensformen« (Baecker 2000, 17) gemeint ist, sondern vielmehr die Ausbildung und Anwendung von Vokabularen, mit denen Unterschiedlichkeit und Ähnlichkeit von Verhaltensweisen beschrieben und verhandelt werden:

> »Jeder Kulturkontakt lässt ein Zeichenrepertoire entstehen, mit dem die Kommunikationsprobleme, die sich ergeben, bearbeitet werden können, sei es, um sie zu lösen, sei es, um sie zu verstärken« (Baecker 2000, 18).

Die globalisierte Gesellschaft verwendet Kultur als »Beobachtungsformel möglicher Unterschiede« (ebd., 22) und betreibt eine fortwährende Praxis des Vergleichs. Diese Beobachtung von Unterschieden ist eine Kommunikation über Kommunikation. Sie steht selbst unter der Voraussetzung, dass alle Ereignisse schon irgendwie codiert sind und dass diese Codierungen zur Kommunikation eingesetzt werden müssen (und darüber hinaus auch wieder zur Disposition stehen).

In eine ähnliche Richtung geht letztlich auch die an anderer Stelle der Globalisierungsdebatte vorgebrachte Behauptung, dass Deutungen und Sinnzuweisungen in der Spätmoderne zum ›flexiblen Baukasten‹ für die Definition und Verwirklichung individueller Ansprüche und Lebensentwürfe werden. In spätmodernen Gesellschaften seien soziale Positionszuweisungen nicht mehr »primär über Herkunft, Alter und Geschlecht« (Werlen 1995, 104) festgelegt, sondern »im Rahmen von Produktionsprozessen« erwerbbar (ebd., 134). Verwandtschafts- oder Standesverhältnisse garantieren nicht mehr für die Stabilität sozialer Beziehungen und werden in ihrer Funktion als identifikatorische Bezugseinheiten unter anderem durch »global auftretende Generationskulturen« ersetzt (ebd.). Die umfassende ›Enttraditionalisierung‹ der spätmodernen Gesellschaft bedeutet so gesehen auch, dass symbolisch-signifikative Verortungen zu einem konstitutiven Element sozialer Positionierung werden; denn die traditionellen Bindungen, die in vor-modernen Gesellschaften soziale Positionszuweisung festschrieben, werden in spätmodernen Gesellschaften (zunehmend) durch lebensstilspezifische Ausdrucksformen (mit entsprechenden Symbolisierungen) abgelöst[43]:

---

43 Insgesamt werden die traditionale Ordnung und die Bedeutung regional oder national integrierter Gemeinschaften laut Giddens (1991, 20) von einer umfassenden Reflexivität (*thoroughgoing reflexivity*) erfasst, die die (neue) Grundlage der Konstruktion von Selbstidentität darstellt. Vgl. dazu die Erweiterung dieses Arguments hin zur These einer ›reflexiven Modernisierung‹ in Beck et al. (1996).

>Selbstidentität wird über biographische Selbstdarstellung erworben, die sich aber nicht mehr über Traditionen orientieren kann, sondern an den gewählten Lebensstil gebunden wird. >Lebensstil< ist dabei nicht in einem oberflächlich modischen, sondern in einem umfassenden Sinne zu verstehen, aus dem neue Formen der Lebenspolitik abgeleitet werden« (Werlen 1995, 128).

Kulturelle Ausdrucksformen sind unter diesem Gesichtspunkt nicht bloß Bestandteile einer »symbolischen Dimension sozialen Lebens und sozialen Handelns« (Müller 1994, 67). Vielmehr sind gesellschaftliche Sachverhalte vor diesem Hintergrund »grundsätzlich und ausschließlich als Kulturtatsachen zu verstehen« (Eickelpasch 1997, 14). Die Produktion und Reproduktion sozialer Wirklichkeit muss demzufolge als kulturelle Praxis der Bedeutungsproduktion begriffen werden. Kultur bezeichnet unter diesen Vorgaben den »Vorgang der intersubjektiven, symbolischen Konstruktion von Wirklichkeit (…), der die Konstitution von Bedeutungsmustern und die Herausbildung von Ordnungskategorien zur Organisation sozialer Welt ebenso umfasst wie deren Institutionalisierung und Naturalisierung« (Bormann 2001, 77). Das Leben in der gegenwärtigen Gesellschaft sei, so der Kulturtheoretiker Ian Chambers, nicht bloß durch einen höheren Anteil an kulturellen Ausdrucksweisen gekennzeichnet, sondern durch und durch kulturell: »For whatever its actual limits, people live through culture, not alongside it« (Chambers 1986, 13).

Aus der >Feststellung< einer zunehmenden Globalisierung und Kulturalisierung des Sozialen werden dementsprechend >neue< Anforderungen an die Perspektiven und Methoden sozialwissenschaftlicher Beobachtung abgeleitet. Sozialwissenschaftliche Beobachtung sei unter diesen Voraussetzungen als kulturtheoretische Forschung anzulegen. Das bedeutet, dass Sozialwissenschaften ihr Augenmerk auf die Produktion und Reproduktion von Sinnzuweisungen im Alltagsleben richten und eine konzeptionelle Verschiebung in Richtung einer kulturtheoretischen Perspektive vornehmen müssen.[44]

>Dem kulturtheoretischen Paradigmenwechsel in den Sozialwissenschaften liegt die (Neu-)Entdeckung zugrunde, dass die soziale Realität auf einer symbolischen Praxis basiert, die sich den objektivistischen Verfahren traditioneller Sozialwissenschaft nicht erschließt, da sie nur >from the native's point of view< durch eine Methodik des Verstehens und der Sinndeutung also, analysiert werden kann« (Eickelpasch, 1997, 18).

Mit anderen Worten: Die zunehmende Globalisierung und Kulturalisierung des Sozialen überfordert die herkömmlichen sozialwissenschaftlichen Ansätze und erzwingt einen kulturtheoretischen >Paradigmenwechsel<, wenn die >neue< soziale Wirklichkeit weiterhin >angemessen< beschrieben werden soll.[45]

---

44   Vgl. zur Rede von einem *cultural turn,* einer >kulturwissenschaftlichen Wende<, beispielsweise Reckwitz (2000) oder Sievert/Reckwitz (1999).

45   So argumentiert z. B. auch Albrow (1997) in Bezug auf die mit der Globalisierung verbundene Pluralisierung von Lebensstilen: »Die gegenwärtig deutlich werdende Vielfalt der Lebensmöglichkeiten fordert unsere begrifflichen Fähigkeiten in extremer Weise heraus und übersteigt eindeutig die Grenzen der nationalstaatlichen Soziologie« (ebd., 298).

So plausibel dieses Begründung der Notwendigkeit einer ›kulturtheoretischen Wende‹ auf den ersten Blick auch scheinen mag, der dabei hergestellte Zusammenhang mit einer ›faktischen‹ Globalisierung und Kulturalisierung des Sozialen wirft auf den zweiten Blick Fragen auf: Worauf beruht die epistemologische Sicherheit eines Standpunktes, von dem aus ein solcher ›faktischer Wandel‹ diagnostiziert werden könnte? Welchen Status können sozial- oder kulturwissenschaftliche Erklärungen, die davon ausgehen, dass die soziale Welt das Produkt einer »unaufhörlichen Repräsentationsarbeit« (Bourdieu 1985, 16) ist, konsequenterweise beanspruchen? Wenn sozial- oder kulturwissenschaftliche Beschreibungen selber einer hinlänglich bekannten ›Krise der Repräsentation‹ unterliegen und somit nicht einfach ein passiver Ausdruck von etwas sind, das bereits besteht, sondern selbst eine soziale Praxis, »die an der Herstellung des von ihr Repräsentierten mitbeteiligt ist« (Stäheli 2000a, 14), wie verhält es sich dann mit der postulierten ›Angemessenheit‹ von interpretativen Zugangsweisen und Methoden der Sinndeutung?

Kulturtheoretische Sozialwissenschaft

Die verschiedentlich aus der Beobachtung einer zunehmenden Globalisierung und Kulturalisierung abgeleiteten ›neuen‹ Anforderungen treffen die Sozialwissenschaften nicht ganz unvorbereitet. Kulturelle Praktiken der Konstruktion sozialer Wirklichkeit sind von den Sozialwissenschaften auch zuvor nicht unbeobachtet geblieben. So versammelt beispielsweise Giddens (1984) in einer kritischen Einführung in die *Interpretative Soziologie* eine Reihe von (teilweise älteren) Ansätzen, die (auch ohne eine so begründete Notwendigkeit) auf eine Methodik des Verstehens und der Sinndeutung aufbauen. Dazu zählt u. a. die Ethnomethodologie, die nach einer kryptischen Formulierung Harold Garfinkels das Verständnis von sozialer Wirklichkeit untersucht, das die beobachteten Akteure in ihren Alltagspraktiken erzeugen.[46] Insbesondere durch ihre methodische Eigenart – das Bemühen um ein Nachvollziehen des von Akteuren in alltäglichen Interaktionszusammenhängen (unhinterfragt) in Anschlag gebrachten Wissens – grenzt sie sich vom »orthodoxen Konsensus« (Giddens 1992a, 27) der Soziologie der 1950er- und 1960er-Jahre ab.[47]

---

46   »Ethnomethodological studies analyze everyday activities as members' methods for making those same activities visibly-rational-and-reportable-for-all-purposes, i. e. ›accountable‹, as organization of common place everyday activities« (Garfinkel 1967, vii).

47   Als ›orthodoxen Konsensus‹ bezeichnet Giddens (1992a) den »gemeinsamen Ort (…) von ansonsten konkurrierenden Perspektiven« (ebd., 25), der vornehmlich in der amerikanischen Soziologie nach dem Zweiten Weltkrieg durch die Kombination einer »anspruchsvollen Version des Funktionalismus mit einer naturalistischen Konzeption von Soziologie« (ebd., 26) gebildet und von der Theorie Parsons dominiert wurde. Obwohl soziales Handeln dabei als Bezugspunkt der Sozialwissenschaften angesehen wurde, habe weitgehende Übereinstimmung geherrscht in der Ansicht, dass deren Erklärungsweisen »mit den Naturwissenschaften im großen und ganzen denselben logischen Rahmen teilten« (ebd.).

Auf der Basis der Sozialtheorien von Max Weber und Alfred Schütz entwarfen außerdem die eingangs zitierten Peter L. Berger und Thomas Luckmann einen sozialkonstruktivistischen Ansatz, dessen Hauptaugenmerk der sinnhaften Konstruktion der Alltagswelt gilt. Ihre Wissenssoziologie richtet sich auf die »Wechselbeziehungen zwischen institutionellen Prozessen und (…) symbolischen Sinnwelten« (Berger/Luckmann 1999, 198) und macht das »vortheoretische Wissen im Alltagsleben« (ebd., V) zu einem Kernproblem. Den Bedarf eines solchen Perspektivenwechsels sehen Berger/Luchmann vor allem in der mangelnden Einsicht in die dialektische Beziehung »zwischen struktureller Wirklichkeit und menschlicher Konstruktion von Wirklichkeit« (ebd., 198) durch die strukturtheoretische Soziologie.

Auch in Webers Verständnis von Kultur als die »Deutung der Wirklichkeit unter der Voraussetzung ihrer Undeutbarkeit« (Eickelpasch 1997, 13) könne man einen »›konstruktivistischen‹ Ausgangspunkt der deutschen Soziologie als Kulturwissenschaft« (ebd.) sehen, der von einer epistemologischen Radikalität sei, »die in der dekonstruktiven Philosophie und der konstruktiven Soziologie der Gegenwart erst langsam wieder zurückgewonnen wird« (Baecker 1995, 28). Als im weiteren Sinne kulturtheoretischer Ansatz sozialwissenschaftlicher Forschung kann auch das Werk Pierre Bourdieus apostrophiert werden, das in kritischer Distanz zu sozialphänomenologischen Gedanken einerseits und zu den Implikationen des französischen Strukturalismus andererseits die Position einer Theorie des sozialen Sinns begründet, die in der Folge zu einer Analyse von kulturellen Praktiken der Unterscheidung ausgebaut wird.

Mit dieser (höchst unvollständigen) Aufzählung von Konzeptionen einer interpretativen Theorierichtung soll keineswegs angedeutet werden, dass aktuelle Ansätze einer kulturtheoretischen Sozialwissenschaft sich drauf beschränken würden, älteren Theorien zu neuer Aktualität zu verhelfen. Sie verdeutlicht jedoch, dass die gegenwärtig proklamierte kulturtheoretische Wende weder ein plötzliches Ereignis noch eine völlige Neuerfindung oder eine komplette Neuausrichtung der Sozialwissenschaften darstellt. Dies wiederum kann zum Anlass genommen werden, den Zusammenhang zwischen der ›Feststellung‹ einer zunehmenden Globalisierung und Kulturalisierung des Sozialen einerseits und der daraus abgeleiteten Notwendigkeit einer ›kulturtheoretischen Wende‹ sozialwissenschaftlicher Forschung andererseits, genauer zu betrachten.

Dabei fällt auf, dass die argumentative Verknüpfung der Notwendigkeit eines Perspektivenwechsels mit dem Befund über den Zustand der sozialen Welt im Grunde eine naiv-realistische Einstellung impliziert. Die Forderung, Sozialwissenschaften müssten ihre Beobachtungs- und Beschreibungsmethoden dem Sachverhalt einer zunehmenden Globalisierung und Kulturalisierung anpassen, geht von einer Diagnose des sozialen Wandels in der Gegenwart aus. Zu behaupten, dass der soziale Wandel einen sozialwissenschaftlichen Perspektivenwechsel ›provoziert‹, setzt voraus, dass die Lebensbedingungen der globalisierten Welt ›auf den ersten Blick‹ erkannt und als unzweifelhafter Zustand anerkannt werden. Dabei wird den Bedingungen der Möglichkeit einer sozialontologischen Diagnose weit weniger Aufmerksamkeit geschenkt als dem beobachteten Gegenstand. Das muss vor allem vor dem Hintergrund der Annahme erstaunen, dass soziale Wirklichkeit nicht schlicht gegeben vorliegt, sondern als Produkt von signifikativen Praktiken auch durch wissenschaftliche Beschreibung hervorgebracht wird – vor dem Hintergrund jener Annahme also, die eben diese kulturtheoretische Perspektive kennzeichnet.

Erzwingt man diesen Perspektivenwechsel von der Beobachtung der Gegenstandsseite – von der Beschreibung global-lokaler Interdependenzen – zum Blick auf die Beobachterseite, dann zeigt sich, dass die »Chiffre Globalisierung« auch »für eine kognitive Verschiebung« steht (Nassehi 1999a, 23), dass Globalisierung »eher ein kognitives Schema als schlichte Realität« darstellt (ebd., 26). Das Besondere oder das Neue an der Globalisierung ist dann vornehmlich in der Veränderung der *Beobachtung und Beschreibung* sozialer Wirklichkeit zu sehen. Die im Zusammenhang mit der Untersuchung globalisierter Lebensbedingungen wiederholt gemachten ›Feststellungen‹ sagen demnach mehr über die (Art der) Beobachtung als über die Welt oder die Transformation der Gesellschaft.

> »Das Neue, das sich im Begriff der Globalisierung anzudeuten scheint, ist die Art und Weise, wie man unter den Bedingungen der Weltgesellschaft die Welt beobachtet (…)« (ebd., 26).[48]

Folgt man Nassehi in diesem Punkt, so verschiebt sich das Problem zunächst auf den Begriff der Weltgesellschaft. Die Merkmale globalisierter Lebensbedingungen werden so kurzerhand in spezifische Merkmale der »globalisierten Sozialform Weltgesellschaft« (ebd., 24) verwandelt. Auf den ersten Blick scheint also nicht mehr gesagt, als das, was schon Giddens' Diagnose beinhaltet: dass in einer Weltgesellschaft irgendwie alles mit allem zusammenhängt. Man kann in der Umstellung auf den Begriff der Weltgesellschaft aber auch einen Ausgangspunkt für eine konsequentere begriffliche Bestimmung dessen sehen, was der ›grob-empirische Blick‹ der gängigen Gegenwartsdiagnosen zu erkennen vermeint; denn mit der Umstellung auf den Begriff Weltgesellschaft wird die Voraussetzung einer räumlich-territorialen Begrenzung von Gesellschaft und Kultur ausgehebelt:

> »Das Konzept der Weltgesellschaft führt zumindest soziologisch grundbegrifflich das zu Ende, was sich die meisten Konzepte der Globalisierung nicht zumuten: dass mit der Expansion sowohl ökonomischer wie politischer, rechtlicher, wissenschaftlicher, religiöser, ästhetischer und kultureller Interdependenzketten Grenzen nicht als theoretische Matrix für die Dimensionen der Globalisierung verwendet werden können, weil sie selbst *Globalisierungsfolgen* sind« (Nassehi 1999a, 25).

Gesellschaft wird in den Sozialwissenschaften traditionellerweise im Plural gedacht und im Singular als Einheit konzipiert, die »durch Konsens oder ähnliche Gemeinsamkeiten integriert ist« (ebd., 26). Der Begriff bezeichnet in der Regel ein

---

48 Luhmann (1998, 1142) bemerkt in ähnlicher Absicht bezüglich der Besonderheiten der modernen Gesellschaft: »Was sich (…) zu ändern scheint, ist (…) die Form der Selbstbeschreibung. (…) Die moderne Gesellschaft beobachtet sich als Beobachter, beschreibt sich als Beschreiber (…).«

soziales Gebilde, das »von einer gewissen Einheitlichkeit der Lebensverhältnisse, von einer Homogenität und internen Bindungskraft gekennzeichnet ist« (ebd.). Wie sehr an dieser oder ähnlichen begrifflichen Konstruktionen festgehalten wird, zeigen u. a. die bekannten Einwände gegen den Begriff der Weltgesellschaft; z. B. der Einwand, dass Weltgesellschaft »weder eine empirisch feststellbare noch eine (…) theoretische Tatsache« sei (Reese-Schäfer 1992, 89), weil wir es mit einer »Vielfalt von Einzelsaaten« (ebd.) zu tun hätten.[49]

Auch der Hinweis auf die globale Vielfalt von Praktiken und Perspektiven spricht anscheinend gegen einen singulären Gesellschaftsbegriff. Vielmehr sei, so Giddens, von einer Vielzahl von begrenzten Systemen (Gesellschaften) auszugehen, die sich »vor dem Hintergrund einer Reihe anderer systemischer Beziehungen (…) reliefartig ›herausheben‹« (Giddens 1992a, 217). Neben innergesellschaftlichen Zusammenhängen sind laut Giddens vor allem die »Beziehungsformen zwischen Gesellschaften unterschiedlichen Typs« für die Konstitution von »gesellschaftlichen Ganzheiten« entscheidend (ebd.). Obwohl Gesellschaften »keineswegs immer klar markierte Grenzen« hätten, seien sie »in der Regel mit bestimmten Ortstypen verbunden« (ebd., 216). Ein besonderes Merkmal des sozialen Systems ›Gesellschaft‹ sei deshalb seine Verbindung mit »einem bestimmten Ort oder Territorium« (ebd., 218). Der Gesellschaftsbegriff bezeichne »ein begrenztes System« (ebd.), welches in der modernen Welt »sehr eng mit dem administrativen Geltungsbereich zentralisierter Regierungen« (ebd., 337), also mit den Grenzen von Nationalstaaten, übereinstimme.

Genau diese Konzeption von Gesellschaft (als territorial oder national integriertes Gebilde) gerät aber durch das Sichtbarwerden zunehmender (ökonomischer, sozialer und kultureller) Interdependenzen, einer zunehmend komplexen Dialektik des Lokalen und Globalen sowie einer fortschreitenden Kulturalisierung des Sozialen ins Wanken. Die ›theoretische Matrix‹, die den gängigen Diagnosen der globalisierten Gegenwart zugrunde liegt, wird durch die ›Feststellung‹ von zunehmend komplexen und unübersichtlichen Kommunikations- und Interaktionszusammenhängen untergraben. So macht die anhaltende Globalisierungsdebatte einerseits die Zunahme transnationaler oder überregionaler (Kommunikations-) Beziehungen und die Auflösung der räumlichen Kammerung des sozialen Lebens sichtbar, bleibt andererseits jedoch, aufgrund der traditionellen, nationalen oder regionalen Bestimmung von Gesellschaft, begrifflich hinter diesen Feststellungen zurück.

Der Begriff der Weltgesellschaft dagegen enthält den Begriff der Gesellschaft nur im Singular. Er zielt auf den ›gesellschaftlichen Charakter‹ aller sozialen Systeme und Ereignisse, welcher von Luhmann dadurch präzisiert wird, dass soziale Systeme in systemtheoretischer Sicht aus Kommunikationen (und nichts anderem als Kommunikationen) bestehen. Im Sinne des Begriffs der Weltgesellschaft ist da-

---

49 Genau besehen verweist aber die ›Vielfalt von Einzelstaaten‹ auf die Unzulänglichkeit eines territorial oder national gefassten Gesellschaftsbegriffs: »Denn auf der anderen Seite jeder Grenze gibt es wiederum Länder mit Grenzen, die ihrerseits eine andere Seite haben« (Luhmann 1998, 150).

her nur von einer Gesellschaft auszugehen, deren Außengrenzen die Grenzen der Kommunikation sind:

>»Sofern sie kommunizieren, partizipieren alle Teilsysteme an der Gesellschaft. Sofern sie in unterschiedlicher Weise kommunizieren, unterscheiden sie sich. Geht man von Kommunikation als der elementaren Operation aus, deren Reproduktion Gesellschaft konstituiert, dann ist offensichtlich in *jeder* Kommunikation Weltgesellschaft impliziert, und zwar ganz unabhängig von der konkreten Thematik und der räumlichen Distanz zwischen Teilnehmern« (Luhmann 1998, 150).

Unterschiede und Unterscheidungen, unterschiedliche Lebensweisen, ungleiche Standpunkte und Perspektiven, Einstellungen und Positionen verweisen – auch (oder gerade) wenn sie sich nicht zu homogenen und geschlossenen Gebilden zusammenfügen lassen – auf Gesellschaft als eben jene Einheit, die mit jeder Unterscheidung angezeigt wird, d. h. auf ein ›Kommunikationsfeld‹, das mit jeder Produktion von Unterschieden aufgespannt wird.[50] Gesellschaft auf der Basis des »alle Gesellschaft fundierenden Sachverhalts« (Luhmann 1999, 56) der Kommunikation als Weltgesellschaft zu definieren, bedeutet gerade nicht, dass man sich Weltgesellschaft einfach als ein den Globus umspannendes soziales System vorzustellen hat.[51] Anstatt die regionale Definition einer Vielzahl von Gesellschaften durch die Vorstellung von einer globalen (und somit ebenso räumlich definierten) Gesellschaftsformation zu ersetzen, muss geklärt werden, worauf der erste Teil des Kompositums Weltgesellschaft verweist: »In welcher *Welt* spielt sich diese Gesellschaft eigentlich ab« (Nassehi 1999a, 27)?

In der systemtheoretischen Konzeption Luhmanns ist die Welt »weder ein schönes Lebewesen, noch eine aggregatio corporum« (Luhmann 1998, 153).

>»Sie ist auch nicht die universitas rerum, also nicht die Gesamtheit der sichtbaren und der unsichtbaren Sachen, der Dinge und der Ideen. Sie ist schließlich auch nicht die ausfüllungsbedürftige Unendlichkeit, nicht der absolute Raum oder die absolute Zeit. Sie ist keine Entität, die alles ›enthält‹ und dadurch ›hält‹. All diese Beschreibungen und noch viele andere können in der Welt angefertigt werden. (…) Die Welt will nicht als Aggregat, sondern als Korrelat der in ihr stattfindenden Operationen verstanden sein« (ebd.).

Die Operationen, die nach systemtheoretischem Verständnis die Welt konstituieren, sind Beobachtungen, die von sozialen Systemen durch Kommunikation realisiert werden. Welt muss nach systemtheoretischer Auffassung beobachterrelativ gedacht werden, als die Einheit dessen, was für ein beobachtendes System »System-und-Umwelt ist« (ebd., 154). Dadurch kommt es zu einer irreduziblen Pluralität von Welten und zu einer »Begriffsverschiebung vom Sein der Welt zum Welthorizont« (Nassehi 1999a, 29).[52] Begreift man Welten als Effekte von unter-

---

50 Vgl. Kapitel 5 und Kapitel 6.
51 Vgl. Kapitel 6.
52 Diese Begriffsverschiebung ist hier an den abstrakten Beobachtungsbegriff der Systemtheorie gebunden, sie kann aber auch als eine Theorie des Subjekts formuliert werden: »Vormoderne Weltbegriffe waren (…) noch in der Lage, Welt als beobachtungsunabhängige Entität zu den-

scheidungsabhängigem Beobachten oder als Produkte des Handelns und Sprechens von Subjekten, so stößt man auf das Paradox einer Vielfalt von Weltkonstruktionen in der Welt. Welten entstehen, dieser Auffassung zufolge, entlang der Differenzen von Perspektiven, aus denen die Welt beobachtet wird. Sie sind das Produkt von sinnhaften Operationen der Beobachter in der Welt, von Beobachtungen die »*verschiedene* Weltentwürfe erzeugen« (Luhmann 1998, 155). Die Welt ist also kein ontologischer Sachverhalt, der als solcher beobachtet werden könnte, sie muss von Beobachtern in der Welt konstruiert werden.

> »Welt ist nicht schlicht da, sondern sie wird je hervorgebracht. Das ist der ontologische Status der Welt, der es geradezu ausschließt, von einer Welt zu sprechen, sondern lediglich – in dieser paradoxen Formulierung – von *Welten* in der einen *Welt* (Nassehi 1999a, 28).

Nassehi betont, dass diese Dekomposition der Welt auch von anderen sozialwissenschaftlichen Theorien (nach-)vollzogen wird, die ein »radikal perspektivisches Verständnis der sozialen Welt entwickelt haben« (ebd., 28).[53] Wenn man (wie beispielsweise Schütz) die Konstitution der Alltagswelt als produktiven Sinnbildungsprozess versteht, dann zeigt sich, dass »Kontingenz zentral in die sinnhaften Strukturen der Alltagswelt eindringt« (Waldenfels 1985, 158). Alltägliche soziale Ordnung kann dann nicht als Gegebenheit in der Welt vorausgesetzt, sondern muss als Ergebnis sozialer Prozesse betrachtet werden:

> »Ist Welt tatsächlich dekomponiert in *unterschiedliche Horizonte*, die nicht vorgängig einer außerhalb ihrer selbst liegenden Ordnung unterworfen sind, ist soziale Ordnung nicht die Voraussetzung, sondern bestenfalls die Folge sozialer Prozesse. (…) Gesellschaft erscheint dann als ein geradezu chaotischer Anschlusszusammenhang von Ereignissen, dessen alltägliche gewohnte Ordnung (…) als arbiträr und damit hoch-voraussetzungsreich erscheint« (Nassehi 1999a, 28).

In systemtheoretischer Sicht entspricht diese Dekomposition der Welt den wechselseitigen Beobachtungsverhältnissen operativ geschlossener Systeme, d. h. der gesellschaftlichen Differenzierung.

Kulturelle und gesellschaftliche Ordnungen sind vor diesem Hintergrund »arbiträre und hochkontingente, in diesem Sinne: sinnlose Strukturen, die weder einem Plan noch einer Notwendigkeit, weder einem Willen noch einem anderen Zugzwang« folgen (ebd., 28). Genau darauf stoßen Sozial- und Kulturwissenschaften, wenn sie Globalisierung als Entankerung oder Entgrenzung beschreiben. Ihre Diagnose untergräbt das Fundament einer begrifflichen Ordnung, die natio-

---

ken, die man zwar verfehlen kann, die aber gewissermaßen von außen eine wahre Sicht der Dinge verbürgt. Moderne Weltbegriffe dagegen entstehen auf dem Boden der gesellschaftlichen Erfahrung von Kontingenz (…). Aus der Ontologie der Welt wurde eine Theorie des Subjekts, d. h. der bewussten Weltkonstitution durch das Subjekt überhaupt bzw. durch konkrete Individuen« (Nassehi 1999a, 27).

53   Nassehi nennt neben Luhmanns Theorie sozialer Systeme u. a. die Sozialphänomenologie von Schütz, den wissenssoziologischen Ansatz von Berger/Luckmann und Bourdieus Theorie des sozialen Sinns.

nal oder regional integrierte Gesellschaften suggeriert. Sie macht den Beobachter sichtbar und entlarvt die »Ordnung der klassischen industriegesellschaftlichen und nationalstaatlichen Moderne« (ebd., 30) als eine kontingente Ordnungsbeschreibung. Im Globalisierungsdiskurs vollzieht sich mit anderen Worten ein »Blick hinter die Kulissen (...) der eigenen Kulturproduktion« (ebd., 29), auch der eigenen wissenschaftlichen Beobachtung und Beschreibung der Welt.

Die ›Feststellungen‹, die im Rahmen der bekannten »Zugänge zur Globalisierung« (Backhaus, 1999) wiederholt gemacht wurden/werden, schlagen also zurück auf den sozial- oder kulturwissenschaftlichen Beobachter, indem sie ihn mit einem Paradox bestrafen – dem Paradox einer irreduziblen Pluralität von Welten in der Welt – und Kontingenz in seine Beobachtungen und Beschreibungen implantieren. Das Besondere an der Rede von einer zunehmenden Globalisierung und Kulturalisierung des Sozialen wäre dann, dass sie zu einer Verunsicherung der Beobachtungs- und Beschreibungspraxis führt, weil sich gewissermaßen hinter dem Rücken der sozial- und kulturwissenschaftlichen Beobachter eine Auffassung von der Kontingenz der eigenen Ordnungsbeschreibungen verbreitet. Sie provoziert dadurch nicht nur einen Perspektivenwechsel hin zu Ansätzen, die auf eine Methodik des Verstehens und der Sinndeutung zielen, sondern erfordert (auf der Beobachterseite) das Erkennen und einen Umgang mit der Kontingenz des eigenen Standpunktes sowie der eigenen sozial- oder kulturwissenschaftlichen Perspektive – dies auch (oder gerade) von jenen Ansätzen, die sich den *native's point of view* auf ihre Fahnen geschrieben haben. Gefragt ist daher eine Theorie, die nicht nur »den routinemäßigen Blick des Alltags und die unhinterfragten Plausibilitäten sozialer Konstellationen mit einer anderen, theoretisch und methodisch kontrollierten Lesart versorgt« (Nassehi 1999b, 358), sondern auch die routinisierten Bezeichnungs- und Diskurspraxen der Sozial- und Kulturwissenschaften hinterfragt. Eine kulturtheoretische Sozialwissenschaft, die diese Problemstellung mit aufnimmt, ruft eine im weiteren Sinne konstruktivistische Perspektive auf, mit der die Konstruktion sozialer Wirklichkeit entlang der (Re-)Produktion von kollektiven Sinnsystemen, Wissensordnungen, symbolischen Codes, Deutungsschemata und Semantiken in verschiedensten Bedeutungspraktiken des Alltags und der Wissenschaft analysiert werden. Im Hinblick auf die Frage, ob und wie diese konstruktivistische Einstellung auch auf die eigene Beobachtungs- und Beschreibungspraxis angewendet wird, muss zwischen verschiedenen Varianten von Konstruktivismus und ihren Implikationen für sozial- oder kulturwissenschaftliche Forschung unterschieden werden.

Mit Knorr-Cetina (1989) können neben einem konstruktivistischen Programm empirischer Sozialforschung zwei theoretische Spielarten des Konstruktivismus auseinandergehalten werden: ein phänomenologisch informierter Sozialkonstruktivismus einerseits und ein kognitions- oder erkenntnistheoretischer Konstruktivismus andererseits. Sie unterscheiden sich im Hinblick auf epistemologische Annahmen und wissenschaftstheoretische Erklärungsansprüche (also in Bezug auf Annahmen über die Bedingungen der Möglichkeit von Erkenntnis und bezüglich des Status von Repräsentationen). Unter die Bezeichnung Sozialkonstruktivismus werden gemeinhin Ansätze subsummiert, die sich mit der sozialen

Konstruktion von Wirklichkeit(en), und dabei auch mit deren Objektivierung als ›geographische‹ oder ›natürliche‹ Tatsachen, beschäftigen.[54] Diese Haltung kennzeichnet einen Großteil der gegenwärtig einer kulturtheoretischen Sozialwissenschaft zugerechneten Ansätze.[55] Sie teilen laut Reckwitz (2000, 33) die Auffassung, »dass die Welt für den Menschen nur insofern existiert, als dass er ihr auf der Grundlage seiner symbolischen Ordnungen eine Bedeutung zuschreibt und sie damit gewissermaßen erst sinnhaft produziert.«[56] Die Annahme von ›Konstruiertheit‹ betrifft dabei in erster Linie eine gesellschaftlich hergestellte ›Normalrealität‹, die als das Produkt symbolisch-signifikativer Prozesse und Praktiken betrachtet wird. Der Erklärungsanspruch sozialkonstruktivistischer Ansätze besteht typischerweise darin, die alltägliche oder alltagsweltliche Herstellung und Durchsetzung von Wirklichkeiten – bzw. Wirklichkeitskonstruktionen – durch wissenschaftliche ›Konstruktionen zweiten Grades‹ zu rekonstruieren und »in Über-

---

54   Vgl. zum konstruktivistischen Denken in der Geographie auch Miggelbrink (2002a) oder Flitner (1998).

55   Ein umfangreiches Kompendium des vermeintlichen Programms einer kulturtheoretischen Sozialwissenschaft liefert Reckwitz (2000). Die Ansätze einer kulturtheoretische Sozialwissenschaft eint, laut Reckwitz, ihre Opposition zu naturalistischen Versionen der Sozialtheorie, welche menschliches Verhalten »über nicht-sinnhafte Faktoren« erklären oder dem »Faktor ›Sinn‹ (…) einen reduzierten Status« zuweisen (ebd. 33). Zu den einflussreichsten Entwürfen, in denen die soziale Wirklichkeit als Produkt sozio-kultureller Konstruktionsprozesse thematisiert wird, zählt Reckwitz u. a. die phänomenologische Sozialtheorie von Alfred Schütz und den daran anschließenden Entwurf von Berger/Luckmann, die ethnomethodologischen Ansätze Harold Garfinkels und Erving Goffmans, die ›neo-hermeneutische‹ Ethnographie von Clifford Geertz ebenso wie die von der Rezeption des linguistischen Strukturalismus geprägte Kulturtheorie von Claude Lévi-Strauß oder das Werk Michel Foucaults und die Theorie von Pierre Bourdieu. Eine im weiteren Sinne konstruktivistische Grundhaltung kennzeichne überdies die in Anlehnung an Wittgensteins Spätwerk entworfenen Theorien sozialer Praxis, zu denen neben den Werken von Peter Winch und Theodore Schatzki auch Anthony Giddens' Strukturationstheorie und »in mancher Hinsicht« (ebd., 36) auch Jürgen Habermas' Theorie des kommunikativen Handelns zu rechnen seien. Diese Liste kann zweifellos ergänzt werden. Um eine vollständige Aufzählung aller Konzeptionen aus dem Feld einer ›kulturtheoretischen‹, ›interpretativen‹ oder ›konstruktivistischen‹ Sozialtheorie soll es hier jedoch nicht gehen. Betont werden soll hingegen, dass im Bereich der Sozialtheorie auf verschiedenen Wegen eine theoretische Perspektive erreicht wird, mit der die sinnhafte Produktion und Reproduktion sozialer Wirklichkeit in den Vordergrund des Interesses rückt.

56   An dieser Stelle der Welt jede *Existenz* außerhalb von symbolischen Ordnungen, sinnhaften Deutungen oder (kollektiven) Wissensbeständen abzusprechen, ist allerdings unvorsichtig und wird von der umständlichen Relativierung, dass die Welt *gewissermaßen* sinnhaft produziert werde, nur bedingt aufgefangen. Vielmehr muss betont werden, dass es diesen Theorien darum geht, ontologische Fragen nach der Existenz der Welt durch Fragen nach der Konstruktion von Bedeutungen zu ersetzen, weil davon ausgegangen wird, dass nichts von Bedeutung ist, was keine Bedeutung hat. Das exklusive Interesse für die sinnhafte Konstitution von Wirklichkeit beruht auf der Prämisse, dass »sich nichts Unbedingtes denken [lässt], das nicht mindestens noch durch seine Bezeichnung bedingt wäre, durch seine kulturelle, sprachliche oder auch nicht-sprachliche Repräsentation« (Nassehi 1999b, 354f.), weil es keine Möglichkeit gibt, »aus dem Reich der Kommunikation und der kulturellen Bezeichnungen, aus dem Zeichenuniversum der Sprache und der Bedeutungen oder wenigstens der Erfahrungen herauszutreten« (ebd.).

einstimmung mit den Verfahrensregeln der Wissenschaft zu erklären« (Schütz 1971, 7).

Weitgehend offen lässt der sozialkonstruktivistische Zugang zur Wirklichkeitskonstruktion jedoch die Frage »nach dem Status der vom Konstruktivismus gelieferten Erkenntnis« (Knorr-Cetina 1989, 88), d. h. genau jene Frage, die einen erkenntnis- oder kognitionstheoretischen Konstruktivismus kennzeichnet. Der Sozialkonstruktivismus ist hinsichtlich der Bedingungen der Beobachtung von Konstruktionspraktiken und oft auch hinsichtlich ihrer Repräsentation als wissenschaftliche (Re-)Konstruktion skrupellos; »er verbirgt diesen Skrupel zugunsten eines ontologischen Nachweisprogramms, das die produzierte Objektivität von Wirklichkeit erläutert« (ebd., 89). Demgegenüber wenden erkenntnistheoretische Varianten den konstruktivistischen Verdacht, dass die Realität in Bedeutungspraktiken hergestellt wird, auch auf wissenschaftliche Beobachtung und Beschreibung an. Zur Auffassung, dass die soziale Welt ein Produkt von sozialen Praktiken ist, im Rahmen derer sie (durch soziale Akteure) im Modus von Bedeutungen hergestellt wird, kommt – im Sinne einer konstruktivistischen Epistemologie – die Auffassung hinzu, dass auch wissenschaftliche Erkenntnis Konstruktion von Welt in der Welt ist, d. h. eine Repräsentationspraxis involviert, die von einem bestimmten Standpunkt in einer bestimmten Perspektive vollzogen wird.

Verschiedene erkenntnistheoretische Versionen der konstruktivistischen Grundhaltung rekurrieren auf die Annahme operativer Geschlossenheit kognitiver Vorgänge – insbesondere auf die Annahme einer informationellen Geschlossenheit von Wahrnehmungsprozessen. Durch Wahrnehmung wird, gemäß dieser Auffassung, nicht einfach eine über Sinnesreize vermittelte Außenwelt abgebildet, sondern stets Wirklichkeit in rekursiven Prozessen konstruiert. Die Vorstellung von Wahrnehmung als selbstreferentielle Konstruktion wird u. a. von Humberto R. Maturana und Francisco J. Varela (unter Bezugnahme auf die Organisation von lebenden Organismen und neuronalen Prozesse) in ihrer biologischen Kognitionstheorie vertreten[57] und durch Heinz von Foerster in einer konstruktivistischen Erkenntnistheorie expliziert.[58] Sie ist aber auch aus der Entwicklungspsychologie Piagets bekannt, die der Begründer eines radikalen Konstruktivismus – Ernst von Glasersfeld – in seiner Theorie der Erkenntnis aufgegriffen hat.[59]

Vor allem die Systemtheorie Luhmanns zeigt überdies, dass auch soziale Systeme durch Kommunikation in rekursiven Prozessen Wirklichkeiten konstruieren. Dabei wird von einem Beobachter ausgegangen, der kein Subjekt im klassischen Sinne, sondern ein (soziales) System ist. Nach dieser Theorie werden bei allen Beobachtungen und Beschreibungen vom Beobachter Unterscheidungen eingeführt, die nicht ›in der Natur der Dinge‹ liegen. Luhmann leugnet damit nicht die *Existenz* einer äußeren Realität, sondern bestreitet »die erkenntnistheoretische Relevanz einer ontologischen Darstellung der Realität« (Kneer/Nassehi 1993, 98).

---

57   Vgl. etwa Maturana/Varela (1987) oder Maturana (1987).
58   Vgl. etwa von Foerster (1987 u. 1992).
59   Vgl. zur konstruktivistischen Erkenntnistheorie von Glasersfelds etwa von Glasersfeld (1992;
     1996 u. 1997).

Das unterscheidet den epistemologischen Konstruktivisten mithin vom metaphysischen (Ver-)Zweifler cartesianischer Prägung, für den die Realität im stets unsicheren Zustand einer Illusion schwebt, weil Ungewissheit darüber besteht, ob sie nicht bloß eine Fiktion oder Einbildung ist. Dieser traditionelle Skeptizismus hat »die Möglichkeit einer festen, wahrheitsfähigen Beziehung zwischen Erkenntnis und Realität *nur bezweifelt*, weil alles immer auch anders sein kann« (Luhmann 1992a, 95). Vom Standpunkt einer konstruktivistischen Einstellung aus wird jedoch erkennbar, »dass eine solche Beziehung *gar nicht bestehen darf*« (ebd.), weil sie voraussetzen würde, dass man die Welt gewissermaßen von außen beobachtet, »aus der Perspektive Gottes nämlich, dem allein das Privileg zusteht, eine Perspektive des Nirgendwo einzunehmen, und der deshalb ohne Perspektive auskommt (Nassehi 1999b, 354). Die Möglichkeit, dass Erkenntnis als eine Art Abbildung der Realität zustande kommt, wird auf diese Weise ausgeschlossen. Auch scheint es vor diesem Hintergrund »nicht länger begründbar, eine (wie auch immer minimalisierte) ›Korrespondenz‹ zwischen wissenschaftlichen Theorien und einer unabhängig davon zu denkenden Welt der Tatsachen (...) anzunehmen« (Reckwitz 2000, 23).

Die Auffassung, dass die Gegenstände wissenschaftlicher Beobachtung und Beschreibung nicht unabhängig von der Beobachtungs- und Beschreibungspraxis ›in der Wirklichkeit‹ vorliegen, dass die Wissenschaften vielmehr in die Produktion ihrer Gegenstände involviert sind, speist sich aber auch aus der analytischen oder postanalytischen Philosophie und Wissenschaftstheorie.[60] Im Sinne dieser »anti-korrespondenztheoretischen Ansätze« (Reckwitz 1999, 20) müssen Theorien als ›Vokabulare‹ begriffen werden, mit denen produktive Deutungen der Welt hergestellt werden. Eine entscheidende Konsequenz dieser Einstellung besteht darin, dass es keine nicht-zirkulären Argumente für die Wahl von Vokabularen gibt. Demzufolge gibt es auch keinen Grund anzunehmen, »dass die Welt entscheidet, welche Beschreibungen wahr sind« (Rorty 1992, 25).[61]

Die einzelnen Versionen »einer ›post-empirischen‹ oder ›post-positivistischen‹ Wissenschafts- und Erkenntnistheorie« (Reckwitz 1999a, 20) unterscheiden sich u. a. darin, »inwiefern sie davon ausgehen, dass über die Grenzen einzelner kultureller Vokabulare und Wissensgemeinschaften hinweg übergreifende Rationalitätsmaßstäbe zur Gewinnung als gültig akzeptierten Wissens existieren« (ebd., 21). Auch für Ansätze, die von der Annahme grenzüberschreitender Krite-

---

60   Vgl. z. B. Vielmetter (1999 u. 1998) oder Bohman (1991) und Bohman et al. (1991).

61   Rortys Position ist nicht als ein erkenntnistheoretisches Fundament der Sozial- oder Kulturwissenschaften konzipiert. Vielmehr konfrontiert Rorty philosophische Debatten über wissenschafts- und erkenntnistheoretische Fragen mit den sozialtheoretischen Devisen: »›Alles ist eine soziale Konstruktion‹ und ›Alles Bewusstsein ist eine sprachliche Angelegenheit‹« (Rorty 1994, 38). Dabei geht es, wie Rorty mit Verweis auf Dewey, Wittgenstein und Heidegger betont, darum, die herkömmliche (naturalistische) Version von Wissenschafts- und Erkenntnistheorie zu verabschieden, die vorgibt, eine »allgemeine Theorie der Darstellung zu sein, eine Theorie, welche die Kultur in unterschiedliche Bereiche einteilt: solche, die die Wirklichkeit gut darstellen, solche, die sie weniger gut darstellen, und solche, die sie (wohl darzustellen beanspruchen, jedoch) überhaupt nicht darstellen« (Rorty 1981, 13).

rien ausgehen, gilt jedoch, dass sie diese »immer ›nur‹ auf die immanente Rationalität der wissenschaftlichen Kommunikation und Praxis selber beziehen« (ebd.) können, nicht aber auf ein »Verhältnis zwischen wissenschaftlichen Theorien und der Welt der Tatsachen« (ebd.). Sie teilen damit die Auffassung, dass wissenschaftliche Theorien selbst kulturelle Vokabulare sind, »die letztlich kontingente Interpretationen anleiten und mehr oder minder taugliche heuristische Werkzeuge liefern« (ebd., 20).

Laut Reckwitz schlägt sich die konstruktivistische Einstellung einer kulturtheoretischen Sozialwissenschaft auch auf der Ebene der sozialwissenschaftlichen Methodendiskussion und in der thematischen Ausrichtung empirischer Forschung nieder. Sie mache sich dort in der zunehmenden »Kritik an der Dominanz von Methoden quantitativ-standardisierter Sozialforschung« (Reckwitz 2000, 25) und in der Ausbildung eines heterogenen Feldes »alternativer ›qualitativer‹ Methoden« bemerkbar (ebd.).[62] Letztere gehen im Grundsatz davon aus, dass die Untersuchung der sinnhaft konstituierten Sozialwelt andere Methoden erfordert, »als die Naturwissenschaften sie für die ›sinnfreie‹ Natur und deren Regelmäßigkeiten verwenden können« (ebd.). Weil man es mit einer Welt zu tun hat, »die schon innerhalb von Bedeutungsrahmen durch die gesellschaftlich Handelnden selbst konstituiert ist« (Giddens 1984, 199), deshalb brauche man für sozial- oder kulturwissenschaftliche Forschung Methoden, die eine »dem Gegenstand ›angemessene‹ Interpretation der Sinnmuster« (Reckwitz 2000, 26) ermöglichen. Dazu seien insbesondere qualitative Methoden berufen, denn diese seien »in ihren Zugangsweisen zu den untersuchten Phänomenen häufig offener und dadurch ›näher dran‹ als andere Forschungsstrategien« (Flick et al. 2000, 17).

Die Annahme eines solchen Zusammenhangs ist vor dem Hintergrund einer ›anti-korrespondenztheoretischen‹ Auffassung allerdings fragwürdig. Auch wenn qualitative Methoden ein differenzierteres Instrumentarium für die Untersuchung divergierender Sinnbildungen bieten, können sie genau genommen nicht als ›näher dran‹ und ›dem Gegenstand angemessen‹ begriffen werden. Auch die Verwendung qualitativer Methoden setzt den Standpunkt eines (in besonderer Weise interessierten) außenstehenden Beobachters voraus. Dass die Sozialwissenschaften an der Produktion ihres Gegenstand beteiligt sind, kann nicht als methodisches Problem an die Aufgabe delegiert werden, eine »möglichst fruchtbare und dem Gegenstand ›angemessene‹ Interpretation der Sinnmuster« (Reckwitz 2000, 26) zu erproben. Man hat es dabei nicht ›bloß‹ mit einem ›Problem der Adäquanz‹ zu tun, das auf der Ebene der Forschungsmethodik gelöst werden könnte.

Die besondere Beobachtungskonstellation sozial- und kulturwissenschaftlicher Forschung, die Giddens (1984, 199) mit dem Begriff der »doppelten Hermeneutik« beschrieben hat, ist weder ein Votum für die Verwendung qualitativer Forschungsmethoden, noch gründet darin die von Reckwitz konstatierte Verschiebung der empirischen Forschung »in Richtung kulturwissenschaftlicher Themen und Fragestellungen« (Reckwitz 2000, 26). In den Forschungsarbeiten einer kulturtheoretischen Sozialwissenschaft mag sich eine Verschiebung der For-

---

62   Vgl. zum Stand der Diskussion in der deutschsprachigen Soziologie Hitzler (2000, 459).

schungsinteressen von den ›großen Brüchen‹ zu den ›feinen Unterschieden‹ abzeichnen. Die Überzeugung, dass es in den Sozial- und Kulturwissenschaften darum geht, »die Bedeutungsrahmen zu durchdringen, die die Handelnden selbst für die Konstitution und Rekonstitution der sozialen Welt benutzen« (Giddens 1984, 191), enthält jedoch weder eine Präferenz für qualitative Forschung noch für bestimmte Themen empirischer Forschung. Eine kulturtheoretische Sozialwissenschaft wird aufgrund ihrer konstruktivistischen Grundhaltung hingegen in Rechnung stellen müssen, was ihre Beschreibung den Bedingungen der Beobachtung verdankt und daher versuchen, ihre eigenen Konstruktionspraktiken zu reflektieren.

Ein den Sozialwissenschaften »eigener und äußerst interessanter Grundzug« besteht laut Giddens (1984, 95) in der »Reziprozitätsbeziehung zwischen Alltags- und wissenschaftlichen Theorien«. Dass darin aber nicht ›bloß‹ eine methodische Schwierigkeit liegt, wird deutlich, wenn man in Rechnung stellt, dass die sozial- oder kulturwissenschaftliche Sinnrekonstruktion »interpretative Kategorien« (Giddens 1992a, 338) voraussetzt und mit »Übersetzungsanstrengungen« (ebd.) verbunden ist, d. h. letztlich eine kontingente Beschreibung von Beschreibungen in einer Theoriesprache darstellt. Es zeigt sich aber auch darin, dass nicht nur die Kategorien der Alltagssprache und des alltäglichen Handelns in Theoriesprache ›übersetzt‹ werden, sondern andererseits auch die Begriffe und Theorien der Sozialwissenschaften in den »Sprachschatz derer, deren Verhalten mit ihnen eigentlich analysiert werden sollte« übergehen (Giddens 1984, 199). Sozialwissenschaftliche Beobachtung verändert auf diese Weise das von ihr beobachtete Feld, sie leistet »eine reflexive Umstrukturierung ihres Gegenstandsbereichs, dessen Angehörige ihrerseits gelernt haben, soziologisch zu denken« (Giddens 1995, 60).

Kulturtheoretische Sozialwissenschaften, die auf diese Weise gewahr werden, »dass sie selbst wie ihr Gegenstand involviert sind, in die *Produktion* ihres Gegenstandes« (Nassehi 1999b, 357), können sich nicht mit der Aufgabe zufrieden geben, »einen Blick auf die alltäglichen Routinen des Unsichtbaren und der Ausschließung anderer Möglichkeiten zu riskieren« (ebd., 359). Sie werden diese Strategie der Verunsicherung auch auf die Repräsentationspraxis der wissenschaftlichen Beschreibung richten und eine theoretische Reflexion der Bedingungen ihrer Beobachtung erzwingen. Sie können nicht daran vorbeisehen, dass wissenschaftliche Beobachtung, wie der von ihnen beobachtete Gegenstand, eine praktische Tätigkeit darstellt, die »spezifische Formen der Beschreibung hervorbringt« (Giddens 1984, 199). Diese Beschreibungen unterliegen »dem gleichen Verdikt der selbsttragenden Konstruktion und der Krise der Repräsentation (…) wie wir es unseren Erkenntnisgegenständen heute so gerne ins Stammbuch schreiben« (Nassehi 1999b, 359). Aus einer kulturtheoretischen Wende resultiert letztlich die Aufgabe, die Aufmerksamkeit der wissenschaftlichen Beobachtung (auch) den Konstruktionsprinzipien der sozial- oder kulturwissenschaftlichen Beobachtung zuzuwenden, d. h. die Aufmerksamkeit von der Beobachtung des *Gegenstandes* auf die *Beobachtung* des Gegenstandes zu lenken.

3 Die Geographie, das Soziale und der Rest

Eine kulturtheoretische Sozialgeographie, deren Forschungsgegenstand kulturelle Praktiken der Konstruktion geographischer Wirklichkeiten sind, gehört heute zum Kernbestand der Humangeographie. Diese Auseinandersetzung mit signifikativen oder symbolischen Geographien wendet sich insofern von traditionellen geographischen Forschungskonzeptionen ab, als sie weder die Erklärung einer ›natürlich‹ gegebenen Naturordnung, noch die Aufdeckung vermeintlich objektiver räumlicher Gesetzmäßigkeiten anstrebt. Die kulturtheoretischen Sozialgeographie sieht ihre Aufgabe vielmehr darin, die diskursive Produktion und Reproduktion von ›symbolischen Geographien‹ oder ›geographischen Imaginationen‹[63] in den verschiedensten Bereichen des täglichen Lebens und der Wissenschaft zu untersuchen. Sie richtet ihr Augenmerk auf die räumliche Repräsentation von Dingen, d. h. auf Ordnungsbeschreibungen und Deutungsrahmen, mit denen die gesellschaftlich Handelnden die Welt für sich und für andere verstehbar machen. Dabei werden nicht nur Theoriebezüge zu den Sozial-, Kultur-, Literatur- und Geisteswissenschaften hergestellt, sondern auch eine Vielzahl unterschiedlichster Forschungsthemen erschlossen. Das Interessenfeld der (empirischen) Forschung einer so verstandenen Sozial- oder Kulturgeographie erstreckt sich von den alltäglichen Praktiken des Konsums bis zu den globalen Strategien der Produktion in einer ›Ökonomie der Zeichen‹, von der Visualisierung geographischer Imaginationen durch die Ausstellung der Welt auf der Weltausstellung bis zu den regionalen und nationalen Rhetoriken (geo-)politischer Diskurse oder von der Konstruktion von Natur und Landschaft bis zur Symbolsprache der Architektur der Städte usw.

Diese theoretische Ausrichtung und das Interesse für kulturelle Praktiken ist, wenn man den Kommentaren zum so genannten *cultural turn* in der Geographie Glauben schenkt, eine neuere Erscheinung.[64] Sie kann als eine Weiterentwicklung

---

63 »The way we understand the geographical world, and the way in which we represent it, to ourselves and to others, is what is called our ›geographical imagination‹. It is through this geographical imagination that people and societies understand their place in the world, and the place, too, of other people and other societies. Such world views vary between societies and through history. They may also be contested. They are social products which reflect a balance of power« (Massey/Allen 1995, 41). Vgl. dazu Gregory (1994a).

64 Vgl. z. B. Mitchell (2000, 3): »Cultural questions are now driving research in economic, political, urban, developmental, and even environmental geographies. (…) Two decades ago

der sozialtheoretisch informierten Geographie verstanden werden, die sich Mitte der 1980er-Jahre vor allem in der englischsprachigen Diskussion etabliert hatte. Dort hatte sich, jenseits des *spatial approach,* eine theoretische Auseinandersetzung mit ›sozialen Beziehungen‹ und ›räumlichen Strukturen‹ durchgesetzt, im Rahmen derer aktuelle sozialtheoretische Ansätze in die Entwicklung sozialgeographischer Perspektiven aufgenommen wurden.

Signifikative Praktiken, materielle Welt und gelebte Alltagserfahrung

Die ›Entdeckung‹ des Sozialen sowie der Beziehungen von Sozialtheorie und Geographie zeichnet sich im Feld der angelsächsischen Geographie der 1980er-Jahre vor allem an drei Orten ab: Zum einen in einer so genannten *humanistic geography*, die unter Bezugnahme auf phänomenologische Konzepte die interpretativen Leistungen von Subjekten in Bezug auf die Wahrnehmung von Räumen und Orten hervorhebt.[65] Zum anderen fand eine verstärkte Bezugnahme auf sozialtheoretische Konzeptionen sowohl in den Ansätzen einer *critical human geography* marxistischer Prägung als auch in den Versuchen einer strukturationstheoretischen Neukonzeptualisierung der Regionalgeographie – in einer *new regional geography* – statt. Den Ausgangspunkt der Beschäftigung mit sozialtheoretischen Konzeptionen bildet in allen drei Theoriesträngen die Kritik am raumwissenschaftlichen Ansatz *(spatial approach)* und seinen Methoden. Diese Kritik besagt, dass in der raumwissenschaftlichen Forschung zwar eine theoretische und methodische Auseinandersetzung mit den räumlichen Strukturen sozialer Prozesse stattgefunden habe; die raumwissenschaftliche Geographie der 1960er- und 1970er-Jahre sei jedoch einem positivistischen Realismus verpflichtet und beim Versuch stehen geblieben, räumliche Muster vermittels räumlicher Gesetze zu erklären. Soziale Beziehungen seien weitgehend aus dem Blickfeld der raumwissenschaftlichen Betrachtung gefallen oder einer reduktionistischen Erklärung unterzogen worden. Die raumwissenschaftliche Geographie habe vor allem versucht, räumliche Strukturen unter Bezugnahme auf räumliche Faktoren (Lage oder Distanz) zu erklären und dabei übersehen, dass räumliche Muster und Anordnungen das Ergebnis sozialer oder ökonomischer Prozesse seien:

> »More generally, spatial science suffered from a failure to ›see beyond the map‹, for it did not acknowledge two crucial aspects of spatial patterns and processes. They are, first, in-

---

no one wanted to be a cultural geographer (...). Now everyone wants to be a cultural geographer. (...) Not only is cultural geography fun, but doing it makes its practitioners look like they are doing something important, something relevant to the world we live in, for the world we live in seems to be fully, inescapably, irrevocably ›cultural‹.« Vgl. zur Entwicklung einer kulturtheoretischen Perspektive in der deutschsprachigen Geographie Werlen (2003) oder Blotevogel (2003) und Gebhart et al. (2003).

65   In ihrer Auseinandersetzung mit Fragen nach der Bedeutung von Orten *(places)* als Kontexte alltäglicher Handlungen blieben diese Ansätze jedoch eher wahrnehmungs- und verhaltenstheoretisch. Sie führten nicht zu einer phänomenologisch informierten, sozialgeographischen Handlungstheorie (Werlen 1997, 119ff.).

timately bound up with the working of deeper economic, social and political structures that condition and constrain the paths of human existence (…); and, second, they are reflected in and are reflections of the perceptions, intentions and actions of human beings as conscious agents« (Cloke et al. 1991, 14).

Die Notwendigkeit einer verstärkten Bezugnahme auf sozialwissenschaftliche Theorien wurde, vor dem Hintergrund dieser Kritik, vor allem damit begründet, dass man für die Erklärung der räumlichen Muster die sozialen und ökonomischen Ursachen dieser Raumstrukturen aufdecken müsse. Das Ziel bestand also, wie schon im raumwissenschaftlichen Ansatz, letztlich darin, die *spatial patterns* zu erklären. Eine verstärkte Berücksichtigung der sozialen Wirklichkeit wurde aber notwendig, weil erkannt wurde, dass die Ursachen für die Entstehung von räumlichen Anordnungen nicht räumliche Strukturen selbst sein können, sondern in sozialen Prozessen gesucht werden müssen – in den *deeper structural conditions of social existence* (ebd., 16). Die Bezugnahme auf Sozialtheorien sollte also eine Erweiterung jenes geographischen Blicks leisten, den die raumwissenschaftliche Geographie von der traditionellen Geographie übernommen hatte. Auch wenn bei diesem Vorhaben, wie Gregory/Urry (1985) betonen, grundsätzlich von der Ansicht ausgegangen wurde, dass der Raum nicht bloß eine *arena* sei, in der soziale Prozesse stattfinden, sondern vielmehr das ›Medium‹ der Produktion und Reproduktion sozialer Beziehungen, wurden räumliche Strukturen letztlich doch in der Art einer raumwissenschaftlichen Geographie thematisiert. Ohne hier detailliert auf die einzelnen Ansätze und Forschungsprogramme dieser sozialtheoretisch informierten Humangeographie einzugehen, kann mit Werlen (1997) zusammenfassend festgehalten werden, dass sie vornehmlich auf eine Erklärung der räumlichen oder regionalen Struktur von Gesellschaft zielen und dabei »die Grundlogik der traditionellen geographischen Betrachtungsweise beibehalten« (ebd., 130).

Während ›das Soziale‹ durch eine wahrnehmungs- und verhaltenstheoretisch konzipierte humanistische Geographie, eine strukturationstheoretisch informierte neue Regionalgeographie und eine marxistisch orientierte kritische Humangeographie von der Makro- bis zur Mikroebene buchstäblich *vermessen* wurde, bildeten sinnhafte Konstrukte, Zeichensysteme, individuelle Deutungen, symbolische Ordnungen und alltägliche Bedeutungspraktiken einen größtenteils ausgeblendeten und undefinierten Rest.[66]

---

66 Chris Philo fasst den Stand der theoretischen Debatte in der angelsächsischen Sozialgeographie Ende der 1980er-Jahre und die Aufgaben einer neuen kulturtheoretischen Sozialgeographie folgendermaßen zusammen: »Human geographers have long been alert to the reality of social differentiation: to the presence within ›society‹ of myriad different social groups identifiable according to a host of different criteria – both by themselves and by others – and to the possibility that many of these groups possess definite associations with particular concrete spaces and places (specific residential areas in the city; specific types of estate, street, park, leisure and cultural facility; specific environments and landscapes). (…) Much has been achieved, but maybe more has been achieved in the way of specifying material dimensions to socio-spatial differentiation than has been achieved in the way of understanding the ideological roots to how and why certain social categories rather than others become delimited and

Bestrebungen zur Erweiterung des sozialgeographischen Blicks und ein zunehmendes Interesse für kulturelle Praktiken der Konstruktion sozialer Wirklichkeit führten Ende der 1980er- und Anfang der 1990er-Jahre zu Debatten über eine
Neukonzeptualisierung der bekannten sozialtheoretischen Ausrichtung der Sozialgeographie. Der sozialgeographische Blick sollte nicht länger nur den materiellen Ausdrucksformen und den räumlichen Strukturen sozialer Beziehungen gelten, sondern auch die sinnkonstituierenden Zeichen- und Bedeutungspraktiken
erfassen. Dadurch fand eine Verschiebung statt, die das herkömmliche Verständnis des Sozialen und die sozialtheoretische Ausrichtung der Humangeographie in
Frage stellte:

> »[T]he social has itself become somewhat deconstructed amongst the complex webs of
> cultural signification through which people understand themselves, their shared identi
> ties (their moralities and politics) and their geographies (their positionings in space and
> attachments to place)« (Philo 1991a, 11).

Für die kulturtheoretische Neuausrichtung der Humangeographie bot die bestehende Kulturgeographie allerdings wenig Anknüpfungspunkte. Die Kulturgeographie hatte sich durch unveränderte Präferenzen für landschaftsbildende Prozesse und durch ihren essentialistischen Kulturalismus in eine Nische manövriert,
wo sie sich hauptsächlich mit den materiellen Manifestationen unterschiedlicher
Lebensformen befasste.[67] Erst die Auseinandersetzung mit dem Kulturbegriff der

---

acted upon. (...) It might be appropriate to cast these interleaving material and ideological
elements as the social process leading to socio-spatial differentiation, but (...) it is important
too to concentrate very directly upon the realm of culture understood not in superstructural
or ›superorganic‹ terms, but as a terrain upon which cultures (in plural) enter into struggle
over the distribution of goods, rights, needs and so on between groups and spaces. The understanding of culture which many geographers are now moving towards is a broadly anthropological one where culture is regarded as a ›system of shared meanings‹, and where local
culture is a local version of such a system (...)« (Philo 1991b, 18f.).

67 Über den Stand der Theorieentwicklung in der (amerikanischen) Kulturgeographie bemerkt
    Marvin Mikesell (1978), dass in der Kulturgeographie kein Anschluss an sozialwissenschaftliche Theoriebildung stattgefunden habe, dass außerdem kein tieferes Verständnis für die Bedeutung von ›immateriellen Komponenten‹ kultureller Praktiken zu verzeichnen sei und dass
    es an der Zeit sei, sich ernsthafte Gedanken über die Konzeption von Kultur in der Geographie zu machen. Verantwortlich für diese Mängel sei nicht zuletzt eine unreflektierte Bezugnahme auf anthropologische Konzepte, das Festhalten an einer ökologischen Perspektive
    (Mensch-Natur-Beziehungen) und die thematische Beschränkung auf die Untersuchung materieller Ausdrucksformen. Zudem sei in der Kulturgeographie ein methodologischer Holismus gepflegt worden, der es erlaubt habe, menschliche Tätigkeiten nach dem Muster eines
    mechanistischen oder deterministischen Behaviourismus zu erklären. Wie James Duncan
    (1980) in einer kritischen Analyse der amerikanischen Kulturgeographie zeigt, verdankt sie
    diese Haltung einem weitgehend unreflektierten ›Kulturdeterminismus‹, der auf der Vorstellung von Kultur als eine *superorganic entity* gründet – auf einer Vorstellung von Kultur als
    eine von individuellen Handlungen, Bedeutungszuweisungen und materiellen Artefakten unabhängig existierende Sphäre von Werten und Normen, Ideen oder Weltbildern. Im Rahmen
    der kulturgeographischen Beschreibungen menschlicher Tätigkeiten und Ausdrucksformen
    wurde die Annahme dieser transzendenten Sphäre reifiziert und als ›erklärende Variable‹ ein

Cultural Studies führte zur Konzeptualisierung einer ›neuen Kulturgeographie‹, die in die *society and space*-Debatte der Sozialgeographie eingreifen konnte.[68] Die Ansätze dieses theoretisch und methodisch vielgestaltigen Projekts lehnen den naiven Kulturdeterminismus der traditionellen Kulturgeographie ausdrücklich ab. Sie sehen ihre Aufgabe sowohl in der theoretischen als auch in der politisch-praktischen Auseinandersetzung mit den sozialen, ökonomischen und politischen Verhältnissen »von gesellschaftlichen Gruppen und Schichten in ihrem Alltag und ihrer kulturellen Praxis« (Göttlich/Winter 1999, 26).[69] Der dabei verwendete Kulturbegriff fasst Kultur als ein System von Bezeichnungen, das soziale Prozesse und Beziehungen nicht bloß ›begleitet‹, sondern allen Formen der sinnhaften Konstitution sozialer Wirklichkeit zu Grunde liegt:

> »According to Raymond Williams (…) culture is ›the signifying system through which necessarily (though among other means) a social order is communicated, reproduced, experienced and explored.‹ He insists that cultural practice and cultural production are not ›simply derived from an otherwise constituted social order but are themselves major elements in its constitution‹ (…)« (Duncan 1990, 15).[70]

Nach einer Formel von Peter Jackson (1989) soll Kultur verstanden werden als die Ebene *(level)* der Produktion von Deutungsschemata *(systems of meaning)*, mittels derer unterschiedliche Sichtweisen der sozialen Welt erzeugt und vermittelt werden. Diese Schemata betreffen, wie Jackson ergänzt, die Art und Weise, wie Gruppen mit dem ›Rohmaterial‹ ihrer sozialen und materiellen Existenz umgehen. Sie seien aber keinesfalls bloß als fiktive Konstrukte aufzufassen:

> »They are made concrete through patterns of social organization. Culture is the way the social relations of a group are structured and shaped: but it is also the way those shapes are experienced, understood and interpreted« (ebd., 2).

Die kulturelle Praxis muss im Sinne dieses Kulturbegriffs als jener Prozess betrachtet werden, durch den die soziale Wirklichkeit sinnhaft konstituiert und aufrecht erhalten wird. Damit scheint auf der Seite der Sozialgeographie ein *cultural turn* eingeleitet, der nach Ansicht der Apologeten einer solchen kulturtheoretischen Wende der Sozialgeographie eine verheißungsvolle Zukunft eröffnet.

Vor allem in jüngerer Zeit werden verstärkt kritische Stimmen gegenüber dem *cultural turn* der Sozialgeographie laut. Zwar bestreiten diese Interventionen in aller Regel nicht, dass die damit verbundene Reflexion der sozialwissenschaftlichen Grundbegriffe eine gewinnbringende Innovation der sozialgeographischen

---

gesetzt. Die beobachteten Akteure verhalten sich, diesen Beschreibungen zufolge, auf die eine oder andere Weise, weil sie einer bestimmten Kultur angehören.

68   Vgl. Jackson (1989) oder Duncan (1990) und zur theoretischen Konzeption einer *new cultural geography* sowie zu ihrer forschungspraktischen Umsetzung: Barnes/Duncan (1992), Duncan/Ley (1993), Gregory et al. (1994) oder Gregory/Ley (1988) und Cosgrove/Jackson (1987).

69   Vgl. zur Geschichte der *Cultural Studies* auch Bromley (1999), Engelmann (1999) oder Winter (1999).

70   Vgl. Williams (1982, 12f.).

Theorie darstellt.[71] Hingegen machen auch Autoren, die sich selbst einer kulturtheoretischen Geographie zuordnen, auf konzeptionelle Mängel der kulturtheoretischen Perspektive und auf Unzulänglichkeiten ihrer Forschungspraxis aufmerksam.[72] Diese Einwände bestehen u. a. im Vorwurf einer unkritischen Beliebigkeit,
einer Missachtung sozial-ökonomischer Determinanten sowie im Vorwurf,
machtanalytische Fragen zu vernachlässigen, konkrete Zwecksetzungen außer
Acht zu lassen oder bei der Konstruktion von Wirklichkeiten die Wirklichkeit von
Konstruktionen zu übersehen. Auch führe die stark angewachsene Popularität der
kulturgeographischen Ansätze zu einer ›Verwässerung‹ der Forschung und beför-
dere die Auffassung, Forschungsfragen seien »beliebig zu pflückende Blumen auf
einer semantischen Spielwiese« (Lossau 2002a, 18).[73] Überdies wird der Einwand
vorgebracht, dass die ›Erfolgsgeschichte‹ dieser kulturtheoretischen Erneuerung
der Sozialgeographie zu Ungunsten der Auseinandersetzung mit sozialen Beziehungen, materiellen Bedingungen und ökonomischen Voraussetzungen ausgefal-
len sei. In diesem Sinn bemerkt z. B. Chris Philo (2000, 28), dass die theoretische
und forschungspraktische Initiative zur Entwicklung einer neuen Kulturgeographie zwar in keiner Weise mit einem hegemonialen Anspruch verbunden, aber in
gewisser Hinsicht ›zu erfolgreich‹ gewesen sei. Der *cultural turn* der Geographie
habe nicht nur zu einem *dematerializing of human geography* (ebd., 33) – zu einer
Vernachlässigung der materiellen Bedingungen sozialen Handelns und der materiellen Effekte immaterieller Strukturen –, sondern auch zu *desocialized geographies* geführt (ebd., 36f.).[74] In der kulturtheoretischen Perspektive der neuen
Forschungsrichtung sei ›das Soziale‹ als der eigentliche Kontext alltäglicher Praktiken immer mehr ausgeblendet worden. In Anbetracht dieser Tendenz gelte es,
wie Philo erläutert, die sozialen Aspekte kultureller Praxis (wieder) in den Blick zu
nehmen:

---

71 Vgl. z. B. Thrift (2000, 1): »Surely there are few commentators who would want to deny that
the cultural turn in the social sciences and humanities – including geography – has paid
enormous intellectual dividends. More than this, it has simply made things a lot more
interesting.«

72 So konstatiert beispielsweise Barnett (1998, 379): »Increasingly, it seems, there is a tendency
among those closely associated with the ›new‹ cultural geography to eschew the use of the
phrase ›cultural turn‹, just at the moment it begins to take on a certain solidity within the
discipline.«

73 Vgl. Mitchell (1995) und Mitchell (2000, 8): »Nothing (…) remains outside the purview of
Cultural Studies: money can be ›read‹, for its cultural salience, just as easily as can George W.
Bush's pronouncement on the success of the death penalty in Texas; the policies of the International Monetary Fund, no less than the waist measurement of the Barbie Doll, is fair game
for hermeneutic analysis.«

74 Die theoretischen Innovationen der Thematisierung von symbolischen Strukturen, intersubjektiven Bedeutungszusammenhängen, Zeichen usw. seien, wie Philo betont, nicht in Ab-
rede zu stellen, doch seien mit der Hinwendung zu diesen immateriellen Phänomenen gleichzeitig die ›mehr materiellen‹ Bedingungen und Folgen sozialer Praxis aus dem Blick geraten:
»I am concerned that (…) we have ended up being less attentive to the more ›thingy‹, bump-
into-able, stubbornly there-in-the-world kinds of ›matter‹ (the material) with which earlier
geographers tended to be more familiar« (Philo 2000, 33).

»(...) I wish to underline the need – in our formulations post the cultural turn – not to evacuate both the social and social geography of their substantive ›guts‹. What I mean by this is that we need to keep an eye open to the processes – we might call them more material processes, even if they are not directly observable in the fashion of, say, streets, roads and libraries – which are the stuff of everyday social practices, relations and struggles, and which underpin social group formation, the constitution of social systems and social structures, and the social dynamics of inclusion and exclusion. More concretely (or even more materially), it is to continue paying urgent attention to the mundane workings of families and communities (...), it is to register the battles to get by on a daily basis, to earn a crust, to keep the house warm, to cope with neighbours (...). I am sure that readers will know what I am getting at, perhaps a ›romance of the real‹, a wish to access some kind of ›gritty‹ real social world from which many academics end up feeling wholly alienated and I immediately realize that objections of all kinds might be raised to my comments here. Yet I cannot help feeling that somehow the cultural turn in human geography has risked emptying out much of this stuff from our lenses, from both the approaches that we adopt and the subject matters that we tackle« (ebd., 37).

Verschiedene Kritiker einer kulturtheoretischen Ausrichtung der Sozialgeographie teilen in der einen oder anderen Weise dieses Unbehagen und bedauern den Verlust einer im engeren Sinne sozialwissenschaftlichen Perspektive. So betont beispielsweise Don Mitchell (1995) in einer elaborierten Auseinandersetzung mit neueren Ansätzen der Kulturgeographie, dass in der kulturgeographischen Forschung die sozial-ökonomischen Bedingungen menschlicher Tätigkeiten sträflich vernachlässigt werden.[75] Einer sozialwissenschaftlichen Kulturgeographie sollte es,

---

75 Dabei beruft sich Mitchell in wesentlichen Punkten auf Argumente, die von David Harvey in früheren Arbeiten vorgetragen wurden. Harvey vertritt eine Position, deren materialistische Grundhaltung eine dezidierte Kritik am kulturtheoretischen Konstruktivismus zum Ausdruck bringt. Er lässt kaum Zweifel daran aufkommen, dass Kultur und kulturelle Produkte hinsichtlich ihrer Einbettung in die Organisation der Systeme der Produktion und Konsumtion untersucht werden müssen und dass diese Systeme durch die Zirkulation des Kapitals geprägt sind (Harvey 1989, 346f. u. 1990). Gegen die kulturtheoretische Neigung, die gesamte soziale Wirklichkeit als ›Text‹ zu betrachten und letztlich alles einer semiotischen Analyse zu unterziehen, als handle es sich bloß um Ereignisse auf einer Filmleinwand, wendet Harvey ein, dass es (wieder verstärkt) darum gehen müsse, Diskurse und sprachlich-signifikative Konstrukte hinsichtlich ihrer Einbettung in institutionelle Momente des sozialen Lebens und hinsichtlich ihrer Rolle für die Aufrechterhaltung oder Veränderung sozialer Beziehungen sowie hinsichtlich ihrer Auswirkung auf ›materielle Praktiken‹ zu untersuchen (Harvey 1996, 77ff.). In Bezug auf die räumliche Dimension sozialer Wirklichkeit stellt Harvey (ebd., 207f.) in ähnlicher Manier klar, dass die scheinbar unproblematische Auffassung, Raum sei ein soziales Konstrukt, zu verschiedenen Missverständnissen und Konfusionen führe. Die Rede von einer sozialen Konstruktion von Raum verleite allzu leicht zur Behauptung, Raum bestehe bloß aus sozialen Konventionen ohne jede materielle Basis. Dem hält Harvey entschieden entgegen, dass die sozialen Konstruktionen von Raum und Zeit aus unterschiedlichen Formen von ›materiellem Raum‹ und ›materieller Zeit‹ hervorgehen: »Social constructions of space and time are not wrought out of thin air, but shaped out of the various forms of space and time which human beings encounter in their struggle for material survival« (ebd., 210). Soziale Konstrukte von Raum und Zeit seien, wie Harvey einräumt, abhängig von kulturellen, metaphorischen und intellektuellen Praktiken der Sinn- und Bedeutungszuweisung, sie beziehen sich letztlich jedoch stets auf Formen der Orientierung in der ›physisch-materiellen Welt‹. Dabei betont Harvey wiederholt, dass soziale und physisch-materielle Welt – Repräsentatio-

Mitchell (1995) zufolge, vielmehr darum gehen, die Funktion der ›Idee von Kultur‹ sowie ihre Anwendung in sozialen Praktiken zu erklären. In der Alltagswelt werde ›Kultur‹ fortwährend als kommunikatives Schema verwendet, reifiziert und in unterschiedlichsten Handlungszusammenhängen zur Setzung und Durchsetzung von bestimmten Interessen benutzt.[76] Das sozialwissenschaftliche Interesse für Kultur müsse sich, so Mitchell, wieder auf das ›reale Alltagsleben‹, auf die Realität der kontinuierlichen Reproduktion des alltäglichen Lebens unter ›konkreten‹ materiellen, sozialen und ökonomischen Bedingungen richten. Eine sozialwissenschaftliche Auseinandersetzung mit Kultur müsse untersuchen, wie die Akteure in der Alltagswelt kulturelle Konstrukte (und das Konstrukt ›Kultur‹ selbst) für ihre Interessen einspannen und dadurch soziale Positionen festigen oder umgestalten.[77]

Während Mitchell antritt, die vermeintliche Beliebigkeit der kulturtheoretischen Geographie durch eine ›Rückbesinnung‹ auf die realen, materiellen Bedingungen des täglichen Lebens auszuräumen, versuchen andere Vertreter einer kulturtheoretischen Geographie, die mit den *Cultural Studies* einen machtanalytischen Impetus verbinden, Konstellationen von Macht und Wissen in den diskursiven Praktiken der geographischen Repräsentation der Welt zu eruieren.[78] Die

---

nen und ›materielle Praktiken‹ – nicht unabhängig voneinander gedacht werden können, dass soziale Konstrukte in der materiellen Welt ›verankert‹ seien und dass Repräsentationen ›materielle Konsequenzen‹ haben. Diese Zusammenhänge von ›Physisch-Materiellem‹ und ›Symbolisch-Sozialem‹ gelte es bei der Betrachtung sozialer Praktiken des täglichen Lebens in Rechnung zu stellen: »Materiality, representation, and imagination are not separate worlds. There can be no particular privileging of any one realm over the other, even if it is only in the social practices of daily life that the ultimate significance of all forms of activity is registered« (ebd., 322).

76 Vgl. Mitchell (1995, 110): »The idea of culture is constantly implemented, constantly reified, by all manner of agencies.«

77 Diese Fragen würden, wie Mitchell (1995) präzisiert, notwendigerweise die kapitalistische Produktionsweise betreffen. Sie erforderten daher eine verstärkte Bezugnahme auf die ökonomischen Bedingungen des täglichen Lebens (Mitchell 2000, 13). Mitchell (ebd., 3f.) unterstreicht die Notwendigkeit einer ›Rückbesinnung‹ auf die sozialen und ökonomischen Bedingungen des täglichen Lebens in sozialgeographischer Theorie und Forschung u. a. mit dem Verweis auf die Feststellung, dass das Alltagsleben ›tatsächlich‹ und ›mehr denn je‹ von ökonomischen Prinzipien durchdrungen und determiniert sei. Seine Intervention gegen das Vergessen der sozialen und ökonomischen Bedingungen alltäglicher Praxis und seine Erinnerung daran, dass Macht durch die Transformation ›materieller Praktiken‹ des täglichen Lebens konstituiert wird, laufen auf eine grundsätzliche Absage an die konstruktivistische Grundhaltung kulturtheoretischer Perspektiven hinaus. Konstruktivistische Ansätze würden, wie Mitchell betont, die Materialität der physischen Welt vernachlässigen: »The problem with this position is that it often ignores the materiality of the physical world« (ebd., 15).

78 Gegenüber dem Interesse an Bedeutungs- und Zeichenpraktiken fordern auch Vertreter der *Cultural Studies* »eine Reorientierung, die sich wieder stärker institutionellen und organisatorischen Fragen von Kultur und Gesellschaft zuwendet und damit vom Textualismus Abstand gewinnt« (Göttlich 1999, 50). Allerdings geht es dabei, wie beispielsweise Stuart Hall betont, nicht darum, »zu den Positionen einer klassischeren ›politischen Ökonomie‹ der Kultur zurückzukehren« (Hall 1999, 135). Eine solche Sichtweise würde das Spezifische alltäglicher Praktiken aus dem Blick verlieren und »ökonomistische Kurzschlüsse bei der Analyse gesell-

Bezugnahme auf Arbeiten aus dem Bereich der *Cultural Studies* zielt dann auf deren Anspruch, »Beziehungen zwischen Diskursen, Alltagsleben und den Maschinerien der Macht« zu rekonstruieren (Grossberg 1999, 17). Dieses Vorgehen ist nicht »am Diskurs per se interessiert, sondern an den Artikulationen‹ zwischen dem Alltagsleben und den Formationen der Macht« (ebd., 18). Dabei wird nicht übersehen, dass kulturelle Praktiken immer in einem spezifischen (sozialen und ökonomischen) Kontext stattfinden. Ein Zugang zu diesem Kontext findet sich jedoch nur über die »Zuwendung zu Diskursen«, weil Diskurse sowohl ein »produktiver Eintritt« der theoretischen und forschungspraktischen Arbeit als auch »eine produktive Dimension dieses Kontextes« sind (ebd.).

Vor diesem Hintergrund untersucht beispielsweise Derek Gregory (1998) die Etablierung des eurozentrischen Weltbildes im modernen wissenschaftlichen Blick. Dabei beschreibt er eine Reihe diskursiver Praktiken der Konstruktion von ›Ordnungen der Dinge‹ (*Geo-Graphien*), im Rahmen derer durch die Verortung von Objekten und Identitäten spezifische Konstellationen von Wissen und Macht (re-)produziert werden.[79] Gleichzeitig betont Gregory, dass solche geographischen Repräsentationen keine ›substanzlosen Phantasien‹ seien:

> »On the contrary, they have resolutely material consequences, and the constructions that concern me here were carried forward, in different ways and in different forms, in myriad colonial policies and practices« (ebd., 16).

Eine textorientierte Analyse der Wissensproduktion müsse daher die ›empirischen Bedingungen‹ der Produktion und Reproduktion geographischer Imaginationen in Betracht ziehen und dürfe nicht zur Ansicht verleiten, solche ›Geo-Graphien‹ seien bloß Fiktionen. In einer materialreichen Studie der Konstruktion europäischer Imaginationen von ›Ägypten‹ schlägt Gregory (1995, 1999 u. 2000) dementsprechend vor, die für kulturtheoretische Forschung richtungsweisende Textmetapher durch die Metapher des *scripting* zu ersetzen und die in der neueren Kulturgeographie verbreitete Betrachtung von ›Landschaft als Text‹[80] durch eine Betrachtungsweise zu ergänzen, die die Alltagspraktiken in den Vordergrund rückt:

---

schaftlicher Machtverteilung« (Engelmann 1999, 19) produzieren. Das Projekt der *Cultural Studies* wird vom Motiv getragen, »sowohl die Spezifität verschiedener Praktiken *als auch* die Formen der durch sie konstituierten Einheiten zu reflektieren« (Hall 1999, 137). Dieses Motiv beinhaltet, wie Hall (ebd.) betont, »keine Aussicht auf eine leichte Synthese«; es gehe vielmehr darum, zu bestimmen, »wo – wenn überhaupt irgendwo – der Ort ist, an dem, und welches die Grenzen sind, innerhalb derer eine Synthese herstellbar wäre« (ebd., 137f.).

79 So zeigt er, wie (im 18. und 19. Jahrhundert) der Geschichtsschreibung mit der ›Verabsolutierung von Raum und Zeit‹ ein kognitives Schema unterlegt wird, das die Naturalisierung der eurozentrischen Sichtweise erlaubt und wie sich mit der ›Ausstellung der Welt‹ eine Repräsentationsweise etabliert, in der die Anordnung der Objekte als die vermeintlich ›natürliche‹ Ordnung der Welt erscheint. Gregory (1998, 11f.) betont, dass diese Analyse geographischer Repräsentationspraxis nicht bloß von historischem Interesse sei, sondern auch unser gegenwärtiges Verständnis von Geographien in Frage stellt.

80 Vgl. zur Betrachtung der ›Landschaft als Text‹ z. B. Duncan/Duncan (1988).

»I have chosen to speak of a ›scripting‹ precisely because it accentuates the production (and consumption) of spaces that reach beyond the narrowly textual, and also because it foregrounds the performative and so brings into view practices that take place on the ground« (Gregory 1999, 116).[81]

Gegen die ›Textversessenheit‹ kulturtheoretischer Studien hebt Gregory hervor, dass es ihm darum gehe, die Beschreibungen in den Texten mit den ›konkreten Praktiken‹ in ›materiellen Landschaften‹ in Beziehung zu bringen.[82] Mit der dezidierten Kritik kulturtheoretischer Sozialgeographie von Mitchell und mit Philos Intervention gegen das Vergessen der sozialen und materiellen Realität des täglichen Lebens verbindet Gregorys kulturgeographische Perspektive letztlich eine betonte ›Aufwertung‹ der Alltagspraktiken *on the ground*.

Unter Bezugnahme auf Gregory fordert an anderer Stelle Michael Flitner (1999), dass es bei der kulturgeographischen Dekonstruktion von (Welt-)Bildern darum gehen müsse, die Herstellungsprozesse signifikativer Konstrukte eingehender zu thematisieren, die »Praktiken der Produktion und des Einsatzes von Bildern« (ebd., 181) zu reflektieren und geographische Imaginationen »in der gelebten Alltagserfahrung neu zu verankern« (ebd., 170).[83] Auf diese oder ähnliche Weise werden, von unterschiedlichen Positionen aus, das Alltagsleben oder alltägliche Praktiken in den Mittelpunkt des geographischen Interesses für die Konstruktion symbolischer Geographien gerückt. Dabei fungiert der Alltag als eine Art ›konkrete Realität‹, die nicht nur die ›tatsächlichen Probleme‹ der Akteure *on the ground* enthält, sondern auch den theoretischen Ort darstellt, an dem die vielfältigen Formen der sozialen Konstruktion symbolischer Geographien beobachtet werden können.

In einer Reihe von theoretischen Explorationen versucht Nigel Thrift, eine theoretische Position und eine Perspektive zu entwickeln, deren Fokus auf mundanen Alltagspraktiken liegt.[84] Was Thrift und Pile (1995) in die Auseinandersetzung mit Alltagspraktiken führt, kann grob als die ›Suche nach dem verlorenen Subjekt‹ bezeichnet werden. Am Anfang einer spektakulären Achterbahnfahrt

---

81   Mit der Metapher *scripting* solle auch hervorgehoben werden, dass textuelle Konstrukte in die ›Inszenierung‹ von Orten als ›Schauplätze‹ involviert seien: »in the simultaneous production of ›sites‹ that are linked in a time-space itinerary and ›sights‹ that are organized into a hierarchy of cultural significance« (Gregory 1999, 116). Die geographischen Imaginationen aus den Texten verbinden sich, so Gregory, mit der ›raum-zeitlichen Abfolge‹ von Stationen der physischen Bewegung im Raum sowie mit den Praktiken der darin involvierten *local people* (ebd., 117).

82   Vgl. z. B. Gregory (1995, 30): ›I want to (...) disrupt the usual distinctions between text and the world, and recover the ways in which the physical passage of European travellers through other landscapes and other cultures marked the very process of their writing and their representations of those spaces.«

83   Eine vergleichbare Forderung stellt Werlen in Bezug auf die Untersuchung symbolischer Geographien auf: Die vielfältigen Formen der Produktion und Reproduktion symbolischer Geographien seien »ebenso wenig Selbstzweck (...), wie es andere symbolische Repräsentationen sind« (Werlen 1997, 401). Zu untersuchen sei daher auch, für welche »lebenspraktischen Zusammenhänge sie in welcher Form relevant (...) sind« (ebd.).

84   Vgl. Pile/Thrift (1995) und Thrift (1996; 1997 u. 1999).

durch Theorie und Denkweisen, die im Verdacht stehen, an der Dekonstruktion des Subjekts zu arbeiten, steht die Auffassung, dass die im westlichen Denken dominante, subjektzentrierte Sicht einen besseren Blick auf die Welt versperrt:

> »Increasingly (…) the monological conception of the subject bars the way to a richer and more adequate understanding of what the human self can be like. In turn, it also debars us from a fuller appreciation of the variety of differences between human cultures« (ebd., 15).

Einen möglichen Weg hin zu einem ›angemesseneren‹ Verständnis des Selbst und zu einer ›besseren‹ Konzeption kultureller Differenzierungen ebne dagegen die Fokussierung von Körper und Praxis (ebd.). Dieser perspektivischen Ausrichtung liegt die Annahme zu Grunde, dass Subjekte ihr Verständnis der Welt (nur) im Verlauf der Bewältigung von praktischen Handlungssituationen entwickeln, dass sie dabei die Welt als körperlich konzipieren und dass sie stets räumlich und zeitlich situierte Bezüge herstellen (ebd., 27ff.). Thrift bezeichnet diese Auseinandersetzung mit alltäglichen körperlichen Praktiken in der Folge als wichtigsten Strang ›nicht-repräsentationaler Theorien‹ *(non-representational theories)*.[85]

Nicht-repräsentationales Denken richtet sich laut Thrift (1996) kritisch gegen Theorien, die beanspruchen, eine irgendwie geartete natürliche oder naturhaft präsente Realität abzubilden. Stattdessen gehe es davon aus, dass durch alltägliche Praktiken der ›Sinn für das Reale‹ konstituiert wird. Daher beinhalte diese Denkweise eine Aufwertung des praktischen Wissens und der praktischen Kompetenz der Akteure (ebd., 7).[86] Nicht-repräsentationales Denken sei ein Denkstil, durch den nicht nur die herkömmliche Konzeption des Subjekts, sondern auch eine Reihe anderer vertrauter Begriffe in Frage gestellt werde.[87] Dieses Denken erforde-

---

85 Vgl. Thrift (1996) und Thrift (1997, 126): »Since the mid-1980s, something remarkable has happened; a major change has begun to take place in the way in which the social sciences and humanities are being thought and practised – but no one has really noticed. This change is the rise of what I call non-representational theory or the theory of practices« (Thrift 1997, 126).

86 Diese Aufwertung des ›Denkens-in-Aktion‹ verweise zudem darauf, dass jede Repräsentation eine Form von Präsentation sei und in spezifischen Kontexten erfolge, die nur bestimmte Arten des Präsentierens zulassen. Nicht-repräsentationale Theorie befasst sich laut Thirft mit einem ›Denken mit dem ganzen Körper‹ *(thinking with the entire body)*; es werte daher alle Sinne auf und sei nicht primär auf das Visuelle fixiert (Thrift 1996). Nicht-repräsentationales Denken nehme eine skeptische Haltung gegenüber dem *linguistic turn* in den Sozialwissenschaften ein, der mit dazu geführt habe, das Interessanteste an menschlichen Praktiken auszublenden: ihren körperlichen *(embodied)* und situierten Charakter. Es sei auch mit einer anderen Auffassung von wissenschaftlicher Erklärung *(explanation)* verbunden: »Understanding is not so much, then, about unearthing something of which we might previously have been ignorant, delving for deep principles or digging for rock-bottom, ultimate causes (…) as it is about discovering the options people have as to how to live« (ebd., 8).

87 Nicht-repräsentationale Theorien handelten von Praktiken der Subjektivierung oder besser: ›Subjektifizierung‹. Das bedeute, dass diese Theorien davon ausgehen, dass Subjekte ›radikal dezentriert‹, aber nach wie vor körperlich, affektiv und stets in ›dialogische Praktiken‹ und gemeinsames Handeln verwickelt seien (Thrift 1997, 127f.). Eine nicht-repräsentationale Theorie erfordere lediglich eine minimale oder schwache Konzeption von menschlichen Akteuren – eine Konzeption in der das ›Innenleben‹ gerade nicht das Zentrum darstelle, von

re eine ›schwächere Ontologie‹ und eine ›schwächere Epistemologie‹, es rufe eine besondere Form von Ethik auf und gestatte, auf eine bislang unbekannte Art und Weise (jenseits von Subjekt-Objekt-Beziehungen) materielle Objekte *(things)* in sozial- und kulturgeographische Fragestellungen einzubeziehen (ebd., 31ff.).

Dieses Konstrukt aus unterschiedlichsten Theoriefragmenten umfasst die Grundzüge einer Perspektive, aus der laut Thrift räumliche Praktiken in den Blick genommen werden sollen. Expressive körperliche Praktiken im Raum bringen, so Thrift (1997), durch den Einsatz des Körpers alternative Seinsweisen ins Spiel und erzeugen virtuelle Welten *(›virtual‹, ›as-if‹ worlds)*.[88] Dabei stehe im Vordergrund, dass körperliche Praktiken, wie andere Formen von ›präsentationaler‹ Kommunikation, Möglichkeiten schaffen, Gedanken und Gefühle zu artikulieren, die mit Worten nicht richtig zu fassen seien. Sie stellen daher eine Art des Zugangs zur Welt durch ›Körper-Subjekte‹ dar, der auf dem Umgang mit und der Produktion von ›nicht-denotativen‹ Bedeutungen beruhe (ebd., 147). Durch körperliche Praktiken würden Symbolisierungen im Modus von Ähnlichkeiten (re-)produziert und damit Zuschreibungen erzeugt, deren Qualitäten nicht restlos objektivierbar seien – Symbolisierungen, die im Alltagsleben körperlich ausgedrückt und antizipiert werden müssen (ebd.). Diese Produktion ›nicht-denotativer‹ Bedeutungen umfasse auch das sinnliche Erleben der Welt, d. h. die Bezugnahme auf Dinge der Alltagswelt durch physisches Annähern, Betreten, Erfassen:

> »In other words, people and things can be lent significance through the way that they are approached/ touched/gripped« (ebd., 148).

Obwohl nicht genau auszumachen ist, wie sich die vielfältigen theoretischen Bezüge einer *non-representational theory* zu einem halbwegs kohärenten Ansatz zusammenfügen lassen, scheint den Vertretern dieser Denkweise klar, wovon nicht-repräsentationale Theorie auf jeden Fall handelt: von den ›alltäglichen Praktiken‹ der ›gewöhnlichen Menschen‹:

> »Non-representational theory is (...) ›about practices, mundane everyday practices, that shape the conduct of human beings towards others and themselves in particular sites‹. Developing ›non-representational theory‹ (...) is not a project concerned with representation and meaning, but with the performative ›presentations‹, ›showings‹ and ›manifestations‹ of everyday life (...)« (Nash 2000, 655).

Wie die oben skizzierten Interventionen gegen die ›Textversessenheit‹ der ›neuen Kulturgeographie‹, so enthalten auch die Grundzüge einer *non-representational theory* eine dezidierte Aufwertung des Alltags und der alltäglichen Praktiken. Da-

---

dem alle Aktivitäten ausgehen, sondern eine Art Oberfläche für vielfältige Projektionen, die konstant bearbeitet werde (ebd., 127). Der Körper bilde dabei nicht bloß eine ›äußere Form‹, sondern stelle ein grundlegendes Medium von Tätigkeiten dar. Er ermögliche eine aktive Aneignung der Welt *(an active grip of the world)*.

88 In dem hier zitierten Aufsatz veranschaulicht Thrift (1997) diese Thematisierung von räumlichen (Alltags-)Praktiken am Beispiel des Tanzens, das buchstäblich als Form von Widerstand und (eher metaphorisch) als Form von ›Geographie-Machen‹ betrachtet werden könne.

mit verbunden ist aber gleichzeitig eine Tendenz der Verdinglichung des Alltags als die ›konkrete Realität‹ alltäglicher Praxis. Der Alltag wird dabei recht voraussetzungslos als ein gegebenes Feld von materiellen und symbolischen Praktiken hingenommen, das darauf wartet, von der kulturtheoretischen Sozialgeographie wiederentdeckt und bearbeitet zu werden. Angesichts eines offenkundigen Überdrusses an theoretischen Debatten über geographische Imaginationen und Fiktionen erscheint diese Thematisierung von alltäglichen Praktiken als der Versuch, in der sozial- und kulturgeographischen Forschung buchstäblich wieder ›Boden unter den Füssen‹ zu gewinnen. Vor allem in den marxistisch informierten Einwänden gegenüber der kulturtheoretischen Geographie der 1990er-Jahre scheinen der Alltag und alltägliche Praktiken überdies den (vermeintlichen) Verlust einer im engeren Sinne sozialwissenschaftlichen und kritischen Perspektive kompensieren zu müssen. Vorbild für diese ›Rückbesinnung‹ auf den Alltag, das Alltagsleben und alltägliche Praktiken ist oft das Werk von Henri Lefebvre[89], das sowohl für die Thematisierung der Produktion des Raums als auch hinsichtlich der ›Rückbesinnung‹ auf den Alltag und das Alltagsleben geeignete Ausgangspunkte zu bieten scheint.

Kritik des Alltagslebens

Mit dem Alltag als zentrale Kategorie einer Studie der Lebenspraxis in der Moderne sucht Lefebvre die ökonomistischen Reduktionen jenes orthodoxen Marxismus zu überwinden, dessen Augenmerk bei der Analyse und Kritik bestehender Herrschaftsstrukturen vorrangig den Produktionsverhältnissen gilt.[90] Für Lefebvre ist der Alltag der Ort der umfassenden und fortwährenden Reproduktion der gesellschaftlichen Verhältnisse – die »Ebene, auf der sich die gegenwärtige Gesellschaft einrichtet« (Schmid 2003, 106) – und somit der Fokus kritischer Theorie.[91] Dabei erfährt der Alltag eine doppelte Bestimmung: Einerseits ist er der »Ort der Repression und der Ausbeutung im Kapitalismus, der Ort, an dem sich die

---

89 Vor allem Lefebvres Buch *La production de l'espace* (Lefebvre 1974) resp. dessen englische Übersetzung (Lefebvre 1991).

90 Nach dem zweiten Weltkrieg begann Lefebvre mit der sozialphilosophischen Thematisierung des Alltagslebens ein fortdauerndes Projekt. Das Konzept der Alltäglichkeit bildet auch einen zentralen Aspekt des gesellschaftstheoretischen Rahmens seiner Arbeiten über die Stadt und die Produktion des Raums (vgl. Schmid 2003 und Shields 1999, 38 u. 65f.). Unter Bezugnahme auf Lefebvres *Kritik des Alltagslebens* entwickelt Thomas Leithäuser in den 1970er-Jahren eine kritische Hermeneutik des Alltagsbewusstseins. Sie zielt auf den »Vergesellschaftungsgrad der psychologischen Bereiche« (Leithäuser 1976, 34) und zeichnet das Bild von einem durch die ›Bewusstseinsindustrie‹ manipulierten, ›falschen‹ Alltagsbewusstsein, das die Wirklichkeit nur noch reaktiv verarbeite und verzerrt wiedergebe. Vgl. auch Leithäuser et al. (1977). Leithäuser et al. finden in der Geographie ebenso wenig Beachtung wie die sozialhistorische Analyse des Alltagslebens von Agnes Heller (1981) oder der Versuch von Karel Kosik (1986), in Bezug auf Alltäglichkeit und Geschichte aus marxistischer Sicht an die Phänomenologie anzuknüpfen.

91 Vgl. dazu auch Kleinspehn (1975), Shields (1999) und Gregory (1994a, 362f.).

Produktionsverhältnisse immer wieder reproduzieren« (Kleinspehn 1975, 67); andererseits aber auch der Ort der Produktion im weiteren Sinne, »der Ort, in dem und ausgehend von dem die wirklichen *Kreationen* vollbracht werden, jene, die *das* Menschliche und im Laufe ihrer Vermenschlichung *die* Menschen produzieren« (Lefebvre 1977b, 52).[92] In diesem Sinn schreibt Lefebvre, dass das Alltagsleben jene ›Region‹ ist, »in welcher der Mensch sich die Natur aneignet, weniger die äußere als vielmehr die eigene Natur« (ebd., 54). Allerdings ist, wie Lefebvre präzisiert, das Alltagsleben in der modernen Welt zutiefst von den Anforderungen der kapitalistischen Warenproduktion geformt und »auf die Unternehmensrationalität hin abgestimmt« (Schmid 2003, 106).

Mit Blick auf das tägliche Leben im Frankreich der Nachkriegszeit charakterisiert Lefebvre die von ihm beobachtete Gesellschaft als »Gesellschaft des gelenkten Konsums« (Lefebvre 1972, 88). Diese Charakterisierung lenke die Aufmerksamkeit sowohl auf die durchgängige Rationalisierung und Organisation des täglichen Lebens nach Maßgabe der kapitalistischen Produktion und des Marktes[93] als auch auf die Grenzen dieser Bemächtigung. Während das Alltagsleben in der modernen Welt einerseits durch Passivität und Nicht-Partizipation gekennzeichnet sei, berge es, so Lefebvre, andererseits auch ›verlorene Kreativität‹ und die Aussicht auf eine ›schöpferisch-produktive Aneignung‹ und ›Realisierung‹ der ›eigenen Natur des Menschen‹. In dieser Hinsicht zielt Lefebvres Kritik des Alltagslebens auch darauf ab, »dem Alltagsleben seine fehlgeleiteten Reichtümer« (Lefebvre 1975, 135) zurückzuerstatten und »der Alltäglichkeit zu helfen, eine in ihr anwesend-abwesende Fülle zu erzeugen« (Lefebvre 1972, 31).

Aus der »Verallgemeinerung des Marktes (der Produkte und des Kapitals)« (ebd.) resultiert für Lefebvre eine besondere Form von Entfremdung. Anders als Marx begreift Lefebvre Entfremdung nicht in erster Linie als Folge der Warenpro-

---

92 Lefebvre wehrt sich gegen die Reduktion des Marxschen Werkes »auf ein philosophisches System (den dialektischen Materialismus) oder auf eine Theorie der politischen Ökonomie« (Lefebvre 1972, 48) und beharrt auf einen weiter gefassten Produktionsbegriff: »Wenn man zu den Quellen zurückgeht, nämlich zu den Marxschen Jugendwerken (ohne jedoch das Kapital beiseite zu schieben), gewinnt der Begriff *Produktion* wieder einen weiten und starken Sinn. Dieser Sinn spaltet sich. Die Produktion reduziert sich nicht auf die Herstellung von Produkten. Der Begriff bezeichnet einerseits die Erschaffung von Werken (einschließlich der sozialen Zeiten und Räume), kurzum die ›geistige‹ Produktion, und andererseits die materielle Produktion, die Herstellung der Dinge. Er bezeichnet auch die Produktion des ›menschlichen Seins‹, durch es selbst, im Laufe seiner historischen Entwicklung. Das impliziert die Produktion der gesellschaftlichen Beziehungen. Schließlich umfasst der Ausdruck, im weitesten Sinne, die Reproduktion« (Lefebvre 1977b, 48f.).

93 Über den ›gelenkten Konsum‹ verschafft sich der Kapitalismus laut Lefebvre die Möglichkeit neue Sektoren zu kolonisieren: »Nach dem Kriege haben in Europa einige begabte und intelligente Männer (wer? Das ist hier belanglos) die Möglichkeit begriffen, auf den Konsum einzuwirken, das heißt das tägliche Leben zu organisieren und zu strukturieren. Die Fragmente der Alltäglichkeit werden zerschnitten, ›auf dem Terrain‹ sortiert und wie die Teile eines Puzzles angeordnet. Jedes von ihnen untersteht einer Summe von Organisationen und Institutionen. Jedes von ihnen – die Arbeit, das Privat- und Familienleben, die Freizeit – wird auf rationelle Weise ausgebeutet, wozu auch die ganz neue (kommerzielle und halb geplante) Organisation der Freizeit gehört« (Lefebvre 1972, 86).

duktion, sondern als inhärenten Zug jeder Herstellung von Produkten, in denen sich die Menschen ›verwirklichen‹.[94] Das Verhältnis der Menschen zu den von ihnen hergestellten Produkten wird dabei selbst als problematisch beschrieben. Die Menschen stehen Lefebvre zufolge grundsätzlich in einem ambivalenten Verhältnis zu den von ihnen produzierten Werken: »der Mensch verwirklicht sich in den Werken, der Mensch verliert sich in den Werken« (Lefebvre 1975, 46). Während bei Marx Entfremdung wesentlich mit der Produktion für den Tausch zusammenhängt und als Trennung des Menschen von den von ihm produzierten Produkten begriffen wird[95], verwendet Lefebvre als Schlüsselbegriff der Kritik des Alltagslebens einen weiter gefassten Entfremdungsbegriff.[96] Lefebvre zufolge verursacht allein schon die ›Verwirklichung der Menschen‹ in den von ihnen hergestellten Produkten eine Entfremdung. Durch Vergegenständlichung wird gemäß Lefebvre die ›eigene kreative Tätigkeit‹ unbeweglich gemacht, materialisiert, so dass sie den Menschen schließlich als fixierte und fremde ›äußere Macht‹ gegenüber tritt. Diese Veräußerung und Vergegenständlichung von menschlicher Kreativität und subjektivem Sinn impliziert eine Distanzierung der Subjekte von der Welt, von sich selbst und von anderen.

Das Alltägliche ist in Lefebvres Sicht jedoch nicht nur kapitalistisch beschädigte Alltagspraxis, sondern auch der ›Ort des Möglichen‹, der Raum menschlicher Spontanität, schöpferischen Vermögens und vielfältiger, kreativer – durch ihre Vergegenständlichung verstummter – Praktiken der Aneignung, die es sichtbar zu machen gilt. Die Kritik des Alltagslebens schließt daher auch eine ›Rehabilitierung‹ des Alltagslebens ein, die auf den Fluchtpunkt des ›totalen Menschen‹ zielt.[97] Damit bezeichnet Lefebvre jedoch weniger ein theoretisches Konzept, son-

---

94 Vgl. zu Lefebvres Kritik von Marx Analyse der Entfremdung Lefebvre (1977a, 70f.) und Schmid (2003).

95 Diese Abspaltung hat zur Folge, dass der Mensch sich von seiner Arbeit entfremdet und anderen Menschen als entfremdet gegenübertritt. Vgl. Marx/Engels (MEW 40, 510f.): »Durch die entfremdete Arbeit erzeugt der Mensch also nicht nur sein Verhältnis zu dem Gegenstand und dem Akt der Produktion als fremden und ihm feindlichen Mächten; er erzeugt auch das Verhältnis, in welchem andere Menschen zu seiner Produktion und seinem Produkt stehn, und das Verhältnis, in welchem er zu diesen andern Menschen steht.«

96 Lefebvre stellt im Zusammenhang mit Entfremdung vor allem die Aspekte der Objektivierung und Externalisierung heraus (Schmid 2003, 83ff.) und fragt in der Einleitung zur Kritik des Alltagslebens rhetorisch, »ob nicht jede Verwirklichung und Objektivierung in ihrer tiefgründigen Naivität Entfremdung bringt« (Lefebvre, 1977a, 72).

97 Vgl. Schmid (2003). Als Gegenbild zur Entfremdung im Alltag zeichnet Lefebvre die ›konkrete Utopie‹ eines seine gesamten ›Wesenskräfte‹ entfaltenden gesellschaftlichen Menschen, die er der Kritik des Alltagslebens zu Grunde legt. Dabei bezieht er sich auf das Konzept des ›totalen Menschen‹. Diese metaphorische Figur steht bei Marx für »die *sinnliche* Aneignung des menschlichen Wesens und Lebens, des gegenständlichen Menschen, der menschlichen *Werke* für und durch den Menschen (…)« (MEW 40, 539). Sie verweist auf den Menschen, der »sich sein allseitiges Wesen auf eine allseitige Art [aneignet]« (ebd.). Lefebvre betont mit diesem Konstrukt »die Einheit des Menschen mit sich selbst, das heißt vor allem die Einheit des Individuellen und Gesellschaftlichen« (Lefebvre 1977a, 82). Allerdings insistiert Lefebvre, vor dem Hintergrund eines weiter gefassten Entfremdungsbegriffs, auf dem Verhältnis zwischen den gesellschaftlichen Menschen und den Produkten ihrer Tätigkeiten; und er rückt die

dern vielmehr ein ›poietisches Projekt‹ – ein Projekt, bei dem es darum geht, den Alltag zu kreieren, d. h. »den Rest, das Unreduzierbare« (Lefebvre 1972, 35) hervorzukehren, das jede systematische Operation unweigerlich miterzeugt:

> »In diesem Sinne begreift Lefebvre seine ›Kritik des Alltags‹ als den Versuch, den Alltag als Werk zu konstituieren, damit der Mensch ›wirklich‹ wird. So als Aneignung der eigenen Natur des Menschen verstanden – ausgehend von dem Möglichen – ist der Alltag aber nicht definierbar, sondern nur kreierbar« (Kleinspehn 1975, 98).

Den Humanwissenschaften und der Philosophie wirft Lefebvre vor, dass sie genau das Gegenteil tun: Sie reduzieren – durch ihre systematische Ordnung der Welt – die menschliche Praxis auf positive Entitäten und bringen so das ›praktische Geschehen‹ partiell zum Stillstand.[98] Das wissenschaftliche Denken zwingt die Welt in Systeme, konstruierte Ordnungen, die dann als ›natürliche Ordnungen‹ verhandelt werden und so eine weitgehende Stabilität (der Bedeutungen) und die Beherrschung der Wirklichkeit garantieren.[99]

Die systematische wissenschaftliche Repräsentation der Welt verwandelt in einer ›magischen Operation‹ der Vergegenständlichung »die Ungewissheit des Werdens (…) in absolute, vollendete, fertige Positivität« (Lefebvre 1975, 38). Das Wissen beinhaltet daher ein »heimliches Einverständnis mit der Macht« (Schmid 2003, 91) und verschließt sich seiner eigenen Kritik. Es versichert sich der Beherrschung der Wirklichkeit, indem es mit der sprachlichen ›Verdoppelung der Welt‹ die »tödliche Macht des Zeichens« (ebd., 93) ausspielt. Die Wissenschaften verschaffen sich ihr Wissen über die Welt und über das Alltagsleben laut Lefebvre

---

Entfaltung von kreativen individuellen ›Anlagen‹ als ›praktisches Problem‹ in den Vordergrund. Unter Bezugnahme auf den Begriff der Praxis, als »Ausgangspunkt und Ziel aller theoretischen Bemühungen« (Schmid 2003, 67), fragt Lefebvre, wie es ›dem Menschen‹ ermöglicht wird, »seine eigenen Werke zu beherrschen, sich jene Werke völlig anzueignen, die seine eigene Natur, die Natur *in ihm* sind« (Lefebvre 1975, 47). Vgl. zur Herkunft und Differenzierung des Praxisbegriffs bei Lefebvre auch Müller-Schöll (1999, 217f.).

98   Lefebvre (1975, 36) entgegnet damit vor allem Hegel, der »den Logos, den analytischen und diskursiven Verstand auf die Spitze [treibt]« und der dabei »Begriff und Theorie des positiven Verstandes (Analyse, Diskurs, Verkettung ›thetischer‹ Aussagen)« sowohl »zu ihrem Höhepunkt« als auch zu ihrem »Ende« führt: Das systematische Ordnen, »die schöne Arbeit des Ausschneidens und Zusammenlegens, die Raum schafft (oder zu schaffen meint) für den perfekten, totalen und totalisierenden, für den kohärenten Diskurs« (ebd., 37), erzeugt gemäß Lefebvre eben dadurch Gewissheit, dass sie das Denken zum Stillstand bringt. Dagegen protestiert Lefebvre poetisch-polemisch: »Es ist nicht das Werden, das sich aus dem Sein versteht; es ist das Werden, das sich in begriffenes, bestimmbares und bestimmtes ›Sein‹ verwandelt: in metaphysisches. Durch diesen Zauber vergeht das Werden, und die Geschichte verflüchtigt sich. Der spekulative Zauberer schwingt seinen Stab: Das Bestimmte erstarrt, jede Bestimmung an ihren Platz!« (ebd., 38). Vgl. zur Kritik der Hegelschen Dialektik auch Lefebvre (1966, 34ff.).

99   Für Lefebvre entspricht dieser Reduktionismus »letztlich einer politischen Praxis, sie dient dem Staat und der politischen Macht als Mittel zur Reduktion der gesellschaftlichen Widersprüche, und zwar nicht in der Form von Ideologien, sondern explizit als Wissen« (Schmid 2003, 91).

dadurch, dass sie die Gegebenheiten des Alltags ›zerstören‹ und in einer Form wiederherstellen, in der diese sich beherrschen lassen.[100]

Was dagegen den ›Hoffnungstopos‹ Alltag ausmacht, ist das, was den systematischen Ordnungsbestrebungen der wissenschaftlichen Repräsentation – der Benennung und Fixierung – entgeht: ein vielfältiges praktisches Geschehen, ein Werden, das sich nicht definieren lässt, weil es nicht auf einen festen Platz verwiesen und zum Stillstand gebracht werden kann, ein nicht-reduzierbarer, lebendiger ›Rest‹, der mit jeder Definition angezeigt wird und eine Unordnung schafft, die erneut nach einer Benennung, einer weiteren Ordnungsbeschreibung verlangt. Dementsprechend geht es Lefebvre in seiner »poietischen Erforschung der Praxis« (Schmid 2003, 102) auch weniger darum, »das Alltägliche vernünftig anzuordnen, als vielmehr, es zu verwandeln« (Lefebvre 1972, 42). Dazu schlägt er eine Methode vor, die darauf abzielt, die ›Residuen‹ alltäglicher Kreativität zu versammeln, ›zusammenzubündeln‹ und ihnen »im Gegenzug zu der Macht oder Kraft, die sie niederdrückt und dabei ungewollt herausstellt« (Lefebvre 1975, 335) Geltung zu verschaffen.[101] Die Kritik des Alltagslebens will in einem »poietischen Akt« (ebd.,

---

100 Lefebvre untermalt dies an anderer Stelle mit einer pathetischen Geste, zitiert Goethes Faust (im Studierzimmer) mit dem Satz: »Ich kann das Wort so hoch unmöglich schätzen« (*Der Tragödie erster Teil*, Zeile 1226) und kommentiert bekräftigend: »Impossible de mettre si haut le langage, le verbe, le mot! Le verbe n'a jamais sauvé et ne peut pas sauver le monde. (…) Comparé aux signifiés, chose ou ›être‹, présent ou possible, le signe a un caractère répétitif puisqu'il les double d'une représentation; entre les deux il y a différence fascinante, abîme trompeur: le saut semble aisé, et qui a les mots croit avoir les chose. Il les a, jusqu'à un certain point, – point terrible. Trace vaine et cependant agissante, le signe a la puissance de la destruction parce qu'il a celle de l'abstraction, et par conséquent celle de la construction du monde autre (que la nature initial). C'est le secret du Logos, fondement de toute puissance et de tout pouvoir; d'où la montée en Europe de la connaissance et de la technique, de l'industrie et de l'imperialisme« (Lefebvre 1974, 158f.). Wie Lefebvre an dieser Stelle anmerkt, fungieren ganz besonders der Raum und räumliche Metaphern als Strategien der Ordnung und Fixierung, d. h. der ›Zerstörung‹ der beobachteten Welt durch ihre Reduktion auf begrenzte Einheiten und ihre Aufteilung in vorgefertigte Kategorien: »L'espace également aurait ce caractère mortel: lieu des communications par les signes, lieu des séparations, milieu des interdits, la spatialité se définirait aussi par une pulsion de mort inhérent à la vie qui ne prolifère qu'en entrant en conflit avec soi, en se détruisant« (ebd., 159).

101 Lefebvre fasst mit dem Begriff ›Residuum‹ das Geschehen, das die systematische Beschreibung und Klassifikation durch zunehmende Differenzierung zu bemächtigen versucht und gerade dadurch immer wieder als ihr ›Außen‹ sichtbar macht – ein Rest, der der wissenschaftlichen Beobachtung immer entgeht, weil sie ihn letztlich durch ihre Ordnungsbeschreibung selbst hervorbringt: »Die *Religion* ließ und lässt sich noch, trotz all ihrer Mühen, einen Rest: das fleischliche Leben, die spontane Vitalität. Die *Philosophie* stellt das Spielerische heraus, das sie nicht zu absorbieren vermag, desgleichen den Alltag (den nicht-philosophischen Menschen), den sie durch ihre Verfolgung sichtbar macht. Die *Mathematik* bringt das Drama zutage. *Struktur* und *Strukturalismus* verweisen auf vielfache Residuen: auf die Zeit, die Geschichte, das Besondere und die spezifischen Besonderheiten. *Technik* und *Maschine* zeigen gleichsam mit dem Finger auf das, was sich ihnen widersetzt: die Sexualität, das Verlangen, überhaupt das Abweichende, das Ungewöhnliche (…). Der *Staat* kämpft verbissen gegen die Freiheit und bezeichnet sie. Die staatliche *Zentralisierung* (…) stellt die residuale und nichtreduzierbare Wirklichkeit der Regionen voll ins Licht. Die zur Kultur gewordene *Kunst* hinterlässt als Residuum die ›Kreativität‹. Die *Bürokratie* malträtiert vergebens das Individuelle,

336) die ›lebendige Kraft des Alltäglichen‹ wecken und »den wohlgefügten Formen und Systemen« (ebd.) entgegen stellen:

> »Man spürt die Residuen auf, man setzt auf sie, man enthüllt ihre kostbare Essenz, man fasst sie zusammen, man organisiert ihre Revolte und totalisiert sie. Jedes Residuum ist ein Nichtreduzierbares, das man sich anzueignen hat« (ebd., 334).

Lefebvres ›Methode der Residuen‹ findet in der aktuellen sozialgeographischen Thematisierung von Alltag, Alltagsleben und alltäglichen Praktiken kaum Beachtung. Allerdings scheint gleichzeitig auch die Aufmerksamkeit für die diskursiven Strategien der wissenschaftlichen Durchdringung und Ordnung der Alltagswelt zu schwinden. Ausgeblendet werden bei der Forderung nach einer verstärkten Bezugnahme auf den Alltag oder das Alltagsleben auch die Bedingungen der Möglichkeit einer wissenschaftlichen Beobachtung von alltäglichen Praktiken, sowie die von Lefebvre hervorgehobene Fixierung und Vergegenständlichung der beobachteten Praxis durch ihre systematische, wissenschaftliche Beschreibung und Erklärung. Für Lefebvre ist die Kritik des Alltagslebens immer auch eine Auseinandersetzung mit den Operationen der wissenschaftlichen Beobachtung, mit ihren (reduktionistischen) Strategien des Ordnens und Beschreibens. Der Alltag selbst ist, wenn man Lefebvre beim Wort nimmt, kein gegebenes Feld, das darauf wartet, von Sozial- und Kulturwissenschaftlern bearbeitet zu werden. Er wird von den Beobachtern, die sich für den Alltag interessieren, durch deren Beobachtungs- und Beschreibungspraktiken, erst (und immer wieder neu) hervorgebracht. In diesem Sinn bemerkt Lefebvre in der Einleitung zu seiner Auseinandersetzung mit dem Alltagsleben in der modernen Welt:

> »Der Begriff der Alltäglichkeit kommt von der Philosophie und kann nicht ohne sie verstanden werden. Er bezeichnet das Unphilosophische für und durch die Philosophie. (...) Der Begriff der Alltäglichkeit kommt nicht vom Alltäglichen; er spiegelt es nicht wieder (...). Er kommt auch nicht von der isolierten Philosophie; er entsteht aus der über die Nicht-Philosophie reflektierenden Philosophie (...)« (Lefebvre 1972, 24).

Der Alltag ist vor dem Hintergrund der Theorie Lefebvres also nicht ohne weiteres als Gegenstand einer sozial- oder kulturwissenschaftlichen Beschreibung zu haben. Sozial- oder kulturgeographische Ansätze, die in den Alltagspraktiken das eigentliche Objekt ihrer Beobachtung und Beschreibung sehen, müssten sich vor diesem Hintergrund vielmehr den Vorwurf gefallen lassen, jene Verdinglichungen und Reduktionen zu produzieren, die Lefebvre wiederholt anklagt. Sie sind im Sinne ihrer sozial- oder kulturwissenschaftlichen Ausrichtung bestrebt, genau das zu tun, was Lefebvre anprangert: die alltägliche Praxis in »verschiedene Sektoren« zu unterteilen und »nach zugleich empirischen und abstrakten Kategorien« zu ordnen, um »diese scheinbar formlosen Tatsachen in die Erkenntnis einzuführen und sie zu gruppieren, jedoch nicht willkürlich, sondern nach Begriffen und nach reiner Theorie« (ebd., 43). Gerade darin besteht aber, wie Lefebvre einwendet, das

---

Einzigartige, das Deviante. Die *Organisation* ist außerstande, das spontane Leben und den Wunsch auszulöschen« (Lefebvre 1975, 334f.).

heimliche Einverständnis des Wissens mit der Macht. Die sozialwissenschaftliche Beobachtung und Beschreibung impliziert, wie Lefebvre in diesem Zusammenhang bemerkt, »eine Praxis, nämlich die der Gestaltung der bestehenden Bedingungen, der Aufteilung der damaligen und neuen Knappheit, eine ungleiche und noch ungerechtere Verteilung, die auf sehr schöne Namen hört: Zwänge, Determinismen, Gesetze, Rationalität, Kultur« (ebd., 38).

Obwohl ein vergleichbarer kritischer Impetus auch die meisten jener sozialgeographischen Ansätzen kennzeichnet, die im Rahmen einer mehr oder weniger expliziten Kritik der kulturtheoretischen Perspektive für eine verstärkte Fokussierung des Alltagslebens und der alltäglichen Praktiken plädieren, richten diese Ansätze ihre Aufmerksamkeit weit weniger auf eine grundlegende Bedingungen der Beobachtung von Alltagspraktiken, auf die Lefebvre aufmerksam macht: darauf, dass die sozial- oder kulturwissenschaftliche Beobachtung den Alltag (unter verschiedene Namen: Alltagsleben, alltägliches Handeln, Gesellschaft, soziale Wirklichkeit, Kultur oder kulturelle Praxis etc.) als den wie selbstverständlich vorausgesetzten Ort hinnimmt, an dem die Produktions- und Repräsentationsprozesse stattfinden, die den Gegenstand ihrer wissenschaftlichen Re-/Dekonstruktion bilden:

> »Das Studium des täglichen Lebens bietet den Teilwissenschaften einen Treffpunkt und noch etwas mehr. Es bestimmt (...) den Ort, wo die konkreten Probleme der *Produktion* im weiten Sinne zum Ausdruck gebracht werden: die Art, wie die gesellschaftliche Existenz der Menschen *produziert* wird« (ebd., 39).

Dieser Ort ist jedoch, wie Lefebvre auch betont, nicht unabhängig von seiner Konstitution als Beobachtungsfeld (Treffpunkt) der Teilwissenschaften zu begreifen. Er muss im Grunde als ein Konstrukt der Beobachtung verstanden werden und bildet daher nicht ohne weiteres die ›konkrete Realität‹, die den sozial- oder kulturwissenschaftlichen Beschreibungen den Zugang zu einer Art *gritty real social world* garantiert.

Alltägliches ›Geographie-Machen‹

Weit davon entfernt, die Residuen alltäglicher Praxis hervortreiben, ihre ›kostbare Essenz‹ enthüllen und ihre Revolte organisieren zu wollen, befasst sich die *Sozialgeographie alltäglicher Regionalisierungen* von Werlen (1995 u. 1997) mit alltäglichen Praktiken des ›Geographie-Machens‹. Werlen bezieht sich auf die bei Wolfgang Hartke vorgezeichneten Idee, anstelle von Raum und Landschaft menschliche Tätigkeiten zum Forschungsgegenstand sozialgeographischer Untersuchungen zu machen.[102] Das Ziel einer sozialwissenschaftlichen Geographie könne nicht

---

102 Hartke vollziehe damit »eine Art kopernikanische Wende der geographischen Perspektive« (Werlen 1997, 25), sei jedoch letztlich nicht dazu gekommen, »seine verschiedenen Ideenansätze systematisch zu einem Forschungskonzept zusammenzuführen« (ebd.). Hartkes Ansatz bedürfe daher eine Weiterentwicklung, die sich von der Fokussierung auf materialisierte

sein, »Räume oder räumliche Ordnung zu erforschen« (Werlen 1997, 39).[103] Die Aufgabe sozialgeographischer Forschung bestehe vielmehr darin, »das alltägliche Geographie-Machen auf wissenschaftliche Weise zu untersuchen« (ebd.). Dafür schlägt Werlen (ebd., 253) eine Perspektive vor, in deren Fokus die »regionalisierenden Alltagspraktiken« handelnder Subjekte liegen, d. h. die von handelnden Subjekten hergestellte Bezugnahme auf die Welt. Das Interesse sozialgeographischer Forschung gilt demzufolge nicht einer vermeintlich objektiv vorzufindenden »Geographie der Dinge«, sondern den »Geographien der Subjekte« (ebd., 250):

> »Über regionalisierende Alltagspraktiken beziehen die Subjekte die ›Welt‹ auf sich. Diese Formen wissenschaftlich zu erforschen, kennzeichnet (…) die Besonderheit des sozialgeographischen Zugriffs« (ebd., 253).

Damit zielt die Perspektive der Sozialgeographie alltäglicher Regionalisierungen, wie die oben skizzierten Perspektiven einer kulturtheoretischen Sozialgeographie, auf die sinnhafte Konstitution und Repräsentation von Welt. Im Sinne der Konzeption einer sozial*geographischen* Perspektive betont auch Werlen die Bedeutung des physisch-materiellen Kontextes, die sich aus dem Zusammenhang von Körper, Handeln und Raum ergibt.

Das alltägliche ›Geographie-Machen‹ der Subjekte basiert laut Werlen (1997, 238) auf der körperzentrierten Erfahrung der Räumlichkeit physisch-materieller Welt. Über den Körper werde »das Extensive der raum-zeitlichen Welt in das Erleben miteinbezogen«, wobei die ›Dinge der Außenwelt‹ in der Bewegung »über die Berührung mit dem Körper des Subjekts als dinghaft erlebt« werden (ebd., 237). Durch diese Erfahrung konstituiert sich, wie Werlen in diesem Zusammenhang resümiert, die »Räumlichkeit der physisch-materiellen Welt« (ebd., 238).[104]

Handlungsfolgen in der ›Kulturlandschaft‹ löst und der Produktion von Regionen als (körperzentrierte) Relationierungen von Handeln und Raum zuwendet. Vgl. Werlen (1997, 25-39) und Hartke (1959 u. 1962).

103 Werlen weist wiederholt darauf hin, dass weder die Repräsentation sozialer und kultureller Phänomene in räumlichen Kategorien, noch die raumwissenschaftliche Analyse regionaler Verflechtungen als Aufgabe einer *sozialwissenschaftlichen* Geographie betrachtet werden kann: »Obwohl soziale Beziehungen auch über Raum und Zeit strukturiert sind, heißt das nicht, dass man mittels Raum- oder Regionsanalysen einen privilegierten Zugang zu diesen Formen der Strukturierung erlangen kann. Entscheidend ist die Frage nach den sozialen Formen, mit denen räumliche und zeitliche Aspekte für die Erreichung bestimmter sozialer, kultureller und ökonomischer Ziele eingesetzt werden« (Werlen 1997, 131).

104 Die Konstitution der physisch-materiellen Welt bleibe auf diese Weise an das erlebende und handelnde Subjekt gebunden: »Die Dinge der Außenwelt werden in den Bereich seiner Aktionssphäre einbezogen und über die Berührung mit dem Körper des Subjekts als dinghaft erlebt. Das Subjekt macht so die Feststellung, dass die physische Welt mit seinem Körper die Ausdehnung gemeinsam hat und dass es über seinen Körper Teil dieser Welt ist. (…) Aufgrund und unter Berücksichtigung dieser Gegebenheiten, die nichts anderes als Erfahrungstatsachen sein können, vollzieht sich schließlich die Orientierung im physisch-weltlichen Kontext, und zwar hinsichtlich aller Handlungen, bei denen physisch-materielle Gegebenheiten, also einschließlich der Körper der Handelnden, relevant sind. Das gilt für alle Handlungen, für deren Vollzug physisch-materielle Gegebenheiten in den Tätigkeitsablauf zu integrieren sind. In diesem Sinne ist die Bezugnahme auf den physisch-materiellen Kontext re-

Letztere stellt, so Werlen weiter, die Grundlage jeder Raumkonzeption und die
Voraussetzung für den Einbezug physisch-materieller Elemente des Handlungs-
kontextes dar. Darüber hinaus betont Werlen (ebd., 263), dass der Körper als
»Koordinatennullpunkt« der subjektiven Bezugnahme auf den physisch-materiellen Kontext die Erreichbarkeit von Informationen strukturiert, »ohne aber Infor-
mationsgehalte selbst zu bestimmen« (ebd.). Außerdem sei davon auszugehen,
dass in der Alltagspraxis »persistierende Koordinatennullpunkte subjektiv ge-
wählt« werden und dass sich Handelnde in ihren Alltagspraktiken »auf einen au-
ßerleiblichen subjektiv gesetzten Orientierungsnullpunkt« beziehen (Werlen 1987,
179f.):

> »Die leibzentrierten Relationierungen können über Abstraktionen auch durch Relatio-
> nierungen in Bezug auf einen gesetzten, nicht leibgebundenen Koordinatennullpunkt
> (idealisierter Körperstandort) ersetzt werden und zudem durch standardisierte Metrisie-
> rung fein untergliedert werden« (Werlen 1999, 261).

Über sinnhafte Zuschreibungen und Symbolisierungen werden dann subjektzentrierte Geographien, d. h. von den Subjekten je nach Handlungshorizont unterschiedlich akzentuierte »Relationierungen mit der physisch-materiellen Welt«,
hergestellt (ebd., 262).

Werlen schlägt schließlich vor, diese Praktiken in Bezug auf die Ausrichtung
des Handelns zu typisieren. Dazu bezieht er sich auf eine analytische Unterteilung
der subjektiven Handlungsausrichtungen in die Kategorien Zweck-, Norm- und
Verständigungsorientierung.[105] In Bezug auf diese Unterscheidung der Hand-
lungsorientierungen sollen die verschiedenen Arten des alltäglichen ›Geographie-
Machens‹ als Relationierungen von Handeln und Raum thematisiert werden.

Im Interessenhorizont Zweckrationalität erfolgt der Weltbezug handelnder
Subjekte vor allem als »klassifikatorische Kalkulation auf der Grundlage einer
standardisierten, formalen Geo-Metrik« (Werlen 1999, 262). Mit zweckrationaler
Orientierung und Weltordnung verbindet sich eine »Entsakralisierung des Raumes« im Sinne Foucaults (1999, 147). Diese stellt, in Kombination mit dem symbolischen Zeichen ›Geld‹, die Grundlage für eine »rationale Kalkulation der

---

lationaler Art. Handelnde stellen eine Relation zu anderen physisch-materiellen Körpern her,
indem sie Ableitungen von der Erfahrung der eigenen Körperlichkeit vornehmen« (ebd.,
237f.). Werlen bezieht sich hierbei auf die Analyse der Konstitution der raumzeitlichen Welt
in Schütz' Theorie der Lebensformen (vgl. Schütz 1981).

105 Diese Typisierung der Handlungsorientierung korrespondiere mit den Perspektiven klassi-
scher Handlungstheorien, welche als je unterschiedliche Arten der »Thematisierung spezifischer Dimensionen menschlicher Alltagspraxis« (Werlen 1997, 255) begriffen werden. Die
unterschiedlichen handlungstheoretischen Zugänge zur Alltagspraxis schließen einander
nicht aus, unterscheiden sich aber in der Selektivität ihres Erkenntnishorizontes: »Die zweck-
rationalen Handlungstheorien (Pareto, Weber, Entscheidungstheorien bzw. rational choice
theory) zeichnen sich durch den selektivsten Zugriff auf die soziale Wirklichkeit aus. Eine
mittlere Position nimmt die normorientierte Handlungstheorie in der struktur-funktionalisti-
schen Tradition von Talcott Parsons u. a. ein. Die interpretative, verständigungsorientierte
Handlungstheorie von Schütz (…) ist als umfassendste Auseinandersetzung mit der gesellschaftlichen Wirklichkeit zu betrachten« (ebd., 256).

Standortwahl« in ökonomischen Handlungszusammenhänge dar (Werlen 1997, 260). Werlen vertritt die Auffassung, dass eine »zweckrational berechnende Deutung der Welt« (ebd.) sowohl die wirtschaftlichen Aktivitäten von Produzenten als auch diejenigen von Konsumenten charakterisiert:

> »So sind industriewirtschaftliche Produzenten sowohl auf bodenmarktliche Kalkulation der Beziehungen von berechneter Fläche und Preis angewiesen als auch auf zeitmetrische Einteilung und deren geldmäßige Relationierung als Lohnkalkulation für die gekaufte Arbeitszeit. Die Nachfragenden ihrerseits beziehen sich beim Vergleich der verschiedenen Versorgungsstandorte und -güter ebenfalls auf räumliche und zeitliche Kalkulation. Beide, produzierende wie konsumierende Subjekte, vollziehen dabei je spezifische Regionalisierungen als Praktiken der Welt-Bindung« (ebd., 260).

Ein wesentlicher Aspekt dieses zweckrational-ökonomischen ›Geographie-Machens‹ ist laut Werlen die »Kontrolle physisch-materieller Gegebenheiten und materieller Artefakte im Sinne von allokativen Ressourcen« (ebd., 272).[106]

In einer normorientierten Perspektive auf die handelnd hergestellten Weltbezüge von Subjekten treten präskriptive Festlegungen in der Form von territorial definierten Ein- und Ausschlüssen in den Vordergrund. Dadurch werden beispielsweise jene klassifikatorischen und relationalen Ordnungen von Normen, Körpern und Raum sichtbar, die Erving Goffman (1974) als »Territorien des Selbst« beschrieben hat. Solche ›Territorien‹ können als eine Art körperzentrierte Stufenordnung von ›Hüllen‹ mit unterschiedlicher normativer Besetzung gedacht werden. Ihr normativer Gehalt zeigt sich darin, dass das ›Betreten‹ dieser ›Territorien‹ je unterschiedlich sanktioniert wird. Grundsätzlich richtet sich diese Sichtweise aber auch auf weiter gefasste Formen der »Herrschaft über Personen im Sinne autoritativer Ressourcen« (Werlen 1997, 274). Sie betrifft die »Kontrolle der Subjekte via deren Körper« (ebd.), welche über regionalisierende Alltagspraktiken erzeugt und aufrechterhalten wird:

> »Die wohl prominenteste Form der Kombination von Norm, Körper und Raum ist der Nationalstaat mit seiner territorialen Bindung von Recht und Rechtsprechung, der territorialen Organisation der Bürokratie sowie der Überwachung und Kontrolle der Mittel der Gewaltanwendung« (ebd., 261).[107]

---

106 Gleichzeitig bleiben, wie Werlen betont, »der produktive und der konsumtive Bereich auch für andere Betrachtungen und Zugangsbereiche offen: Jene Alltagsdimensionen, die von den handelnden Subjekten selbst primär als wirtschaftlich interpretiert und erfahren werden, bleiben neben der Analyse der allokativen Ressourcen auch für die autoritative Komponente offen und können außerdem auf signifikative bzw. kulturelle Aspekte hin untersucht werden. Dies ist insbesondere unter aktuellen, globalisierten Bedingungen von entscheidender Bedeutung, in denen eine Kulturalisierung des Wirtschaftlichen immer umfassendere Ausmaße annimmt« (Werlen 1997, 272).

107 Auch in Bezug auf normative Aneignung und politische Kontrolle gilt, dass es sich dabei nicht um besondere Typen alltäglicher Praxis handelt, sondern um Kategorien der Beobachtung, d. h. um Merkmale von Handlungszusammenhängen, die aufgrund des Forschungsinteresses und der Forschungsfrage speziell herausgehoben werden.

Die interpretative, verständigungsorientierte Handlungstheorie ermöglicht laut Werlen die »umfassendste Auseinandersetzung mit der gesellschaftlichen Wirklichkeit« (ebd., 256). In dieser Perspektive werden »Subjekte in Bezug auf ihre umfassenden Fähigkeiten zur sinnhaften Konstitution verschiedenster Wirklichkeitsbereiche« thematisiert (ebd., 257). Der Weltbezug handelnder Subjekte betrifft in dieser Sichtweise »die Konstituierung der Sinnhaftigkeit räumlicher Handlungskontexte« (Werlen 2000, 333) in einem grundlegenden Sinn. Das alltägliche ›Geographie-Machen‹ wird hier als »Bedeutungskonstitution räumlicher Lebensweltausschnitte« begriffen (Werlen 1997, 264). Es umfasst die Konstruktion von »subjektspezifischen, häufig auch intersubjektiv geteilten, räumlich kodierten ›Sinnregionen‹« (ebd.):

> »Dazu gehören insbesondere emotionale Bezüge zu bestimmten Orten und Gegenden. ›Heimatgefühl‹ und emotional aufgeladene Formen von Regionalbewusstsein sind wohl die offensichtlichsten Formen derartiger signifikativer Aufladungen« (ebd.).

Unter Berücksichtigung der institutionellen Komplexe von »symbolischen Ordnungen und Diskursformen (Sprache, Weltbilder, Ideologien usw.)« (ebd., 269) macht die Auseinandersetzung mit subjektiven Bedeutungszuweisung vielfältige »Geographien symbolischer Aneignung« (ebd., 276) sichtbar, d. h. Formen des alltäglichen ›Geographie-Machens‹, im Rahmen derer das ›Auf-sich-beziehen von Welt‹ als »Bedeutungszuweisung zu und Aneignung von bestimmten räumlichen alltagsweltlichen Ausschnitten durch handelnde Subjekte« erfolgt (ebd.).

Der Alltag erhält in Werlens Konzeption nicht durch die Betonung der Notwendigkeit einer ›Rückkehr‹ zur ›konkreten Realität‹ des Alltagslebens ein theoretisches Gewicht. Vielmehr werden alltägliche Praktiken grundsätzlich als Gegenstandsbereich der Sozialwissenschaften begriffen. Sozialwissenschaftliche Forschung, die zu verstehen versucht, wie gesellschaftlich Handelnde die Welt für sich und für andere verstehbar machen und dadurch die Welt sinnhaft konstituieren, hat es laut Werlen stets mit alltagsweltlichen Prozessen zu tun. Alltagspraktiken bilden daher den Gegenstand *jeder* sozialwissenschaftlichen Forschung:

> »Alle sozialwissenschaftlichen Disziplinen beziehen sich auf je besondere Aspekte der Alltagspraxis« (Werlen, 1997, 253).

Mit der Bezeichnung ›Alltag‹ ist allerdings »nicht das gemeint, was die Menschen jeden Tag tun« (Werlen 1999, 262). Der Alltag wird in der Sozialgeographie alltäglicher Regionalisierungen in Anlehnung an die Phänomenologie definiert. Er bezeichnet laut Werlen den »Wirklichkeitsbereich, der in ›natürlicher Einstellung‹ erfahren wird und in dem in ›natürlicher Einstellung‹ gehandelt wird« (ebd.). Mit ›natürlicher Einstellung‹ meint Werlen eine »›naive‹ Einstellung der Welt gegenüber, in der man sich nicht die Frage stellt, ob die Welt tatsächlich so ist, wie sie erfahren wird« (Werlen 2001, 39). Durch die »Einklammerung« des Zweifels, dass »die Welt und ihre Gegenstände anders sein könnten, als sie erscheinen« (ebd.), konstituiert sich die Alltagswelt als Wirklichkeit, die bis auf weiteres fraglos gegeben erscheint.

Der Begriff der ›natürlichen Einstellung‹ verweist zunächst auf die ›Lebenswelt‹, die in der Phänomenologie Husserls »nicht Gegenstand einer direkten Beschreibung, sondern einer methodisch gezielten Rückfrage« ist (Waldenfels 1985, 16).[108] Diese Rückfrage, mit der die Lebenswelt »in ihrer Vorgegebenheit *zurück*gewonnen werden soll«, dient bei Husserl zum einen »der Fundierung der Wissenschaften in der Lebenswelt« und zum anderen »der Gewinnung einer geschichtlichen Gesamtperspektive, sofern alle historischen Sonderwelten in ihrer synchronen und ihrer diachronen Vielfalt die *eine* Lebenswelt voraussetzen« (ebd.). Durch eine Bedeutungsverschiebung wird daraus in der phänomenologischen Sozialtheorie von Schütz die ›Alltagswelt‹. Diese bezeichnet nicht den Boden und den Horizont *aller* Sinnbildung, sondern »die ›ausgezeichnete Wirklichkeit‹ der Lebenspraxis, die sich abhebt von den ›mannigfaltigen Wirklichkeiten‹, zu denen auch die Welt der Wissenschaft gehört« (ebd., 158). In der Sozialgeographie alltäglicher Regionalisierungen wird, wie in den meisten Varianten phänomenologisch orientierter Soziologie, der Alltag schließlich in direkter Opposition zur Wissenschaft als ein besonderer Typus der Erfahrung, des Handelns und des Wissens definiert. Das bedeutet, »dass unter die Kategorie ›alltägliche Handlungsweisen‹ im Prinzip alle nicht-wissenschaftlichen Aktivitäten fallen« (Werlen 1999, 263).

Die Alltagswelt bezeichnet somit einen »Erfahrungs- und Sinnbereich« für den ein besonderer »kognitiver Stil« konstitutiv ist – ein kognitiver Stil der vom wissenschaftlichen Erfahrungsstil und vom wissenschaftlichen Wissen über den Alltag »deutlich verschieden und deshalb sorgsam zu unterscheiden« ist (Soeffner 1989, 14f.). Charakteristisch für die Alltagswelt ist aus dieser Sicht die von den Akteuren getroffene Annahme »von ›Selbstverständlichkeiten‹, die als solche nicht mehr artikuliert werden müssen« (ebd., 14). Außerdem wird davon ausgegangen, dass die alltäglich handelnden Akteure sich »wechselseitig Kompetenz« unterstellen, ein »gemeinsames Wissen über eine gemeinsam unterstellte Realität« voraussetzen und dieses in alltäglichen Interaktionsabläufen – wenn überhaupt – »nur oberflächlich« überprüfen (ebd., 13f.). Damit ist nicht gemeint, dass es in der Alltagswelt keine problematischen Situationen gibt. Solange für deren Bewältigung aber ›alltägliche‹ Interpretationen und Handlungsroutinen generiert werden können, bleibt die Alltagswirklichkeit selbst unproblematisch:

> »Die Wirklichkeit der Alltagswelt umfasst problematische und unproblematische Ausschnitte, solange das, was als Problem auftaucht, nicht einer ganz anderen Wirklichkeit angehört (der der theoretischen Physik etwa oder der der Alpträume). Solange die Routinewirklichkeit der Alltagswelt nicht zerstört wird, sind ihre Probleme unproblematisch« (Berger/Luckmann 1999, 27).[109]

---

108 Vgl. Husserl (1985).

109 Der ›kognitive Stil‹ des Alltags »zielt ab auf Beseitigung oder Minimierung des Ungewöhnlichen, des Zweifels« (Soeffner 1989, 16). Durch das Alltagswissen und Alltagshandeln werden »neuartige, fremdartige Situationen« so typisiert, »als seien sie bekannt, genauer: als seien sie Bestandteil der Normalität eines allen bekannten gemeinsamen Handlungs- und Erfahrungsraumes« (ebd.). Die Grundlage dieser Normalitätskonstruktion ist gemäß Soeffner insbesondere der fortwährende Einsatz von Problemlösungsroutinen, d. h. »die Wiederholung er-

Wissenschaftliche Erfahrung und wissenschaftliches Wissen setzen dagegen eine andere Erkenntnisweise und eine andere Wirklichkeitsauffassung voraus. Während der kognitive Stil des Alltags »im Interesse der Handlungsfähigkeit den Zweifel ausklammert und das Fragwürdige als ›normal‹ typisiert, systematisiert die Wissenschaft den Zweifel, die Aufdeckung der alternativen Deutungs-, Wahl- und Handlungsmöglichkeiten« (Soeffner 1989, 25). Während der kognitive Stil des Alltags nach der »Sicherung des Erkannten« trachtet, zielt die Erkenntnishaltung der Wissenschaft »auf Zweifel am Erkannten und Entfaltung des Erkennbaren« (ebd., 26). Durch die wissenschaftliche Erkenntnisweise sollen alltagsweltliche (Be-)Deutungen hinterfragt und soll untersucht werden, wie alltagsweltliche Wirklichkeit konstituiert wird. Wissenschaftliche Betrachtung richtet sich somit auf die »Bedingungen der Möglichkeit der Konstitution gesellschaftlicher, intersubjektiv erfahrbarer Wirklichkeit« (ebd.). Eine unabdingbare Voraussetzung für die »organisierte und reflektierte Bearbeitung von Alltagserfahrung, Alltagswissen und Alltagshandeln« (ebd., 23) ist gemäß dieser Auffassung die »systematische Konstruktion der Distanz des Wissenschaftlers zur Alltagspraxis« (ebd., 37):

»Diese analytische Distanz zu den ›Alltagstexten‹ (...) ist verpflichtende Professionsnorm der Wissenschaftler. Auf ihr beruhen und nur durch sie funktionieren die Gütekriterien wissenschaftlicher Arbeit: rationale Begründbarkeit, Nachvollziehbarkeit, möglichst umfassende Offenlegung – und damit Test und Falsifizierbarkeit – der Problemstellungen, Ziele, Hypothesen, Resultate und Methoden. Die Übernahme dieses spezifischen Handlungs-, Erfahrungs- und Wissenstypus der Wissenschaft konstituiert erst den ›universe of discourse‹« (ebd., 24).[110]

---

probter und bekannter Handlungsmuster in der Interaktion sowie die Erstarrung dieser Muster zu Handlungsritualen« (ebd., 17). Solche Routinen gewährleisten nicht nur die notwendige Schnelligkeit und Akzeptanz von alltäglichen Handlungen, sie sind auch ein »Instrument zur Bewältigung neuer Gegebenheiten« – ein Instrument, das das Neue »zum bereits Bekannten umformt« (ebd.). Sie beruhen u. a. darauf, dass im Alltagsleben nicht alles explizit gemacht, gesagt oder gefragt werden muss, sondern »in einer Welt der Selbstverständlichkeiten untergebracht ist« (ebd.). Das gemeinsame Wissen das im Alltagshandeln angewendet wird, ist, mit anderen Worten, »seinem Wesen nach praktisch: es gründet in dem Vermögen der Akteure, sich innerhalb der Routinen des gesellschaftlichen Lebens zurechtzufinden« (Giddens 1992, 55).

110 Freilich ist die ›distanzierte Haltung der Wissenschaft‹ an praktische Bedingungen geknüpft, die im Rahmen von Forschungsvorhaben kaum je in allen Punkten erfüllt sind. Das Alltagswissen der Forschenden beeinflusst deren interpretative oder re-/dekonstruktive Tätigkeit; Wissenschaftler sind vielfältigem ›Handlungsdruck‹ ausgesetzt, treffen pragmatische Entscheidungen und greifen wie der Alltagsverstand auf Reifikationen zurück. Das ändert jedoch nichts daran, dass wissenschaftliche Interpretation im Sinne einer ›doppelten Hermeneutik‹ eine distanzierte Haltung gegenüber alltäglichen Interpretationen erzeugt und aufrecht erhält. Ein verbreitetes Missverständnis besteht darin, in dieser Distanz zum Alltag den Grund für mangelnde ›gesellschaftliche Relevanz‹ der (Sozial-)Wissenschaften zu sehen: »Die Forderung nach ›Praxisbezug‹, nach unmittelbarer Verwendbarkeit der Wissenschaft, nach ›wissenschaftliche gesteuerter Intervention‹ im Alltag zielt auf die Vermengung der Leistungen und Erkenntnisstile beider Bereiche. Würde sie erfüllt (...), brächte dies für beide Bereiche und die ihnen zugehörigen Erkenntnisstile und Haltungen einen Leistungsverlust mit sich« (Soeffner 1989, 38).

Die eingestandene Notwendigkeit zur normativen Setzung und Durchsetzung der wissenschaftlichen Distanz zum Alltag, zum Alltagshandeln und zu den ›Alltagstexten‹, wirft ein Reihe weitreichender (methodischer) Fragen in Bezug auf die Umsetzung der Vorgaben wissenschaftlicher Sicht in konkreten Forschungspraktiken auf. Sie zeigt aber andererseits auch, dass der Alltag nicht als fraglos gegebener Wirklichkeitsbereich hingenommen werden kann. Wissenschaftliche Haltung und Alltagsverstand stehen in einem Begründungszusammenhang. Die Differenzierung der beiden Bereiche »ist *konstitutiv*, sowohl was die jeweiligen Leistungen und Funktionen der beiden unterschiedlichen Erfahrungs-, Handlungs- und Wissensstile an sich, als auch was ihre Leistungen und Funktionen für den jeweils anderen Bereich angeht« (ebd., 38).

Das wird von Soeffner darauf zurückgeführt, dass »der Sinnbezirk der Wissenschaft aus dem ausgezeichneten Sinnbezirk des Alltags hervorgeht« (ebd., 38). Umgekehrt ist aber im Rahmen der Opposition von Wissenschaft und Alltag auch der Alltag nicht unabhängig von der Wissenschaft zu denken. Der Alltag muss als ein aus wissenschaftlicher Sicht abgegrenzter und bezeichneter Erfahrungs- und Handlungsstil begriffen werden. Der Alltag ist (auch in sozialphänomenologischer Konzeption) ein aus wissenschaftlicher Sicht produziertes Konstrukt, das selbst konstitutiv ist für eben diese wissenschaftliche Perspektive. Soeffner behilft sich in dieser Situation mit der historischen Ausdifferenzierung eines (autonomen) Handlungssystems ›Wissenschaft‹, welche nichts weniger als ein »Schritt auf dem Weg der menschlichen Gattung durch die Evolution« darstelle (ebd., 27). Der Wissenschaft komme dann die Funktion zu, »hypothetisch Problemsituationen zu rekonstruieren und zu prognostizieren, um das gesellschaftliche Reaktionsrepertoire zu vergrößern« (ebd.). Die Metaposition, die sie dabei beansprucht, gründe auf der, »in der Moderne vollzogenen Trennung von Wissenschaft und Leben« (ebd., 25). Dass es ein autonomes Funktionssystem Wissenschaft gibt, welches in Opposition zum Alltag steht, sei also schlicht eine institutionell verankerte, historische Tatsache.

4 Erstes Resümee

Zum theoretischen Problem, *Geographien der Praxis* zu beobachten

In der neueren Sozial- und Kulturgeographie besteht weitgehend Einigkeit darüber, dass Geographien Bestandteile einer sozial konstruierten Wirklichkeit sind und demnach von sozialen Akteuren in alltäglichen Praktiken produziert und reproduziert werden. Dieser Auffassung liegt eine im weiteren Sinne konstruktivistische Einstellung zu Grunde, die auch besagt, dass Sozial- und Kulturwissenschaften ihre Beobachtungsgegenstände nicht ohne weiteres ›in der Wirklichkeit‹ vorfinden. Damit sind theoretischen Probleme verbunden, die das Verhältnis von sozial- oder kulturwissenschaftlicher Geographie einerseits und alltäglichen Praktiken des ›Geographie-Machens‹ andererseits betreffen. ›Geographien des Alltags‹ können vor dem Hintergrund einer konstruktivistischen Einstellung nicht voraussetzungslos als Gegenstände der Beobachtung betrachtet werden. Die Vertreter einer kulturtheoretischen Sozialgeographie müssen sich vielmehr fragen, welchen Anteil sie selbst an der Formierung der Verhältnisse haben, die sie beobachten wollen. Sie sehen sich mit dem besonderen Problem konfrontiert, die Unterscheidung von Wissenschaft und Alltag zu thematisieren. Weil Wissenschaft und Alltag in einem Begründungszusammenhang stehen, kann es bei der Thematisierung dieser Unterscheidung nicht darum gehen, die Dissoziation dieser beiden (Diskurs-)Welten aufzuheben. Vielmehr muss gefragt werden, inwieweit in den theoretischen Konzeptionen einer sozial- oder kulturwissenschaftlichen Auseinandersetzung mit der sozialen Konstruktion von Raum die Bedingungen für eine Reflexion der konstitutiven Distanz zum Alltag und zur Alltagssprache angelegt sind.

Eine Thematisierung der sozialen Konstruktion von Raum findet (vor allem in jüngerer Zeit) auch außerhalb der sozial- oder kulturgeographischen Fachdebatten, im aktuellen Theoriediskurs kulturtheoretischer Sozialwissenschaft, statt. Mit der ›Entdeckung‹ der Globalisierung – dem Ausgreifen sozialer Beziehungen in Raum und Zeit – erhalten der Raum und die Räumlichkeit sozialer Praktiken (wieder) einen prominenten Platz auf der sozialwissenschaftlichen Forschungsagenda. Dieser *spatial turn,* der die räumliche Dimension sozialer Alltagspraxis akzentuiert, verbindet sich in aller Regel mit der Rede von einem *cultural turn,* die den symbolischen Charakter sozialer Phänomene hervorhebt. In einer kulturtheoretischen Sozialwissenschaft, die sich für den Raum interessiert, steht deshalb nicht die räumliche Anordnung von sozialen Phänomenen im Vordergrund, sondern die Produktion und Reproduktion von geographischen Imaginationen und Repräsentationen sozial-kultureller Wirklichkeit. Sie fokussiert den Gegenstand einer sozial- oder kulturwissenschaftlichen Geographie, den Peter Jackson (1989, 2) als *maps of meaning, through which the world is made intelligible* bezeichnet hat.

Dabei wird nicht selten behauptet, dass es die faktischen Veränderungen im Zuge der Globalisierung und Kulturalisierung des Sozialen seien, die einen Perspektivenwechsel hin zur Beobachtung der Konstruktion von Raum unter kulturtheoretischen Vorzeichen erzwingen. Die Renaissance kultureller Differenzen sei »das Symptom eines tieferliegenden Wandels der Gesellschaft (...), die ihre alten Mythen und ›großen Erzählungen‹ (...) verliert« (Gebhardt et al. 2003, 1). Weil die soziale Welt globalisiert und kulturell konstituiert *ist*, müsse die sozialwissenschaftliche Beobachtung auf eine kulturtheoretische Perspektive, die für die Folgen von Globalisierungsprozessen sensibel sei, umgestellt werden. Mit der empirischen Beobachtung global-lokaler Interdependenzen verbindet sich in der Regel die theoretische Ansicht, dass räumlich definierte gesellschaftliche oder kulturelle Einheiten symbolische oder imaginative Geographien sind, die von sozialen Akteuren in alltäglichen (diskursiven) Praktiken hergestellt und verhandelt werden, veränderbar sind und verändert werden. Das theoretische Problem, Geographien der Praxis zu beobachten, besteht also zunächst in der Aufgabe, diese signifikativen Praktiken des symbolisch-diskursiven ›Geographie-Machens‹ zu beschreiben. Gefordert ist dahingehend eine kulturtheoretische Sozialwissenschaft, die ihren Blick auf die Produktion und Reproduktion von kontingenten Verortungen richtet, d. h. eine sozialwissenschaftliche Perspektive, die auf die Bedeutungsrahmen zielt, die die Handelnden selbst für die Konstitution der sozialen Welt benutzen. Eine kulturtheoretische Sozialwissenschaft, die diese Problemstellung aufnimmt, verabschiedet sich keineswegs von *sozialwissenschaftlichen* Theorien. Sie rekurriert vielmehr auf eine im weiteren Sinne konstruktivistische Grundhaltung, mit der – auch im Anschluss an die Klassiker der Sozialtheorie – die Konstruktion sozialer Wirklichkeit untersucht und die unhinterfragte Plausibilität sozialer Konstellationen mit einer theoretisch und methodisch kontrollierten Lesart versorgt wird.

Sozusagen ›im Schlepptau‹ der Annahme, dass die soziale Wirklichkeit durch kulturelle Praktiken der Bedeutungsproduktion sinnhaft konstituiert wird, werden die Sozialwissenschaften aber auch gewahr, dass sie selbst in die Produktion ihres Gegenstandes involviert sind und daher auch den Konstruktionsprinzipien ihrer eigenen Beobachtung Aufmerksamkeit zuteil werden lassen müssen. Der Blick auf die Beobachterseite zeigt, dass durch die vielfach diagnostizierte Entankerung oder Entgrenzung gegenwärtiger Lebensbedingungen räumlich-territoriale Begriffe von Gesellschaft und Kultur in Bewegung geraten. Vor allem die Konzeption von Gesellschaft als national oder regional integriertes Gebilde entpuppt sich vor dem Hintergrund der Feststellung einer fortschreitenden Globalisierung als geographische Konfiguration der sozialwissenschaftlichen Beobachtung. Das theoretische Problem, Geographien der Praxis zu beobachten, betrifft in dieser Hinsicht die Beobachtung der eigenen Beobachtung. Gefragt ist daher nicht nur eine Methodik der Sinndeutung und des Verstehens, sondern – wie es ein (radi-kaler) epistemologischer Konstruktivismus lehrt – ein Umgang mit der Feststel-lung, dass auch wissenschaftliche Beschreibungen Konstruktionspraktiken sind und eine ›Repräsentationsarbeit‹ darstellen, im Rahmen derer kontingente Ord-nungsbeschreibungen produziert werden.

Unter Bezugnahme auf theoretische Gedanken aus dem Forschungspro-gramm der *Cultural Studies* forcierten in den 1990er-Jahre angelsächsische Auto-ren die Etablierung einer kulturtheoretische Sozialgeographie, die ihre Aufgabe in der Beobachtung und Beschreibung kultureller Praktiken der Produktion und Repräsentation sozialer Wirklichkeit als geographische Realität sieht. Die neuer-dings auch in der deutschen Geographie erkennbare kulturtheoretische Ausrich-tung der Humangeographie ist in jüngerer Zeit verstärkt für ihre postmodernisti-sche Beliebigkeit, ihren ›Textualismus‹ und für die sich darin abzeichnende neue Form von ›Kulturalismus‹ kritisiert worden. Vor allem durch diese kritische Dis-kussion kulturtheoretischer Ansätze rücken der Alltag und Alltagspraktiken (wie-der) ins Blickfeld sozial- und kulturgeographischer Forschung. Dabei macht sich jedoch eine Art *backlash* bemerkbar: Im Stile einer ›Kritik des Alltagslebens‹ (Le-febvre) wird gefordert, dass die Aufmerksamkeit sozial- oder kulturwissenschaft-licher Geographie (wieder stärker) auf die ›wirklichen Probleme‹ und die ›kon-kreten Realitäten‹ der Akteure *on the ground* gerichtet werden müsse.

Größtenteils ausgeblendet wird bei dieser ›Rückbesinnung‹ auf alltägliche Praktiken die Konstitution des Alltags als Gegenstand sozial- oder kulturgeogra-phischer Beobachtung. Gerade Lefebvres Kritik des Alltagslebens zeigt aber, dass der Alltag nicht einfach als ein vorgegebenes Forschungsfeld hingenommen wer-den kann, das darauf wartet von Sozial- und Kulturwissenschaftlern bearbeitet zu werden. Der Alltag muss, wie Lefebvre deutlich macht, als Gegenbegriff zur Wis-senschaft verstanden werden. Er entfaltet sich aus der Sicht jener Wissenschaften, die sich für den Alltag interessieren.

Die auf handlungstheoretischen Grundlagen konzipiert Sozialgeographie all-täglicher Regionalisierungen (Werlen) macht geltend, dass eine wissenschaftliche Beobachtung und Beschreibung des alltäglichen ›Geographie-Machens‹ einen ›epistemologischen Bruch‹ mit dem Alltag voraussetzt, welcher vom Standpunkt einer wissenschaftlichen Beobachtung weder aufgehoben, noch ignoriert werden kann. Die wissenschaftliche Interpretation alltäglicher Praktiken erfordert eine ›distanzierte Haltung‹ gegenüber der Alltagswelt, damit sie selbst als extensive Deutung der alltagsweltlichen Wirklichkeitskonstruktionen praktiziert werden kann. Die Sozialgeographie alltäglicher Regionalisierungen fokussiert vor diesem Hintergrund ›Geographien des Alltags‹ als sinnhafte Relationierung von Handeln und Raum in unterschiedlichen Interessenhorizonten. Die dabei in Anschlag ge-brachte Dissoziation von Wissenschaft und Alltag ist jedoch keine vorausset-zungslos gegebene Differenz. Sie muss durch die wissenschaftliche Beobachtung und für die Konstitution eines wissenschaftlichen Beobachtungsstandpunktes normativ eingefordert und aufrecht erhalten werden.

Damit wird der Alltag schließlich in zweifacher Hinsicht zu einem ›Problem‹ sozial- oder kulturgeographischer Betrachtung: einerseits liefert er Problemstel-

lungen für eine Vielzahl von sozial- oder kulturgeographischen Forschungsfragen;
andererseits erzwingt er Fragen über die Bedingungen der Möglichkeit sozial-
oder kulturgeographischer Forschung. Die konstruktivistische Einstellung kulturtheoretischer Sozialwissenschaft beschert der wissenschaftlichen Beobachtung
in dieser zweiten Hinsicht ein theoretisches Problem, das diese in aller Regel zugunsten der (Re-)Präsentation von Erkenntnissen über alltägliche Praktiken ausblendet. Es umfasst die paradoxe Konstellation einer Wissenschaft, die den Alltag
beobachten und beschreiben möchte und diesen selbst konstruieren muss. Während die Schwierigkeit in erster Hinsicht darin besteht, *Geographien der Praxis* zu
beobachten, besteht sie in zweiter Hinsicht darin, Geographien der Praxis *zu beobachten*. In Bezug auf die erste Dimension dieser Problemstellung zeichnet sich
im Feld einer kulturtheoretischen Sozialgeographie eine Vielzahl teilweise elaborierter Ansätze ab, mit denen an der De- und Rekonstruktion geographischer
Imaginationen und Repräsentationen gearbeitet wird. Weit weniger Aufmerksamkeit erfährt die zweite Problemdimension. Sie rangiert, auch in der Kritik am
›Textualismus‹ der Kulturgeographie, weit hinter der Aufgabe einer realitätsnahen
Darstellung der wirklichen (Problem-)Zusammenhänge oder wird gar nicht viru-
lent, weil die Unterscheidung von Wissenschaft und Alltag nicht als konstitutive
Differenz sozial- oder kulturwissenschaftlicher Beobachtung wahrgenommen
wird.

In der subjektzentrierten Herangehensweise einer Sozialgeographie alltäglicher Regionalisierungen können Alltag und Wissenschaft als Erfahrungs- und
Handlungsbereiche unterschieden werden, die mit der funktionalen Differenzierung moderner Gesellschaft korrespondieren. Die Ausdifferenzierung eines
Handlungssystems ›Wissenschaft‹ ist demzufolge »nur ein Einzelbeispiel für die
generelle Ausdifferenzierung moderner Funktionssysteme« (Hard 1985a, 191).
Dieser Bezug auf die funktionale Differenzierung der Gesellschaft legt es nahe, für
die weitere Bearbeitung des theoretischen Problems, Geographien der Praxis zu
beobachten, einen ›Terrainwechsel‹ vorzunehmen und jene Theorie anzusteuern,
die unter funktionaler Differenzierung wechselseitige Beobachtungsverhältnisse
sozialer Systeme versteht. Dieser Umweg lohnt vor allem dann, wenn man die
Differenz von Wissenschaft und Alltag nicht auf dem Boden der ontologischen
Realität sucht, sondern als eine beobachterabhängige Unterscheidung begreifen
möchte. Die Systemtheorie Luhmanns bietet sich hierfür auch insofern an, als sie
auf die von ihr diagnostizierte Differenzierung der Funktionssysteme moderner
Gesellschaft abgestimmt ist und als autologisch gebaute Theorie sich selbst (und
sozialwissenschaftliche Theorie im Allgemeinen) als Teil ihres Gegenstandsbereichs enthält.

Im fünften Kapitel soll zunächst – unter dem Gesichtspunkt der Unterscheidung von Wissenschaft und Alltag – die Verbindung von funktionaler Methode
und Systemtheorie rekapituliert werden. Eine Auseinandersetzung mit älteren Arbeiten Luhmanns ist insofern angezeigt, als dort mit einer äquivalenzfunktionalistischen Methode eine theoriebautechnische Direktive ausgegeben wird, die die erkenntnistheoretische Grundhaltung der Systemtheorie konfiguriert. Die Systemtheorie richtet sich dadurch im System Wissenschaft als eine selbstreferentiell or-

ganisierte Theorie ein, die ihre Problemgesichtspunkte und Problemlösungen selbst konstruieren muss. Für das Verhältnis von Wissenschaft und Alltag ist folglich die von Luhmann geltend gemachte Autonomie eines Funktionssystems Wissenschaft entscheidend. Darauf wird zunächst anhand der Konstitution (der Grenzen) von Sinnsystemen und schließlich in Bezug auf den Ausbau der Theorie Luhmanns zu einer Theorie operativ geschlossener, selbstreferentieller Kommunikationssysteme eingegangen. Die Ausdifferenzierung gesellschaftlicher Funktionssysteme entlang beobachtungsleitender Unterscheidungen führt dann zur Frage, wie die Sozialwissenschaft aus Sicht der Systemtheorie in der Gesellschaft als Reflexionsinstanz vorkommen und dabei sich selbst als Gegenstand ihrer Beobachtung wahrnehmen kann, d. h. wie sozialwissenschaftliche Beobachtung die Bedingungen der Möglichkeit ihres Beobachtens beobachten kann.

In der Diskussion über die soziale Konstruktion von Raum sind in jüngerer Zeit vereinzelt Beiträge aufgetaucht, die von unterschiedlichen Standpunkten aus auf Luhmanns Werk zurückgreifen.[111] Den bisher einzigen Versuch, Luhmanns Theorie für die Entwicklung eines umfassenden sozialgeographischen Ansatzes zu verwenden, stellt jedoch Helmut Klüters Konzeption von *Raum als Element sozialer Kommunikation* dar (Klüter 1986 u. 1987). Im Hinblick auf die beiden Dimensionen des theoretischen Problems, Geographien der Praxis zu beobachten, soll im sechsten Kapitel nach dem ›Ort des Raums‹ in der Systemtheorie gefragt werden. Dabei wird zuerst anhand von Luhmanns eigenen Angaben die Bedeutung des Raumbegriffs in der Theorie sozialer Systeme ermittelt. Vor diesem Hintergrund werden der von Rudolf Stichweh (2000) vorgeschlagene Weg, den Raum in der Systemtheorie unterzubringen, und Klüters sozialgeographische Konzeption untersucht. Während Stichwehs Variante einer systemtheoretischen Ökologie der Gesellschaft den Raum- oder Geodeterminismus der traditionellen Geographie wieder(er)findet, scheint Klüters Ansatz der sozialen Konstruktion von Raum weitgehend Rechnung zu tragen. Mit der ontologische Setzung der Unterscheidung von physischer und sozialer Welt umgeht Klüter jedoch eine weiterführende Auseinandersetzung mit den Bedingungen der eigenen Beobachtung. Daher soll im letzten Abschnitt dieses Kapitels gezeigt werden, wie unter systemtheoretischen Vorgaben anhand der räumlichen Semantik sozialwissenschaftlicher Beschreibungen die Bedingungen der eigenen Beobachtung eingeholt werden können.

---

111 Vgl. Hard (1986 u. 1999), Esposito (1996 u. 2003), Filippov (1999), Stichweh (2000 u. 2003), Kuhm (2000, 2003a u. 2003b), Miggelbrink (2002a u. 2002b), Drepper (2003), Gren/Zierhofer (2003) oder Ziemann (2003).

5 Alltag und soziale Systeme

Die Rezeption von Luhmanns Systemtheorie setzt in aller Regel bei dessen Arbeiten über eine Theorie autopoietischer Systeme ein. Kneer/Nassehi begründen eine derart beschränkte Berücksichtigung älterer Arbeiten damit, dass Luhmann in seinem Hauptwerk *Soziale Systeme* einen Paradigmenwechsel vollziehe, im Rahmen dessen er weitreichende Modifikationen an seiner Theorie vornehme.[112] Gleichwohl sind wesentliche Grundgedanken und zentrale Begriffe von Luhmanns Theorie in dessen Arbeiten aus den 1960er-Jahren vorgezeichnet. Vor allem für die mit der Systemtheorie verbundenen Ansprüche an sozialwissenschaftliche Erkenntnisleistungen und hinsichtlich der Unterscheidung von Wissenschaft und Alltag sind Luhmanns ›Vorarbeiten‹ über die funktionale Methodik einer Theorie sozialer Systeme wegweisend. Die perspektivische Ausrichtung auf den operativen Einsatz von beobachtungsleitenden Unterscheidungen gründet ebenso in dieser Auseinandersetzung, wie der Anspruch, die Kontingenz von scheinbar natürlichen oder notwendigen Differenzen und Einteilungen herauszustellen.

Funktionale Methode und Theorie sozialer Systeme

Auf einer Tour d'Horizon durch die sozialtheoretische Landschaft legt Luhmann (1962 u. 1964) in den funktionalistischen Ansätzen eine (implizite) kausalwissenschaftliche Ausrichtung offen, die strengen Anforderungen an kausale Erklärung nicht genügt. Der klassische Funktionalismus sieht als Bezugsgesichtspunkt von Funktionen in aller Regel den Bestand eines Systems vor und definiert Funktionen als Leistungen, die zum Bestand oder zum ›Überleben‹ des Systems beitragen. Luhmann macht in den genannten Arbeiten über den sozialwissenschaftlichen Funktionsbegriff u. a. deutlich, dass diese Bestimmung der Funktionen, als ›Leistungen zur Erhaltung des Systems‹, eine Kausalbeziehung des Typs ›A bewirkt B‹ ausdrückt, weil sie nichts anderes besagt, als dass die Leistung den Bestand des Systems *bewirkt*. Vor dem Hintergrund einer kausalwissenschaftlichen Methodo-

---

112 Vgl. Kneer/Nassehi (1993, 12 u. 45) und Luhmann (1984). Allerdings betont Kneer (1996), dass durch diesen konzeptionellen Umbau keineswegs sämtliche früheren Überlegungen mit einem Schlag entwertet werden. Vielmehr »finden sich die meisten der systemtheoretischen Grundbegriffe, die Luhmann in den sechziger und siebziger Jahren formuliert hat, auch weiterhin« (ebd., 305.).

logie entstehen der funktionalistischen Erklärung durch diesen impliziten Kausalismus aber erhebliche Probleme. Die funktionale Erklärung müsste das faktische Vorkommen einer Handlung oder Interaktion/Interrelation (die Ursache A) durch die Funktion dieser Handlung (Interaktion/Interrelation), d. h. durch deren Leistung für den Bestand des Systems (die Wirkung B) erklären können. Da Kausalbeziehungen aber einen »eindeutigen zeitlichen Richtungssinn« aufweisen, »können Wirkungen irgendwelcher Art das Vorkommen von Ursachen nicht (…) erklären« (Luhmann 1962, 618).[113] Um die Bezugseinheit von Funktionen (den Bestand eines Systems) als »gesetzlich bewirkte Wirkung bestimmter Ursachen nachzuweisen« (ebd., 630), müssten im Rahmen eines solchen kausalwissenschaftlichen Funktionalismus die Wirkungen zu einer tragfähigen Grundlage kausaler Erklärungen ausgebaut werden. In den verschiedenen Versionen funktionalistischer Theorie wurden dazu unterschiedliche Hilfskonstruktionen entwickelt. Sie können aber, wie sich bei genauerer Betrachtung herausstellt, dieses Problem allesamt nicht zufriedenstellend lösen.[114]

Eine funktionalistische Theorie lässt sich beispielsweise nicht über die Einführung eines Begriffs von ›Bedürfnissen‹ als Theorie der Bestandserfordernisse von sozialen Systemen konstruieren.[115] Dieser Umweg über die Voraussetzung von Bedürfnissen, die durch bestimmte Leistungen befriedigt werden, führt in einen »tautologischen Zirkel« (ebd., 619), weil Bedürfnisse dann als Ursachen für bedürfnisbefriedigende Leistungen (Handlungen) betrachtet werden. Die Erklärung des faktischen Vorkommens einer Handlung erfolgt so im Rückgriff auf eine Ursache (Bedürfnis), deren Wirkung (bedürfnisbefriedigende Leistung) selbst wiederum auf die Ursache verweist.[116]

---

113 Vgl. Werlen (1984). Funktionale Erklärungen verstricken sich in Tautologien, wenn sie »einerseits die Ursachen (…) mittels ihrer Wirkungen erklären, und andererseits bei der Erklärung der bewirkten Wirkungen wiederum auf die Ursachen verweisen« (ebd.).

114 Hierbei ergeben sich (zumindest disziplinhistorisch) interessante Parallelen zur Geographie. Wie Werlen (1984) zeigt, entsprechen die Ansätze der »funktionalen Phase der Geographie« (Werlen 2000, 107) den verschiedenen Varianten funktionalistischer Theorie in den Sozialwissenschaften und sind mit eben den Mängeln behaftet, die Luhmann aufdeckt.

115 Die Bestimmung von Funktionen in Bezug auf ›Bedürfnisse‹ geht auf Bronislaw Malinowski zurück. Laut Malinowski muss eine Funktion definiert werden »als Befriedigung eines Bedürfnisses durch eine Handlung, bei der Menschen zusammenwirken, Artefakte benutzen und Güter verbrauchen« (Malinowski zit. in Werlen 1984, 3). In seiner *Einleitung in das Werk von Marcel Mauss* bemerkt Lévi-Strauss (1989), dass Malinowski bei seiner funktionalen Betrachtung von sozialen Phänomenen (Bräuchen und Institutionen) bloß danach fragt, »wozu sie dienen, um eine Rechtfertigung für sie geben zu können« (ebd., 29). Ganz anders dagegen Mauss, der, so Lévi-Strauss, »den Begriff der Funktion nach dem Vorbild der Algebra fasste, das heißt mit der Implikation, dass ein sozialer Wert als Funktion eines anderen begriffen werden kann« (ebd.). An die algebraische Version des Funktionsbegriffs knüpft auch Luhmanns Neubestimmung des Funktionsbegriffs an (siehe unten).

116 Ruppert und Schaffer (1969) beziehen sich in ihrem Entwurf einer Theorie der Sozialgeographie, in Anlehnung an Bobek (1948), auf ›Grundbedürfnisse‹ der Menschen, aus denen ›Grunddaseinsfunktionen‹ mit spezifischen Raumanforderungen abgeleitet werden. Auf die ›raumwirksamen Tätigkeiten‹, die aus diesen Grundbedürfnissen entstehen, richtet sich die funktionale Betrachtungsweise ihres Ansatzes: »Jede ›raumwirksame‹ Aktivität wird als Leis-

Ebenso wenig führt, wie Luhmann (ebd., 621ff.) zeigt, der vor allem von Alvin W. Gouldner vorgeschlagene Ausweg über einen Begriff der ›funktionalen Reziprozität‹ aus dem kausalwissenschaftlichen Erklärungsproblem heraus. Wenn man Funktionen nicht als Leistungen betrachtet, die *innerhalb* von sozialen Systemen erbracht werden, sondern als Austauschbeziehungen *zwischen* sozialen Systemen, d. h. als bestandsnotwendige Leistungen, die wechselseitig erbracht werden, verschiebt man das Problem nur auf eine andere Ebene, ohne es dabei zu lösen.[117]

Eine von Talcott Parsons vorgeschlagene Antwort auf das Erklärungsproblem funktionaler Methode ist die Idee einer Gleichgewichtstheorie. Auch diese räumt jedoch die Schwierigkeiten des impliziten Anspruchs auf Kausalerklärung nicht aus:

> »Es gibt unzählige Erläuterungen des Gleichgewichtsbegriffs. Der entscheidende Gedanke ist jeweils der einer latenten Kausalität: Im System sind Ursachen angelegt, die im Falle von Störungen wirksam werden, um das System in einen stabilen Zustand zurückzubringen« (Luhmann 1962, 620).

Eine Theorie von Systemen, die bei Störung durch Umwelteinwirkungen vermittels interner Erhaltungsleistungen das System in einem stabilen Gleichgewichtszustand halten, kann nur für eindeutig determinierte Systeme gesetzmäßige Beziehungen zwischen Ursachen und Wirkungen formulieren, d. h. nur für Systeme, die auf eine Umwelteinwirkungen immer nur *eine* internen Veränderungsmöglichkeiten aufweisen, mit der die wesentlichen Systemzüge konstant gehalten werden. Solche determinierten Systeme gibt es, wie Luhmann (ebd., 621) betont, im Bereich des sozialen Lebens jedoch nicht.[118] Auch dieser kausalwissenschaftlichen

---

tung (Funktion) zur Befriedigung eines dieser sieben Bedürfnisse betrachtet, die jeweils vorwiegend zur Befriedigung eines dieser Bedürfnisse beanspruchte Fläche als Funktionsräume (Wohn-, Erholungs- usw. -gebiete)« (Werlen 1984, 12). Daraus entwickeln Ruppert/Schaffer (1969) einen sozialgeographisches Forschungsprogramm, das sie als »Wissenschaft von den räumlichen Organisationsformen und raumbildenden Prozessen der Grunddaseinsfunktion menschlicher Gruppen und Gesellschaften« definieren (ebd., 210). Ein räumliches (Siedlungs-)System durch die (Gesamtheit der) bedürfnisbefriedigenden Leistungen zu erklären, bedeutet, dass man die faktisch vorliegenden Interaktionen und Interrelationen (beispielsweise Pendlerströme) in Bezug auf ›Wirkungen‹ (›bedürfnisbefriedigende Leistung‹) erklärt, die selbst wiederum aus den Ursachen (›Bedürfnissen‹) abgeleitet wurden.

117 Die Ansätze von Thünens, Schrepfers, Christallers und Bobeks können als geographische Versionen einer Thematisierung von wechselseitigen Beziehungen zwischen verschiedenen Systemen betrachtet werden. Sie behandeln ökonomische und soziale Beziehungen als funktionale Reziprozität zwischen (städtischen) Siedlungen: »Schrepfer und Bobek betonen insbesondere die Reziprozität der Leistungen als Selbstregulierungselemente, von Thünen die sich neu differenzierenden wirtschaftlichen Strukturräume bei veränderter Gegenleistung der Stadt (Höhe des Getreidepreises), Christaller die Hierarchisierung des Siedlungssystems in Funktion des Knappheitsgrades der angebotenen Güter, bzw. der unteren Reichweite, welche Nachfragende zum Erwerb eines Gutes zurückzulegen bereit sind« (Werlen 1984, 17).

118 In den geographischen Arbeiten von Theodor Kraus, Erich Otremba und Josef Schmithüsen werden in vergleichbarer Weise (natur-)räumliche Strukturen als Bezugspunkt von Funktionen genommen und Interaktionen oder Interrelationen – insbesondere wirtschaftliche Aus-

Funktionstheorie gelinge es nicht, »invariante Beziehungen zwischen bestimmten Ursachen und bestimmten Wirkungen festzustellen« (ebd., 622), da sie in Bezug auf soziale Systeme nicht in der Lage sei, andere Möglichkeiten auszuschließen.

Luhmanns Fazit bezüglich der Versuche, den Kausalismus funktionaler Betrachtung durch Hilfskonstruktionen zu stützen, fällt deshalb negativ aus:

> »Funktionale Leistungen bewirken den Bestand eines Systems nicht im Sinne ontologischer Bestandsicherung, das heißt: nicht so, dass die Feststellung des ›Seins-und-nicht-Nichtseins‹ mit Sicherheit getroffen werden könnte. Der Ausschluss des Nichtseins und der anderer Möglichkeiten ist aber das Prinzip jeder kausalen Erklärung, die im Rahmen der ontologischen Denkvoraussetzungen bleibt« (ebd.).

Dieses Fazit muss aber nur dann zum Nachteil der funktionalistischen Theorien ausgelegt werden, »wenn man fest auf dem Boden des traditionellen kausalwissenschaftlichen Positivismus steht« (ebd.).

Luhmanns Ausweg besteht nicht darin, eine konsistentere Hilfskonstruktion zu entwickeln, die den Anforderungen der kausalwissenschaftlichen Methodologie genügen würde. Er bestreitet stattdessen die Brauchbarkeit der traditionellen kausalwissenschaftlichen Erklärung und zeigt, dass »der Sinn funktionalistischer Analyse unabhängig von den kausalwissenschaftlichen Regeln über die Feststellung invarianter Beziehungen von Ursache und Wirkung« (ebd.) formuliert werden kann. Unter Funktion versteht Luhmann dann auch nicht eine Wirkung, im Sinne einer bestandserhaltenden oder bedürfnisbefriedigenden Leistung, sondern ein »regulatives Sinnschema, das einen Vergleichsbereich äquivalenter Leistungen organisiert« (ebd., 623). Jede Funktion bezeichnet im Grunde einen »speziellen Standpunkt, von dem aus verschiedene Möglichkeiten in einem einheitlichen Aspekt erfasst werden können« (ebd., 630). Luhmann verweist in diesem Zusammenhang auf den mathematischen Funktionsbegriff, der nichts anderes als ein Prinzip darstellt, nach dem bestimmte Variablen zueinander in Beziehung gesetzt werden – ein Zuordnungsprinzip, nach dem die Leerstellen (Variablen) ausgefüllt werden müssen.[119] Allein in Bezug auf diese Ordnungsleistung soll auch der sozi-

---

tauschbeziehungen – als Ausgleichsfunktionen betrachtet, die durch strukturelle Differenzen der naturräumlichen Bedingungen hervorgerufen werden: »Bestehende Strukturen eines Systems werden in diesem Sinne als die Ursache bewirkter Wirkungen betrachtet, d. h. Funktionen werden zu strukturerhaltenden Wirkungen« (Werlen 1984, 16). Auch die funktionale Betrachtung der Beziehung von Elementen chorologischer Systeme, wie Bartels (1979) bei der Analyse von Siedlungssystemen praktiziert, bezieht sich auf eine Version des kausalwissenschaftlichen Funktionalismus. Mit diesem Vergleich der Problemlage bei Parsons und Kraus oder Otremba soll freilich nicht behauptet werden, dass Parsons bei der Konzeption dieser geographischen Ansätze tatsächlich Pate gestanden hätte! Nicht nur, dass die Arbeiten von Kraus und Otremba deutlich älter sind, als die einschlägigen Werke von Parsons, eine solche Verräumlichung von Systemen ist mit ernsthaftem Bezug auf Parsons' Theorie gar nicht denkbar. Vgl. Werlen (1988, 250).

119 Funktionen sollen, nach dem Vorbild des »logisch-mathematischen (...) Funktionalismus« (ebd.), als abstrakte Vergleichs- und Zuordnungsprinzipien begriffen werden: »Wenn die Logik unvollständige Sätze, z. B. ›... ist blau‹ als Satzfunktion behandelt, so heißt das nichts anderes, als dass damit ein begrenzter Vergleichsbereich eröffnet wird, bestehend aus bestimm-

alwissenschaftliche Funktionsbegriff verstanden werden: als »regulatives Prinzip für die Feststellung von Äquivalenzen im Rahmen funktionaler Variablen« (ebd., 625). In der Sichtweise eines solchen ›Äquivalenzfunktionalismus‹ stellen beispielsweise Bedürfnisse nichts anderes dar, »als funktionale Bezugsgesichtspunkte, die die Gleichwertigkeit verschiedener Befriedigungsstrategien sichtbar machen« (ebd.), unabhängig davon, ob bestimmte Tätigkeiten tatsächlich durch ein bestimmtes Bedürfnis motiviert werden.

Die reformulierte funktionale Methode Luhmanns dient deshalb nicht (mehr) der Feststellung von Ursache-Wirkungs-Zusammenhängen, mit denen der Bestand von sozialen Systemen als bewirkte Wirkung erklärt werden soll. Luhmanns Theorie stellt keine Theorie der Bestandserfordernisse sozialer Systeme dar. Vielmehr zielt sie auf das Sichtbarmachen von ›funktionalen Äquivalenzen‹, von vergleichbaren Problemlösungen unter einem abstrakten Problemgesichtspunkt.[120] Dementsprechend geht es nicht darum, invariante Beziehungen zwischen bestandserhaltenden oder bedürfnisbefriedigenden Leistungen und (konstanten) Bestandserfordernissen aufzudecken:

> »Es kommt nicht darauf an, Bezugseinheiten als gesetzlich bewirkte Wirkungen bestimmter Ursachen nachzuweisen. Vielmehr müssen in einem Aktionssystem diejenigen Problemgesichtspunkte gefunden werden, welche die Variationsmöglichkeiten des Systems steuern. Ein Bezugsgesichtspunkt muss als Entscheidungskriterium für die Äquivalenz bestimmter Tatbestände fungieren können« (Luhmann 1962, 630).

Luhmanns Vergleichsmethode benutzt die Relationierung von Problemen und Problemlösungen durch den Funktionsbegriff, um »Vorhandenes als kontingent und Verschiedenartiges als vergleichbar zu erfassen« (Luhmann 1984, 83). Das bedeutet, dass zunächst die Problemgesichtspunkte gefunden werden müssen, unter denen verschiedene Handlungen (Interaktionen/Interrelationen) als äquivalente Problemlösungen betrachtet und verglichen werden können. Die Bestimmung der Problemgesichtspunkte knüpft Luhmann an die Festlegung des Forschungsproblems. Vermeintliche Ursachen-Wirkungs-Zusammenhänge, die »aus lebenspraktischen oder theoretischen Gründen einen Brennpunkt des Interesses bilden« (Luhmann 1962, 627), werden als Bezugspunkt einer Beobachtung genommen, die darauf abzielt, funktionale Äquivalenzen sichtbar zu machen.

---

ten Möglichkeiten, das Fehlende zu ergänzen und den Satz zu einer wahren Aussage zu vervollständigen. ›Der Himmel‹, ›mein Wagen‹, ›ein Veilchen‹ sind äquivalente Ausfüllmöglichkeiten für diese Funktion. Die reine Funktion ist mithin eine Abstraktion. Sie gibt keinen abgerundeten Satzsinn; sie gibt nur eine Regel an, nach der sich entscheiden lässt, durch welche Einsatzwerte (…) der Satz vervollständigt werden kann, ohne dass sein Wahrheitswert sich ändert« (Luhmann 1962, 624).

120 Luhmanns Äquivalenzfunktionalismus erhebt keinen Anspruch auf eine Aufdeckung invarianter Beziehungen zwischen Ursachen und Wirkungen. Kausale Beziehungen werden lediglich als Spezialfall funktionaler (Zu-)Ordnungsleistungen begriffen. Kausalbeziehungen können als eine Art der »Reduktion von Komplexität« begriffen werden, »die aus bestimmten Gründen eine binäre Struktur bevorzugt« (Luhmann 1967, 636). Funktionen werden nicht als eine besondere Form von Kausalbeziehung verstanden, sondern umgekehrt: »die Kausalbeziehung ist ein Anwendungsfall funktionaler Ordnung« (Luhmann 1962, 626).

Für die Analyse von »konkreten Systemen« schlägt Luhmann schließlich eine Art »Stufenordnung von Bezugsproblemen und Äquivalenzserien« vor (ebd.). Die Feststellung von funktionalen Äquivalenzen auf einer primären (abstrakten) Ebene bringe neue Bezugsprobleme auf einer sekundären Eben hervor und muss daher auf »der nächstunteren Ebene« wiederholt werden (ebd.). Auf diese Weise stoße die funktionale Analyse »in konkrete Probleme« vor, »die keineswegs durch logische Folgerung aus den Anfangsbedingungen gewonnen werden können« (ebd., 632):

> »Nicht jede Funktion stellt die Frage des Bestandes auf ein Ja oder Nein. Das gilt allenfalls für die Primärebene. Dort lassen sich die notwendigen funktionalen Leistungen jedoch so allgemein formulieren, dass fast immer Lösungen – wenn auch problematische Lösungen – sichtbar werden. Die interessanteren Probleme ergeben sich häufig erst auf zweitrangigen Stufen und sind daher für sich allein nicht ausschlaggebend für den Bestand des Systems« (ebd., 632).

Die reformulierte funktionale Methode Luhmanns dient dazu, bei theoretischen oder praktischen Problemen Vergleichsbereiche von Lösungsmöglichkeiten zu schaffen. Ihre Erkenntnisweise beruht auf der dadurch erbrachten Ordnungsleistung; sie besteht in der »Rationalisierung der Problemstellung durch abstrahierende Konstruktion von Vergleichsmöglichkeiten« (Luhmann 1964, 7). Dies muss als der »eigentliche Sinn der funktionalen Methode« (ebd.) begriffen werden. Was die funktionalistische Erkenntnisweise demnach anbietet, ist ein unter Absehung von konkreten Erfordernissen gewonnener Standpunkt, der eine methodisch kontrollierte Lesart sowie die Vergleichbarkeit von Handlungsoptionen (unter einem bestimmten Problemgesichtspunkt) erlauben soll. Es wird eine Methode vorgeschlagen, deren Erkenntnisleistung im Aufdecken ›anderer Möglichkeiten‹ und im Schaffen von Vergleichsbereichen besteht, um »den Sinn des Handelns aus seinem Verhältnis zu anderen Möglichkeiten zu interpretieren« (Luhmann 1962, 640).

Das Ziel der reformulierten funktionalen Methode, von der aus Luhmann seinen systemtheoretischen Ansatz konzipiert, ist nicht »die Feststellung des Seins in Form von Wesenskonstanten« (ebd., 625). Sie zielt vielmehr darauf ab, zu begründen, »dass etwas sein kann und auch nicht sein kann, dass etwas ersetzbar ist« (ebd.). Bereits mit dieser Reformulierung funktionaler Methode wird deutlich, dass Kontingenz – verstanden als »Negation von Notwendigkeit und Unmöglichkeit« (Luhmann 1992a, 96) – jener zentrale Wert ist, der die systemtheoretische Konzeptualisierung und Beschreibung sozialer Systeme bestimmt. Die funktionale Methodologie dient der Systemtheorie als eine ›Strategie der Virtualisierung‹ dessen, was als Realität behandelt wird. Sie betrachtet das, was als Lösung ›praktischer Probleme‹ vorkommt (unter theoretischen Problemgesichtspunkten) im Lichte anderer Möglichkeiten und ›arbitrarisiert‹ so die Relation von Problem und Problemlösung. Eine solche Kontingenzbetrachtung ›überfordert‹ systematisch ihre Objekte durch die Unterstellung von Freiheitsgraden. Sie beruft sich auf die Theorie und die theoretische Konstruktion von Problemgesichtspunkten.[121]

---

121 Vgl. Fuchs (2003b).

Luhmann betont jedoch, dass das durch Abstraktion gewonnene ›Vergleichenkönnen‹ weder als Selbstzweck gedacht, noch dazu bestimmt ist, »im Leeren praktiziert zu werden« (Luhmann 1964, 11). Die funktionale Vergleichsmethode ist daher auf die »Ergänzung durch eine sachliche Theorie angewiesen, die ihre Problemgesichtspunkte definiert« (ebd.).[122] Die Strategie, unter abstrakten Problemgesichtspunkten verschiedenartige Problemlösungen aufzudecken, setzt voraus, dass Problemkonstellationen in Systemzusammenhängen vorstrukturiert sind. Um zu ›konkreten Problemstellungen‹ vorzustoßen, müsse die funktionale Methode deshalb in eine umfassende Theorie integriert werden, die ihr die Problemgesichtspunkte liefert, unter denen Handlungen verglichen werden sollen. Für diese Aufgabe sei, so Luhmann, die Theorie sozialer Systeme berufen. Im Rahmen einer Theorie sozialer Systeme könne die funktionale Methode als »Vergleichsdirektive« (Luhmann 1984, 82) angewendet werden, denn in einem System oder Systemtyp lassen sich, wie Luhmann erläutert, funktionale Äquivalente unter dem Gesichtspunkt gleicher Funktion sinnvoll vergleichen und im Hinblick auf ihre unterschiedlichen Folgeprobleme beurteilen:

> »Die Theorie sozialer Systeme verhilft dazu, die Klasse funktional äquivalenter Alternativen, die als Problemlösungen zur Verfügung stehen, zu verdichten, so dass Erklärungen bzw. Voraussagen möglich werden« (Luhmann 1964, 10).

Die Theorie sozialer Systeme, die der reformulierten funktionalen Methode als ›Sachtheorie‹ dienen soll, gewinnt Luhmann aus der Umwandlung von Parsons strukturell-funktionaler Systemtheorie in eine »funktional-strukturelle Theorie« (Luhmann 1967, 617).[123] In den frühen Arbeiten über die Theorie sozialer Systeme definiert Luhmann soziale Systeme als Handlungssysteme. Soziale Systeme bestehen gemäß dieser Definition aus »Handlungen, die sinngemäß zusammenhängen« (Luhmann 1964, 16) und sich dadurch von einer Umwelt abgrenzen. In Bezug auf

---

122 Vgl. Luhmann (1964, 9): »Vergleichsgesichtspunke können rein logisch beliebig wählen werden. Man kann Handlungen unter dem Gesichtspunkt ihrer Dauer oder ihres Kalorienverbrauchs oder unter dem Gesichtspunkt der Zahl ihrer Zuschauer vergleichen, ohne dass die Wahrheit des Vergleichsresultates durch die Wahl des Vergleichsgesichtspunktes beeinflusst würde. Bei der Untersuchung bestimmter Systeme oder Systemtypen ist diese Beliebigkeit jedoch stark reduziert. Die Strukturunterscheidungen eines Systems legen bestimmte Lösungen fundamentaler Probleme fest. Daraus ergeben sich bestimmte Folgeprobleme mit enger begrenzten Lösungsmöglichkeiten, die den Rahmen für weitere Vergleiche abstecken.«

123 Die Modifikationen, die dabei vorgenommen werden, betreffen vor allem den Primat des Strukturbegriffs in Parsons' Konzeption. Parsons setzt Strukturen bestimmter Systeme als Bezugsgesichtspunkt voraus, um von dort aus zu fragen, welche Leistungen zur Aufrechterhaltung der Systeme erbracht werden müssen. Die Stabilität (der Strukturen) eines Systems muss dabei als das »eigentliche Wesen eines Systems« (Luhmann 1964, 12) aufgefasst werden. »Dadurch nimmt die strukturell-funktionale Theorie sich die Möglichkeit, Strukturen schlechthin zu problematisieren und nach dem Sinn von Strukturbildung, ja nach dem Sinn von Systembildung überhaupt zu fragen« (Luhmann 1967, 616f.). In der funktional-strukturellen Theorie Luhmanns wird dieses Verhältnis umgedreht. Luhmann ordnet den Funktionsbegriff dem Strukturbegriff vor und geht dementsprechend nicht davon aus, dass soziale Systeme durch ein starres Strukturmuster zusammengehalten werden.

die Differenz von System und Umwelt gehören alle Handlungen, die sinnhaft aufeinander verweisen zu einem sozialen System und alle Handlungen, die keine solche Beziehung aufweisen zur jeweiligen Umwelt.[124]

Mit dem Umbau zu einer Theorie selbstreferentiell-geschlossener, autopoietischer Systeme wird der Handlungsbegriff an eine nachgeordnete Stelle im Theo-
riegebäude versetzt und stattdessen Kommunikation als ›elementare Einheit‹ sozialer Systeme betrachtet. Bereits in den frühen (Vor-)Arbeiten stellt Luhmann jedoch heraus, dass der Systembegriff »in einer Differenz von Innen und Außen
sein konstituierendes Prinzip hat« (Luhmann 1967, 617). Dem entsprechend
richtet sich das Augenmerk von Luhmanns Systemtheorie auf das Verhältnis von
System und Umwelt. Dadurch muss die Stabilität nicht mehr als das ›eigentliche
Wesen‹ von Systemen betrachtet werden. Vielmehr wird die Stabilisierung eines
Systems als *permanentes* Problem aufgefasst, »das angesichts einer wechselhaften,
unabhängig vom System sich ändernden, rücksichtslosen Umwelt zu lösen ist und
deshalb eine laufende Orientierung an anderen Möglichkeiten unentbehrlich
macht« (Luhmann 1964, 12). In Bezug auf die System/Umwelt-Differenz ist die
Stabilität eines Systems als »relative Invarianz der Systemstruktur und der System-
grenze gegenüber einer veränderlichen Umwelt« zu begreifen (ebd.). Die Erzeugung und Erhaltung einer Differenz zur Umwelt bildet, wie Luhmann (1984) in
seinem ›Hauptwerk‹ Soziale Systeme wieder erwähnt, den äußersten Bezugspunkt,
auf den alle funktionalen Analysen sozialer Systeme letztlich ausgerichtet sind.

> »Das zentrale Paradigma der neueren Systemtheorie heißt ›System und Umwelt‹. Ent-
> sprechend beziehen sich der Funktionsbegriff und die funktionale Analyse nicht auf ›das
> System‹ (etwa im Sinne einer Erhaltungsmasse, einer zu bewirkenden Wirkung), son-
> dern auf das Verhältnis von System und Umwelt. Der Letztbezug aller funktionalen
> Analysen liegt in der Differenz von System und Umwelt« (Luhmann 1984, 242).

Vom Standpunkt einer System/Umwelt-Theorie aus, macht Luhmann geltend,
dass »die funktionale Methode über eine bloße Moderscheinung hinaus[geht]
und beansprucht, Theorie der Erkenntnis zu sein« (ebd., 90). Funktionale Methode soll also nicht bloß als eine methodische Anweisung für die Anwendung der
Theorie in konkreten (empirischen) Forschungsvorhaben begriffen werden, sondern vielmehr als eine ›Anleitung‹ der Theoriekonstruktion. Die funktionale Methode ist so gesehen »eine Theorietechnik, durch die das wissenschaftliche Abtas-
ten von Differenzen, das der Informationsgewinnung dient, in eine besondere
Form gebracht wird« (Fuchs 2003b, 205). Unter dieser Anleitung projiziert die
Theorie Unterscheidungen in einen Gegenstand, den sie selbstreferentiell ansetzt.
Sie ordnet sich einer »De-Ontologisierung von Erkenntnis (…) zu und insoweit
dem weiteren Paradigma des Konstruktivismus« (ebd., 208).

In früheren Versionen systemtheoretischer Grundkonzeption erklärt Luhmann, Systemtheorie und funktionale Methode seien »durchstimmt und zusammengehalten durch eine gemeinsame Annahme: dass das menschliche Verhalten

---

124 Das bedeutet auch, dass soziale Systeme aus »erwartungsgesteuerten Handlungen« bestehen
    und nicht aus Menschen: »Menschen sind für sie stets Umwelt« (Luhmann 1967, 20).

von seinen Möglichkeiten zur Rationalität her expliziert und verstanden werden muss, und zwar auch und gerade dann, wenn es diese Möglichkeiten nicht bewusst zur eigenen Orientierung ergreift« (Luhmann 1964, 20). Der durch funktionale Betrachtung erzielbare Erkenntnisfortschritt besteht so gesehen aus dem Rationalitätsgewinn, den die Konstruktion eines Vergleichsbereichs mit sich bringt. Eine Vorbedingung dafür sei aber die »Distanz zur Erlebnisorientierung des täglichen Lebens« (ebd., 21). Erst ein »distanziertes Verhältnis (…) zur Orientierung des täglichen Lebens« (ebd.) mache es möglich, Handlungen unter dem Gesichtspunkt von funktional äquivalenten Alternativen zu interpretieren. Anders als die »Normaleinstellung des alltäglichen Erlebens und Handelns«, die sich »auf die Sache selbst« richte, mache die wissenschaftliche Beobachtung Alternativen im Rahmen von Äquivalenzserien sichtbar, weil sie nicht »der Reduktion des Seienden auf das Wesentliche« diene, sondern versuche, die (abstrakten) Gesichtspunkte zu fixieren, »unter denen dem Seienden ein anderes gedanklich oder faktisch substituiert werden kann« (ebd., 23).

Im Hinblick auf die Beurteilung von alternativen ›Problemlösungen‹ und deren Substitution hält Luhmann überdies fest, dass die Feststellung von Äquivalenzen »den Austausch ihrer Bezugsgesichtspunkte« (ebd., 24) nicht verträgt, dass sie hingegen ›immun‹ ist, »gegen den Austausch der Gründe für die Wahl der Bezugsgesichtspunkte« (ebd.). Dadurch werde der Übergang von »theoretischer zu wertmäßiger Begründung« möglich, und dies erlaube es umgekehrt der (alltäglichen oder alltagsweltlichen) Praxis, »sich der wissenschaftlichen Erkenntnis zu bemächtigen, ohne dass deren Wahrheitsgehalt dadurch verfälscht würde« (ebd.). Der durch Vergleich erzielbare Erkenntnisgewinn sei, so Luhmann, für die praktische Orientierung der gleiche wie für die theoretische. Unterschiedlich seien nur die Gründe für die Wahl von Bezugsgesichtspunkten: Während die theoretische Orientierung die Wahl eines Bezugsgesichtspunktes »aus dem Zusammenhang einer Theorie« bezieht, wählt die Praxis entsprechende Bezugsgesichtspunkte »durch Bezug auf Werte« (ebd., 23). Daher kommt Luhmann schließlich zu dem Fazit, »dass die vergleichende Methode und die System/Umwelt-Theorie, die sich um eine Interpretation des Handelns unter dem Gesichtspunkt von funktional äquivalenten Alternativen bemühen, den Handelnden im Lichte einer für ihn selbst möglichen Rationalität verstehen und dadurch besser in der Lage sind die Einheit der Welt von Theorie und Praxis darzustellen« (ebd.).

Luhmann beruft sich hier auf die »sinnvolle Differenzierung« von Wissenschaft und Alltag, genauer: auf die Differenzierung von »wissenschaftlichem Begriffssystem und täglichem Erlebnishorizont« (ebd.), welche nicht rückgängig gemacht werden könne. Er unterstellt dabei einen Zusammenhang von abstrakten Problemstellungen und praktischen Problemen: Durch den Austausch von Gründen für die Wahl von Bezugsgesichtspunkten lässt sich die abstrakte Problemstellung in Richtung der ›konkreten Probleme‹ bestimmter Aktionssysteme heruntermodulieren. Dieser Zusammenhang von theoretisch konstruierten Problemgesichtspunkten und (alltags-)praktischen Problemlagen bildet vor allem bei Habermas (1971) den zentralen Punkt seiner kritischen Intervention gegen Luhmanns Theorie sozialer Systeme:

»Um freilich jenen Bezugsproblemen auf die Spur zu kommen, welche die Variations-
möglichkeiten eines gegebenen Systems tatsächlich bestimmen, bedarf es (...) einer
Identifikation des Forschers mit der Lebenspraxis des von ihm untersuchten Systems.
Die unvermeidlich normativen Setzungen, ohne die der Äquivalenzfunktionalismus
seine Bezugsprobleme nicht bekäme, finden bei Luhmann hinterrücks eine pragmatische
Rechtfertigung durch die Annahme, dass sich die auf theoretischer Ebene gewählten Be-
zugspunkte mit vorwissenschaftlicher Objektivität ohnehin aufdrängen« (ebd., 166f.).

Laut Habermas unterstellt die systemtheoretische Betrachtungsweise, dass die
theoretisch konstruierten Problemgesichtspunkte mit den Problemlagen ›real
existierender Systeme‹ korrespondieren. Luhmann lässt (auch in den späteren Arbeiten) durchaus eine Interpretation zu, die einen mehr oder weniger ausgeprägten ›Systemrealismus‹ impliziert. Gemeint ist eine Lesart, in der Systeme recht un-
voreingenommen als faktisch funktionierende Gebilde der ›sozialen Realität‹ begriffen werden, so dass man in Bezug auf ihre Operationen von einem »real existierenden Funktionalismus« (Waldenfels 2001b, 207) sprechen könnte. Eine solche Lesart wird u. U. durch eine Äußerung nahe gelegt, die Luhmann (1984) auf
den ersten Seiten des Buches *Soziale Systeme* macht. Die Überlegungen in dieser
Arbeit gehen, wie Luhmann eingangs erörtert, von der Prämisse aus, »dass es
Systeme gibt« (ebd., 30). Der Systembegriff bezeichne daher etwas, »was wirklich
ein System ist« (ebd.).

Diese Äußerungen sollen jedoch, wie Luhmann sogleich ergänzt, »nur als
Markierung einer Position festgehalten werden« (ebd.). Sie sind keineswegs das
Fazit einer Betrachtung der sozialen Welt, sondern ein Ausgangspunkt und ein
Einstieg in eine Theorie derselben. Die Minimalontologie einer »dezidiert naiven
Präsupposition der Existenz von realen Systemen« (Fuchs 2003b, 208) verhilft der
Systemtheorie zu einem Einstieg in eine (wissenschaftliche) Beobachtung unter
dem Gesichtspunkt der System/Umwelt-Differenz. Die Systemtheorie benötigt
diese naive Setzung, um überhaupt in Gang zu kommen, denn: »wie anders als
naiv sollte man anfangen« (Luhmann 2001, 221).

»Eine Reflexion des Anfangs kann nicht vor dem Anfang durchgeführt werden, sondern
erst mit Hilfe einer Theorie, die bereits hinreichend Komplexität aufgebaut hat« (ebd.).

Die Systemtheorie wird deshalb, wie Luhmann (1984) gleichfalls betont, »zu erkenntnistheoretischen Problemstellungen zurückkehren müssen« (ebd., 30) und
diese naive Voraus*setzung* einer »Post-festum-Entnaivisierung« (Fuchs 2003b,
208) unterziehen, d. h. sich selbst als ein Beobachter von Systemen einholen, für
den gilt, dass alles Beobachtbare eine »Eigenleistung des Beobachters [ist], einge-
schlossen das Beobachten von Beobachtern« (Luhmann 2001, 223). Dieser Weg
(zurück) zu erkenntnistheoretischen Problemstellungen ist in der Systemtheorie
insofern vorgezeichnet, als sie aufgrund ihres Anspruchs auf universale Geltung[125]

---

125 Der Anspruch auf universale Geltung besagt nicht, »dass die Systemtheorie die einzig mögli-
     che oder einzig richtige soziologische Theorie sei« (Luhmann 1971b, 378). Sie beansprucht
     aber »eine Theorie für jede Art sozialer Begegnungen anzubieten« (Luhmann 1964, 20) und
     nicht bloß einen besonderen Forschungsbereich der Sozialwissenschaften abzudecken.

dazu zwingt, »sich selbst als einen ihrer Gegenstände zu betrachten« (Luhmann 1984, 30). Wenn auf systemtheoretischen Grundlagen eine Theorie der Gesellschaft errichtet wird, führt dieser Weg auch zur Unterscheidung von Wissenschaft und Alltag, welche durch die Theorie ausgewiesen werden muss.[126] Eine Theorie der Gesellschaft wird innerhalb ihres Gegenstandsbereichs den Ort (und die Bedingungen der Möglichkeit) ihrer wissenschaftlichen Beobachtung und Beschreibung angeben müssen.[127] Diese Reflexion der eigenen Sozialität führt u. a. dazu, dass der Bezug zu konkreten Problemlagen (des Alltags oder der Alltagswelt) nicht mehr durch ein einfaches ›Heruntermodulieren‹ theoretischer Problemgesichtspunkte hergestellt werden kann.

Entscheidend für die sozialtheoretische Bearbeitung erkenntnistheoretischer Probleme durch die Systemtheorie ist zum einen, dass soziale Systeme sinnverarbeitende Systeme sind, die sich durch Sinngrenzen abschließen. Dazu kommt zum anderen, dass mit dem Umbau zu einer Theorie selbstreferentiell-geschlossener, autopoietischer Systeme und ihrer Ausarbeitung zu einer umfassenden Theorie der Gesellschaft, der zentrale Stellenwert des Handlungsbegriffes aufgehoben und Kommunikation als jene genuin soziale Operation bestimmt wird, die soziale Systeme erzeugt.

Sinn, Grenzen und Autopoiesis sozialer Systeme

In Luhmanns frühen Arbeiten aus den 1960er-Jahren ist die nähere Bestimmung des Sinnbegriffs mit der Fromel der Reduktion von Komplexität verknüpft. Sinn wird darin als »Selektion aus anderen Möglichkeiten und damit zugleich Verweisung auf andere Möglichkeiten« definiert (Luhmann 1967, 619). Nicht der engere Inhalt von gedanklichen oder kommunikativen Selektionen – etwa ein ›gemeinter Sinn‹ – ist konstitutiv für Sinn, sondern allein, dass etwas ausgewählt und aktualisiert wird, während dadurch anderes als Möglichkeit angedeutet wird. Sinn hat, wie Luhmann später wiederholt, sein konstituierendes Prinzip in der »Differenz von aktual Gegebenem und auf Grund dieser Gegebenheit Möglichem« (Luhmann 1984, 111) und steht für ein selektives Geschehen, welches der »Erfassung und Reduktion von Weltkomplexität« dient (Luhmann 1967, 619).

Die Differenz von Aktualität und Potentialität wird durch selektive Aktualisierung nicht aufgehoben, da jede Selektion einen Verweis auf den Bereich von nicht aktualisierten Möglichkeiten mitführt. Sinnhaftes Geschehen besteht in der Ausbildung eines Aktualitätskerns, durch die gleichzeitig alles ›Nicht-Aktualisierte‹ als virtueller Bereich des Möglichen erzeugt wird, der im nächsten Moment neue/andere Aktualisierungen erfährt, ohne dass auf dieser Ebene bereits gesagt

---

126 In diesem Sinne bemerkt Luhmann schon früher, dass die Differenzierung von Wissenschaft und Alltag nicht rückgängig gemacht werden könne, dass aber »der Beziehung zwischen den beiden mehr Aufmerksamkeit geschenkt werden [könnte]« (Luhmann 1964, 23).

127 Auf diese Weise werden in der Systemtheorie Erkenntnistheorie und Gesellschaftstheorie zirkulär miteinander verknüpft und »eine Art Mitbetreuung der Erkenntnistheorie durch die Systemtheorie« gewährleistet (Luhmann 1984, 30).

werden müsste, wer oder was – ob ein Bewusstsein, ein Subjekt oder ein soziales System – eine Auswahl trifft. Durch den stets mitgeführten Verweis auf andere Möglichkeiten verweist jede Selektion auch auf die »äußerste Komplexität«, auf die »Gesamtheit der möglichen Ereignisse« (ebd.), also auf die Welt:

> »Die Welt bleibt trotz der Reduktion als Bereich anderer Möglichkeiten bestehen und wird nicht etwa auf das Unmittelbar-Relevante zusammengezogen. Nur durch sinnvermittelte Selektion können Systeme sich eine Welt konstituieren und erhalten und in diesem Sinne ›Subjekt‹ sein« (ebd., 619).

Eine Reduktion von Komplexität wird zunächst durch Systembildung erreicht, genauer: durch die »Stabilisierung einer Differenz von Innen und Außen« (ebd.). Die Etablierung einer Differenz von Innen und Außen ermöglicht es, »Inseln geringerer Komplexität in der Welt zu bilden und konstant zu halten« (ebd., 619f.). Wenn sie ihre Operationen auf diese Grenze einstellen, können Sinnsysteme Strukturen ausbilden und »Regeln der Erfassung und Reduktion von Komplexität institutionalisieren« (ebd., 621).[128] Unter Strukturbildung ist eine Selektivitätsverstärkung zu verstehen, die durch *Generalisierung* von Verhaltenserwartungen und durch *Differenzierung* von Systemen zustande kommt.

Im Rahmen der Generalisierung von Verhaltenserwartungen wird gemäß Luhmann eine allgemeine Codierung von Ereignissen in sachlicher, sozialer und zeitlicher Hinsicht festgelegt, welche das Sinngeschehen in drei Dimensionen aufspaltet. Durch die Verweisungsstruktur der einzelnen Sinndimensionen wird also unterschieden, *was* thematisiert wird, *wer* etwas thematisiert und *wann* etwas geschieht. Auf diese Weise kann die Komplexität eines Systems bis zu einem gewissen Maß gesteigert werden und dadurch auch sein Potential zur Reduktion von Komplexität. Zur Generalisierung von Verhaltenserwartungen trete aber schon ab einer »gewissen (ziemlich geringen) Schwelle der Komplexität« (ebd., 629) die Differenzierung von Systemen, d. h. die Bildung von Sub- oder Teilsystemen durch Wiederholung der Systembildung im System, hinzu.[129] Zunehmende Komplexität des Systems erlaubt es, zunehmend komplexe Probleme zu bearbeiten. Mit der Steigerung des Potentials für Komplexität durch Differenzierung und Generalisierung ist insbesondere die Ausdifferenzierungen von Handlungsbereichen in der Gesellschaft – die funktionale Differenzierung als primäre Differenzierungsform moderner Gesellschaft – gemeint; d. h. die Ausdifferenzierung der Gesellschaft in Teilsysteme, die sich durch ihren Funktionsbezug zum Gesamtsystem unterscheiden (Recht, Wirtschaft, Politik, Wissenschaft, Religion etc.).

Allerdings wird Selektivitätsverstärkung nicht allein durch Systemstrukturen (Differenzierung und Generalisierung) geleistet. Mit Blick auf das ›faktische Ge-

---

128 Sinnsysteme erhöhen ihr Potential zur Reduktion von Komplexität, wenn sie für die Auswahl von Alternativen vorstrukturierte Möglichkeiten schaffen.

129 Die Differenzierung von Systemen ist in diesem Sinne »nichts weiter als Wiederholung der Systembildung in Systemen. Innerhalb von Systemen kann es zur Ausdifferenzierung weiterer System/Umwelt-Differenzen kommen. Das Gesamtsystem gewinnt damit die Funktion einer ›internen Umwelt‹ für Teilsysteme, und zwar für jedes Teilsystem in je spezifischer Weise« (Luhmann 1984, 37).

schehen‹ der Reduktion von Komplexität können jene Formen der Komplexitätsreduktion sichtbar gemacht werden, die das selektive Geschehen selbst koordinieren. Diese Art der Selektivitätsverstärkung betrifft zum einen die Anwendung von Prozessen der Komplexitätsreduktion auf sich selbst (Reflexivität) und zum anderen die Sicherung der Übertragbarkeit von Selektionsleistungen (Übertragungsmedien). Durch die Anwendung von Prozessen der Selektion auf Prozesse der Selektion wird die Leistungsfähigkeit des Selektionsprozesses gesteigert und dadurch eine »Erweiterung des Potentials für Komplexität« erreicht (ebd., 632).

> »Zahlreiche soziale Prozesse können in ihrer Leistungsfähigkeit dadurch gesteigert werden, dass sie zuvor auf sich selbst oder auf Prozesse gleicher Art angewandt werden, also eine in diesem Sinne reflexive Struktur erhalten. Beispiele wären etwa das Sprechen über Sprache in begriffsbewusstem Sprachgebrauch, das Entscheiden über Entscheidungen in der Bürokratie, das Lehren des Lehrens in der Pädagogik, die Anwendung von Macht auf Macht in komplexen politischen Systemen (...). Damit steigt die Zahl der Möglichkeiten, über die gesprochen, die entschieden, gelehrt, beeinflusst, vertauscht, normiert, bewertet werden können. So ausgestattete Systeme können deshalb einer Umwelt von größerer Komplexität gerecht werden« (ebd.).

Dasselbe gilt für die »Sicherstellung der Übertragbarkeit von Selektionsleistungen« (ebd., 633). In funktional undifferenzierten Gesellschaften werde diese weitgehend durch eine »gemeinsame ›Realitätskonstruktion‹« (ebd.) geleistet. Die funktionale Differenzierung der Gesellschaft erfordere hingegen differenziertere Übertragungsmedien. Als wichtigste Medien dieser Art nennt Luhmann in Anlehnung an Parsons: ›Geld‹ und ›Macht‹ und fügt die Medien ›Wahrheit‹ und ›Liebe‹ hinzu. Diese Übertragungsmedien spezifizieren die Bedingungen unter denen Selektionsleistungen in Teilsystemen erbracht und transportiert werden. Sie hängen als solche mit der Generalisierung von Verhaltenserwartungen zusammen und erbringen eine zusätzliche Reduktion von Komplexität, indem sie den Prozess der Reduktion von Komplexität strukturieren.

Gegen diese auf die Reduktion von Komplexität hin entworfenen Konzeption einer Theorie sozialer Systeme wurde wiederholt eingewendet, dass sie eine unkritische und über weite Strecken apologetische Rechtfertigung bestehender gesellschaftlicher Verhältnisse enthalte. Bereits Anfang der siebziger Jahre wendet Habermas ein, in der Theorie sozialer Systeme verberge sich »die uneingestandene Verpflichtung der Theorie auf herrschaftskonforme Fragestellungen, auf die Apologie des Bestehenden um seiner Bestandserhaltung willen« (Habermas 1971, 170). Habermas wiederholt diesen Einwand zehn Jahre später mit der Bemerkung, dass die Systemtheorie gar nicht umhin könne, »sich auf die Komplexitätssteigerung moderner Gesellschaft affirmativ einzustellen« (Habermas 1985, 426).

In seiner Erwiderung rekurriert Luhmann (implizit) auf die Unterscheidung von Wissenschaft und Alltag, genauer: auf eine unzureichende Trennung von wissenschaftlicher und politischer Argumentation. Habermas' Einwand verfehle die Denkebene, weil der Vorwurf des Herrschaftskonformismus ein »richtungseindeutiges Verhältnis zwischen Theoriefehlern und politischen Funktionen« (Luhmann 1971b, 402) unterstelle, welches so nicht gegeben sei. Obwohl mögliche po-

litische Implikationen sozialwissenschaftlicher Theorie durchaus diskussionsfähig
seien, könne man nicht davon ausgehen, »dass wissenschaftliche Theorien im politischen Raum gleichsinnig weiterwirken« (ebd., 403). Luhmann beruft sich dabei
auf die in seiner Theorie begründete Autonomie sozialer Systeme, im Speziellen
auf die operative Geschlossenheit des gesellschaftlichen Teilsystems Wissenschaft.

Gemäß Luhmann gewinnen soziale Systeme Autonomie (relative Unabhängigkeit von ihrer Umwelt), indem sie Sinngrenzen konstituieren und durch Differenzierung ihr Potential zur Bearbeitung von Komplexität steigern. Darin unterscheiden sie sich grundlegend von physischen und organischen Systemen, die
›nur‹ adaptiv auf Umweltänderungen reagieren. Sinnhaft konstituierte Autonomie
wird hingegen durch systeminterne Regeln der Erfassung und Reduktion von
Komplexität erreicht, mit denen ›Umweltprobleme‹ an den Systemgrenzen in eine
systemeigene Bearbeitungsform übersetzt werden.

> »Die Vorteile einer solchen Differenz von Innen und Außen lassen sich nur gewinnen,
> sicherstellen und steigern, wenn es gelingt, Systemgrenzen gegenüber der Umwelt relativ
> invariant zu halten, so dass Strukturen und Prozesse sich auf diese Grenzen einstellen
> können. Das kann in sozialen Systemen nicht durch die Unterbindung physisch-kausaler
> und informationeller Prozesse geschehen, sondern nur durch ihre Steuerung, nicht
> durch Autarkie also, sondern nur durch Autonomie. Die Grenzen sozialer Systeme las-
> sen sich mithin nicht als invariante Zustände des physischen Substrats definieren – etwa
> nach der Art von Mauern, die eingrenzen, oder nach Art abzählbarer physischer Ob-
> jekte, etwa Menschen, die dazugehören bzw. nicht dazugehören; sie lassen sich nur als
> Sinngrenzen begreifen, als Elemente eines Bestandes von Informationen, deren Aktuali-
> sierung auslöst, dass Informationen nach bestimmten systeminternen Regeln behandelt
> werden« (Luhmann 1967, 620).

Zwar taucht, wie sich hierin zeigt, der Gedanke einer durch operative Geschlossenheit erzeugten Autonomie bereits in Luhmanns frühen Arbeiten über die
Theorie sozialer Systeme auf; er wird jedoch durch spätere Modifikationen der
Theorie weiter ausgeführt und erhält zusätzliches Gewicht. Für diese Weiterentwicklung der Theorie steht vor allem der Begriff ›Autopoiesis‹. Die Aufnahme des
Autopoiesis-Begriffs und die Entwicklung einer Theorie selbstreferentieller Systeme stellen in dieser Hinsicht eher eine Präzisierung der Problemstellung dar als
eine komplette Neuorientierung. Das Schlagwort ›Autopoiesis‹ verliert viel von
seiner geheimnisvollen, anziehenden oder abschreckenden Wirkung, wenn man
Luhmann beim Wort nimmt, denn gemäß Luhmann hat der Begriff der Autopoiesis »für sich genommen, geringen Erklärungswert« (Luhmann 1997, 86). Er
besagt lediglich, »dass alle Spezifikation von Strukturen (...) vom System selbst
vorgenommen werden muss, also nicht ab extra importiert werden kann« (ebd.).

Die Einführung eines Konzepts von Autopoiesis in systemtheoretische Zusammenhängen wird bekanntlich den Arbeiten von Humberto R. Maturana und
Francisco J. Varela zugeschrieben.[130] Maturana und Varela beschreiben damit le-
bende Systeme (Zellen), die die Produkte ihrer Operationen als Grundlage weiterer Operationen nehmen und dabei die Komponenten aus denen diese System be-

---

130 Vgl. Maturana/Varela (1982 u. 1987).

stehen in zirkulären Prozessen selbst herstellen. Diese Systeme erreichen dadurch eine ›operative Geschlossenheit‹ in dem Sinne, dass sie das, was sie zu ihrer Erhaltung benötigen selbst erzeugen. Allerdings ist damit nicht gemeint, dass autopoietische Systeme in keinerlei Beziehung zu ihrer Umwelt stehen. Vielmehr wird diese Beziehung zur Umwelt und damit die Offenheit dieser Systeme gerade durch ihre operative Geschlossenheit möglich. Die selbstreferentielle Operationsweise ist gleichsam Bedingung dafür, dass diese Systeme vermittels ihrer eigenen Operationen, nach eigener Maßgabe, selektive Kontakte zur Umwelt pflegen. Die Form des Austauschs mit der Umwelt wird dabei nicht von der Umwelt, sondern durch das System gesteuert. Autopoietische Systeme sind in diesem Sinne autonom, aber nicht autark:

> »Sie sind nicht autark insofern sie in einer bestimmten Umwelt, in einem Milieu leben, auf dessen materielle und energetische Zufuhren sie angewiesen sind. Sie sind aber autonom, insofern die Aufnahme bzw. Abgabe von Energie und Materie allein von den Systemoperationen eigengesetzlich bestimmt wird« (Kneer/Nassehi 1993, 51).

Luhmann verallgemeinert das Konzept von Autopoiesis und überträgt diese Gedanken auf die Theorie sozialer Systeme. Im Gegensatz zu Maturana und Varela geht er davon aus, dass außer lebenden Systemen auch psychische und soziale Systeme selbstreferentiell geschlossen sind. Bewusstsein und soziale Systeme als selbstreferentiell-geschlossene, autopoietische Systeme zu begreifen, heißt wiederum nicht, dass diese ohne Umwelt auskommen. Behauptet wird ›lediglich‹, dass diese Systeme sich und ihre Komponenten in rekursiven Prozessen selbst hervorbringen und erhalten. Das Bewusstseinssystem beispielsweise produziert ausschließlich Bewusstseinszustände und ist in diesem Sinne ständig damit beschäftigt, Gedanken unter Bezugnahme auf Gedanken hervorzubringen, Gedanken an Gedanken zu reihen. Das bedeutet nicht, dass das Bewusstsein aus dem Nichts Gedanken produziert und ohne Umweltbeiträge existieren kann:

> »Autopoiesis besagt nicht, dass das System allein aus sich heraus, aus eigener Kraft, ohne jeden Beitrag aus der Umwelt existiert. Vielmehr geht es nur darum, dass die Einheit des Systems und mit ihr alle Elemente, aus denen das System besteht, durch das System selbst produziert werden« (Luhmann 1990, 30).

Das Bewusstsein ist auf das Funktionieren neuronaler Prozesse (auf den Körper und speziell das Gehirn) sowie auf andere Umweltbeiträge angewiesen. Die Einheit des Bewusstseinssystems und die Elemente des Bewusstseins, Bewusstseinszustände (Gedanken), müssen jedoch vom Bewusstsein selbst durch rekursive Operationen (durch Gedanken) hergestellt werden. Die Beiträge der Umwelt, beispielsweise die Voraussetzung einer materiellen Basis, bleiben Bestandteile der Umwelt. Dementsprechend werden in sozialen Systemen Kommunikationen an Kommunikationen angeschlossen. Soziale Systeme erzeugen und erhalten sich durch Kommunikationen, die rekursiv auf Kommunikationen bezogen sind. Auch soziale Systeme, verstanden als selbstreferentiell-geschlossene, autopoietische Systeme, sind auf Beiträge aus ihrer Umwelt angewiesen, beispielsweise auf (mindestens zwei) psychische Systeme, ohne die Kommunikation nicht funktioniert. Das bedeutet nicht, dass psychische Systeme miteinander kommunizieren. Psychische Systeme denken, sie kommunizieren nicht. Soziale Systeme denken hingegen nicht, sie produzieren fortlaufend Kommunikation aus Kommunikation.

Handlungen werden vor diesem Hintergrund nicht mehr als Letzteinheiten von sozialen Systemen begriffen. Sie stellen vielmehr das Ergebnis von Zuschreibungen dar. Soziale Systeme fertigen vereinfachende Selbstbeschreibungen an, Identifikationspunkte, auf die sich der Kommunikationsprozess bezieht. Handlungen werden durch solche »Zurechnungsprozesse konstituiert« (Luhmann 1984, 228) – dadurch, dass in der Kommunikation eine bestimmte Beschreibung des Kommunikationsprozesses benutzt wird, genauer: dass die Kommunikation auf eine Mitteilung reduziert und einer Person als (Mitteilungs-)Handlung zugeschrieben wird. Gleichzeitig tritt das Problem der Reduktion von Komplexität in den Hintergrund. Es wird als Bezugsgesichtspunkt durch die Unwahrscheinlichkeit der Autopoiesis von Systemen ersetzt.

Kommunikation, Sprache und Gesellschaft

Kommunikation stellt für eine Theorie sozialer Systeme nicht bloß »ein Ausschnitt aus dem Bereich des gesellschaftlichen Zusammenlebens dar« (Luhmann 1999, 55f.), sondern jene Operation, die, wenn sie aktualisiert wird, soziale System erzeugt. Kommunikationen (nicht Handlungen) werden von Luhmann mit der Weiterentwicklung seiner Theorie zu einer Theorie selbstreferentiell-geschlossener, autopoietischer Systeme als ›Letzteinheiten‹ sozialer Systeme betrachtet.[131] Unter Gesellschaft ist dementsprechend ein durch Kommunikation konstituiertes und differenziertes Gebilde zu verstehen. Die Grenzen der Kommunikation sind gemäß Luhmann für alle sozialen Teilsysteme die Außengrenzen der Gesellschaft:

> »Das worin alle Funktionssysteme übereinkommen und worin sie sich unterscheiden, ist nur (…) die Tatsache kommunikativen Operierens. Abstrakt gesehen ist Kommunikation (…) die Differenz, die im System keine Differenz macht. (…) Für alle Teilsysteme der Gesellschaft sind Grenzen der Kommunikation (im Unterschied zu Nichtkommunikation) die Außengrenzen der Gesellschaft. Darin, und nur darin, kommen sie überein. An diesen Außengrenzen muss und kann alle interne Differenzierung anschließen, indem sie für die einzelnen Teilsysteme unterschiedliche Codes und Programme einrichtet. Sofern sie kommunizieren, partizipieren alle Teilsysteme an der Gesellschaft. Sofern sie in unterschiedlicher Weise kommunizieren, unterscheiden sie sich« (Luhmann 1998, 149f.).

---

131 Vgl. Luhmann (1998, 80f.): »Kommunikation (…) ist eine genuin soziale (und die einzige genuin soziale) Operation. Sie ist genuin sozial insofern, als sie zwar eine Mehrheit von mitwirkenden Bewusstseinssystemen voraussetzt, aber (eben deshalb) als Einheit keinem Einzelbewusstsein zugerechnet werden kann. (…) Kommunikation ist genuin sozial auch insofern, als in keiner Weise und in keinem Sinne ein ›gemeinsames‹ (kollektives) Bewusstsein hergestellt werden kann, also auch Konsens im Vollsinne einer vollständigen Übereinstimmung unerreichbar ist und Kommunikation stattdessen funktioniert« (Luhmann 1998, 81).

Kommunikation kann laut Luhmann nicht auf Subjekte und deren Intentionen zurückgeführt werden. Die Systemtheorie basiert auf einem stärker generalisierten Kommunikationsbegriff, der Subjekte und deren Intentionen nicht als der Kommunikation vorgelagert begreift. Luhmann behilft sich dabei mit dem ›klassischen‹ Sender-Empfänger-Modell und löst dessen Elemente, ›Sender‹, ›Empfänger‹ und ›Mitteilung‹, in einer abstrakten Problemstellung auf. Im Hinblick auf die Entwicklung eines allgemeinen Kommunikationsbegriffs wird gefragt, wie die Mitteilung von Informationen zwischen Sendern und Empfängern überhaupt möglich ist, wenn man davon absieht, dass Kommunikation in der Alltagswelt stattfindet.[132] Ganz im Sinne der Grundhaltung seiner funktionalen Methode geht Luhmann also in Bezug auf Kommunikation (und Kommunikationssysteme) nicht vom Bestand eines Bereichs der Gesellschaft oder des gesellschaftlichen Zusammenlebens aus, sondern von einem vermittels der Abstraktion vom konkreten Bestand formulierten Problem: von der »Unwahrscheinlichkeit der Kommunikation« (Luhmann 1999, 56), um dann die Frage stellen zu können, wie Unwahrscheinliches in Wahrscheinliches transformiert wird.

Vor dem Hintergrund des oben erläuterten Sinnbegriffs wird Kommunikation als ein »Prozessieren von Selektionen« (Luhmann 1984, 194) definiert und als ein »dreistelliger Selektionsprozess« (ebd.) spezifiziert, bei dem die Auswahl eines bestimmten Sachverhaltes (Information) mit der Auswahl eines Mitteilungsverhaltens und eines Anschlussverhaltens verkettet werden.[133] Im Sinne der Theorie Luhmanns soll von Kommunikation gesprochen werden, wenn die drei kontingenten Selektionen: ›Information‹, ›Mitteilung‹ und ›Verstehen‹ zu einer Einheit synthetisiert werden.[134] Eine *Information* muss als eine »überraschende Selektion aus mehreren Möglichkeiten« (Luhmann 1998, 71) verstanden werden. Sie ist abstrakt gesehen »eine Differenz, die den Zustand eines Systems ändert, also eine

---

132 Dass Kommunikation (als Mitteilung einer Information durch einen Sender und deren Aufnahme durch einen Empfänger) stattfindet, ist, wenn man davon absieht, dass ein Gesellschaftssystem existiert, das Kommunikation durch Kommunikation reproduziert, »extrem unwahrscheinlich« (Luhmann 1998, 190). *Erstens* ist es unwahrscheinlich, »dass einer überhaupt versteht, was der andere meint« (Luhmann 1999, 56). *Zweitens* ist die Erreichbarkeit von Kommunikation über Situationen der Kopräsenz von Personen hinaus unwahrscheinlich: »Es ist unwahrscheinlich, dass eine Kommunikation mehr Personen erreicht, als in einer konkreten Situation anwesend sind« (ebd., 56). Diese Unwahrscheinlichkeiten werden auch von ›traditionellen Kommunikationstheorien‹ bearbeitet, deren Aufmerksamkeit dem Verstehen und der Verständigung – der Übertragung von Sinn – sowie der Verbreitung von Information gilt. Diese Theorien rechnen jedoch nicht mit einer dritten Unwahrscheinlichkeit: Die *dritte* Unwahrscheinlichkeit betrifft den Erfolg von Kommunikation, d. h. die Unwahrscheinlichkeit, »dass der Empfänger den selektiven Inhalt der Kommunikation (die Information) als Prämisse des eigenen Verhaltens übernimmt, also an Selektion weitere Selektionen anschließt und sie dadurch in ihrer Selektivität verstärkt« (ebd., 57).

133 Wobei jede dieser Selektionen nicht aus einem festen, vorgegebenen und beschränkten Bestand auswählt, sondern den ›Bereich des Möglichen‹ durch die aktualisierte Möglichkeit offen legt. Vgl. Luhmann (1984, 194).

134 Vgl. Luhmann (1998, 190): »Kommunikation ist (...) eine Synthese aus drei Selektionen. Sie besteht aus Information, Mitteilung und Verstehen. Jede dieser Komponenten ist in sich selbst ein kontingentes Vorkommnis.«

Differenz erzeugt« (ebd., 190).[135] Vom Standpunkt einer abstrakten Problemstellung aus gesehen, ist bereits diese erste Selektion – die Auswahl eines bestimmten Sachverhaltes für Mitteilung, angesichts vieler möglicher Sachverhalte – unwahrscheinlich.[136] Dazu kommt aber eine zweite Selektion: die Auswahl einer Information für *Mitteilung* und die Wahl eines Verhaltens, das diese Information mitteilt. Auch dabei handelt es sich um eine Selektion, deren Betrachtung unter die ›Unwahrscheinlichkeitsthese‹ fällt.[137] Von Kommunikation soll nach Ansicht der Systemtheorie aber erst die Rede sein, wenn eine dritte Selektion (*Verstehen*) vorliegt, die sich auf die Unterscheidung von Information und Mitteilung stützt: die Beobachtung dieses Verhaltens, d. h. die Unterscheidung von Information und Mitteilung durch einen Empfänger, der die Mitteilung als solche zumutet und »der Wahl eines Anschlussverhaltens« (Luhmann 1984, 196) zu Grunde legt (also weitere Selektionen anschließt).[138]

Verstehen bezieht sich hier nicht auf ein Verstehen in psychologischem Sinn. Solches Verstehen (in Gedanken) ist nicht ausgeschlossen, im Gegenteil, es wird vorausgesetzt; es ereignet sich aber in der Umwelt von sozialen Systemen. Was ›Verstehen‹ in Kommunikationszusammenhängen bedeutet, wird von Kommunikation dadurch festgelegt, dass eine Anschlusskommunikation stattfindet und damit angezeigt wird, dass etwas auf die eine oder andere Art und Weise ›verstanden‹ wurde. Verstehen ist nach systemtheoretischer Auffassung ein Konstrukt der Kommunikation und kein Bewusstseinsereignis. Diese Auffassung von Verstehen schließt Fehler, Missverständnisse oder Ignoranz ein, jedoch nicht die totale In-

---

135 Mit diesem Verständnis von Information sind eine Reihe von Annahmen und Konsequenzen verbunden. Erstens, eine Information kann als Überraschung keinen Bestand haben: »Eine Information die sinngemäß wiederholt wird ist keine Information mehr« (Luhmann 1984, 102). Sie setzt zweitens Strukturen, das heißt Erwartungshaltungen voraus, bezüglich derer sie als Überraschung fungieren kann; und sie muss drittens »systemintern erzeugt werden« (Luhmann 1998, 71), sonst würde es sich »um eine schlichte Systemänderung durch Außeneinwirkung handeln« (ebd.) und nicht um eine Information im Sinne einer Selektion. Daher müssen Informationen letztlich als systemeigene Konstrukte begriffen werden.

136 »Warum soll (…) gerade eine bestimmte Information und keine andere ein System beeindrucken« (Luhmann 1998, 190)?

137 »Warum soll jemand sich überhaupt und warum gerade mit dieser bestimmten Mitteilung an bestimmte andere wenden angesichts vieler Möglichkeiten sinnvoller Beschäftigung« (Luhmann 1998, 191)?

138 Im Sinne dieser dritten Selektion erfordert Kommunikation also, dass jemand ein solches Mitteilungsverhalten nicht nur schlicht wahrnimmt, sondern »im Hinblick auf die Unterscheidung von Mitteilung und Information« (Luhmann 1998, 191) beobachtet, d. h. das Verhalten als Kommunikation auffasst, als ›Mitteilung einer Information‹. Da Verstehen »ein unerlässliches Moment des Zustandekommens von Kommunikation« (Luhmann 1984, 198) darstellt, ist Kommunikation auch nur als »selbstreferentieller Prozess« (ebd.) möglich: »Wie immer überraschend die Anschlusskommunikation ausfällt, sie wird auch benutzt, um zu zeigen und zu beobachten, dass sie auf einem Verstehen der vorausgegangenen Kommunikation beruht. Der Test kann negativ ausfallen und gibt dann oft Anlass zu einer reflexiven Kommunikation über Kommunikation. Aber um dies zu ermöglichen (oder meist: zu erübrigen), muss ein Verstehenstest immer mitlaufen, so dass immer ein Teil der Aufmerksamkeit für Verstehenskontrolle abgezweigt wird« (ebd., 196).

differenz gegenüber der Mitteilung. Auch diese dritte Selektion (Verstehen) muss unter dem Gesichtspunkt ihrer Unwahrscheinlichkeit betrachtet werden:

> »[W]arum soll jemand seine Aufmerksamkeit auf die Mitteilung eines anderen konzentrieren, sie zu verstehen suchen und sein Verhalten auf die mitgeteilte Information einstellen, wo er doch frei ist, all dies auch zu unterlassen« (Luhmann 1998, 191)?

Aus der abstrakten Perspektive des Systemtheoretikers erweist sich nicht nur jede dieser Selektionen als höchst unwahrscheinlich, sondern erst recht ihre Synthese. Bestritten wird damit freilich nicht, dass Kommunikation als faktisches Geschehen in der alltäglichen Wirklichkeit stattfindet und dass laufend Selektionsprobleme gelöst werden. Es wird, im Gegenteil, davon ausgegangen, *dass* im Alltag permanent Selektionsprobleme durch Kommunikation gelöst werden. Hervorgehoben wird durch die abstrakte Frage nach den Bedingungen der Möglichkeit von Kommunikation aber die Kontingenz der in Kommunikation vollzogenen Selektionen, der kommunikativen Konstrukte und der Kommunikation selbst. Jedes Ereignis des dreistelligen Selektionsprozesses sowie ihre Synthese, also Kommunikation überhaupt, ist als Geschehen weder notwendig noch unmöglich. Kommunikation impliziert daher Kontingenz im Sinne der von Luhmann verwendeten modaltheoretischen oder modallogischen Fassung des Begriffs.[139]

Der besondere theoretische Clou dieser Konzeption von Kommunikation besteht u. a. darin, dass sie eine präzisere Thematisierung von ›Folgeproblemen‹ ermöglicht. Von dem durch Abstraktion gewonnenen Standpunkt aus, d. h. vor dem Hintergrund der Annahme ihrer Unwahrscheinlichkeit, kann präziser gefragt werden, wie ›Normalkommunikation‹ in der alltäglichen Wirklichkeit funktioniert. Nicht *dass* die Verkettung kontingenter Selektionen erfolgt, steht dann zur Disposition, sondern die Frage *wie* solche Probleme gelöst werden, wie die Unwahrscheinlichkeit von Kommunikation in Wahrscheinlichkeit transformiert und die Autopoiesis von Systemen auf der Basis von Kommunikation wahrscheinlich wird. Im Rahmen dieser Fragestellung argumentiert Luhmann, dass das Mitgeteilte nur vom Mitteilungsverhalten unterschieden und daher die Mitteilung vom Mitteilungsempfänger »gleichgesinnt gehandhabt« (Luhmann 1984, 197) werden kann, dass also Kommunikation nur funktioniert, wenn Informationen in einem bestimmten Kommunikationsmedium codiert werden, genauer: wenn Informationen durch Codierung dupliziert werden:

> »Die Mitteilung muss die Information duplizieren, sie nämlich einerseits draußen lassen und sie andererseits zur Mitteilung verwenden und ihr eine dafür geeignete Zweitform geben, zum Beispiel eine sprachliche (und eventuell lautliche, schriftliche etc.) Form« (ebd.).

---

139 Kontingenz meint hier wie anderswo in Luhmanns Theorie, »das ›Auch-anders-möglich-sein‹ des Seienden« und ist »durch Negation von Unmöglichkeit und Notwendigkeit« definiert (Luhmann 1975, 171). Die Kontingenz des selektiven Geschehens der Kommunikation wird zur doppelten Kontingenz, »sobald Systeme die Selektion eigener Zustände darauf abstellen, dass andere Systeme kontingent sind« (ebd.).

Diese Duplikation werde in erster Linie von der binären Codierung durch Sprache geleistet.[140] Sprache hat in systemtheoretischer Sicht, also in einem sehr abstrakten Sinn, die Funktion einer »Duplikationsregel« (Luhmann 1975, 172). Sie stellt durch ihr »Negationspotential (…) für alle vorhandenen Informationen zwei Fassungen zur Verfügung: eine positive und eine negative« (ebd.).[141] Die binäre Struktur der Sprache ermöglicht es, »etwas Mitgeteiltes zu bezweifeln, es nicht anzunehmen, es explizit abzulehnen und diese Reduktion verständlich auszudrücken, also in den Kommunikationsprozess selbst wieder einzubringen« (Luhmann 1998, 225). Sprache reagiert damit auf eine allgemeine Unsicherheit des kommunikativen Geschehens, die sie selbst erzeugt: auf die Möglichkeit »des Irrtums und der Täuschung« (ebd.) – darauf, dass einer mitgeteilten Information unter Umständen keine Aufmerksamkeit geschenkt wird, weil sie belanglos, unaufrichtig, falsch etc. sein könnte. Sie ermöglicht eine Handhabung dieses Problems, die gerade nicht auf das ›Festzurren‹ des Sinns hinaus läuft, sondern einen ›Aufschub‹ impliziert.

»Die allgemeine Unsicherheit im Hinblick auf Fehlgebrauch von sprachlichen Zeichen wird durch Codierung in eine Bifurkation von Anschlussmöglichkeiten transformiert.

---

140 Kommunikaton ist auch ohne Sprache (vermittels anderer Codierungen) möglich. Sprache ermöglicht jedoch »die Autopoiesis der Kommunikation unter immer komplexeren Systembedingungen« (Luhmann 1990a, 47) und stellt in diesem Sinne das grundlegende Kommunikationsmedium der Gesellschaft dar (Luhmann 1998, 221). Die Ausdifferenzierung sozialer Systeme »besteht keineswegs nur aus sprachlicher Kommunikation; aber dass sie auf Grund sprachlicher Kommunikation ausdifferenziert sind, prägt alles, was an sozialem Handeln, ja an sozialen Wahrnehmungen sonst noch vorkommt« (Luhmann 1984, 210). Mit dem ›Erscheinen‹ der Sprache vollzieht sich, wenn man so will, »ein Übergang von einem Stadium, in welchem nichts eine Bedeutung hatte, zu einem anderen (…), in welchem alles Bedeutung trug« (Lévi-Strauss 1989, 38). Deshalb kann man behaupten, mit der Verwendung von Sprache sei »das gesamte Universum mit einem Schlag *signifikativ* geworden« (ebd.).

141 Sprache wird damit auf eine vergleichsweise einfache Struktur reduziert, auf einen binären Code: »Er besteht darin, dass die Sprache für alles, was gesagt wird, eine positive und eine negative Fassung zur Verfügung stellt« (Luhmann 1998, 221). Das Entscheidende am binären Code der Sprache sind seine Allgemeinheit und sein Negationspotential. Dass sie für alles eine solche Form bereitstellt, macht Sprache als grundlegendes Kommunikationsmedium aus. Luhmann knüpft damit nicht an die (durch die Linguistik seit Saussure verbreitete) Vorstellung von Sprache als ein System sprachlicher Zeichen an, deren Funktion vor allem darin besteht, Gegenstände, Ereignisse, Ideen etc. zu bezeichnen – Abwesendes zu repräsentieren. Er betont weniger die Funktion des Bezeichnens, als vielmehr die Form des Zeichens selbst, die *Unterscheidung* von Bezeichnendem und Bezeichnetem, d. h. die Möglichkeit des Unterscheidens und Bezeichnens (vgl. Luhmann 1998, 209). Die Besonderheit sprachlicher Zeichen besteht laut Luhmann in der *Isolierung* der Unterscheidung von Bezeichnendem und Bezeichnetem, »mit der erreicht wird, dass das Verhältnis von Bezeichnendem und Bezeichnetem unabhängig vom Verwendungskontext stabil bleibt« (ebd.). Mit Isolierung ist die Loslösung dieser Unterscheidung von Referenzen und von Wahrnehmungen gemeint. Unter den Begriff Zeichen fällt in der Systemtheorie daher nicht das Verhältnis von Bezeichnendem und Bezeichnetem (das eine Referenz darstellt), sondern die Form Bezeichnendes/Bezeichnetes. Zeichen sind, wie Luhmann betont, Formen, und die Form selbst »hat (…) keine Referenz; sie fungiert nur als Unterscheidung und nur dann, wenn sie faktisch als solche benutzt wird« (ebd.).

Die weitere Kommunikation kann dann entweder auf Annahme oder auf Ablehnung ge-
gründet werden. Es gibt nur diese beiden Möglichkeiten; aber eben deshalb kann man
auch Unterschiedenheit zum Ausdruck bringen oder die Entscheidung aufschieben und
der weiteren Kommunikation überlassen. Ohne binäre Codierung wäre nicht einmal ein
solcher Aufschub möglich, denn man könnte gar nicht erkennen, was aufgeschoben
wird« (ebd., 226).

Sprachliche Codierung macht, mit anderen Worten, den Selektionsprozess intern
steuerbar. Sie macht die Differenz von Information und Mitteilung nicht nur
verfügbar, sondern ermöglicht deren reflexive Kontrolle[142] und damit letztlich die
selbstreferentielle Schließung von Systemen. In Bezug auf die Unwahrscheinlichkeit der Kommunikation besteht der entscheidende Beitrag der sprachlichen Codierung darin, dass sie Kommunikation auf die Alternativen ›Annehmen‹ oder
›Ablehnen‹ zuspitzt und dieses Problem in die Kommunikation zurücklegt:

»Weder der Sprecher noch der Hörer kann den Tatbestand der Kommunikation als solchen leugnen. Man kann ihn allenfalls missverstehen oder schwer verstehen oder interpretieren oder sonstwie nachträglich über Kommunikation kommunizieren. Die Probleme der Kommunikation werden in die Kommunikation zurückgeleitet. Das System
schließt sich. (…) Die an sich unwahrscheinliche Autopoiesis eines Kommunikationssystems wird auf diese Weise wahrscheinlich« (ebd., 212).

Allein diese »Allgemeinheit und Zwangsläufigkeit« (ebd., 226) der sprachlichen
Codierung bedeute aber auch, dass sie nicht dazu dient, »gute und schlechte
Nachrichten zu sortieren« (ebd.), dass dieser Code »keine Präferenz für Ja-Fas-
sung bzw. für Nein-Fassung« enthält (ebd., 227). Durch sprachliche Codierung
wird zwar die Einheit von Information, Mitteilung und Verstehen wahrscheinlich
und dadurch jene Situation geschaffen, in der Annahme oder Ablehnung überhaupt möglich sind, gleichzeitig erhöht sie aber das Risiko des ›Abbrechens‹ von
Kommunikation. Gerade die binäre Codierung durch Sprache ermöglicht es, dass
etwas bezweifelt und nicht angenommen wird, dass keine daran anschließende
Kommunikation stattfindet. Das Problem der Unwahrscheinlichkeit von Kommunikation wird durch den Code der Sprache zwar strukturiert, aber nicht gelöst.

Auf die durch Sprache gesteigerte Kontingenz und die dadurch bedingte Offenheit der Annahme von Kommunikation reagieren »Zusatzeinrichtungen in der
Form weiterer symbolischer Codes« (Luhmann 1975, 173). In »älteren Gesell-

---

142 Reflexion meint hier nicht die gedankliche Überarbeitung von Elementen der Kommunikation, sondern deren Wiederaufnahme und Weiterverarbeitung in Kommunikation: »Reflexiv
sind Prozesse, die auch auf sich selbst angewandt werden können. Im Falle von Kommunikation heißt dies: dass über den Kommunikationsverlauf kommuniziert werden kann. Man
kann den Kommunikationsverlauf in der Kommunikation thematisieren, kann fragen und
erläutern, wie was gemeint gewesen war, kann um Kommunikation bitten, Kommunikation
ablehnen, Kommunikationszusammenhänge einrichten usw. Zu Grunde liegt auch hier jeweils die Differenz von Information und Mitteilung, nur dass im Falle von reflexiver Kommunikation die Kommunikation selbst als Information behandelt und zum Gegenstand von
Mitteilungen gemacht wird. Dies ist ohne Sprache kaum möglich, da das bloß Wahrgenom-
mene als Kommunikation nicht eindeutig genug ist für weitere kommunikative Behandlung«
(Luhmann 1984, 210).

schaftsformen archaischen Typs« (ebd.) werde diese Leistung, so Luhmann, zum Teil von der Sprache selbst und zum Teil von der hohen ›Anwesenheitsverfügbarkeit‹ erbracht.[143] Eine größere Gesellschaft und stärkere funktionale Differenzierung zwingen jedoch zur Bildung von Formen, mit denen die Möglichkeiten des Anschlusses von Kommunikation an Kommunikation erweitert werden. Luhmann bezeichnet die ›Zusatzeinrichtungen‹, die in der modernen Gesellschaft diese Funktion übernehmen als *symbolisch generalisierter Kommunikationsmedien*. Diese stellen »Präferenz-Codes« (Luhmann 1998, 360) dar, die die Kommunikation mit Annahmechancen ausstatten. Sie »transformieren Nein-Wahrscheinlichkeiten in Ja-Wahrscheinlichkeiten« (ebd., 320), indem sie, im Unterschied zum binären Code der Sprache, die positive Seite als Präferenz fixieren.[144] Durch symbolisch generalisierte Kommunikationsmedien entsteht zusätzlicher »Selektionsdruck« (Luhmann 1975, 175), da sie eine Codierung, d. h. eine weitere Duplikation von Selektionen, darstellen:

> »Ihre Duplikationsregel beruht auf der Wert/Unwert-Dichotomisierung von Präferenzen. Sie konfrontiert Vorkommnisse, Fakten, Informationen mit der Möglichkeit, Wert oder Unwert zu sein, zum Beispiel wahr oder unwahr, stark oder schwach, recht oder unrecht, schön oder hässlich« (ebd.).

Als bedeutendste Kommunikationsmedien dieser Art nennt Luhmann weiterhin: ›Wahrheit‹, ›Liebe‹, ›Eigentum/Geld‹, ›Macht/Recht‹ und rechnet ›religiösen Glauben‹, ›Kunst‹ sowie ›zivilisatorisch standardisierte Grundwerte‹ dazu (Luhmann 1984, 222). Im Gegensatz zum Ja/Nein-Code der Sprache, den sie voraussetzen, werden diese Medien benutzt um »Präferenzen zu codieren« (Luhmann 1975, 175). Sie legen allgemeine Bedingungen fest, die die Annahmewahrscheinlichkeit von Kommunikationsofferten erhöhen – dass Kommunikationen »als Prämisse der weiteren Kommunikation zu Grund gelegt werden« (Luhmann 1998, 321). Sie koordinieren den Selektionsprozess, indem sie Selektionen mit den selbst hochselektiven Bedingungen der Auswahl verknüpfen. Die Aussicht auf Annahme der Kommunikation verbessert sich, wenn festgelegt werden kann, ob sich eine Kommunikation auf Wahrheit beruft, auf Recht rekurriert, ob man eine bestimmte Selektion dem Erleben (und nicht dem eigenen Handeln) zurechnet (Liebe), Bezahlung anbieten soll oder nicht.

---

143 Der ›Erfolg‹ von Kommunikationen, wird dabei durch Annahmen über eine bestimmte Ordnung in »relativ konkreten ›Realitätskonstruktionen‹« (Luhmann 1975, 173) und durch die Möglichkeit unmittelbarer Interaktionskontrolle bei Anwesenheit der Interaktionsteilnehmer gesichert (vgl. Luhmann 1967, 633).

144 Oben wurde die Funktion von ›Übertragungsmedien‹ unter dem Gesichtspunkt der Erfassung und Reduktion von Komplexität betrachtet und als eine Form der ›Sicherstellung‹ der Übertragbarkeit von Selektionsleistungen (reduzierter Komplexität) in Sinnsystemen beschrieben. Das Grundproblem bleibt hier im Prinzip dasselbe, wird jedoch in die neue Problemstellung überführt: Die Frage nach der Übertragung von Selektionsleistungen wird nicht mehr primär in Bezug auf Möglichkeiten der Reduktion von Komplexität durch die Generalisierung von Verhaltenserwartungen in Handlungssystemen gestellt, sondern auf die Unwahrscheinlichkeit von Kommunikation und die Autopoiesis von Kommunikationssystemen bezogen.

Die binären Codes symbolisch generalisierter Kommunikationsmedien legen allerdings noch keine Kriterien dafür fest, welcher Wert im Einzelfall zu wählen ist.[145] Sie sind zunächst nur »hochabstrakte Schematismen« (Luhmann 1986b, 89) und bilden die Grundlage der weiteren »Spezifikation der Kriterien für eine richtige Zuordnung des positiven bzw. des negativen Wertes« (Luhmann 1998, 360). Diese Spezifikation findet auf der Ebene von *Programmen* statt. Programme stellen jene Zuordnungsregeln dar, die besagen, wie Selektionen im Einzelnen bewertet werden. Sie sorgen für eine feste Koppelung von Elementen. Als Programme werden »Zusatzsemantiken« (ebd., 362) bezeichnet, die festlegen, »unter welchen Bedingungen die Zuteilung des positiven bzw. negativen Werts richtig erfolgt« (ebd.).[146] Die Bedingungen für die Entscheidung über die Wahrheit oder Unwahrheit von Aussagen werden im Einzelnen beispielsweise durch wissenschaftliche Theorien und Methoden festgelegt. Über Recht und Unrecht entscheiden im konkreten Fall Gesetze, Verordnungen, Satzungen, Geschäftsordnungen etc., ob gezahlt wird oder nicht hängt von Preisen, Investitionsprogrammen u. ä. ab.[147]

Die Differenzierung von Kommunikationsmedien ist, laut Luhmann, gleichzeitig der »Anlass (…) für die Ausdifferenzierung wichtiger gesellschaftlicher Funktionssysteme« (ebd., 205). Die zentralen Codes der Kommunikationsmedien sind jene Leitunterscheidungen, deren operativer Einsatz die funktionsspezifische Perspektive der einzelnen Teilsysteme konstituiert. Sie spannen Bereiche (Konturen) auf, die von den einzelnen Teilsystemen, vermittels der jeweiligen Unterscheidung, beobachtet werden können. Gleichzeitig ist diese Perspektive für die Systeme unhintergehbar. Die einzelnen Systeme ›sehen‹ nur in der Perspektive ihrer Leitunterscheidungen: Wissenschaft prüft Aussagen daraufhin, ob Wahrheit oder Unwahrheit vorliegt, das Rechtssystem operiert mit der Unterscheidung recht/unrecht, das Wirtschaftssystem operiert entsprechend mit der Unterscheidung zahlen/nicht-zahlen.

Die Codes symbolisch generalisierter Kommunikationsmedien gründen nicht auf bestimmten Zuständigkeiten im Vorhandenen. Vielmehr bedeutet die Reduktion auf einen binären Code, dass die entsprechenden Teilsysteme alles unter diesem Code beobachten und beschreiben. Die beobachtungsleitenden Unterscheidungen (wahr/unwahr, recht/unrecht etc.) sind »Totalkonstruktionen (…) ohne

---

145 Vgl. Luhmann (1986b, 90): »Die Werte des Codes sind keine Kriterien, die Wahrheit ist selbst zum Beispiel kein Wahrheitskriterium. Kriterien beziehen sich (…) auf binäre Codierungen, aber sie sind nicht ein Pol dieser Codes selbst.«

146 Semantik meint im Sinne der systemtheoretischen Verwendung dieses Begriffs einen »Vorrat möglicher Themen, die für rasche und rasch verständliche Aufnahme in konkreten kommunikativen Prozessen bereitstehen« (Luhmann 1984, 224). Die Bildung von spezifischen Themenvorräten ist an die Ausdifferenzierung von Kommunikationsmedien gebunden und kann als »Teil der Kultur« (ebd.) betrachtet werden.

147 Während Codes »zwangsläufig regeneriert« (Luhmann 1998, 362) werden, können Programme, wenn sie nicht aufgerufen werden, in Vergessenheit geraten. Nur Codes definieren »die Einheit des Mediums und eventuell des Funktionssystems durch eine spezifische Differenz« (ebd.). Programme hingegen können wechseln, ohne dass das Medium bzw. das Teilsystem sich dadurch grundlegend verändert.

ontologische Begrenzung« (Luhmann 1986b, 79). Systeme, die durch den operativen Einsatz dieser Unterscheidungen die Welt beobachten, schließen sich durch
diese Operation gegenüber ihrer Umwelt ab und gewinnen operative Autonomie,
da die Werte der Codes nicht ineinander konvertierbar sind.[148]

Die Ausdifferenzierung von spezifischen Codes *ist* in diesem Sinne funktionale Differenzierung der Gesellschaft. Die Systeme konstituieren durch den operativen Einsatz dieser Differenzen sich selbst und die Welt. Alles, was in den Rele-
vanzbereich eines solchen Codes fällt, wird, gemäß systemtheoretischer Vorstellung, dem einen oder anderen Wert zugeordnet[149]:

> »In Bezug auf einen Code operiert das System als geschlossenes System, indem jede
> Wertung wie wahr/unwahr immer nur auf den jeweils entgegengesetzten Wert desselben
> Codes und nie auf andere, externe Wertungen verweist« (ebd., 83).

Die Wissenschaft, als ein selbstreferentiell-geschlossenes Teilsystem einer funktional differenzierten Gesellschaft, ist demzufolge nicht mit den entsprechenden
Einrichtungen (etwa der Universität oder Forschungsinstituten) zu verwechseln.
Sie ist nichts anderes als jene Kommunikation, die mit dem binären Code
wahr/unwahr operiert, auch wenn dies »im Klostergarten oder im Industrielabor
geschieht« (Luhmann 1990a, 636). Wissenschaft ist in dieser Hinsicht ›konkurrenzlos‹ – was immer unter diesem Code kommuniziert wird, *ist* Wissenschaft.
Damit wird nicht bestritten, dass auch außerhalb der Wissenschaft (in einem
nicht codierten Sinn) von ›Wahrheit‹ die Rede ist. Wahrheit dient in der Alltagskommunikation beispielsweise als Symbol der Bekräftigung; aber »nur in der Wissenschaft geht es um codierte Wahrheit, nur hier geht es um Beobachtung zweiter
Ordnung, nur hier um die Aussage, dass wahre Aussagen eine vorausgehende
Prüfung und Verwerfung ihrer etwaigen Unwahrheiten implizieren« (ebd., 274).
Wissenschaft als Kommunikation im Medium ›Wahrheit‹ zeichnet sich dadurch
aus, dass alle Operationen des Systems in den von der binären Codierung eröff-
neten Kontingenzraum fallen und einem der beiden Werte (wahr/unwahr) zugeordnet werden müssen.

> »Ist von Wahrheit die Rede, so braucht man nur zu fragen, unter welchen Bedingungen
> die betreffende Aussage unwahr sein würde – und schon findet die Kommunikation im
> Wissenschaftssystem statt. Kommunikationen, die als wahr bzw. unwahr markiert sind
> und dadurch in ihrer Weiterverwendungsfähigkeit vorbestimmt sind, sind Operationen
> dieses Wissenschaftssystems« (ebd., 293).

Nicht die Verwendung des Code-Symbols – etwa die Häufigkeit der Rede von
›Wahrheit‹ in der Wissenschaft – ist ausschlaggebend dafür, dass Wahrheit als

---

148 »Geldbesitz ist nicht in Liebe umzusetzen und Macht nicht in Wahrheit oder umgekehrt«
(Luhmann 1998, 367).

149 Die Codes sind, wie Luhmann sich ausdrückt, »Weltkonstruktionen mit Universalitätsan-
spruch« (Luhmann 1986b, 79). Eine dritte Möglichkeit wird durch den Einsatz dieser beobachtungsleitenden Unterscheidungen ausgeschlossen und kann »allenfalls als Parasit existieren – Parasit in etwa dem Sinne, den Michel Serres dieser Metapher gegeben hat« (Luhmann
1986b, 79). Vgl. Serres (1981).

Medium des Kommunikationssystems Wissenschaft bestimmt werden kann, sondern der Bezug auf den Code bei der Beobachtung von Beobachtungen. Die Wissenschaft benutzen diesen Code, um Beobachtungen zu beobachten. Dabei geht es nicht darum, dass jede einzelne wissenschaftliche Kommunikationsoperation als Aussage über die Wahrheit oder Unwahrheit einer Äußerung daherkommt, sondern darum, dass die Kommunikation den Code mit beiden Werten fortschreibt:

> »Das System operiert mit Kommunikationen, die zwar den Wert wahr oder den Wert unwahr negieren können, aber nicht die Relevanz dieser Differenz. Geht es stattdessen um die Differenz von gut und böse oder von nützlich und schädlich, läuft die Kommunikation nicht im Wissenschaftssystem ab – und dies gilt selbstverständlich auch dann, wenn Wissenschaftler sich an ihr beteiligen« (ebd., 309).

Bei der Orientierung am systemeigenen Code und bei der Spezifikation der Regeln der Zuordnung zu den Codewerten durch Programme (wissenschaftliche Theorien und Methoden) hat das System keine Möglichkeit, sich auf Entsprechungen in der Umwelt zu beziehen. Jede Spezifikation von Strukturen muss, nach systemtheoretischem Verständnis, vom System im System vorgenommen werden. Systeme konstituieren ihre Grenzen und ihre Einheiten nur durch rekursive Vernetzung ihrer Operationen:

> »Ein codiertes System hat keine Möglichkeit, per Input Wahrheit von außen zu beziehen, und sie dann nur noch einer ›auswertenden‹ Informationsverarbeitung zu unterziehen. Was immer als Wahrheit zählt, ist im System selbst konstituiert, und wenn etwas als Wahrheit zählt, ist daran zu erkennen, dass es sich um eine systeminterne Wertbestimmung, um eine Verwendung des symbolisch generalisierten Mediums Wahrheit handelt« (ebd., 198).

Systeme, die ihre Operationen nur im System und in rekursiver Vernetzung mit anderen Operationen desselben Systems produzieren, schließen sich auf operativer Ebene gegenüber der Umwelt ab. Sie können »nur eigene Operationen als Anlässe für die Änderung eigener Zustände anerkennen (…) und Annahmen über die Umwelt nur an eigenen Operationen ablesen, nur mit eigenen Operationen ändern« (ebd., 277). Jede Bezugnahme auf die Umwelt, etwa die Rede von ›Tatsachen‹ wird systemintern vollzogen, vermittels der systeminternen Unterscheidung von Selbstreferenz und Fremdreferenz. Das heißt nicht, dass Wissenschaft in der Gesellschaft nicht auf Leistungen anderer Systeme angewiesen wäre, etwa darauf, dass Wirtschaft und Politik funktionieren und Zahlungen tätigen. Gleichwohl sind Geldzahlungen aus Sicht der Systemtheorie eine wirtschaftsinterne Operation und bleiben es auch dann, wenn sie für Forschungsleistungen entrichtet werden.[150]

---

150 Vgl. dazu Luhmann (1990a, 293): »Die Finanzierung des Systems mag von außen gelenkt, die Meinungsfreiheit mag politisch reglementiert, die Operationen des Systems können effektiv eingeschränkt oder im Grenzfalle ganz unterbunden werden. Die mitwirkenden Personen mögen eigene Interessen einbringen, zum Beispiel Interesse an Karriere oder an Reputation. Die Organisationen mögen die verfügbare Zeit von Forschung auf Lehre verschieben oder umgekehrt. Die ›öffentliche Meinung‹ und, in ihrem Hintergrund, die Massenmedien mögen bestimmte Themen favorisieren und anderen die öffentliche Resonanz entziehen. Das alles

Die Autonomie selbstreferentiell-geschlossener, autopoietischer Systeme betrifft die Unabhängigkeit von Beobachtern (Systemen), die auf interne oder externe Ursachen achten, diese Beobachtungen aber nur im Rückgriff auf eigene Operationen (Beobachtungen) fortsetzen können.

Die Konzeption von Wissenschaft als selbstreferentiell-geschlossenes System muss deshalb vor dem Hintergrund des Beobachtungsbegriffs der Systemtheorie betrachtet werden. Dabei sind zwei Momente des Beobachtungstheorems der Systemtheorie hervorzuheben. Erstens: Soziale Systeme sind beobachtende Systeme; wenn von der Differenzierung von Systemen die Rede ist, geht es aus systemtheoretischer Sicht nicht um ontische Regionen des Seins, sondern um wechselseitige Beobachtungsverhältnisse. Zweitens: Die einzelnen Teilsysteme benutzen bei ihrer Beobachtung Unterscheidungen, die sie operativ einsetzen. Diese bilden den ›blinden Fleck‹ ihrer Beobachtung, den sie nicht selbst beobachten können, »ohne in Paradoxien der Selbstanwendung zu geraten« (Kneer/Nassehi 1993, 137).

Beobachtung und Beschreibung der Gesellschaft in der Gesellschaft

Ohne das Treffen einer Unterscheidung, so die grundlegende Annahme in der Systemtheorie, kann nichts beobachtet werden, und ohne die Bezeichnung dessen, was in der Unterscheidung von ›allem anderen‹ unterschieden wird, ist nicht klar, was unterschieden bzw. beobachtet wird. Unterscheidung und Bezeichnung sind dabei keine irgendwie aufeinanderfolgenden Sequenzen. Ohne eine Unterscheidung gibt es keine Möglichkeit, etwas (eine Seite) zu bezeichnen, während ›umgekehrt‹ mit der Bezeichnung von ›etwas‹ eine Unterscheidung einsetzt oder eben eingesetzt hat.

> »Beobachten heißt einfach (…): Unterscheiden und Bezeichnen. Mit dem Begriff Beobachten wird darauf aufmerksam gemacht, dass das ›Unterscheiden und Bezeichnen‹ eine einzige Operation ist; denn man kann nichts bezeichnen, was man nicht, indem man das tut, unterscheidet, so wie auch das Unterscheiden seinen Sinn nur darin erfüllt, dass es zur Bezeichnung der einen oder der anderen Seite dient (aber eben nicht beider Seiten)« (Luhmann 1998, 69).

Beobachten ist im Sinne der Systemtheorie eine Operation des Bezeichnens einer Seite im Rahmen einer Unterscheidung, wobei im Vollzug dieser Operation nur eine der unterschiedenen Seiten bezeichnet wird. Außerdem ist Beobachtung immer eine systeminterne Operation, die von einem System durchgeführt und von sozialen Systemen durch Kommunikation realisiert wird.[151] Soziale Systeme kön-

---

mag für den Erfolg der Wissenschaft (wie immer gemessen) wichtig sein, ändert aber nichts daran, dass die Wissenschaft, wenn sie als System operiert, autonom operiert; denn nirgendwo sonst kann mit der für Wissenschaft spezifischen Sicherheit ausgemacht werden, was wahr und was unwahr ist.«

151 Die Betonung liegt hier darauf, dass die Operationen der Beobachtung bei *sozialen* Systeme Kommunikationen sind. Der in Luhmanns Theorie verwendete Beobachtungsbegriff ist aber

nen sich so – vermittels einer selbstgezogenen Grenze – gegenüber ihrer Umwelt abgrenzen und mittels systeminterner Operationen ihre Umwelt beobachten, über ihre Umwelt kommunizieren.[152] Sie verwenden bei der Beobachtung ihrer Umwelt die Unterscheidung System/Umwelt und richten ihre ›Aufmerksamkeit‹ auf eine der so unterschiedenen Seiten.[153] Diese Konstellation verkompliziert sich dadurch, dass die Unterscheidung von System und Umwelt nicht ohne einen Beobachter gedacht werden kann, der das System markiert. Sie wird im System vollzogen und ist für das beobachtende System konstitutiv. Das heißt, ohne das System, das eine Unterscheidung von System und Umwelt trifft, gäbe es keine Unterscheidung System/Umwelt und ohne die Unterscheidung System/Umwelt gäbe es kein System. Daraus entsteht die paradoxe Konstellation, dass das System die Einheit der Unterscheidung sein muss, bei der es auf einer Seite (ent)steht.

> »Das System ist die Einheit der Unterscheidung von System und Umwelt. (…) Es ist auf keiner Seite der Differenz, die es (ohne es, ohne diese Bezeichnung auf der linken Seite) gar nicht gäbe« (Fuchs 2000, 40f.).

Diese Paradoxie des Enthaltenseins der Unterscheidung im Unterschiedenen liegt, gemäß systemtheoretischen Vorgaben, allen Beobachtungen zu Grunde und zwingt den Beobachter zu Entparadoxierungen. Das beobachtende System ›benutzt‹ die beobachtungsleitende Unterscheidung als ›blinden Fleck‹ und umgeht – *invisibilisiert* – so die Paradoxie der Beobachtung. Ein Beobachter, der mit der Unterscheidung wahr/unwahr operiert, kann diese Operation »in ihrem Vollzug nicht selbst als wahr bzw. unwahr bezeichnen« (Luhmann 1990a, 85). Das beobachtende System, das die eigene Unterscheidung als blinden Fleck benutzt, »kann nur sehen, was es mit dieser Unterscheidung sehen kann. Es kann nicht sehen, was es nicht sehen kann« (ebd.).[154]

Der Beobachter kann daher im Moment der Beobachtung sich selbst beim Beobachten nicht beobachten, d. h. er kann die Unterscheidung, die er verwendet im Zuge der Verwendung nicht auch noch unterscheiden und bezeichnen. Vielmehr muss die beobachtungsleitende Unterscheidung vom beobachtenden System operativ eingeführt – *gesetzt* – werden. Das schließt nicht aus, dass durch weitere Beobachtungen dieses Beobachten und die dabei (als blinder Fleck) verwendete

---

so allgemein gefasst, dass auch andere Systeme als beobachtende Systeme betrachtet werden können.

152 Entscheidend ist dabei auch, dass soziale Systeme, als operativ-geschlossene Systeme, nur *über* ihrer Umwelt, aber nicht *mit* ihrer Umwelt kommunizieren können. Der Beobachtungsbegriff der Systemtheorie »impliziert (…) keinen Zugang zu einer außerhalb liegenden Realität. An dessen Stelle tritt das Unterscheiden und Bezeichnen selbst« (Luhmann 1990a, 82).

153 Umgekehrt können Systeme vermittels dieser Unterscheidung über sich selbst kommunizieren, indem sie im Rahmen dieser Unterscheidung die Seite des Systems präferieren. Die Umwelt ist dann »einfach alles andere« (Luhmann 1984, 249).

154 Genau genommen kann es noch nicht einmal sehen, dass es nicht sehen kann, was es nicht sehen kann. Gleichwohl ist die Verwendung einer Unterscheidung als ›blinder Fleck‹ eine »unsichtbare Bedingung des Sehens« (Luhmann 1998, 70), ohne die, nach systemtheoretischem Verständnis, keine Beobachtung möglich wäre. Der Beobachter verdankt dem ›blinden Fleck‹, dass er sehen kann.

Unterscheidung unterschieden und bezeichnet, also beobachtet werden. Auch für dieses Beobachten zweiter Ordnung gilt, dass es an den operativen Einsatz von Unterscheidungen gebunden und nicht in der Lage ist, im Vollzug dieser Operation, die eigene Beobachtung zu beobachten. Auch das Beobachten zweiter Ordnung verfährt »auf der *operativen* Ebene *naiv*« (ebd.).[155] Es setzt außerdem voraus, dass »die zu beobachtenden Beobachtungen tatsächlich stattfinden« (ebd., 86). Der Beobachter zweiter Ordnung muss »an Beobachtungen erster Ordnung anschließen können« (ebd.). Er bezieht daher »keine hierarchisch höhere Position« (ebd.).

Man wird jedoch in Rechnung stellen müssen, dass soziale Systeme (und Sinnsysteme im Allgemeinen), wenn sie hinreichend komplex sind, ihre Operationen rekursiv vernetzen und die Unterscheidung von System und Umwelt auf sich selbst anwenden. Erst diese Anwendung der Unterscheidung System/Umwelt im System lässt genau genommen die Frage zu, wie sich Systeme von ihrer Umwelt unterscheiden. Wann immer über ein ›Außen‹ nachgedacht oder gesprochen wird, befindet man sich ›Innen‹. Auf der Innenseite kann die Unterscheidung Innen/Außen (System/Umwelt) aufgenommen, Asymmetrie erzeugt und das System einerseits oder die Umwelt andererseits identifiziert werden.

> »Abstrakt gesehen handelt es sich dabei um ein ›re-entry‹ einer Unterscheidung in das durch sie selbst Unterschiedene. Die Differenz System/Umwelt kommt zweimal vor: als *durch* das System *produzierter* Unterschied und als *im* System *beobachteter* Unterschied« (Luhmann 1998, 45).

Urs Stäheli (2000) beschreibt dieses ›re-entry‹ als eine Art Stufenfolge von System/Umwelt-Unterscheidungen.[156] Auf einer ersten Stufe wird durch »die reine Operativität des Systems eine implizite Grenze« gezogen (ebd., 35). Die Unterscheidung von System und Umwelt ist »zunächst eine operativ entstandene Differenz« (Luhmann 1990a, 83) und muss als ein Symmetriebruch verstanden werden, im Rahmen dessen die Umwelt unbezeichnet bleibt:

> »Dieser Symmetriebruch wird als gesetzt oder als geschehen unterstellt. Er hat eine einfache Positivität jenseits von Affirmation oder Negation, denn diese Begriffe bezeichnen bereits die Markierung einer Unterscheidung« (Luhmann 1997, 51).

---

155 Luhmann unterscheidet das Beobachten von Operationen vom Beobachten von Beobachtung: »Für die Beobachtung einer Operation (auch: der des Beobachtens) genügt nämlich ein einfaches Beobachten dessen, was geschieht (…). Für die Beobachtung der Operation als Beobachtung muss man dagegen eine Ebene zweiter Ordnung bemühen, und das heißt, nach einer für die Linguistik heute geläufigen Einsicht: eine Ebene mit selbstreferentiellen Komponenten« (Luhmann 1990a, 77). Auf diese Weise werden der Vollzug des Beobachtens auf einer operativen Ebene (sowie die operative Ebene selbst) und die Beobachtung auf der Systemebene (und damit die Systemebene) dekomponiert.

156 Das dadurch entstehende Nacheinander von Beobachtungen verfehlt im Grunde die Vorstellung von System und Umwelt als ›zugleich Gedachtes‹, entfaltet diese ›Zweiheit‹ jedoch auf eine Art und Weise, die dem an Einheiten gewöhnten Denken vertraut ist.

Dementsprechend muss beim ›re-entry‹ eine »reine Exklusion« (Stäheli 2000, 35) als ein immer schon geschehener operativer Ausschluss von allem, was nicht an die Operationen des Systems anschließbar ist, vorausgesetzt werden. Die Beziehung zum Ausgeschlossenen bleibt auf dieser Stufe unbestimmt. Die andere Seite wird nicht als das Ausgeschlossene markiert, »sondern ist eine blinde Nichtmarkierung« (ebd.). Auf einer zweiten Stufe wird die Umwelt in negativen Begriffen vom System unterschieden. Umwelt ist dann alles, was nicht das System ist. Das impliziert bereits, dass das System die Unterscheidung System/Umwelt anwendet, also ein ›re-entry‹ der Unterscheidung in das von ihr Unterschiedene stattgefunden hat.[157] Auf der Basis dieser beobachteten Unterscheidung können schließlich auf einer dritten Stufe (selbstreferentiell) das System sowie (fremdreferentiell) Systeme in der Umwelt des Systems identifiziert werden.[158] Die Kommunikation über Systeme in der Umwelt ist also an die Verfügbarkeit der Unterscheidung System/Umwelt im System und damit an die »auflösebedürftige Paradoxie des Unterscheidens« gebunden (Luhmann 1993, 258). Sie nimmt Bezug auf die Unterscheidung von System und Umwelt, durch deren operativen Einsatz System und Umwelt in einer nicht auflösbaren Koproduktion entworfen werden.

In dieser (paradoxen) Konstellation sieht Luhmann gleichwohl den Ausgangspunkt für die Bestimmung der Beobachterposition einer Sozialwissenschaft, deren Beschreibung als »Beitrag zur Selbstbeschreibung der Gesellschaft« (Luhmann 1998, 1133) angelegt ist. Immerhin könne eine Theorie selbstreferentieller Systeme diesbezüglich »ein Angebot machen« (Luhmann 1993, 256); denn die theoretische Konzeption der Verfügbarkeit der Unterscheidung von System und Umwelt macht zumindest darstellbar, »dass man im System über die Differenz von System und Umwelt kommunizieren kann« (ebd.).

---

157   Daher ist bei jeder Beobachtung mit einer basalen, stets mitlaufenden Selbstreferenz zu rechnen, auch wenn keine explizite Kommunikation über Kommunikation stattfindet. »Vorausgesetzt wird vom re-entry, dass das System eine Umwelt produziert haben wird (S/U$_1$), bevor diese beobachtet wird (S/U$_2$). Die ›erste‹ Unterscheidung kann nur von einem Beobachter ausgemacht werden, da das Anschlussgeschehen dort selbst blind verläuft. Das ›zweite‹ Auftreten der S/U-Unterscheidung ist dann auch eigentlich das erste Mal, das auf der Annahme beruht, dass es bereits ein erstes Mal gegeben hat. (…) Der Beobachter, der eine Umwelt konstruiert, muss also voraussetzen, dass die Umwelt als ungeschriebene immer bereits vorhanden gewesen ist« (Stäheli 2000, 33).

158   Genau genommen kann auch erst dann *über* die Umwelt *als* Umwelt und über Ereignisse oder Systeme in der Umwelt kommuniziert werden. »Der Beobachter sieht die Produktion einer Differenz von System und Umwelt (wenn er mit Hilfe der Unterscheidung von System und Umwelt beobachtet) und sieht zusätzlich, dass das System selbst die Unterscheidung von System und Umwelt in das System einführt, um sich mit Hilfe dieser Unterscheidung beobachten und sowohl die Umwelt als auch das eigene System bezeichnen zu können« (Luhmann 1990a, 314). Mit der Bezeichnung der Umwelt auf einer dritten ›re-entry-Stufe‹ wird eine Spezifikation der Umwelt möglich. Nur Systeme, die die Unterscheidung von System und Umwelt im System beobachten, können kommunizieren, dass es andere Systeme gibt, für die es keinen Sinn gibt. Genau dies trifft (ausschließlich) auf Sinnsysteme zu: »Sie schreiben, wie man sagen könnte, in die Welt der Unterschiede eine eigene Welt der Unterscheidungen ein. Nur sie unterscheiden Unterschiede. Sie sind in dieser Hinsicht konkurrenzlos. Nur sie lassen die Frage zu, wie die Umwelt von ihnen unterschieden wird« (Fuchs 2000, 63).

Nach systemtheoretischem Verständnis schließt sich die Sozialwissenschaft bei ihrer Beobachtung und Beschreibung von Gesellschaft in das von ihr beobachtete (konstruierte) Objekt ein. Sozialwissenschaften können die Gesellschaft nur *in* der Gesellschaft beschreiben. Gesellschaft ist in systemtheoretischer Sicht »das umfassende Sozialsystem aller Kommunikation« (ebd., 255), das keinen externen Beobachter voraussetzt – zumindest keinen, zu dem es einen operativen (kommunikativen) Zugang hätte. Das bedeutet, dass die Sozialwissenschaft »nur Beiträge zur internen Beschreibung dieses Systems« (ebd.) zu leisten vermag. Diese scheinbar triviale Feststellung hat weitreichende Konsequenzen für die Bestimmung eines sozialwissenschaftlichen Beobachtungsstandpunktes und für die damit verbundenen Anforderungen an sozialwissenschaftliche Theoriekonstruktion. Sie besagt, dass der Beobachter sich selbst als Teil des Beobachteten begreifen muss. Diese Auffassung liegt quer zu einem klassischen Subjekt-Objekt-Verständnis, bei dem der Beobachter die Subjektstelle und das Beobachtete die Objektstelle besetzen. Eine Sozialwissenschaft, die sich als Teil ihres Objekts begreift ist, wie Luhmann betont, »ständig zu ›autologischen‹ Schlüssen gezwungen – zu Schlüssen von ihrem Gegenstand auf sich selbst« (ebd.).[159]

Diese theoretischen Vorgaben schließen nicht aus, dass sich die Sozialwissenschaft *in* der Gesellschaft als *externer* Beobachter installiert. Gemäß dem oben skizzierten Beobachtungstheorem ist davon auszugehen, dass in der Gesellschaft durch rekursive Vernetzung von Beobachtungen voraussetzungsreiche Beobachtungskonstellationen entstehen, die ein Reflexionszentrum ermöglichen, das andere Teilsysteme als seine innergesellschaftliche Umwelt behandelt. Als solches könnte die Sozialwissenschaft ihre Aufgabe darin sehen, die Selbstbeschreibung der Gesellschaft mit einer externen Beobachtung zu konfrontieren – einer Beobachtung, »die nicht an die Normen und institutionellen Selbstverständlichkeiten ihrer jeweiligen Objektbereiche gebunden ist« (ebd.). Sie kann also in der Gesellschaft als externer Beobachter auftreten, »aber sie kann das nicht für das Gesellschaftssystem selbst, sondern nur für Teilsysteme in der Gesellschaft oder das, was man heute Alltagskommunikation nennt« (ebd.).

Eine Sozialwissenschaft, die als Beobachter zweiter Ordnung Alltagskommunikation beobachtet und beschreibt, könnte sich darauf kaprizieren, »das was den Einheimischen als notwendig und als natürlich erscheint, als kontingent und als artifiziell darstellen« (ebd., 256). Die sozialwissenschaftliche Beobachtung und Beschreibung schert dabei nicht aus der Gesellschaft aus, sie bringt sich aber in Opposition zu den Beobachtungen und Beschreibungen der Teilsystemen in ihrer innergesellschaftlichen Umwelt: zum Alltag und zur Alltagskommunikation. Deshalb geht es der Sozialwissenschaft unter systemtheoretischen Vorgaben um die Generierung von Theorien, »die eine Distanz zu den Selbstverständlichkeiten des

---

159 Gleichzeitig ist es diese »zentrale Münchhausiade«, mit der sich die Systemtheorie »aus dem Sumpf der Ontologie« zieht (Fuchs 2001b, 63). Sie startet mit der Differenz von System und Umwelt, die im System wiederholt wird und kommt so zum Ergebnis, »dass derjenige, der System und Umwelt unterscheidet, selbst ein System ist« (ebd.).

Alltags in Kauf nehmen, ja bewusst erzeugen, um ein abstrakter gesichertes Konsistenzniveau zu erreichen« (Luhmann 1998, 1133):

> »Die Wissenschaft darf ihrem Gegenstand nicht auf den Leim gehen, sie darf sich durch ihn nicht missbrauchen lassen. Sie muss hinreichende Fremdheit dazwischen legen, und das eigensinnige Unterscheidungsvermögen ihrer Theorie gibt ihr diese Möglichkeit« (Luhmann 1990a, 645).

Die Sozialwissenschaft muss sich mit anderen Worten »im Interesse ihrer spezifischen Leistungen von den immer schon alltagsweltlich praktizierten Differenzen, Schemata usf. distanzieren« (Hard 1985a, 191).

Unter solchen Leistungsgesichtspunkten haben sozialwissenschaftliche Beschreibungen mit Konkurrenz durch andere Teilsysteme der Gesellschaft zu rechnen, beispielsweise durch die Massenmedien.[160] Durch diese sozialen Systeme werden in der Gesellschaft fortwährend Selbstbeschreibungen angefertigt und wird das produziert, »was man als Normalwissen oder, etwas gewagter, auch als in der Interaktion vertretbaren common sense bezeichnen könnte« (Luhmann 1993, 254). Auf diese Weise werde ein Wissen erzeugt »von dem man in der Alltagskommunikation ausgehen kann« (Luhmann 1998, 1131). Dieses Wissen sei in Bezug auf die Gesellschaft als Einheit ein »Nichtwissen«, weil die Beobachtungskriterien und der Beobachter, in seiner Funktion »das festzulegen, was als Gesellschaft beobachtet wird«, unsichtbar bleiben (Luhmann 1993, 254):

> »Auch wenn rekursive Schleifen eingelegt sind, auch wenn Zeitungen über Zeitungen kritisch berichten oder das Fernsehen im Fernsehen zum Thema wird, ist damit keine Reflexion der Unterscheidungen verbunden, nach denen seligiert wird, was und was nicht behandelt wird« (ebd.).

Die Sozialwissenschaft könnte sich darin gefallen, diese ›blinde‹ Verwendung von Unterscheidungen aufzugreifen, den Beobachter in das von ihm Unterschiedene und Bezeichnete wieder einzuführen und so die Kontingenz seiner Unterscheidungen herauszustellen. Sie hätte es dann mit Dekonstruktion als dem »Sonderfall einer Beobachtung zweiter Ordnung« (Fuchs 2001a, 225) zu tun und würde die Konstruktionsprinzipien der Beobachtungs- und Beschreibungsweise der Sozialsysteme ihrer innergesellschaftlichen Umwelt sichtbar machen.

Bei der Bestimmung des Standpunktes, von dem aus dieser Beitrag zur Selbstbeschreibung der Gesellschaft in der Gesellschaft erfolgen soll, beruft sich die Systemtheorie auf funktionale Differenzierung – also darauf, dass Wissenschaft, gemäß systemtheoretischen Vorgaben, ein selbstreferentiell-geschlossenes Funkti-

---

160 In einem anderen Zusammenhang versteigt sich Luhmann zu der Behauptung: »Was wir über unsere Gesellschaft, ja über die Welt in der wir leben, wissen, wissen wir durch die Massenmedien« (Luhmann 1996, 9). Massenmedien mögen im Rahmen der Selbstbeschreibung der Gesellschaft eine wichtige Rolle spielen; andere Teilsysteme (Religion, Erziehung, Recht, Ökonomie etc.) fertigen aber genauso Selbstbeschreibungen in der Gesellschaft an. Und allgemein kann man sagen, dass in der Gesellschaft fortwährend Beobachtungen von Beobachtungen stattfinden. Die Gesellschaft kommuniziert im Modus der Beobachtung zweiter Ordnung.

onssystem der Gesellschaft darstellt und als solches autonom operiert. Die von der Theorie sozialer Systeme konstatierte funktionale Differenzierung moderner Gesellschaft ist demnach eine strukturelle Bedingung für die Autopoiesis eines Reflexionszentrums in der Gesellschaft (eines Funktionssystems), das die anderen Teilsysteme als seine innergesellschaftliche Umwelt behandelt und deren Beitrag zur Selbstbeschreibungen der Gesellschaft beobachtet. Funktionale Differenzierung besagt, dass die Sozialwissenschaften in der Gesellschaft durch die Gesellschaft ermöglicht werden:

>»Die moderne Gesellschaft ermöglicht es der Wissenschaft, das zu realisieren, was wir Schließung durch Einschließung (oder als Folge davon: Offenheit durch Geschlossenheit) genannt hatten. Sie ermöglicht die Ausdifferenzierung von Wissenschaft in der Gesellschaft« (Luhmann 1990a, 657).

Man würde die erkenntnistheoretischen Anforderungen der Systemtheorie aber deutlich unterschreiten, wenn man funktionale Differenzierung einfach als das ›faktische Funktionieren‹ der Gesellschaft voraussetzte. Die Systemtheorie verknüpft ihre gesellschaftstheoretische Beschreibung mit der erkenntnistheoretischen Frage nach der Bedingung der Möglichkeit dieser Beobachtung. Deshalb kann – unter der Prämisse, dass Selbstreferenz und autologische Implikationen zuzulassen sind – die gesellschaftstheoretische Beobachtung und Beschreibung auch als Analyse der erkenntnistheoretischen Bedingungen dieser Beobachtung und Beschreibung begriffen werden. Die Systemtheorie betreibt also eine ›Soziologisierung der Erkenntnistheorie‹, bei der das asymmetrische Fundierungsverhältnis – die erkenntnistheoretische Begründung von Gesellschaftstheorie – auf Zirkularität umgestellt wird. Solcherart Selbstreferenz zuzulassen, führt jedoch zu Brüchen mit den gemeinhin an sozialwissenschaftliche Erkenntnis adressierten Erwartungen.

Gegen jene Lesart, die mit der Systemtheorie eine Art ›Systemrealismus‹ verbindet, ist daher einzuwenden, dass die Systemtheorie Luhmanns auch eine Theorie der Beobachtung ist, die die Bedingung der Möglichkeit (sozial-)wissenschaftlicher Beobachtung erfasst. In dieser zweiten Hinsicht ist sie »als Theorie zu sich selbst gekommen und mutiert zur Philosophie« (Ort 2003, 261). Als solche lehrt sie, dass auch die Beobachtung von Beobachtungen »nie zu einer rückstandslosen Transparenz« führt (Luhmann 1993, 257). Gemäß dem systemtheoretischen Beobachtungstheorem ist auch sozialwissenschaftliches Beobachten »paradox fundiert, da es auf Unterscheidungen angewiesen ist, die es operativ einsetzt, aber nicht als Einheit reflektieren kann« (Luhmann 1998, 1134). Wissenschaftliche Beobachtung muss deshalb mit einer »für sie stets kontingenten, stets theorieabhängigen, stets beobachterabhängigen Auflösung der Paradoxie des Beobachtens beginnen« (Luhmann 1993, 258). Das heißt, sie muss ihre Beobachtungen und Beschreibungen von der kontingenten Setzung von Unterscheidungen aus angehen – von der Wahl von Unterscheidungen, die so oder anders ausfallen, gesteuert, aber nicht vermieden werden kann. Sie operiert in Bezug auf ihrer eigene Unterscheidungen ›blind‹ und muss damit rechnen, dass ihre Beobachtungs- und Beschreibungspraxis beobachtet wird.

Der Status sozialwissenschaftlicher Beobachtung von Beobachtungen kann deshalb »nicht Besserwissen oder Kritik sein«, dafür fehlt es »in einer funktional differenzierten Gesellschaft an der Autorität einer ›Metaposition‹« (ebd., 256).[161] Sozialwissenschaftliche Beobachtung und Beschreibung kann jedoch Bedingungen der beobachteten Beobachtung sichtbar machen, deren blinde Flecken aufzeigen, scheinbar ›gesichertes Wissen‹ mit einer anderen ›Sicht der Dinge‹ konfrontieren und so »ein Überschusspotential für Strukturvariation erzeugen, das den beobachteten Systemen Anregungen für Auswahl geben kann« (ebd.). Eine so konzipierte Sozialwissenschaft kann sich nicht auf die Übereinstimmung ihrer Aussagen mit ihrem Gegenstand und auf eine dementsprechend von der Welt der Tatsachen abgesicherte (geprüfte oder prüfbare) Wahrheit berufen. Ihre Idee von Wahrheit bestünde vielmehr »in einer Art Formkongruenz; oder anders gesagt: in einem re-entry der Form in die Form« (ebd., 258). Wenn die sozialwissenschaftliche Beobachtung – wie »mithin alles Beobachten, auch das im Alltagsleben der Gesellschaft« (Luhmann 1990a, 95) – paradox konstituiert ist, dann entspricht sie, Luhmann zufolge, »in einer Weise, die man fast wieder als analogia entis bezeichnen könnte, der modernen Gesellschaft« (Luhmann 1993, 258), in der im Modus der Beobachtung zweiter Ordnung kommuniziert wird. Der Sozialwissenschaft könnte unter diesen Voraussetzungen daran gelegen sein, diese Form der Beobachtung »in der Gesellschaft zu realisieren, also die Form in die Form hineinzucopieren« (ebd.). Sie sähe ihre Aufgabe darin, »die Gesellschaft in der Gesellschaft zu parodieren« (ebd.).

Darin ist weder ein Aufruf zur Beliebigkeit noch die Anweisung enthalten, im Rahmen der Unterscheidung von Wissenschaft und Alltag die Seite zu wechseln und so etwas wie ›alltagsnahe Wissenschaft‹ zu betreiben. Vielmehr resultiert daraus eine Erhöhung der theoriekonstruktiven Anforderungen. Wissenschaftliche Problemstellungen lassen sich dann nicht mehr durch den Austausch der Gründe für die Wahl von Problemgesichtspunkten einfach in praktische Problemstellungen des Alltags transformieren. Eine Sozialwissenschaft, die ihre »eigene Sozialität reflektiert« (ebd.) und dabei auf die Kontingenz ihrer Beschreibungen stößt, »bezöge ihre Beschränkungen nicht als Vorgaben aus der ›Natur‹ oder dem ›Wesen‹ ihres Gegenstandes, sondern müsste sie selbst konstruieren« (ebd.). Gerade dadurch verschaffte sie sich aber die Möglichkeit, »sichselbstdisziplinierende Beob-

---

161 Vgl. Luhmann (1998, 631): »Wenn und soweit funktionale Differenzierung sich durchsetzt, verlieren nicht nur autoritative Sprecherrollen ihre Position. Sie werden außerdem der Beobachtung durch jeweils andere Funktionssysteme ausgesetzt – sei es im Hinblick auf hinter dem Rücken wirkende Motive, sei es im Hinblick auf manifeste und latente Bedingungen ihrer Beobachtungsweise. Der Wissenschaftler mag Wahrheiten bzw. Unwahrheiten anbieten – aber was hilft es, wenn dies vorgängig als rechtmäßig oder unrechtmäßig, als politisch förderungswürdig oder als nur ›privat‹, als ökonomisch auswertbar bzw. nichtauswertbar beurteilt wird; oder wenn die Religion ihm sagt, dass er auf diese Weise die Welt Gottes nie zu sehen bekommt. In einer funktional differenzierten Gesellschaft ist diese Möglichkeit des Unterscheidens und der Beobachtung von Beobachtern im Hinblick auf das, was sie nicht beobachten können, strukturell angelegt. Das löst alle Autorität auf und lässt nur noch Zuständigkeit für den je eigenen Code zurück.«

achtungsmöglichkeiten freizusetzen, die nicht an die im Alltag oder in den Funktionssystemen eingeübten Beschränkungen gebunden sind« (ebd.).

> »Sie wäre damit ihre eigene Methode. Sie wäre aber in dieser Weise ein Modell der Gesellschaft in der Gesellschaft, das über die Eigenart dieser Gesellschaft ›in-formiert‹« (ebd.).

Um unter diesen Vorgaben »ein Höchstmaß an gesellschaftlicher Resonanzfähigkeit zu inkarnieren« (ebd.), müsste es bei sozialwissenschaftlicher Beobachtung und Beschreibung darum gehen, »die Invisibilisierung der Paradoxie so durchsichtig wie möglich zu vollziehen und wenigstens deutlich zu machen, welchen blinden Fleck man benutzt« (Luhmann 1990a, 174). Die Sozialwissenschaften müssten bei allen Konstruktionen deren »Dekonstruierbarkeit mitreflektieren« und in den Texten, die sie produzieren »nicht nur Falsifizierbarkeit, sondern auch Dekonstruierbarkeit aller Identitäten und Unterscheidungen im Auge behalten« (Luhmann 1998, 1135). Die daraus resultierende Aufgabe besteht gemäß Luhmann darin, »die theoretischen Strukturen so klar wie irgend möglich darzustellen, so dass die weiterlaufende Kommunikation wenigstens feststellen kann, was zur Beobachtung und zur Annahme bzw. Ablehnung vorgelegt wird« (ebd., 1136).

6 Raum und soziale Systeme

In einem vielzitierter Aufsatz über *Raum, Region und Stadt in der Systemtheorie* bemerkt Rudolf Stichweh (2000), dass der Raum und räumliche Kategorien in der Theorie Luhmanns nicht vorkommen – »zumindest nicht an strategischer Stelle, nicht als zentrale Bausteine des theoretischen Unterfangens« (ebd., 184). Dies sei weniger die Folge eines Versäumnisses, sondern vielmehr eine Konsequenz der Feststellung, dass eine Theorie der Gesellschaft nicht in raumwissenschaftlichen Begriffen formuliert werden könne, weil soziale Systeme keine räumliche Existenz haben. Soziale Systeme operieren im Medium Sinn und sind daher nicht durch Schranken in einem gesellschaftsexternen, physischen Raum begrenzt. Soziale Systeme sind, wie Luhmann betont, »überhaupt nicht im Raum begrenzt, sondern haben eine völlig andere, nämlich rein interne Form von Grenzen« (Luhmann 1998, 76).[162] Nun ist es aber u. a. genau diese Feststellung, dass soziale Systeme *keine* räumliche Existenz und *keine* physisch-materiellen Grenzen haben, die den systemtheoretischen Gesellschaftsbegriff entscheidend mitbestimmt. Raum mag in der Systemtheorie kein zentraler Baustein des theoretischen Unterfangens sein, kommt jedoch (unter negativem Vorzeichen) sehr wohl an ›strategischer Stelle‹ vor. Luhmann zufolge sind die systemtheoretischen Grundlagen so zu formulieren, dass man bei »der Bestimmung der Gesellschaftsgrenzen nicht auf Raum und Zeit angewiesen ist« (ebd., 30).

Zum Ort des Raums in der Systemtheorie

Auf den ersten Seiten seines Werkes *Die Gesellschaft der Gesellschaft* führt Luhmann (1998) das Fehlen einer befriedigend differenzierten Gesellschaftstheorie auf eine Reihe von Traditionslasten zurück, zu denen auch die territoriale Konzeption von Gesellschaft gehört, also die Vorstellung, »dass Gesellschaften regionale, territorial begrenzte Einheiten seien, so dass Brasilien eine andere Gesellschaft ist als Thailand, die USA eine andere als die Russlands, aber dann wohl

---

162 Für soziale Systeme sind Grenzen »keine materiellen Artefakte, sondern Formen mit zwei Seiten« (Luhmann 1998, 45). Die Grenze des sozialen Systems ist »nichts anderes als die selbstproduzierte Differenz von Selbstreferenz und Fremdreferenz, und sie ist als solche in allen Kommunikationen präsent« (ebd., 76f.).

auch Uruguay eine andere als Paraguay« (ebd., 25).[163] Gegen regionale (nationale) oder territoriale Gesellschaftsbegriffe spreche, dass heute »weltweite Interdependenzen (…) in alle Details des gesellschaftlichen Geschehens« eingreifen (ebd., 30). In Anbetracht der Komplexität kommunikativer Zusammenhänge sowie der Tatsache, dass »die ›Informationsgesellschaft‹ weltweit dezentral und konnexionistisch über Netzwerke kommuniziert«, seien sie »theoretisch nicht mehr satisfaktionsfähig« (ebd., 31). Vor dem Hintergrund der ›unbestreitbaren‹ Konsequenzen einer fortschreitenden Globalisierung stellen territoriale oder regionale Gesellschaftsbegriffe demnach unbrauchbare Konzepte dar, die erkennbar zu wenig einschließen – zu geringe Komplexität haben – und Fragen aufwerfen, die ihren Rahmen sprengen. Die anhaltende Globalisierungsdebatte macht zwar die Zunahme transnationaler oder überregionaler (Kommunikations-)Beziehungen und die Auflösung der räumlichen Kammerung des sozialen Lebens sichtbar. Sie bleibt jedoch aufgrund der traditionellen nationalen oder regionalen Bestimmung von Gesellschaft begrifflich hinter diesen Feststellungen zurück. Als prominentes Beispiel eines regional konzipierten Gesellschaftsbegriffs nennt Luhmann die Konzeption von Gesellschaft bei Giddens, für den »der Begriff society gleichbedeutend mit nation-state« sei (ebd., 31). Gegen eine solche Gesellschaftskonzeption wendet Luhmann ein, dass sie die Realisierung überörtlicher Beziehungen unter aktuellen Lebensbedingungen unterschätzt. Sie vernachlässige »die auch regional sichtbare Vielfalt und Komplexität kommunikativer Zusammenhänge« (ebd.).[164]

Bei dieser sozialontologisch-zeitdiagnostisch ausgerichteten Kritik an territorialen oder regionalen Gesellschaftsbegriffen rekurriert Luhmann (wie Giddens!) auf eine Globalisierungsthese, die von Luhmann vor allem im Zusammenhang mit der Erörterung der Funktion von symbolisch generalisierten Kommunikationsmedien beansprucht wird. Symbolisch generalisierte Kommunikationsmedien entstehen Luhmann zufolge erst, »wenn die Verbreitungstechnik es ermöglicht, die Grenzen der Interaktion unter Anwesenden zu überschreiten und Informationen auch für eine unbekannte Zahl von Nichtanwesenden und für noch nicht genau bekannte Situationen festzulegen« (Luhmann 1999, 59). Symbolisch generalisierte Kommunikationsmedien setzen also ›Verbreitungsmedien‹ voraus.

---

163 Diese Traditionslasten können als ›Erkenntnishindernisse‹ im Sinne Bachelards verstanden werden. Sie verhindern, wie Luhmann (1998, 23) betont, »eine adäquate wissenschaftliche Analyse« und erzeugen Erwartungen, »die nicht eingelöst werden können, die aber trotz dieser erkennbaren Schwäche nicht ersetzt werden können«. Mit der räumlichen oder regionalen Definition von Gesellschaft verbunden sind auch die anderen von Luhmann genannten ›Traditionslasten‹ herkömmlicher Sozialtheorien: die Vorstellung, »dass eine Gesellschaft aus konkreten Menschen und aus Beziehungen zwischen Menschen bestehe« (ebd., 24) und die daraus fälschlicher Weise gezogene Konsequenz, »dass Gesellschaft (…) durch Konsens der Menschen, durch Übereinstimmung ihrer Meinungen und Komplementarität ihrer Zwecksetzungen konstituiert oder doch integriert werde« (ebd., 25). Vgl. zur Problematik einer territorialen Gesellschaftskonzeption auch Luhmann (1981 309f.).

164 Luhmann (1992a, 166) zufolge kommt Giddens zwar das Verdienst zu, in der »fast vollständigen Entkopplung von Raum und Zeit ein wichtiges, ja einzigartiges Merkmal der Moderne« gesehen zu haben. Daraus ziehe er aber nicht die Konsequenz, dass es »nur noch ein einziges System der Weltgesellschaft« gibt (ebd.). Vgl. Giddens (1995, 85f.).

Verbreitungsmedien wie Schrift, Buchdruck und elektronische Medien, steigern zunächst das Risiko des Abbrechens von Kommunikation, weil sie interaktionelle Kontrollen ausschalten.[165] Die Möglichkeiten der Kontrolle der Annahme von Kommunikationsofferten und der unmittelbaren Bearbeitung von Ablehnung werden durch Verbreitungsmedien zunächst verringert:

> »Mit all diesen Entwicklungen von Sprach- und Verbreitungstechnik wird erst recht zweifelhaft, welche Kommunikation überhaupt Erfolg haben, das heißt zur Annahme motivieren kann« (Luhmann 1984, 221).

Gleichzeitig ermöglichen Verbreitungsmedien (v. a. Schrift) die »Anwendung von Zeichen auf Zeichen« (Luhmann 1998, 290). Sie erhöhen damit das Potential für reflexive Selbstreferenz, d. h. für die operative und reflexive Schließung von Systemen. Sie erhöhen mit anderen Worten die Wahrscheinlichkeit, dass Störungen der Kommunikation wieder in die Kommunikation zurückgelegt werden. Mit dem Einsatz von Verbreitungsmedien stellt sich zwar erst recht die Frage, ob das, was gesendet wird stimmt, oder ob es aufgrund eines bestimmten Sendungsbewusstseins »ausgewählt, stilisiert, verfälscht« ist (ebd., 313). Diese Unsicherheit führt aber mit dazu, dass die Funktionsweise von Systemen zunehmend auf die Ebene der Beobachtung von Beobachtungen verlagert wird, denn auch hier »kann man sich (...) nur durch Beobachtung von Beobachtungen, einschließlich eigener Beobachtungen, helfen« (ebd.).

Ein wesentlicher Effekt von Verbreitungsmedien besteht laut Luhmann zudem in der »räumlichen und zeitlichen Entkoppelung von Mitteilung und Verstehen und in der gewaltigen Explosion von Anschlussmöglichkeiten, die dadurch eintritt« (ebd. 266). Damit verbunden sei vor allem ein »Zurücktreten der Notwendigkeit räumlicher Integration gesellschaftlicher Operationen« (ebd., 315). Integration meint in der Systemtheorie grundsätzlich eine »Einschränkung von Freiheitsgraden der Systeme« (ebd.), welche dadurch zustande kommt, dass verschiedene Systeme ihre Operationen (temporär) aufeinander abstimmen.[166]

---

165 Während in Situationen der Kopräsenz »Metakommunikation zwangsläufig mitläuft« (Luhmann 1998, 250) und Störung, Abbruch oder Misserfolg der Kommunikation durch Wiederholung und durch Kommunikation über Kommunikation bewältigt werden kann, gerät die schriftliche Kommunikation unter den Druck »selbst für die nötigen Redundanzen zu sorgen« (ebd., 251). Außerdem sichert die unmittelbare Anwesenheit in *face-to-face*-Situationen jene »Sozialität«, in der Hörer und Redner wechselseitig aufeinander bezogen sind – Nichtkommunikation nur als (absichtliche) Verweigerung von Kommunikation aufgefasst werden kann und so wieder für kommunikative Bearbeitung verfügbar wird (ebd., 250).

166 Integration ist in der Systemtheorie nicht in Bezug auf das Schema Teil/Ganzes als Problem der Aggregierung und des Zusammenhalts von Teilen (Teilsystemen) in einem Ganzen (Gesamtsystem) zu sehen, sondern in Bezug auf das Schema System/Umwelt als Verhältnis von Teilsystemen zu anderen Teilsystemen in ihrer Systemumwelt. Sie wird als eine »Reduktion der Freiheitsgrade von Teilsystemen« definiert (Luhmann 1998, 603). Diese Einschränkung der Möglichkeiten, die Systeme realisieren können, beruht auf der »beweglichen, auch historisch beweglichen Justierung der Teilsysteme im Verhältnis zueinander« (ebd., 604). So sind beispielsweise »Geldzahlungen (...) stets Operationen des Wirtschaftssystems (...). Aber sie können in gewissem Umfang zu politischer Konditionierung freigegeben werden im rekursi-

Räumliche Integration im Speziellen bedeutet, dass die Restriktion der Freiheitsgrade von der Stelle im Raum abhängt, an der diese Systeme operieren, d. h. »von
den jeweils besonderen lokalen Bedingungen« (ebd., 266).

Wenn von räumlicher Integration die Rede ist, wird also angenommen, dass
die Operationen sozialer Systeme (Kommunikation) prinzipiell durch lokale Gegebenheiten, räumliche Distanzen oder Raumschranken begrenzt sein können.
Damit wird behauptet, dass es im Grunde so etwas wie eine ›räumliche Kammerung der Gesellschaft‹ gibt und dass diese durch den zunehmenden Einsatz von
Verbreitungsmedien nahezu oder gänzlich aufgehoben wird. Diesem Zurücktreten der Notwendigkeit räumlicher Integration müsse sich sozialwissenschaftliche
Theoriebildung anpassen. Dazu Luhmann beispielhaft und anschaulich:

> »Schon mit Schrift und Buchdruck und dann mit zunehmender Reisetätigkeit und mit
> auswärtigen Studien von Angehörigen der Oberschicht verlieren (...) die Raumdistanzen
> und Raumgrenzen ihren restringierenden Charakter. Landschaft wird zum Gegenstand
> ›subjektiven‹ Genusses, Heimat wird zum Thema ›nostalgischer‹ Klage. Mit dem
> Schwinden räumlicher Integration entfallen auch die auf ihr beruhenden Sicherheiten.
> Der Aufenthalt an bestimmten Orten wird zu einem kontingent erfahrenen Resultat von
> Reisen, Umzügen, Wanderungsbewegungen, und die räumlichen Sonderbedingungen,
> die man irgendwo und überall vorfindet, verlangen eine Anpassung des Verhaltens, der
> sich der Einzelmensch durch Beweglichkeit und durch Substitution anderer Bedingun-
> gen entziehen kann. Wenn dies zur gesellschaftlichen Normalbedingung geworden ist,
> muss auch die soziologische Theorie dem angepasst werden« (ebd., 315).

In solchen und ähnlichen Passagen behauptet Luhmann, dass soziale Systeme
immer weniger (bis ganz und gar nicht mehr) von räumlichen Bedingungen (lokalen Besonderheiten, physischen Grenzen und räumlichen Distanzen) abhängen.
Das soziale System Gesellschaft könne demzufolge auch nicht mehr als räumlich
begrenzte Einheit gedacht werden. Die sozialwissenschaftliche Theorie habe sich
diesem Umstand einer zunehmenden »Entankerung« (Werlen 1995) oder »Ent-
bettung« (Giddens 1995) anzupassen – einem Zustand, der »seit der Erfindung
von Schrift oder spätestens seit der Erfindung des Telephons evident« sei (Luhmann 1998, 76).

Das mag auf den ersten Blick recht plausibel erscheinen, ist aber theoretisch
wenig überzeugend. Um zur Diagnose zu gelangen, dass die Gesellschaft »von
Naturmerkmalen wie Abstammung, Berge, Meere unabhängig« (Luhmann 1984,
557) geworden sei, muss vorausgesetzt werden, dass Kommunikationssysteme im
Grunde räumlich verankert sind, dass aber durch den Einsatz von Verbreitungsmedien die restriktive Wirkung von lokalen Bedingungen und räumlichen Distanzen immer geringer wird. So gesehen sind es aber die *gegenwärtigen* Bedingungen gesellschaftlichen Lebens, wie sie *vielerorts* (oder überall) gegeben sind, die es
erforderlich machen, die systemtheoretischen Grundlagen so zu formulieren, dass
man bei der Bestimmung der Gesellschaftsgrenzen nicht auf Raum und Zeit an-

---

ven Netzwerk politischer Vorgaben und politischer Konsequenzen. Auf diese Weise werden
Systeme kontinuierlich integriert und desintegriert, nur momentanhaft gekoppelt und sofort
für eigenbestimmte Anschlussoperationen wieder freigestellt« (ebd., 606).

gewiesen ist. Maßgabe für die theoretische Konzeption von Gesellschaft und für die Bestimmung der Gesellschaftsgrenzen ist demnach eine Gegenwartsdiagnose in Bezug auf die räumliche Verankerung von Kommunikation und allgemeiner in Bezug auf das Verhältnis von Gesellschaft und Raum. Eine solche Diagnose setzt aber voraus, dass Kommunikation im (kommunikationsexternen) Raum verortet und Gesellschaft im (außergesellschaftlichen) Raum begrenzt ist. Genau dies wird aber auf allgemeiner, theoretischer Ebene durch die Behauptung ausgeschlossen, soziale Systeme hätten überhaupt keine räumliche Existenz, weil sie »aus Kommunikationen und nichts anderem als Kommunikationen« bestehen (Luhmann zit. in Klüter 1986, 55).

Der verwegene Begründungszusammenhang, wonach die *gegenwärtigen räumlichen* Bedingungen sozialer Kommunikation mit ein Anlass dafür sein sollen, die systemtheoretischen Grundlagen so zu formulieren, dass man bei der Bestimmung des Gesellschaftsbegriffs *nicht* auf *Raum* und *Zeit* angewiesen ist, gibt für die Auseinandersetzung mit der Konzeption von Raum in der Systemtheorie (mindestens) zwei Richtung vor. Zum einen kann man die Diagnose in Zweifel ziehen und versuchen, den Nachweis zu erbringen, dass gesellschaftsexterne räumliche Grenzen (nach wie vor) einen entscheidenden Einfluss auf die gesellschaftliche Differenzierung haben. Zum anderen kann man versuchen, den Raumbegriff zu revidieren und herausstellen, dass Raum in systemtheoretischer Terminologie alles andere als ein Behälter (physischer Raum oder Erdraum) ist, in dem sich soziale Prozesse abspielen. Beide Vorgehensweise erfordern eine Modifikation der begrifflichen Bestimmungen Luhmanns.

Raum als Element der Umwelt von sozialen Systemen

Luhmanns Ausführungen über den Raumbegriff legen es zunächst nahe, Raum als gesellschaftsexternes Phänomen zu behandeln. An einer vielbeachteten Stelle in *Die Kunst der Gesellschaft* hält Luhmann (1997, 179) fest, dass unter Raum und Zeit »Medien der Messung und Errechnung von Objekten« zu verstehen seien. Konstitutives Prinzip dieser Medien ist laut Luhmann die Unterscheidung von Objekten und Stellen:

> »Raum und Zeit werden erzeugt dadurch, dass Stellen unabhängig von den Objekten identifiziert werden können, die sie jeweils besetzen. Dies gilt auch für den Fall, dass ein Verlust des ›angestammten Platzes‹ mit der Zerstörung des Objekts (aber eben nicht: der Stelle!) verbunden wäre. (…) Und auch hier gilt: das Medium ›an sich‹ ist kognitiv unzugänglich. Nur die Formen machen es wahrnehmbar. Man könnte also sagen: den Objekten werden die Medien Raum und Zeit unterlegt, um die Welt mit Varianz zu versorgen« (ebd., 180).

Die kognitive Unzugänglichkeit des Mediums Raum und seine Bedeutung für die Konstruktion von Differenzen erinnern an jene metaphysischen Erörterungen des Raumbegriffs, nach denen der Raum keine Eigenschaft der Dinge an sich sei, sondern »eine notwendige Vorstellung, a priori, die allen äußeren Anschauungen

zum Grunde liegt« (Kant 1974, 72). Dass Luhmann den Raum jedoch nicht als die
»Form, aller Erscheinungen äußerer Sinne, d. i. die subjektive Bedingung der
Sinnlichkeit, unter der allein uns äußere Anschauung möglich ist« (ebd., 75), verstanden haben will, unterstreicht er an gleicher Stelle mit der Zusatzbemerkung,
dass ›Medien der Messung und Errechnung von Objekten‹ keine »Formen der
Anschauung« seien (Luhmann 1997, 179). Ebenso wenig seien damit »kulturell
eingeführte Maßstäbe« gemeint (ebd.). Vielmehr beziehe sich diese Bestimmung
des Raums auf die »neurophysiologische Operationsweise des Gehirns« (ebd.). Die
Konstitution von Raum und Zeit wird von Luhmann auf die »quantitative Sprache
des Gehirns« (ebd.) zurückgeführt und damit als eine Leistung definiert, die weder
durch das Bewusstsein, noch durch Kommunikation erbracht wird.[167]

> »Für die eigenen Operationen des Bewusstseins und der Kommunikation ist die Welt
> (…) immer schon räumlich und zeitlich geöffnet, ohne dass die dies leistenden Opera-
> tionen kontrolliert oder auch nur verhindert werden könnten, und lediglich in der Ob-
> jektbesetzung dieser Medien besteht eine gewisse Dispositionsfreiheit« (ebd., 180).

Bewusstsein und Kommunikation können die räumliche ›Errechnung von Objekten‹ nicht nachvollziehen, sie müssen »die entsprechenden Leistungen über
strukturelle Kopplungen voraussetzen« (ebd.). Gerade dadurch gewinnen sie aber
die Freiheit, »für den Eigenbedarf eigene Messverfahren zu entwickeln, die auf
Vergleichen beruhen und nur gelegentlich, also nicht konstitutiv, benutzt werden«
(ebd.). Dass die Konstitution von Raum in der Umwelt von psychischen und sozialen Systemen erfolgt, ist gemäß Luhmann eine Voraussetzung dafür, dass soziale
Systeme im Rahmen ihrer eigenen Operationen eigene Verfahren entwickeln, die
in der Kommunikation für die symbolische Besetzung von räumlichen Objekten
benutzt werden.

Als eine Art ›physiologische Basisstruktur‹ gehört der Raum zur Umwelt von
sozialen Systemen, auf die soziale Systeme keinen direkten Zugriff haben, mit der
sie jedoch über *strukturelle Kopplung* verbunden sind. Inwiefern soziale Systeme
aus systemtheoretischer Sicht im gesellschaftsexternen Raum ›verankert‹ sind,
hängt daher von der genaueren Bestimmung des Begriffs der strukturellen Kopplung ab. Dieser bezeichnet eine besondere Form der Abhängigkeit operativ geschlossener Systeme. Im Sinne der Systemtheorie muss beispielsweise die Beziehung von Bewusstsein und Kommunikation als strukturelle Kopplung betrachtet
werden. Beide stellen geschlossene Systeme dar, die keinen operativen Kontakt
zueinander unterhalten. Dementsprechend sind soziale Systeme nach systemtheoretischem Verständnis vollständig durch sich selbst bestimmt, sie operieren allein
und ausschließlich durch die Verkettung von Kommunikation mit Kommunikation:

> »Alles, was als Kommunikation bestimmt wird, muss durch Kommunikation bestimmt
> werden. Alles, was als Realität erfahren wird, ergibt sich aus dem Widerstand von Kom-

---

167 Raum wird nach dieser Definition auch nicht in der Wahrnehmung erzeugt, denn Wahrnehmung ist nach systemtheoretischem Verständnis »eine Spezialkompetenz des Bewusstseins, ja
sogar seine eigentliche Fähigkeit« (Luhmann 1997, 14).

munikation gegen Kommunikation, und nicht aus seinem Sichaufdrängen der irgendwie geordnet vorhandenen Außenwelt. (…) Als Kommunikationssystem kann die Gesellschaft nur in sich selbst kommunizieren, aber weder mit sich selbst, noch mit ihrer Umwelt. Sie produziert ihre Einheit durch operativen Vollzug von Kommunikation im rekursiven Rückgriff und Vorgriff auf andere Kommunikationen. Sie kann dann, wenn sie das Beobachtungsschema ›System und Umwelt‹ zu Grunde legt, *in* sich selbst, *über* sich selbst oder *über* ihre Umwelt kommunizieren, aber nie *mit* sich selbst und nie *mit* ihrer Umwelt« (Luhmann 1998, 95f.).

Genauso sind aber in systemtheoretischer Sicht Bewusstseinssysteme operativ geschlossene Systeme, die nicht kommunizieren und somit auch nicht direkt an Kommunikation anschließen können. Auch das Bewusstsein produziert und reproduziert seine Elemente in rekursiven Prozessen und schließt sich operativ gegenüber seiner Umwelt ab. Während Kommunikationssysteme, salopp gesagt, nicht denken, ist nach systemtheoretischem Verständnis auch ausgeschlossen, dass Bewusstseinssysteme kommunizieren. Soziale und psychische Systeme operieren gemäß dieser Auffassung völlig überschneidungsfrei:

»Gedanken kommen in sozialen Systemen nicht vor, ebensowenig wie Kommunikationen in psychischen Systemen vorkommen. Die Kommunikation kommuniziert, das heißt sie erzeugt von Moment zu Moment eine Nachfolgekommunikation. Und das Bewusstsein denkt, es ist also ständig damit beschäftigt, Gedanke an Gedanke zu reihen« (Kneer 1996, 328).

Das bedeutet nicht, dass Bewustein überhaupt nicht an Kommunikation beteiligt ist und nicht in der Lage wäre, Kommunikation zu irritieren. Im Gegenteil, Kommunikation lässt sich nur durch Bewusstsein irritieren und nicht durch physische oder neurophysiologische Vorgänge.[168] Irritation ist aber »immer ein systemeigener Zustand, für den es in der Umwelt des Systems keine Entsprechung gibt« (Luhmann 1990a, 40). Irritationen können sich nur »unter der Bedingung von strukturierenden Erwartungen« einstellen (ebd.). Umgekehrt lässt sich das Bewusstsein vor allem durch Kommunikation faszinieren. Es kann sich »einer laufenden Kommunikation kaum entziehen« (ebd., 48). Diese Faszination ist aber wiederum ein systemeigener Zustand des Bewusstseins – sie »findet auf der Ebene des Wahrnehmens statt, ist also keinerlei Indiz dafür, dass das Bewusstsein selbst kommunizieren könnte« (ebd.). Mit anderen Worten: Das Bewusstsein kann die Kommunikation reizen oder irritieren, es ist »eine ständige Quelle von Anlässen für die eine oder andere Wendung des kommunikationseigenen operativen Verlaufs« (Luhmann 1988, 893). Es kann die Kommunikation jedoch nicht instruieren, »denn die Kommunikation konstruiert sich selbst« (ebd.).

Dazu kommt, dass Kommunikation in einem grundlegenden Sinn auf Bewusstsein angewiesen ist, »weil nur das Bewusstsein, nicht aber die Kommunikation selbst, sinnlich wahrnehmen kann und weder mündliche noch schriftliche Kommunikation ohne Wahrnehmungsleistungen funktionieren könnten« (Luhmann 1998, 103). Der Begriff der strukturellen Kopplung stellt auf diese Abhän-

---

168 Vgl. Luhmann (1988, 893) und Kneer 1996, 325ff.

gigkeit unabhängiger Systeme ab, auf die Beziehung zwischen Systemen, die aufgrund ihrer operativen Geschlossenheit zwar autonom aber nicht autark sind. Er entgegnet damit auch dem Missverständnis, autopoietische Systeme würden ohne die Voraussetzung einer Umwelt auskommen.[169] Dass selbstreferentiell-geschlossene Systeme keinen Kontakt zu ihrer Umwelt unterhalten, bedeutet aber, im Falle von sozialen Systemen, dass sie nicht *mit* ihrer Umwelt *kommunizieren* und daher die Spezifikation ihrer Operationen selbst vornehmen müssen. Die mit dem Begriff der strukturellen Kopplung bezeichneten Intersystembeziehungen sind demnach nicht als kausale Determinierung von sozialen Systemen durch Umweltgegebenheiten zu verstehen.

> »Es geht also nicht um die Kopplung eines autopoietischen Systems an invariante Gegebenheiten seiner Umwelt – so wie die Muskulatur von selbstbeweglichen Organismen abgestimmt ist auf die Anziehungskraft des Erdballs« (ebd., 105).

Strukturelle Kopplung setzt vielmehr strukturdeterminierte Systeme voraus, die nach Maßgabe ihrer eigenen Strukturen die Beziehungen zu ihrer Umwelt gestalten. Der Begriff bezeichnet einen »einschränkenden Sachverhalt« (Luhmann 1990a, 41); er steht jedoch »nicht für jede beliebige Kausalbeziehung zwischen System und Umwelt, sondern für ausgewählte System-zu-System Beziehungen« (ebd.). In Bezug auf das Verhältnis von Bewusstsein und Kommunikation geht es insbesondere darum, dass »Kommunikation endogen unruhige, sich zwangsläufig in immer andere Zustände versetzende Umweltsysteme voraussetzt« (Luhmann 1998, 106) und sich auf die Irritation durch ihre Umwelt einstellt, indem sie »eingeübte Formen des Umgangs mit solchen Störungen« entwickelt (Luhmann 1992b, 126).[170] Die als strukturelle Kopplung bezeichnete Abhängigkeit unabhängiger Systeme betrifft nicht nur Kommunikation und Bewusstsein. Luhmann setzt den Begriff auch für die Beziehung zwischen Nervensystem und Bewusstseinssystem oder für die Beschreibung von Intersystembeziehungen funktionaler Teilsysteme der Gesellschaft ein:

> »Faktisch sind alle Funktionssysteme durch strukturelle Kopplungen miteinander verbunden und in der Gesellschaft gehalten« (Luhmann 1998, 779).[171]

In Bezug auf das Verhältnis von Gesellschaft und Raum ändern strukturelle Kopplungen also nichts daran, dass soziale Systeme komplexe Umweltbedingungen *systemintern* durch ihre eigene Operationsweise bearbeiten. Nur was nach

---

169 Autopoietische Systeme sind immer schon an ihre Umwelt angepasst, »weil anderenfalls die Autopoiesis zum Erliegen käme« (Luhmann 1998, 101). Sie habe aber »innerhalb des damit gegebenen Spielraums alle Möglichkeiten, sich unangepasst zu verhalten« (ebd.).

170 Die strukturelle Kopplung von Bewusstsein und Kommunikation wird vor allem durch die Sprache ermöglicht. Sprache stellt durch ihre binäre Codierung eine Form zur Verfügung, die dem Bewusstsein die Option für die eine oder andere Seite der Form eröffnet und Annahme oder Ablehnung den Operationen des Bewusstseins überlässt. Vgl. Luhmann (1998, 113).

171 Zur Kopplung von Politik und Wirtschaft, Recht und Politik, Recht und Wirtschaft, Wissenschaft und Erziehung, Politik und Wissenschaft sowie Erziehung und Wirtschaft vgl. Luhmann (1998, 781-788).

Maßgabe der eigenen Operationsmöglichkeiten, also durch Kommunikation, im System konstruiert wird, kann im System Irritationen bewirken. Dementsprechend betreffen Fragen nach der Abhängigkeit der Gesellschaft von der (natürlichen) Umwelt aus systemtheoretischer Sicht die Selbstproduktion von Systemstrukturen, d. h. die gesellschaftsinterne Kommunikation über Umwelt.

> »Der Zusammenhang von System und Umwelt wird (…) dadurch hergestellt, dass das System seine Selbstproduktion durch interne zirkuläre Strukturen gegen die Umwelt abschließt und nur ausnahmsweise, nur auf anderen Realitätsebenen, durch Faktoren der Umwelt irritiert, aufgeschaukelt, in Schwung versetzt werden kann« (Luhmann 1986b, 40).

Der Begriff der strukturellen Kopplung widerspricht nicht – auch nicht partiell – der operativen Geschlossenheit sozialer Systeme. Die damit bezeichnete Abhängigkeit ist nicht als instruktiver Beitrag der Umwelt, als von der Umwelt irgendwie verursachte Spezifizierung von Strukturen des Systems, zu (miss)verstehen. Dass die Umwelt im System Resonanz findet, das System zu reizen, zu stören, zu irritieren vermag, besagt in diesem Zusammenhang nicht, dass eine kausale Abhängigkeit des Systems von seiner Umwelt vorliegt. Vielmehr geht es darum, dass Systeme nur aufgrund ihrer operativen Eigenständigkeit überhaupt von ihrer Umwelt irritiert werden können und selektive Zusammenhänge herstellen. Im Hinblick auf die Abhängigkeit der Gesellschaft von den Voraussetzungen der ›natürlichen Umwelt‹ kann dies dahingehend zugespitzt werden, dass es in einer Theorie autopoietischer Systeme gar keinen Spielraum für eine kausale Wirkung räumlicher Unterschiede gibt.[172]

Dagegen wendet Stichweh (2000) ein, die systemtheoretische Konzeption der Beziehung von Gesellschaft und Raum sei nicht überzeugend. Sie bedürfe einer Neubestimmung, »die dem Sachverhalt einer strukturellen Kopplung mit räumlichen Vorgegebenheiten Rechnung trägt« (ebd., 190). Dazu müsse man sich von dem »scheinbar gesicherten Dogma der Abhängigkeit der kausalen Wirkung des Raumes von kommunikativen Operationen seiner Definition oder Bestimmung« verabschieden (ebd., 192). Dies solle es ermöglichen, »räumliche Differenzen in der Umwelt der Gesellschaft« in den Blick zu nehmen, »denen als räumliche Differenzen kausale Bedeutung für Sozialsysteme zukommt« (ebd., 191). Zwar gebe es aufgrund der soziokulturellen Evolution »kaum noch ein Ökosystem auf der Erde (…), in dessen Analyse nicht das Faktum seiner Abhängigkeit von der Gesellschaft und seiner Transformation durch Gesellschaft aufgenommen werden müsste« (ebd.). Umgekehrt sei aber ebenso evident, »dass die Transformation aller Ökosysteme unter dem Druck der Gesellschaft nicht die kausale Abhängigkeit der Gesellschaft von Bedingungen der physischen Geographie und der Biogeographie eliminiert hat« (ebd.). So zeige sich beispielsweise in dem Befund, dass nach wie vor »60 % der Erdbevölkerung in einer Distanz von nicht mehr als 100 km von ei-

---

172 »Und evolutionstheoretisch gesehen wird man sogar sagen können, dass die sozio-kulturelle Evolution darauf beruht, dass die Gesellschaft nicht auf ihre Umwelt reagieren muss und dass sie uns anders gar nicht dorthin gebracht hätte, wo wir uns befinden« (Luhmann 1986b, 42).

ner Küste entfernt [leben], (...) die fortdauernde kausale Abhängigkeit der Bildung von Sozialsystemen von Voraussetzungen der natürlichen Umwelt« (ebd., 191f.). Die notabene *kausale* Abhängigkeit der Gesellschaft von den Bedingungen der physischen Geographie komme außerdem in der statistischen Tatsache zum Ausdruck, dass »im Zeitraum von 1965 bis 1990 die Wirtschaft der Staaten, die über keine eigene Küstenlinie verfügen, jährlich um 0,7% langsamer wuchs als die Wirtschaft im Durchschnitt aller anderen Staaten« (ebd., 192).[173] Einen weiteren Beleg für die »kausalen Wirkungen räumlicher Unterschiede« (ebd.) würden neuere Untersuchungen aus der Ökologie erbringen, die unter anderem zeigten, »wie sehr die soziokulturelle Evolution auf verschiedensten Kontinenten u. a. davon abhängt, ob diese Kontinente primär von einer Nord-Süd- oder von einer Ost-West-Achse dominiert werden« (ebd.).[174] Solche und ähnliche Zusammenhänge könnten den Aufgabenschwerpunkt einer »Ökologie der Gesellschaft« (ebd., 191) darstellen. Deren Leistung bestünde laut Stichweh u. a. darin, dass durch sie erst jene Kenntnisse gewonnen würden, die die behauptete Loslösung der Gesellschaft von den räumlichen Bedingungen untermauern könnten.

Wie immer das Themenfeld einer solchen Forschungsrichtung im Einzelnen auch abgesteckt würde, mit den sozialtheoretischen Vorgaben der Systemtheorie Luhmanns hätte sie, außer den Vokabeln, nicht mehr viel gemein. Vielmehr scheint Stichwehs Entwurf anschlussfähig für ältere Ansätze der traditionellen und der raumwissenschaftlichen Geographie, d. h. für Ansätze, die selbst wiederum Anschluss finden an Überlegungen zum ›Gang der Kulturen über die Erde‹ – beispielsweise an die Feststellung, dass es vor allem die »Strecken der Gebirge« sind, durch die »unsre beiden Hemisphären ein Schauplatz der sonderbarsten Verschiedenheit und Abwechslung« wurden (Herder 1995, 62).

Ob eine Modifikation der Systemtheorie in Angriff genommen werden soll, um ausgerechnet den Geo- und Raumdeterminismus der traditionellen Geographie wieder zu (er)finden, ist mit Blick auf die Disziplingeschichte der Geographie mehr als fragwürdig. Vor allem aber verfällt Stichweh, gegen das Programm von

---

173 In vergleichbarer Manier stellt der Entwicklungsökonom Ricardo Hausmann die Frage: »Warum sind viele Länder so arm?« (Hausmann 2001, 13). Seine lapidare Antwort lautet: »Oft liegen sie einfach falsch – geographisch gesehen« (ebd.). Ähnlich wie Stichweh argumentiert er mit der statistischen Tatsache, dass Nationen, die weit entfernt vom Meer liegen, tendenziell ärmer sind und weniger Wirtschaftswachstum haben als die Küstenländer: »Ein Land, dessen Bevölkerung mehr als 100 Kilometer zum Meer zurücklegen muss, entwickelt sich typischerweise um 0,6 Prozent langsamer als eines, dessen Menschen innerhalb der 100-Kilometer-Entfernung zum Meer leben« (ebd.). Hausmann kommt in der Folge zum Schluss, dass »gerade das Fehlen – oder eine unzureichende Dosis – von Globalisierung für diese Ungleichheiten verantwortlich« (Hausmann 2001, 13) und daher vor allem eine »internationale Verkehrsinfrastruktur« (ebd.) erforderlich sei, um diesen Zustand zu verändern. Selbst wenn man den Kausalzusammenhang von Wirtschaftswachstums und Küstenlage annimmt, wird man daraus nicht ableiten können, dass eine transporttechnische Verringerung der Distanz zur Küste das Wohlstandsgefälle verringern würde. Eine solcher Umkehrschluss »wendet unzulässiger Weise die Implikationsbeziehung A → B in ihre Negation −A → −B« (Glückler 1999, 47).

174 Vgl. Jared Diamond (1997).

Luhmanns Systemtheorie, in eine Beobachtung erster Ordnung, wenn er »*innerhalb* einer Theorie der Gesellschaft von einem gesellschaftsexternen Raum, sowie anderen Phänomenen der ›Physischen Geographie‹ spricht (also in der Gesellschaft realistisch-ontologisch von einem ›unhintergehbaren‹ Ansich außerhalb der Gesellschaft redet)« (Hard 1999, 151). Auch unter dem Gesichtspunkt einer strukturellen Kopplungen von Gesellschaft und Umwelt müsste eine sozialwissenschaftliche Perspektive, nach den Vorgaben Luhmanns, auf Umwelt- und Raumkommunikation in der Gesellschaft gerichtet sein. Nach ökologischen Bedingungen und ökologischen Gefährdungen zu fragen, hieße dann, nach den Bedingungen zu fragen, »unter denen Sachverhalte und Veränderungen der gesellschaftlichen Umwelt in der Gesellschaft Resonanz finden« (Luhmann 1986b, 41f.).

Parallel zum Entwurf einer ›Ökologie der Gesellschaft‹ sucht Stichweh auch nach Möglichkeiten, Raum aus systemtheoretischer Sicht als innergesellschaftlichen Bestandteil der Kommunikation zu thematisieren. Luhmanns Festlegung, gemäß derer Raum durch die Operationsweise des Gehirns als eine Art physiologische Basisstruktur konstituiert wird, schließe nicht aus, dass gleichzeitig räumliche Grenzziehungen »auf der Basis der Operationen eines Sozialsystems entstehen« (Stichweh 2000, 186). Es sei vielmehr davon auszugehen, »dass mittlerweile eine seit Jahrtausenden dauernde soziokulturelle Evolution über diese physiologische Basisstruktur kulturelle Maßstäbe für die Spezifikation von Objekten und Stellen gelegt hat, die zusätzlich einen sozialen Raum der Messung und Errechnung *sozialer Objekte* konstituiert haben« (ebd.).[175] Räumliche Grenzen wären dann keine gesellschaftsexternen, dem Sozialen nicht verfügbare Grenzen, sondern gesellschaftsintern produzierte Grenzen, auch wenn soziale Systeme dabei »auf als vorgegeben empfundene physische Markierungen zurückgreifen und diese reinterpretieren« (ebd.).

In Anlehnung an Stichweh bekräftigt Kuhm (2000, 333), dass »die Zuordnung entlang der Leitunterscheidung nah/fern bzw. hier/woanders« für die soziale Bedeutung einer Person oder einer Sache einen beträchtlichen Unterschied darstellen könne. Es sei dementsprechend anzunehmen, »dass ein Klassifikationsschema in die Kommunikation eingeführt wird, das die Objekte anhand einer wahrgenommenen Distanz zwischen Extrempunkten nach Nähe und Ferne ordnet« (ebd.). Vor diesem Hintergrund stelle sich die Frage, weshalb Raum in der Systemtheorie (neben Sach-, Zeit- und Sozialdimension) nicht als Dimension des Sinngeschehens ausgewiesen werde. Zumindest finde sich kein theoriededuktives Argument für diese Unterprivilegierung des Raums.

---

175 In Luhmanns Systemtheorie sind mit Objekten nicht »in der Außenwelt gegebene Dinge« gemeint, sondern »strukturelle Einheiten der Autopoiesis des Systems, das heißt Bedingungen der Fortsetzung von Kommunikation« (Luhmann 1998, 99). Sozial Objekte können im Verlauf von Kommunikation identisch bleiben – dies jedoch nicht weil »natürliche Bedingungen der Außenwelt ihnen Beständigkeit garantieren« (ebd.), sondern weil durch das System der Sinn und die »richtige Form von Gegenständen« (ebd., 585) festgelegt wird. Darauf kann die Kommunikation sich beziehen, »ohne dass Zweifel darüber aufkommen, was gemeint ist und wie damit umzugehen ist« (ebd.).

Stichweh führt das Fehlen einer eigenständigen Sinndimension Raum auf eine Entscheidung zurück, »die der soziokulturelle Evolution zuzurechnen ist und die der Theoretiker nicht trifft, sondern nur nachkonstruiert« (Stichweh 2000, 188). Laut Stichweh findet die theoretische Privilegierung von Zeit gegenüber Raum eine Entsprechung in der sozialen Kommunikation moderner Gesellschaft. Während in den Klassifikationsschemata einfacher Gesellschaften die räumliche Dimension Vorrang vor der zeitlichen genieße, kehre sich dieses Verhältnis in der Moderne um.[176] In der Moderne dominiere ein »entwicklungsgeschichtliches Schema« (ebd., 189) und räumliche Markierungen relevanter Unterschiede würden immer seltener. Kurz: der Raum verliere in der Moderne »auf unbestreitbare Weise an formprägender Kraft« (ebd., 190), Raumsemantiken würden zunehmend durch Zeitsemantiken ersetzt.[177] Vor allem bezüglich Inklusion und Exklusion, also hinsichtlich des Zugangs zu (und der Ausgrenzung aus) Funktionssystemen moderner Gesellschaft, löse sich das »Muster der Strukturbildung von der räumlichen Dimension« ab (ebd., 196). Vorzufinden sei dagegen eine »Verschiebung von Problemlösungen vom Raum in die Zeit: eine zeitliche Differenzierung« (ebd., 197). Der Grund dafür sei »in der Begrenztheit des Raums, der für Differenzierung zur Verfügung steht, zu vermuten« (ebd.). Im Raum, so müsste man diesen Gedanken wohl zusammenfassen, sei schlicht zuwenig Platz für die fortschreitende Ausdifferenzierung.

Diese Quantifizierung des Differenzierungspotentials einer Sinndimension Raum rekurriert aber auf einen gesellschaftsexternen Raum. Bei der Vermutung, dass der Grund für den Bedeutungsverlust räumlicher Differenzierung in der Be-

---

176　In einem bemerkenswerten Aufsatz hat Elena Esposito (1996, 307) darauf hingewiesen, dass die Mysterien des antiken und vormodernen Denkens in einem ›räumlichen Denken‹ begründet sind, dessen »leitende Differenz (...) die Unterscheidung Anwesenheit/Abwesenheit« ist. Vom 17. Jahrhundert an verschwinde das Mysterium im antiken Sinne und an dessen Stelle trete das Geheimnis als Vorstellung von geheimgehaltenen Dingen. Die Semantik orientiere sich nun »an der Vorstellung eines ständigen Fortschritts der Erkenntnis, (...) der nicht erträgt, von kosmisch-religiösen Verboten beschränkt zu werden« (ebd., 310f.). Das führe zu einer »Überwindung des antiken ›räumlichen Denkens‹« (ebd., 313), weil in der Zeitdimension ein Modus der Veränderung der Gegenwart gefunden werde. Die Konturen eines ›neuen‹ räumlichen Denkens sieht Esposito, anders als Stichweh und Luhmann, jedoch in der »Anerkennung einer Mehrheit situierter Denkformen, von denen jede vom eigenen Kontext abhängig ist, und die nicht in einem einzigen vereinenden Kontext (...) integriert werden können« (ebd., 319). Die unübersehbare Polykontexturalität der Gegenwart »so könnte man sagen, ist eine Art ›räumlichen Denkens zweiter Ordnung‹« (ebd.).

177　Auch Luhmann deutet diese Auffassung an, wenn er behauptet, dass mit der Schrift die Kommunikation zunehmend von räumlicher Integration unabhängig werde. Das spätestens mit der ›Erfindung der Schrift‹ erkennbare ›Zurücktreten der Notwendigkeit räumlicher Integration‹ lasse, so Luhmann, die Zeit/Zeitlichkeit gegenüber dem Raum/der Räumlichkeit zum vorrangigen Problem werden: Die schriftliche Kommunikation müsse sich »auf eine unvermeidbare Nachträglichkeit« einstellen (Luhmann 1998, 259): »Sie bekommt es mit nicht mehr selbstverständlichen Rekursionen zu tun. Sie muss Redundanzen konstruieren, Vor-geschriebenes beachten und verfügbar halten als Voraussetzung für weiteres Schreiben. Mit all dem wird die Kommunikation von räumlicher Integration (Beisammensein) unabhängig, handelt sich dafür aber um so mehr Zeitprobleme ein.«

grenztheit des Raums liegt, ist augenscheinlich nicht an ein gesellschaftsinternes Medium der sozialen Kommunikation gedacht, sondern an einen gesellschaftsexternen physischen Raum. Stichweh landet so, wie Klüter bemerkt, wiederum »beim ontologischen Raumbegriff, der irgendwie aus dem physischen Himmel auf die soziologische Erde fällt« (Klüter 1999, 211). Darüber hinaus betont Hard, dass es keinen Anlass zu der Annahme gibt, der Raum verliere in der Moderne an formprägender Kraft, wenn man Raum konsequent als ›Element sozialer Kommunikation‹ begreift. Im Gegenteil, Raumsemantiken gehörten »möglicherweise (...) zu den wichtigsten der gesellschafts*intern* erzeugten Grundbedingungen des Funktionierens moderner Sozialsysteme« (Hard 2002, 292).

Kommunizierbare Raumabstraktionen

Klüters Ansatz stellt den bisher einzigen umfassenden Versuch dar, systemtheoretische Vorgaben für die Konzeption einer sozialgeographischen Theorie zu verwenden. Die funktionalistische Einstellung von Luhmanns (älteren) Arbeiten zur Systemtheorie dient Klüter als Grundlage für einen Perspektivenwechsel sozialgeographischer Forschung. Aus sozialwissenschaftlicher Sicht könne nicht die Aufdeckung von Raumgesetzmäßigkeiten sozialen Handelns den Interessensschwerpunkt darstellen. Vielmehr sei zu fragen, »ob und wo Raumbegriffe und Raumbezüge (...) in der sozialen Wirklichkeit, in sozialen Systemen auftauchen« (Hard 1986, 78). Den Ausgangspunkt dieser Überlegungen bilden für Klüter (1986) die theoretischen Defizite der raumwissenschaftlichen Geographie bei der Erklärung sozial-ökonomischer Sachverhalte. Zwar habe durch die raumwissenschaftliche Ausrichtung eine methodische Neuorientierung – eine ›Verwissenschaftlichung‹ in methodischer Hinsicht – stattgefunden. Die neuen wissenschaftlichen Methoden seien jedoch vor dem Hintergrund einer traditionellen ›Sachtheorie‹ im Großen und Ganzen auf denselben Gegenstand angewendet worden wie in der traditionellen Geographie. In der raumwissenschaftlichen Geographie würden gesellschaftliche Sachverhalte als Elemente von Raum betrachtet und durch »eine Art Distanz- oder Verteilungsmathematik« (Klüter 1987, 86) zu beschreiben versucht. Die Vertreter des raumwissenschaftlichen Ansatzes hätten es aber versäumt, nach der sozialen Bedeutung von Raum, räumlichen Anordnungen und Distanzen zu fragen: »Raum blieb als Beschreibungsrahmen sozio-ökonomischer Sachverhalte (...) inhaltlich offen« (ebd.).

Klüter dreht in seinem Ansatz die Problemstellung um: In seiner Betrachtungsweise ist Raum »Element von etwas anderem« – Raum wird als »eine besondere Form von Text in Texten« definiert (Klüter 1986, 1). Dadurch rückt die kommunikative Funktion von Raumsemantiken in den Mittelpunkt des Interesses, und an die Stelle der raumwissenschaftlichen »Choro-Logik (...), die sich auf den ›zweidimensionalen chorischen Raum an der Erdoberfläche‹ bezog, tritt die Pluralität von Choro-Logiken oder vielleicht besser Choro-Strategien, die sich auf Typen und Strukturen sozialer Kommunikation beziehen« (Hard 1999, 153). Dieser Perspektivenwechsel zeigt, dass Raumbegriffe und Raumkonzepte in der sozi-

alen Kommunikation als kommunikative Kürzel verwendet werden, die komplexe
soziale, ökonomische oder technische Informationen substituieren und vereinfa-
chen können. In der sozialen Kommunikation lasse sich, wie Hard in Anlehnung
an Klüter und Luhmann betont, »vieles schon dadurch überzeugend und manipu-
lierbar identifizieren (…), indem man es verortet – also ohne dann noch weiter
über die Sache selber kommunizieren zu müssen« (ebd., 158). Insbesondere wenn
»Sach- und Sozialinformation unterdrückt werden sollen«, könne vermittels
räumlicher Codierung der Information »der Eindruck erweckt werden, alles Wesentliche sei damit schon gesagt und alles Weitere zumindest praktisch überflüs-
sig« (ebd.). Die dabei produzierten Raumsemantiken bezeichnet Klüter als *Raumabstraktionen*.[178] In Bezug auf ihre kommunikative Funktion betont Klüter den
Steuerungseffekt, den sich vor allem formale Organisationen (etwa Behörden oder
Unternehmen) zu Nutze machen: Raumabstraktionen verbinden Fremd- mit
Selbststeuerung ohne direkte Kontrollmöglichkeiten seitens des Informierenden
vorauszusetzen. Sie seien daher »ein beliebtes Informations- und Steuerungsmittel
in modernen Gesellschaften« (Klüter 1994, 157).[179]

In einer jüngeren Theorieerweiterung legt Klüter (2003) den Schwerpunkt der
Betrachtung der Funktion von Raumabstraktionen auf die Kompatibilität von
Systemen. Dabei geht es jedoch nicht, wie in Stichwehs Entwurf einer ›Ökologie
der Gesellschaft‹, um die Abhängigkeit der Gesellschaft (oder gesellschaftlicher
Teilsysteme) von den ›natürlichen Bedingungen‹, sondern um Beziehungen zwi-
schen sozialen Systemen. Laut Klüter dienen Raumsemantiken (beispielsweise die
Raumabstraktion ›Region‹) bevorzugt der Regulierung von Intersystembeziehun-
gen, etwa bei der Anbindung von ökonomischen Entscheidungen an politische
Maßgaben durch Raumplanung.[180]

Entlang der von Luhmann skizzierten Unterscheidung von Analyseebenen in
der Theorie sozialer Systeme[181] (Interaktionen, Organisationen, Gesellschaften)
schlägt Klüter drei Raumabstraktionstypen vor. Mit dem Systemtyp Interaktion
verbindet er den Raumabstraktionstyp *Kulisse*. Als Bezugsrahmen der Handlungsorientierung bilden Kulissen gewissermaßen den »Schauplatz« (Werlen
1997, 168) von Interaktionen. Sie hängen unmittelbar von den Handlungsthemen
ab und strukturieren die Umweltbezüge der an der Interaktion beteiligten Akteure

---

178 Vgl. Klüter 1986, 1987, 1999 u. 2003.
179 Raumabstraktionen ermöglichen räumliche Orientierung in sozialen Systemen. Den haupt-
     sächlichen ›Vorteil‹ räumlicher Orientierung sieht Klüter darin, »dass die Selbststeuerungs-
     kapazität bei- oder untergeordneter Elemente mit Fremdsteuerung durch bestimmte Organi-
     sationen verbunden werden kann« (Klüter 1994, 158). Er führt dazu folgendes Beispiel an, das
     jedoch eher eine struktur-funktionalistische Programmatik anklingen lässt, als dass es ein Bei-
     spiel der äquivalenzfunktionalistischen Methode Luhmanns wäre: »Ein Autofahrer glaubt, er
     steuere selbst. In Wirklichkeit fährt er nach den Regeln der Straßenverkehrsordnung und
     nach Informationen, die er ursprünglich aus bestimmten Karten erhalten hat. Dort sind z. B.
     die Autobahnen so auffällig eingezeichnet, dass der Fahrer sich vorzugsweise über derartige
     Straßen bewegt. Damit erfüllt er indirekt die Ordnungsvorstellungen der Verkehrsplaner (die
     er gar nicht genau kennt)« (ebd.).
180 Vgl. Schmidt (2004, 58f.).
181 Vgl. Luhmann (1975, 9-29).

nur für die Dauer der Interaktion.[182] Die Erzeugung stereotyper Kulissen, die über
einzelne Interaktionen hinaus Bestand haben, wiederholbar und nicht nur inter-
aktionsbezogen dekodierbar sind, verweist auf Formen der räumlichen Kodierung
in Organisationssystemen. Solche Raumabstraktionen bezeichnet Klüter als *Pro-
grammräume*. Der Programmraum stellt »ein für mehrere Adressaten standardi-
siertes Kulissenmodell« (Klüter 1999, 193) dar und ermöglicht eine weitgehende
Reduktion von Komplexität in Organisationsprozessen. Als Beispiele nennt Klüter
u. a. die regionsbezogene Definition administrativer (politischer) Einheiten und
Formen der raumgebundenen Festlegung von Rollenerwartungen (ebd., 194).[183]
Die Ausdehnung der Reichweite von derart objektivierten räumlichen Codes verweist schließlich auf *Sprachräume*, d. h. auf Raumabstraktionen, die dem Systemtyp Gesellschaft zugeordnet werden. Sprachräume betreffen den Geltungsbereich
von Zeichensystemen, »etwa die Normierung der Zeit auf Weltzeit, die Gültigkeit
des Dollar (…), die Gradeinteilung der Erdoberfläche oder die Vereinbarung, die
Namen politischer Verwaltungsorganisationen (Administrationen) als Metaphern
geographischer Lage zu betrachten« (Klüter 1987, 90).

Für die weitere Differenzierung von Raumabstraktionen ist deren Kommuni-
zierbarkeit entscheidend, denn ihre spezifische »textuelle Aufladung« (Klüter
1999, 194) erfolgt in den Codes der gesellschaftlichen Teilsysteme, d. h. in den
symbolisch generalisierten Kommunikationsmedien. Erst durch diese mediale
Zuordnung gewinnen Raumabstraktionen überhaupt Prägnanz:

> »Eigennamen mit räumlicher Sinndimension (wie ›Hamburg‹ oder ›Disneyland‹) oder
> entsprechende Appellativa (wie ›Region‹ oder ›Stadt‹) bekommen erst dann Bedeutungs-
> schärfe, wenn man durch den kommunikativen Kontext weiß, ob man sie z. B. im
> Medium Geld, Macht, Recht, Kunst oder Liebe (oder sonstwie) lesen soll« (Hard, 1999,
> 153).[184]

---

182 Vgl. Klüter (1986, 54-59 und 1987, 88f.).

183 Beispielsweise Verpflichtungen eines Angestellten an seinem Arbeitsplatz. Vgl. zum Pro-
     grammraum ›Region‹ insbesondere Klüter (2003).

184 Dem Medium Macht/Recht rechnet Klüter die Konstruktion von *Administrativräumen* zu.
     Administrativräume (z. B. Gemeinden, Kreise, Bundesländer etc.) sind Programmräume von
     Gebietskörperschaften. Durch Projektionen von juristisch definierten Verfügungsgrenzen auf
     erdoberflächliche Physis werden im Rahmen von Administrativräumen »totale Ordnungsan-
     sprüche für alle« festgelegt (Klüter 1987, 92). Verfügungsansprüche über Personen und Güter
     werden aber auch durch Raumabstraktionen im Medium Geld/Eigentum geregelt. So statten
     beispielsweise *Grundstücke* den Besitzer mit Verfügungsrechten über Gegenstände und Nut-
     zungen innerhalb territorial definierter Grenzen aus. Weitere Raumabstraktionen, die im
     Medium Geld/Eigentum kodiert sind und daher dem Teilsystem Wirtschaft zugerechnet wer-
     den könne, sind laut Klüter *Ergänzungsräume* und *Adressräume* (vgl. Klüter 1986, 118-122;
     1987, 93f., 1994, 161ff. u. 1999, 198ff.). Die Raumabstraktion *Landschaft* wird von Klüter dem
     Medium Kunst zugerechnet. Sie stellt eine, im Vergleich zu Grundstücken oder Administra-
     tivräumen, weniger standardisierte Projektion dar, die aber »für fast alle psychischen Systeme
     dekodierbar« (Klüter 1986, 123) sei und ungebrochenen Erfolg als Kulisse habe. Im Medium
     Liebe werde die Raumabstraktion *Heimat* reproduziert. Sie zeichne sich durch eine in der Re-
     gel ›reaktive‹ Emotionalisierung aus (Klüter 1987, 94). Dem Medium Glaube rechnet Klüter
     die Raumabstraktion *Vaterland* zu. Im Unterschied zu Heimat sei ihre Emotionalisierung

Es sei, wie Hard (1999, 151) in diesem Zusammenhang betont, »fundamental wichtig«, daran zu erinnern, dass im Rahmen der Systemtheorie »Einheiten und Elemente der Raumkommunikation, (…) keinesfalls als Korrelate, Repräsentanzen, Abbildungen oder gar ›Widerspiegelungen‹ von Einheiten und Strukturen (…) im physisch-materiellen Raum bzw. in der Umwelt des sozialen Systems, gedacht werden« dürfen. Bei Raumabstraktionen handle es sich »nie um Abbildungen von Unterscheidungen, die in der Umwelt als solche vorhanden wären, und selbst die gesellschaftsinterne Feststellung, dass über die Umwelt des Systems kommuniziert wird, ist eine ausschließlich systeminterne Aktivität mit Hilfe ausschließlich systeminterner Unterscheidungen (…), für die es in der Umwelt des Systems keine Entsprechung gibt« (ebd.). In Klüters Konzeption dürfte es also keine »Apriori-Orte und -Räume« mehr geben, »die dann irgendwie zu Raumabstraktionen abstrahiert und in der Kommunikation repräsentiert würden« (ebd., 154).

> »Orte und Räume gibt es erst, wenn ein soziales System (…) Raumabstraktionen für Kommunikation herstellt (…). Diese Raumabstraktionen abstrahieren also nicht von einem ›objektiv gegebenen Raum‹ oder etwas Ähnlichem, sondern z. B. von Organisationsprogrammen; haben von vornherein einen organisatorisch-strategischen Sinn« (ebd.).

Durch Klüters Leitfrage »Wozu werden bestimmte Informationen als räumliche aufbereitet?« (Klüter 1987, 86) rückt zwar der ›organisatorisch-strategische Sinn‹ von Raumabstraktionen in den Mittelpunkt des Forschungsinteresses.[185] Die ›De-Ontologisierung‹ von Raum fällt in Klüters theoretischer Konzeption jedoch nicht so radikal aus, wie Hard es behauptet. Zwar betont Klüter, dass Raum vor dem Hintergrund der Systemtheorie »keine ontische, sondern eine abgeleitete Kategorie« sei (Klüter 2003, 143). Bei der Bestimmung des zentralen Begriffes seiner Theorie bezieht er sich jedoch explizit auf einen physisch-materiellen Raum im Sinne einer physischen Umwelt von sozialen Systemen. Diesen Bezug unterstreicht Klüter mit folgender Minimaldefinition:

> »Die gezielte Projektion sozialer Systeme oder Systemelemente auf physische Umwelt wird Raumabstraktion genannt« (Klüter 1999, 193).

Solche Projektionen erfolgen laut Klüter (Klüter 2003, 145) durch die »Auswahl geeigneter physiogeographischer Elemente« (ebd.) und durch deren »Individualisierung durch Namengebung«. Erdräumliche Ausschnitte werden auf diese Weise

---

»Programmpunkt staatlicher Administration« (ebd., 95) und ihre Erzeugung auch Bestandteil des Bildungssystems.

185 Das Aufgabenfeld einer Sozialwissenschaft, die Raumabstraktionen zu ihrem Gegenstand macht, kann laut Klüter auf einer allgemeinen Ebene durch die Fragen abgesteckt werden, wie Raumabstraktionen in der gesellschaftlichen Realität funktionieren, welche Systeme welche Raumabstraktionen produzieren und welche Orientierungs- oder Programmierungsstrategien sie damit ermöglichen. Die Geographie könnte daher, wie Klüter meint, »eine Art Betriebssystem darüber erstellen, wie welche Raumabstraktionen unter welchen Programmen laufen, und welche Orientierungsleistungen damit abrufbar werden« (Klüter 1999, 211).

in der Sprache transportierbar und »in raumfremden Kontexten« kommunizierbar gemacht (ebd.). Daran schließt ihre »Aufladung mit wirtschafts- und gesellschaftsbezogenen Bedeutungen« an, wodurch sie schließlich als Raumabstraktion »zur räumlichen Orientierung von Adressatengruppen« nutzbar werden (ebd.). Sehr viel anschaulicher erläutert Klüter die Konstruktion von Raumabstraktionen an anderer Stelle mit einem Beispiel:

> »In Urgesellschaften nutzte man zur räumlichen Orientierung Besonderheiten im physisch-materiellen Raum. Ein bestimmter Baum, eine Flussbiegung, ein Berg – all das kann dazu dienen, den Weg von einem Dorf ins nächste zu weisen. Schon sehr früh erfanden die Menschen unterschiedlicher Kulturkreise künstliche Wegmarkierungen, die die natürlichen ergänzten. Das Grundmodell dieser Organisations- und Handlungshilfen besteht darin, dass bestimmte erdräumliche Besonderheiten den Status einer gesellschaftlichen Norm erhielten. Transportabel wurde diese Norm durch die Sprache, also durch Benennung von Flüssen, Bergen, Orten, usw. Durch die Namensgebung erfolgte eine Individualisierung der jeweiligen natur- oder kulturräumlichen Gegebenheiten. Sie wird dabei von ihrer Umgebung ausgegrenzt und im Gegensatz zu ihr bewusst und anwendbar gemacht. Dieser Selektionsprozess über eine physisch-materielle Objektwelt enthält eine starke sozial bedingte Komponente, die bei der reziproken Dekodierung des Namens – etwa in Form zielgerichteter Mobilität des sich räumlich Orientierenden – verdoppelt wird« (Klüter 1994, 157f.)

In dieser Erläuterung der Konstruktion und der Funktion von Raumabstraktionen steckt mehr als nur ein Rest von jenem Substanzdenken, das Luhmann mit seiner Systemtheorie zu überwinden sucht, weil es »eine Erkenntnistheorie voraussetzt, die von der Unterscheidung Denken/Sein, Erkenntnis/Gegenstand, Subjekt/Objekt ausgeht und den Realvorgang des Erkennens auf der einen Seite dieser Unterscheidung dann nur noch als Reflexion erfassen kann« (Luhmann 1998, 32). Klüters Konzeption gerät dadurch in Widerspruch zu der von Hard mit Nachdruck vertretenen Auffassung, dass Raumabstraktionen vor systemtheoretischem Hintergrund keinesfalls Repräsentanzen oder Abbildungen von Einheiten und Strukturen in einem physisch-materiellen Raum seien. Dem entgegen verweist Klüter hier auf physisch-geographische Gegebenheiten, die durch sprachlich-kulturelle Repräsentation (Benennung und Normierung) in der Kommunikation aufgenommen werden und als Raumabstraktionen soziale Orientierungsfunktion übernehmen. Mit Hard (1999, 134) könnte man dagegen einwenden, dass das ›altgeographische Raumkonzept‹, mit dem ein physisch-materieller Raum gemeint ist, in Klüters Konzeption zwar nur ein randliches Dasein fristet, dort aber eine grundlegende Rolle spielt.[186] Auch Klüter landet, wie er es selbst Stichweh vorwirft, schließlich bei einem ontologischen Raumbegriff.

Laut Hard lässt sich die von Klüter aufgerufene physische Umwelt leicht auf die sprachliche Verwendung der semantischen Einheiten ›physische Umwelt‹ oder ›physischer Raum‹ heruntertrimmen. Dazu müsse man die bei Klüter vorausge-

---

186 Der von Hard (1999, 134) gegenüber Werlen vorgebrachte Einwand, dass Werlen den »Begriff des ›Raums‹ als eines physisch-materiellen Phänomens (…) nicht gänzlich ausgemerzt [hat] (möglicherweise, um den geneigten geographischen Leser nicht völlig zu verschrecken)«, müsste demnach auch für Klüter gelten.

setzte ontologische Differenzierung von sozialer und physischer Welt »auf lingu-
istisch-sprachanalytischer Ebene reformulieren« (Hard 2002, 237). Die in der
Projektion von Sozialem auf Physis enthaltene Differenzierung von sozialer und
physischer Welt wäre dann nicht als eine Differenzierung von Welten zu begreifen, sondern als Differenzierung »von nicht (oder nur mittels naiver Prämissen
und unter großen Verlusten) ganz aufeinander reduzierbaren Diskussionen und
Sprachen, Sprach*welten* oder Welt*konstitutionen*« (Hard 2002, 237). In diesem
Sinne schlägt beispielsweise Miggelbrink (2002a) vor, Raum als ein semantisches
Konzept der Ordnung zu begreifen, »in dem Physisch-Materielles als Element der
Ordnung auftaucht, und dieser physisch-materielle Raum ist seinerseits etwas Se-
mantisches« (ebd., 344).

Die Projektion sozialer Systeme auf physische Umwelt wäre dann weniger als
eine Einschreibung sozialer Differenzen in eine physische Realität zu begreifen,
sondern vielmehr als eine semantische Verschmelzung von ›Physischem‹ und ›Sozialem‹ im Rahmen von Bezeichnungs- und Beschreibungspraktiken. Raumabstraktionen wären dann Produkte einer ›räumelnden‹ Sprache, d. h. eines Sprach-
gebrauchs, in dem Soziales in räumlichen Kategorien gefasst und dadurch in
scheinbar unumstößlich Da-Seiendes verwandelt wird. Solche Verschmelzungen
kennzeichneten typischerweise den alltäglichen Sprachgebrauch:

> »In der Umgangssprache schleppen Wörter für Soziales fast immer räumliche Konnota-
> tionen mit sich (und Wörter für Physisch-Materielles soziale Konnotationen)« (Hard
> 1999, 147).

Ein besonderes Merkmal der Semantik der Umgangssprache ist gemäß Hard, dass
in ihr soziale Phänomene als physisch-materielle Gegenstände auftreten und physisch-materielle Gegenstände als soziale Phänomene. In den räumlichen Begriffen
der Alltagssprache seien Phänomene »von äußerster Heterogenität« miteinander
verklebt (ebd.). Dadurch werde jene »semantische und ontologische Differenz«
(ebd.) gelöscht, die die Welt in (mindestens) zwei Welten mit je einem anderen
»ontologischen Aggregatzustand« teilt (ebd., 134): Körper/Geist, Natur/Kultur,
physisch-materielle vs. mentale oder soziale Welt. In der Alltags- oder Lebenswelt
lebe man »die meiste Zeit mehr oder weniger erfolgreich in einem ontologischen
Slum (…)« (Hard 1998, 250).

Dieser sprachanalytische Befund (einer semantischen Verschmelzung von
ontologisch heterogenen Phänomenen) setzt aber voraus, dass soziale und physische Welt ›eigentlich‹ voneinander getrennt sind und daher unterschieden werden
müssen. Auch auf dem linguistisch-sprachanalytischen Umweg landet man also
wieder an einer »Variante des vielgenannten ›cartesianischen Abgrunds‹, der unter unterschiedlichsten Namen durch die Welt geht« (ebd., 148). Wenn man diese
semantische Differenz weder löschen noch als ontologisch gedachte Einteilung des
Seins voraussetzen möchte[187], dann drängen sich weitergehende Fragen nach ihrer

---

187 Die Systemtheorie enthält sich ontologischer Aussagen über die Welt oder über Einteilungen
     derselben in Welten mit unterschiedlichen ontologischen Aggregatzuständen, weil die er-
     kenntnistheoretischen Bedingungen solcher Aussagen ein Blick ›von außen‹ auf die Welt wä-

kommunikativen Funktion auf. Diese Fragen betreffen insbesondere Divergenzen zwischen wissenschaftlichen und nicht-wissenschaftlichen, alltäglichen Sprachwelten.

Alltag, Wissenschaft und räumliche Semantik

Ein sozialwissenschaftlicher Gemeinplatz besagt, dass durch die Verräumlichung des Sozialen der Anschein entsteht, soziale Unterschiede würden »aus der Natur der Dinge« hervorgehen (Bourdieu 1991, 26). Das betrifft vor allem die Alltagssprache, in der Soziales und Physisch-Materielles, Bedeutungen und Gegenstände, Gesellschaft und Raum leicht zu »sozial-materiellen Ganzheiten« verschmelzen (Werlen 1993a, 58). Auch die Orientierungswirkung von Raumabstraktionen ist laut Klüter (1999, 210) dann am größten, wenn »das Soziale so objektiv erscheint wie das Physische«. Die ungebrochene Attraktivität von Raumsemantiken beruht, wie Hard (1999, 156) ergänzt, nicht zuletzt darauf, dass sie »fast bei jedem Gebrauch spontan ontologisiert werden« und dadurch in der Lage sind, »Nichträumliches (z. B. Soziales) als räumlich-materiell Fixierbares, Verankertes, Bedingtes, Verursachtes, Steuerbares, ja als etwas weitgehend bis ganz und gar Räumliches oder Physisch-Materielles erscheinen zu lassen und es illegitimerweise mit größerer Objektivität, zusätzlichem Wirklichkeitsgewicht und einer Art von Unhintergehbarkeit auszustatten.«

Da durch diese Verortungen scheinbar objektive Ordnungen erzeugt sowie Handlungs- und Kommunikationsbeziehungen in vielerlei Hinsicht strukturiert werden, stellen Raumsemantiken ein formidables Forschungsobjekt für die Sozialgeographie dar. Eine sozialwissenschaftliche Geographie, die sich vor diesem Hintergrund mit »der Analyse, Kritik und Rationalisierung von ›Raumabstraktionen‹« (ebd., 157) befasst, befände sich laut Hard »auf der Höhe der Zeit« (ebd.). Unabdingbare Voraussetzung dafür sei jedoch die konsequente Unterscheidung von Sozialem und Physischem durch die Theorie. Wenn man diese Differenz innerhalb der Theorie zu schließen versuche, indem man »unter der Hand auf eine Sprache zurückgreift, die diese Kluft unsichtbar macht: zum Beispiel Alltags-, Literatur- und Bildungssprache« (ebd., 139), dann könne der Anschluss an sozialwissenschaftliche Theorie nicht gelingen.[188] Dieses Problem der Anschlussfähigkeit betrifft genau besehen zweierlei: zum einen den Anschluss an *sozial*wissen-

---

ren – ein Blick, der jenen Standpunkt erfordert, der »traditionell einem omnipräsent-allwissenden Gott vorbehalten war (und denen, die sich mystisch-fromm oder luziferisch-vermessen, zu Gott erhoben)« (Hard 2002, 286).

188 Aktuelle und aktuellste Formen einer onto-semantischen Verkleisterung von ›Physischem‹ und ›Sozialem‹ vermutet Hard (1999) in den Versuchen, Landschaftsökologie, Humanökologie oder »etwas Ähnliches aus der Alltags- und Wunderwelt der Hybriden« (ebd. 140) über dieser Kluft einzurichten, um so den Riss zwischen Sozial- und Naturwissenschaften (der ja im Falle der Geographie mitten durch die Disziplin geht) zu heilen. Vgl. dazu Zierhofers Skizze einer »Geographie der Hybriden«, die darauf abzielt, »physische Geographie und Humangeographie stärker zusammenzuführen« (Zierhofer 1999, 1).

schaftliche Theorie in Abgrenzung von naturwissenschaftlicher Theorie und zum anderen die Produktion von sozial*wissenschaftlichem* Wissen in Abgrenzung von ›vor-wissenschaftlichem‹, alltäglichem Wissen.

In Bezug auf die erste Abgrenzung/Anschließung macht Hard geltend, dass der Anschluss an sozialwissenschaftliche Theorie nur gelingen kann, wenn Raum »nach seiner sozialen Bedeutung, also gerade nicht als physisch-materielles Phänomen, verstanden und beschrieben wird« (ebd.); denn in allen »nennenswerten sozialwissenschaftlichen Theorien« sei die soziale Welt keine physisch-materielle Welt, »und nennenswerte Theorien der Gesellschaft handeln nicht von materiellen Gegenständen« (ebd., 140). Auf der Seite der Wissenschaft, im wissenschaftlichen Sprachgebrauch, tue sich nämlich – wenn man »intellektuell nicht ganz unsensibel für theoretische Klüfte und Verwerfungen« sei – zwischen sozialer und physischer Welt eine Kluft auf, die »mit sozialwissenschaftlichen Mitteln kaum mehr überbrückbar« scheint (ebd., 139). Mit dieser ›Autonomieerklärung‹ wird nicht, wie Stichweh (2003, 94) vermutet, die soziale Relevanz des Raums bestritten. Vielmehr wird hervorgehoben, dass jede Kommunikation, die auf einen gesellschaftsexternen Raum referiert, diese »Exteriorität oder Externalität« *in* der Kommunikation unterstellt. Aus sozialtheoretischer Sicht von Belang »ist dabei nicht, ob dieser fremdreferentielle Wortgebrauch eine wirkliche Umweltstruktur beschreibt, sondern nur, dass und warum hier einem bestimmten umgangssprachlichen Wort der deutschen Sprache (nämlich ›Raum‹) Fremdreferenz zugesprochen wird« (Hard 2002, 285). Vor dem Hintergrund der Systemtheorie sind ein ›An-Sich‹ außerhalb der Gesellschaft und ein gesellschaftsexterner Raum Konstrukte der Kommunikation über die Umwelt. Die Beobachtung von Prozessen in der physisch-materiellen Welt ist nach diesem Verständnis nur durch einen Systemwechsel möglich, mit dem ein Sprachwechsel einher geht: der Übergang »von einem sozialwissenschaftlichen zu einem naturwissenschaftlichen Sprechen« (Hard 1999, 139).

Die Verfügbarkeit der Unterscheidung von Sozialem und Physisch-Materiellem markiert gleichzeitig die Wissenschaft und wissenschaftliche Theorie in Abgrenzung von Alltag und alltäglicher Sprache. In der Semantik der Umgangssprache erscheinen »soziale Phänomene (...) auch als physisch-materielle Gegenstände (und umgekehrt)« (Hard 1999, 147). Worte wie ›Kulturlandschaft‹, ›Industrieregion‹ oder ›Stadtraum‹ bezeichneten in der Alltagssprache ununterschieden Ausschnitte des physisch-materiellen Raums *und* des soziales Geschehens. Solche Aussagen könne man »als (material)analytische, d. h. als im gegebenen Sprachrahmen tautologische Aussagen auffassen, die die Semantik der Umgangssprache explizieren« (ebd., 147). Sie stellen alltagssprachliche Repräsentationen des ›erlebten Raums‹ dar, der »von der Wahrnehmung her ein ganzheitliches Amalgam [ist], in dem Elemente der Natur und der materiellen Kultur, Berge, Seen, Wälder, Menschen, Baulichkeiten, Siedlungen, Sprache, Sitten und Gebräuche sowie das Gefüge sozialer Interaktion zu einer räumlich strukturierten Erlebnisgesamtheit, zu einem kognitiven Gesamtkomplex verschmolzen sind« (Weichhart 1999, 81). Physisches bezeichnet darin oft Soziales, und Soziales steht umgekehrt auch für das Physische.

Nach demselben Muster sind die Begriffe der traditionellen Geographie gestrickt. So enthält beispielsweise die ›Kultur-Landschaft‹ der traditionellen Geographie die Einheit von Kultur und Landschaft in beiden Teilen des Kompositums. Fatal wirke sich diese semantische Verschmelzung von Sozialem und Physischem aus, wenn man den »Schutzraum sprachbürtiger Gewissheiten« (Hard 1999, 145) verlässt und sie ungebrochen in sozialwissenschaftliche Sprache und Theorie übernimmt. Außerhalb ihrer sprachlichen Herkunft seien solche Konstrukte bestenfalls »common sense-Hypothesen, die allerdings forschungslogisch die Tendenz haben, sich zu unerschütterlichen Überzeugungen auszuwachsen« (ebd., 147). Sie stellen, wie Hard an gleicher Stelle betont, für die wissenschaftliche Einstellung »ein Prototyp des ›obstacle épistémologique‹« (ebd.), also ein Erkenntnishindernis im Sinne Bachelards dar.

Hards Einwand, dass die Sozialgeographie keinen Anschluss an sozialwissenschaftliche Theorie findet, solange sie »die Semantik des ›altgeographischen Raumes‹« (ebd., 140) beibehält, betrifft in diesem Sinn die *Wissenschaftlichkeit* von sozialgeographischen Beobachtungen. Bestritten wird also, dass mit dieser Raumkonzeption »*wissenschaftlich* interessante *geographische* Aussagen oder gar Forschungsprogramme gewonnen werden könnten« (ebd., 144). Vor dem Hintergrund einer auch ontologisch gedachten Einteilung der Welt vertritt Hard den Standpunkt, dass durch die Verräumlichung des Sozialen in der Sozialwissenschaft »der metaphysische Riss« zwischen sozialer und materieller Welt »auf etwas zu schlichte, theorieferne, reflexionslose und alltägliche Weisen geheilt« werde (ebd., 148). Semantische Verräumlichungen des Sozialen sind nach dieser Auffassung Bestandteile vorwissenschaftlicher, alltäglicher Sprachpraxis und, wenn sie in sozialwissenschaftlichen Theorien auftauchen, Merkmale unzureichender Differenzierung oder reflexionsloser Entdifferenzierung von Sozialem und Physischem.

Vor diesem Hintergrund eröffnen sich einer sozialwissenschaftlichen Geographie, die mit der Unterscheidung von Physischem und Sozialem beobachtet, zwei Themenfelder. Das eine besteht aus den alltäglichen oder alltagssprachlichen Verräumlichungen und Verdinglichungen sozial-kultureller Differenzen. Unter diesem Gesichtspunkt werden in der gegenwärtigen Sozial- und Kulturgeographie unterschiedlichste Formen des signifikativen oder symbolischen ›Geographie-Machens‹ »vom Klassenzimmer bis zum Kanzleramt« (Lossau 2002a, 131) beschrieben und ›entzaubert‹.[189] Das andere umfasst die unzureichende Differenzierung oder die Entdifferenzierung von sozialer und physischer Welt durch wissenschaftliche Beobachtungen und Beschreibungen. Im Blickfeld dieser Theoriekritik liegen essentialistische Auffassungen sozialer und kultureller Differenzen/Entitäten, die der unreflektierte Import ›vor-wissenschaftlicher‹ Raumbegriffe mitführt.[190] Vor dem Hintergrund der Systemtheorie bietet sich eine weitergehende Dekonstruktion der Raumbegriffe sozialwissenschaftlicher Beobachtung und Be-

---

189 Das ist z. B. das Programm der *critical geopolitics*, die mit »dekonstruktiv-rekonstruktiven Mitteln« (Lossau 2002b, 73) die alltäglichen Strategien analysiert, »im Rahmen derer die vermeintlich natürliche internationale Ordnung immer wieder aufs Neue unhinterfragt (re-)produziert wird« (ebd., 78). Vgl. auch Wolkersdorfer (2001).

190 Vgl. speziell zur wissenschaftlichen Konzeption von ›Regionen‹ Miggelbrink (2002b).

schreibung an. Sie zielt auf die Operationen sinnverarbeitender (sozialer und psy-chischer) Systeme, in denen Raum als »Schema der Verschiedenheit des Gleich-zeitigen« (Fuchs 2000, 44) fungiert. In *Soziale Systeme* bemerkt Luhmann, Raum werde dadurch konstituiert, »dass man davon ausgeht, dass zwei verschiedene Dinge nicht zur gleichen Zeit die gleiche Raumstelle einnehmen können« (Luh-mann 1984, 525). Diese Vorstellung ist eine Leistung sozialer Systeme, die in zwei-erlei Hinsicht der Widerspruchsvermeidung dient: Sie ermöglicht einerseits klar Grenzziehungen, »in Bezug auf die alles auf der einen oder auf der anderen Seite und nichts auf beiden Seiten zugleich ist« (ebd.); und sie eröffnet andererseits die Möglichkeit, Elemente in einer Spanne zwischen zwei Extrempunkten durch ein Verhältnis von Nähe und Ferne zu ordnen.[191] In beiderlei Hinsicht ist Raum nicht die Bedingung der Möglichkeit von Unterscheidungen – etwa ein physisches Sub-strat, in das Unterschiede eingekerbt werden – sondern das Implikat einer Unter-scheidung.

Aus dem Beobachtungstheorem der Systemtheorie geht hervor, dass nichts bezeichnet werden kann, was nicht (von allem anderen) unterschieden wird, ge-nauer: dass mit jeder Bezeichnung bereits eine Unterscheidung eingesetzt hat.[192] Außerdem müssen Beobachtungen als systeminterne Operationen verstanden werden; Sinnsysteme prozessieren die Unterscheidung von System und Umwelt nur im System und nie in der Umwelt. Der Einbau dieser beobachtungstheoreti-schen Komponenten in die Systemtheorie mündet, wie oben dargestellt, in der pa-radoxen Konstellation, dass das System sowohl die eine Seite der Unterscheidung System/Umwelt ist, als auch die Einheit, die diese beiden Seiten inszeniert. Das System lässt sich genau genommen nicht auf eine Seite der Unterscheidung Sys-tem/Umwelt reduzieren, denn die Umwelt ist Voraussetzung für das System, wel-ches durch Abgrenzung von der Umwelt entsteht, welche selbst durch die im Sys-tem produzierte Differenz System/Umwelt entsteht. Die Produktion von System und Umwelt muss als scheinbar unauflösbare Koproduktion gedacht werden. System und Umwelt müssten als ›Zugleich‹ aufgefasst werden. In der Systemtheo-rie hat man es demzufolge stets mit der Differenz von System und Umwelt zu tun, wobei »der Einheitsbegriff des Systems der Begriff dieser Differenz ist« (Fuchs 2001a, 15).[193]

Der Versuch, das System und die Umwelt als unterschiedene Einheiten zu fas-sen, ist, wie Fuchs mit Blick auf die Operationen des Bewusstseins demonstriert, identisch mit dem Versuch »Gleichzeitigkeit von Verschiedenem zu denken« (Fuchs 2000, 44). Er erzwingt jene Vorstellung vom Raum, »in dem das Verschie-dene an verschiedenen Stellen lagert« (ebd.). Bei dieser räumlichen Entparadoxie-

---

191 Vgl. Gren/Zierhofer 2003, 623.
192 Vgl. Kapitel 5.
193 Man mag sich in dieser Situation mit dem Term ›System/Umwelt‹ behelfen. Zu bedenken ist aber, dass das System die Einheit ist, die diese beiden Seiten unterscheidet, die aber ohne die beiden Seiten keine Einheit wäre. Daher: »Das System residiert in der Barre, aber (...) die Barre ist kein Objekt, und sie ist auch nicht die Bezeichnung eines Objekts. Sie ist das Zeichen für eine vom Beobachter zerlegte Einheit, der das, was er beobachten will (das System) nicht als Einheit zu Gesicht bekommt, sondern nur als Differenzseite« (Fuchs 2003b, 214f.).

rung der System/Umwelt-Konstellation wird die Koproduktion von System und Umwelt zeitlich gedehnt, so dass sich für einen (Fremd-)Beobachter, der »in oszillierenden Sequenzen System und Umwelt reifiziert« (ebd., 61), nacheinander das Innen in Abhängigkeit vom Außen und das Außen in Abhängigkeit vom Innen entfalten.[194] Die Paradoxie der Koproduktion von System und Umwelt wird handhabbar, wenn System und Umwelt auf zwei Räume verteilt werden, die man nacheinander ansteuern kann. Was gleichzeitig existiert (System und Umwelt), als gleichzeitig Verschiedenes jedoch nicht beobachtet werden kann, wird als räumlich Getrenntes behandelt und nacheinander in den Blick genommen:

> »Die Paradoxie ist traktabel, weil sie die Gleichzeitigkeit von Innen und Außen in eine Sequenz des Entwurfs des Innen in Abhängigkeit vom Außen und des Außen in Abhängigkeit vom Innen entfaltet. Nach dem Motto ›Erst mal gucken, dann mal sehen‹ bearbeitet man nacheinander, was man gleichzeitig nicht beobachten kann, aber als gleichzeitig dennoch voraussetzen muss« (Baecker 1990, 86).

Dabei ›kondensiert‹ das System als Objekt, wenn man auf die eine Seite der Unterscheidung achtet, und die Umwelt, wenn man die andere Seite anvisiert. Das ›Zugleich‹ von System und Umwelt entzieht sich durch dieses Oszillieren des Beobachters[195] dem Blick, dafür entfalten sich nacheinander das System auf der einen Seite und die Umwelt auf der anderen. Dieses Hinundherwechseln von Innen nach Außen, von Hüben nach Drüben, ist an eine Metaphorik des Raums gebunden, die das auseinander zu halten vermag, was räumlich und zeitlich nicht zusammenfallen darf – System und Umwelt –, weil sonst das Unterschiedene dasselbe wäre.

Die beobachtungsleitende Differenz der Systemtheorie (System/Umwelt) ist ohne Raummetaphorik – ohne Distanz, Lücke, Bruch oder Grenzziehung zwischen der einen Seite und der anderen – kaum vor-/darstellbar.[196] Man werde den Raum, wie Drepper (2003, 106) bemerkt, »trotz aller Bemühungen, Elemente bzw. Operationen über die Zeit zu definieren, nicht ganz los.« Raum ist (ebenso wie Zeit) in jeder unterscheidungsabhängigen Beobachtung enthalten als »ein Schema, mit dem das System sich selbst und anderes beobachten kann« (Luhmann 1990a, 104).[197] Das gilt insbesondere für den Beobachter, der Systeme beobachtet und dabei Systeme als irgendwie umrissene Einheiten beschreibt, der, mit anderen Worten, ein System als ein isoliertes Etwas begreift, das sich beobachten und beschrei-

---

194 Vgl. Baecker (1990, 86).

195 Dieser oszillierende Beobachter zeigt sich einem anderen Beobachter, »wenn ihm diese Oszillation ebenfalls unterstellt werden kann von einem Beobachter, für den dasselbe gilt etc.« (Fuchs 2001a, 17).

196 Mit Blick auf die Systemtheorie und andere differenztheoretische Positionen bemerkt Baecker (1990, 74): »Der Raum stellt eine Herausforderung für jedes Denken dar, insbesondere für ein an Differenzen und Relationen, Auflösungen und Rekombinationen interessiertes Denken.«

197 Der Theorie sozialer Systeme liegt ein Denken zu Grunde, das mit Fug und Recht als ›räumliches Denken‹ bezeichnet werden kann: Ein ›echtes räumliches Denken‹ ist, wie Esposito bemerkt, »nicht dasjenige, das über Raum reflektiert, sondern dasjenige, das räumlich strukturiert ist« (Esposito 2003, 36).

ben lässt. Das Bild, das diese Beobachtung und Beschreibung erzeugt, ist immer ein räumliches. Es zeigt das System als eine Art Schachtel in einer Schachtel (der Umwelt) in einer Superschachtel (der Welt). Diese Beobachtung von Systemen (durch einen Beobachter, der selbst ein System ist und Fremd- und Selbstreferenz sukzessive einsetzt) stützt sich auf eine »Quasi-Ontologie der Raummetapher« (Fuchs 2003a, 27), die es zulässt, Systeme und Subsysteme zu identifizieren, System- und Umweltreferenzen anzugeben, unterschiedliche Funktionssysteme zu beobachten und Systemstrukturen oder Systembeziehungen zu analysieren.

Eine der Verräumlichung des Sozialen innewohnende Verdinglichung erfolgt so gesehen nicht erst durch die Projektion von Sozialem auf physische Umwelt. Vielmehr ist die theoretische Arbeit mit Systemen selbst an Raumvorstellungen gebunden, mittels derer das System als Differenz (System/Umwelt) entzweit und in Einheiten dieser Differenz (System *und* Umwelt) zerlegt wird. Die Verdinglichung besteht schon darin, dass auf diese Weise Systeme (die Gesellschaft oder Funktionssysteme in der Gesellschaft) als isolierte Objekte herauspräpariert und als Einheiten angesteuert werden. Das betrifft die funktionale Differenzierung von gesellschaftlichen Teilsystemen und Systemtypen ebenso wie die ›offenkundig‹ räumliche Einteilung von Gesellschaft in Nationalstaaten, Regionen oder Kulturkreise.[198] Mit dem Beobachter, der System und Umwelt in Einheiten zerlegt, um das, was er beobachten will als eine Differenzseite zu Gesicht zu bekommen, schleicht sich eine Art ›Container-Metapher‹ in die Semantik der Beschreibung von Systemen ein. Dementsprechend werden beispielsweise die Teilsysteme der Gesellschaft (auch jenseits explizit physisch-räumlicher oder territorialer Projektionen) als Felder in einem Feld (der Gesellschaft) in einem Superfeld (der Welt) beschrieben.[199]

Bei dieser Strategie der Verräumlichung wird die Welt als eine Art Behälter oder unendlicher Umkreis vorausgesetzt, in dem als ein bezeichneter Raum die Umwelt enthalten ist, von der man das System (die Gesellschaft) als ein darin enthaltener Behälter von Teilsystemen subtrahieren und dementsprechend Grenzen, Überschneidungen, Interdependenzen etc. angeben kann. Vieles von dem, »was auf dem Markt der Systemtheorie gehandelt wird«, gewinnt, wie Fuchs (2000, 43) vermutet, »seine Solidität, seine Attraktion eben dadurch (…), dass in der Idee des Abzugs (…) ein Rest von Ontologie, von Substanzdenken überwintert.«[200] Die räumliche Konfiguration von System und Umwelt enthält eine Tendenz zur Verdinglichung der Systeme und Subsysteme, die durch Subtraktion von der Umwelt und weitere Subtraktion von Systemen generiert werden.

---

198 Vgl. Lossau/Lippuner (2004).

199 Man könne, wie Fuchs (2000, 43) bemerkt, bei den meisten Versionen der Anwendung der Theorie sozialer Systeme geradezu von einem »mengentheoretischen Systemsyndrom« sprechen: »Das System ist die Menge, die bleibt (die einen in sich zurücklaufenden Rand stabilisiert), wenn die Umwelt von der Weltmenge entfernt wird. Die Systemmenge liegt wie die Umweltmenge in der Weltmenge: Viele Kreise liegen in vielen Kreisen in einem Superkreis (…)« (ebd.).

200 Wohin die Suche nach Fällen der Verwischung der Klarheit des Innen/Außen führt, zeigt Fuchs (2001a, 28ff.).

Bei allen Versuchen der Veranschaulichung des Systembegriffs und der System/Umwelt-Differenz kommt eine räumliche Semantik ins Spiel, die einen ontologischen Überhang besitzt, der »der operativ-zeitlichen Grundintention des Systembegriffs schwer zu schaffen« macht (Drepper 2003, 106). Das betrifft das Zentrum der Theorie – den Systembegriff – wie auch die These, die Gesellschaft sei das *umfassende* Sozialsystem, das alle Sozialsysteme *einschließt*. Diese führt im *Umfassen* und *Einschließen* eine problematische Raumimplikation mit, die dem Beobachter zweiter Ordnung verdächtig vorkommen muss. Zumindest klingt es, wenn man die theoretischen Vorgaben genau nimmt, merkwürdig, zu sagen, die Gesellschaft sei selbst etwas, das von einer Umwelt umgeben in der Welt liegt.

Fuchs (2001a, 108ff.) führt eindrucksvoll vor, wie mit Luhmanns Theorie dieses Bild von einer geordneten Welt, in der die Systeme ihre Orte haben (oder wie Dinge herumliegen), unterlaufen und enträumlicht werden kann, weil die Systemtheorie das *Umfassende* des Sozialsystems Gesellschaft nicht auf eine Gesamtheit von Teilen bezieht, sondern auf den Anschluss von Kommunikation an Kommunikation. Gemäß Luhmann ist Kommunikation die Letzteinheit sozialer Systeme.[201] Die Autopoiesis sozialer Systeme besteht in der Produktion von Kommunikation aus Kommunikation, und die ›Außengrenzen‹ des Sozialen sind die Grenzen der Kommunikation. Mit anderen Worten: Kommunikation ist das, worin alle sozialen Systeme überein kommen. Die Aussage, Gesellschaft sei das umfassende Sozialsystem, würde demnach ausdrücken, dass Kommunikationen – unabhängig von ihrem Gehalt – genau eines sind: nämlich Kommunikation. Kommunikation als *gesellschaftlich* auszuweisen, würde besagen, dass Kommunikation kommunikativ sei. Gesellschaft wäre dann nichts anderes als ein »Verdoppelungsbegriff«, der nur das ›Beobachten-als-Kommunikation‹ bezeichnen würde im Unterschied zum ›Nicht-Beobachten-als-Kommuniktation‹ (Fuchs 2001a, 111).[202] Das lässt sich daraufhin zuspitzen, dass Kommunikation insofern gesellschaftlich ist, als sie sich vollzieht und etwas bedeutet, unter Absehung davon, was sie besagt, wovon sie handelt und worüber sie spricht:

> »Gesellschaftlich ist Kommunikation ausschließlich unter dem Aspekt *keiner speziellen Bedeutung* oder besser: unter Ausschluss überhaupt jeglicher Bedeutung außer der, dass Kommunikation immer etwas bedeutet (…). Weder das Material, in dem sie sich vollzieht, noch die Fremdreferenz, die sie artikuliert, ist entscheidend, sondern nur: *dass* sie sich vollzieht und etwas bedeutet und besagt für weitere oder vergangene Kommunikationen. (…) Jede Kommunikation ist, so könnte man auch sagen, gesellschaftlich, wenn sie beobachtet wird: als Geplapper« (ebd., 112).[203]

---

201 Vgl. Kapitel 5.

202 Vgl. Fuchs (2001a, 111): »Gesellschaft wäre dann der (…) nicht sehr elegante Ausdruck dafür, dass es Kommunikation gibt. Von Gesellschaft reden hieße: von Kommunikation reden. (…) Gesellschaft wäre nichts weiter als ein Verdoppelungsbegriff, die Bezeichnung dafür, dass es einen Unterschied zwischen einer Existenz und einer Nichtexistenz gäbe, zwischen einem *Beobachten-als-* und einem *Nicht-Beobachten-als-Kommunikation.*«

203 Das entspricht einer Präzisierung Luhmanns, der in Bezug auf die Äußerung, dass »nur Kommunikationen und *alle* Kommunikationen zur Autopoiesis der Gesellschaft beitragen« (Luhmann 1998, 90), erklärt: »Kommunikationen wirken autopoietisch insofern, als *ihr Unter-*

Wenn es um Gesellschaft geht, hat man es demnach mit der Abstraktion von jeder speziellen Thematik in der Kommunikation zu tun. Kommunikation ist gesellschaftlich, insofern sie indifferent ist gegenüber der Aktualisierung spezieller ›Sinngehalte‹ durch Information, Mitteilung und Verstehen. Was die Kommunikation gesellschaftlich macht, ist die Indifferenz der differenzierenden Operationen der Kommunikation. Und erst eine Beobachtung der Kommunikation auf diese Indifferenz hin würde Gesellschaft ›sichtbar‹ machen. Eine Theorie der Gesellschaft müsste also eine Theorie dieser Abstraktion sein, könnte dann aber keine Theorie dessen sein, was in der sozialen Kommunikation über Gesellschaft gesagt wird, weil keine Kommunikation themenfrei als bloßes ›Vorkommen‹ vorkommt. Jeder Gesellschaftsbegriff, der etwas unterscheidet und bezeichnet, besäße jene Sinnspezifik, die Gesellschaft ausblendet, wenn Gesellschaft »der totale Abzug allen konkreten (kommunikativ prozessierten) Sinns« ist (ebd., 137).[204] Fuchs behilft sich in dieser Situation mit vielfachen Durchstreichungen und schreibt über die ~~Gesellschaft~~:

> »Die Gesellschaft (die wir uns als durchkreuzte präsent halten) ist mithin deswegen vollständig, weil sie im Blick auf Fremdreferenz absolut indifferent gedacht wird. Jede Besonderung, Lokalisierung, Konkretisierung kommunikativer Prozesse setzt Gesellschaft voraus (überall geschieht dasselbe, etwas Soziales ereignet sich), aber in dem Moment, in dem diese Besonderungen, Lokalisierungen, Konkretisierungen analysiert werden, verschwindet die Referenz: Gesellschaft. Statt dessen erscheint die Spezifik von Sinngebrauch – die Jeweiligkeit und Jemeinigkeit jeder sozialen Operation« (ebd., 115).[205]

Gesellschaft müsste gestrichen präsent gehalten werden, weil sie, so gesehen (oder eben: so nicht-gesehen) kein Objekt darstellt, das einen Raum ausfüllt, einen Ort hat oder als Umhüllung alle Funktionssysteme einfasst: »Sie ist nicht etwas wie der Raum aller Räume, der sich eines Tages bis zu den Aliens ausdehnen wird« (ebd., 165). Vielmehr wäre sie »eine absolut abstrakte Perspektive« (ebd., 137), unter der

---

schied keinen Unterschied macht. Dass kommuniziert wird, ist in der Gesellschaft mithin keine Überraschung, also auch keine Information. (…) Andererseits ist Kommunikation gerade das Aktualisieren von Information. Mithin besteht die Gesellschaft aus dem Zusammenhang derjenigen Operationen, die insofern keinen Unterschied machen, als sie einen Unterschied machen« (ebd.).

204 Um als Theorie überhaupt in Gang und später trotzdem zu einer Gesellschaftstheorie zu kommen, startet die Theorie Luhmanns mit einer Minimalontologie, mit dem Satz oder besser der Setzung: ›Es gibt Systeme‹, von der aus Zweifel und (erkenntnis-)theoretische Rechtfertigungen entwickelt werden können, bis hin zu der Einsicht, dass das System nicht zweifelsfrei als eine Seite der Unterscheidung System/Umwelt herauspräpariert und Gesellschaft als das umfassenden Sozialsystem nicht ohne eine theoretisch unbefriedigende Verdinglichung angesteuert werden können.

205 Die Theorieprobleme, die sich daraus ergeben, dass man es bei der Gesellschaft (unter diesen Vorgaben) mit einem ›Un-jekt‹ oder ›Un-Ding‹, einer nicht-bezeichenbaren Unterscheidung (weil die Spezifik jeder Unterscheidung die Unspezifik der Gesellschaft verfehlt), einer »monströsen Unterscheidung« (Fuchs 2001a, 121) zu tun hat, finden sich auch in anderen Theorien. Fuchs diskutiert in diesem Zusammenhang Derridas différance und das Bild des Rhizoms bei Deuleuze und Guattari. Vgl. Fuchs (2001a, 115-137), Derrida (1990) und Deleuze/Guattari (1977).

›sichtbar‹ wird, was gesehen werden kann unter Absehung von jeder spezifischen Sinnaktualisierung. Unter dem Gesichtspunkt ›Gesellschaft‹ beobachten, hieße: Wegsehen von allem, was auf bezeichnende Operationen zurückzuführen wäre. Gesellschaft kann demzufolge nicht adressiert werden:

> »Die Gesellschaft hat keine Adresse. Sie ist auch keine Organisation, mit der man kommunizieren könnte« (Luhmann 1998, 866).[206]

Ebenso wenig kann man sich an gesellschaftliche Funktionssysteme wenden. Wenn Gesellschaft kein ›räumliches Gebilde‹ sein soll, dann kann auch die funktionale Differenzierung der Gesellschaft nicht als Ein- oder Ausschachtelung von Funktionssystemen gedacht werden. Die Differenzierung der Gesellschaft, die nach systemtheoretischem Verständnis wechselseitige Beobachtungsverhältnisse von Systemen betrifft, dürfte demzufolge nicht als räumliche Konstellation von Beobachtern (Systemen) verstanden werden.

Eine nach systemtheoretischen Vorgaben ›enträumlichte‹ Vorstellung von Differenzierung scheint möglich, wenn man davon ausgeht, dass im Rahmen von Beobachtungen das Bezeichnen von etwas »nicht das Zugreifen auf einen Kanon möglicher Unterscheidungen« ist (Fuchs 2001a, 147). Beobachtung als ›Unterscheiden-und-Bezeichnen-in-einer-Operation‹ impliziert, dass der Kontext von Unterscheidungsmöglichkeiten erst durch die Unterscheidung aufgespannt wird. Differenzierung wäre dann zu begreifen als »die durch das Bezeichnen-von-etwas gleichsam illuminierte Differenz, die durch den Kontext der Bezeichnung situiert ist und selbstverständlich den Kontext situiert« (ebd.). Wobei entscheidend ist, »dass die illuminierte Differenz (...) sozusagen nicht im Dunkeln lauerte, vorher da war, sondern durch die Bezeichnung aktualisiert wird, und wiederum nicht: aus einem Bestand heraus, der ohne Bezeichnung in irgendeiner Weise eine Existenz hätte« (ebd.). Das scheint in der Tat die Konsequenz der Erörterungen Luhmanns zu sein, denn die soziale Operation, die Beobachtungen prozessiert, ist nach systemtheoretischem Verständnis Kommunikation, und für Kommunikation gilt nach Luhmann:

> »Kommunikation ist Prozessieren von Selektion. Sie selegiert freilich nicht so, wie man aus einem Vorrat das eine oder das andere herausgreift. Diese Ansicht würde uns zur Substanztheorie und zur Übertragungsmetaphorik zurückbringen. Die Selektion, die in einer Kommunikation aktualisiert wird, konstituiert ihren eigenen Horizont; sie konstituiert das, was sie wählt, schon als Selektion, nämlich als Information. Das, was sie mitteilt, wird nicht nur ausgewählt, es ist selbst schon Auswahl und wird deshalb mitgeteilt« (Luhmann 1984, 194).

---

206 »Niemand kann sich an sie wenden, Briefe an sie schreiben, sie haftbar machen, verurteilen oder feiern« (Fuchs 2001a, 162). Das kann man gerade an den Fällen bestätigt sehen, in denen es (durch Beobachtung erster Ordnung) getan wird – etwa wenn es heißt, die Gesellschaft oder die gesellschaftlichen Verhältnisse seien an diesem oder jenem ›schuld‹. Wie leicht zu sehen ist, hat man es in solchen Fällen mit Äußerungen zu tun, die sozial funktionieren aber keinen Sachverhalt treffen.

Beobachten als ›Unterscheiden-und-Bezeichnen-in-einem‹ bedeutet, dass die unterscheidende Bezeichnung »mit sich selbst ihren Auswahlbereich« markiert (Fuchs 2001a, 151). Die Differenzierung von Beobachtungsverhältnissen beruht nicht auf vorgefertigten (räumlichen) Einteilungen, die diskrete ›Sinnbezirke‹ abstecken würden. Differenzierungen müssten als »Differenzen-in-Betrieb« (ebd.) gedacht werden, die das Differenzierte und das Medium des Unterscheidens mit jeder Operation der Differenzierung (Bezeichnung) aufschlagen. Medien dürfen demzufolge nicht als vorliegende Komplexe (oder Ansammlungen) von lose gekoppelten Elementen aufgefasst werden, die »in irgendwelchen Ecken herumlungern und auf ihren Gebrauch warten« (ebd., 151). Sie entstehen mit dem operativen Einsatz einer Zweiseitenform durch einen Beobachter:

> »Was als Medium in Betracht kommt, diskriminiert sich an einer Form, die ein Beobachter inszeniert« (ebd.).

Medien sollten also nicht als Räume formgleicher Elemente gedacht und so zu etwas ›Da-Seiendem‹ hypostasiert werden. Das betrifft insbesondere die Kommunikationsmedien (Wahrheit, Recht, Geld etc.), die durch die binären Zentralcodes der Funktionssysteme (wahr/unwahr, recht/unrecht etc.) gebildet werden.[207] Diese Codes leisten eine weitgehend enträumlichte Differenzierung, weil durch ihre Aktualisierung eine »Totalität des *Entweder/Oder*« (ebd., 161) entsteht, die nicht einem umfassenden Raum geschuldet ist, sondern der Oszillation zwischen den beiden Werten und der Gefangenschaft in diesem Schema. Sie lassen nur »internes Kreuzen der Seiten« zu und gestatten »keinerlei Weltimport oder Korrektur durch Weltereignisse über dieses Kreuzen hinaus« (ebd., 160). Binäre Codes sind »Totalkonstruktionen (…) ohne ontologische Begrenzung« (Luhmann 1986b, 79), weil sie je eine Welt für sich aufspannen, die nicht auf einen ›Bereich‹ der Gesellschaft begrenzt ist. Die binären Codes der Kommunikationsmedien haben keinen (irgendwie beschränkten und vorher festgelegten) Zuständigkeitsbereich, auf den sie zugeschnitten sind. Wenn sie eingesetzt werden, blenden sie je allumfassende Zuständigkeiten als Kontexturen auf.

> »Sie sind eine Art *schwarze Löcher* des Sozialen, insofern sie *Allesverschlucker* sind, aber sie können das nur sein, weil im Aufblenden der Kontextur (dies ist die Leistung der Codes) kein spezifischer Sinn von Bedeutung ist – außer der der Kontextur selbst« (Fuchs 2001a, 161).

Binäre Codes sind, nach systemtheoretischem Verständnis, ›Totalkonstruktionen‹, deren Einsatz die »Gesellschaftsweite« (ebd., 160) produziert, da sie nicht an ohnehin bestehende ›Sinnregionen‹ anschließen, sondern »in ihrer perfekten Schließung (entweder/oder)« (ebd., 161) eine je eigene Beobachtungs- und Kommuni-

---

207 Es trifft aber auch auf die Medien Sprache und Sinn zu: »Bekanntlich ist es nicht sehr fruchtbar, von einer Sprache jenseits ihres Gebrauchs (ihrer Beobachtung) zu reden, so als existiere sie unbenutzt (unbeobachtet) immer noch. Das Medium *Sinn* würde insgeheim ontologisiert, wenn man sich Sinnverweisungen jenseits eines operativen Verweises noch als *seiend* dächte« (Fuchs 2001a, 150).

kationswelt aufspannen. Die Inszenierung spezifischer Differenzierungen (wahr/
unwahr, recht/unrecht/, haben/nicht-haben etc.) kommt insofern ohne spezifischen Sinn daher, als sich die Codes nicht mit anderen Differenzen messen oder
austauschen. Als ›Differenzen-in-Betrieb‹ fungieren sie indifferent:

> »Sie funktionieren nur, indem sie löschen, was in jedem Anwendungsfall sonst noch von
> Bedeutung (was meaningful) ist. Sie sind *dieses Löschen*« (ebd.).

Die Codes enthalten keine Angaben für die Markierung einer der beiden Seiten.
Erst über Programme werden Sinnspezifizierungen, Konkretionen und (einsei-
tige) Fixierungen eingespielt.[208] Codes hingegen versorgen die Welt mit Kontingenz, indem sie »die Welten, die durch sie aufgespannt werden, für Bezeichnungen beider Werte, die sie anbieten, offen halten« (ebd., 163).[209] Binäre Codes kon-
terkarieren jede Bezeichnung mit der Möglichkeit der Aktualisierung des Gegen-
werts und verhindern damit, »dass die Funktionssysteme sich durch die Bezeichnung der immer selben Schemaseite so festfahren, dass sie einfach aufhören, weil
jetzt Recht, Wissenschaft, Kunst, Religion, Wirtschaft etc. fertig sind« (ebd., 164).
Die binären Codes, die die jeweiligen Funktionssysteme konstituieren, lassen
alles im Licht ihrer Unterscheidung erscheinen und blenden alle anderen Unterscheidungen aus. Sie geben aber keine Instruktionen für die Zuordnung der
Werte. Diese ›Sinnarmut‹ der Codes ist gemäß Fuchs, »der Anlass dafür, die
Codes mit dem *Attribut der Gesellschaftlichkeit* zu versehen« (ebd.). Wenn Gesellschaft jene ›Perspektive‹ ist, »die sich auf keine Sinnbesonderung einlässt« (ebd.,
164), sozusagen das Ab-Sehen von jeder Sinnspezifik, »dann haben die Codes einen daran heranreichenden Abstraktionsgrad« (ebd.). Die Beobachtung unter
dem binären Code eines Funktionssystems wäre demnach das soziale Phänomen
einer prozessierten Abstraktion, der praktizierte Ab-zug von allen vor-kommen-
den Sinnverweisungen oder: Indifferenz der ›Differenzen-in-Betrieb‹ oder einfach:
das Nicht-Machen eines Unterschieds beim Machen von Unterschieden. Unter
der funktionalen Differenzierung der Gesellschaft wäre dementsprechend keine
räumliche Beobachterkonstellation zu begreifen, bei der Systeme (Beobachter) wie
Inseln nebeneinander in der Gesellschaft liegen. Wirtschaft, Politik, Wissenschaft
etc. wären dann keine Teilbereiche, Regionen oder Räume der Gesellschaft, in denen Zahlungsfähigkeit, Entscheidungsmacht, Wahrheit usw. als vorrangige Maßgaben des Kommunikationsverhaltens kursieren. Vielmehr hätte man es mit unterschiedlichen Handhabungen von Unterscheidungen zu tun, wobei die Diffe-
rentialität der Handhabung verschwindet, weil unter den beobachtungsleitenden
Codes je »die Welt als ganze beobachtet wird« (Kneer/Nassehi 1993, 135). Die

---

208 Die Programme, die sich »wie ein riesiger semantischer Apparat an die jeweiligen Codes«
    (Luhmann 1998, 362) hängen, weisen »gegenüber den Codes ein ungleich höheres Maß an
    Konkretion, an Sinnfülle auf (…), einfach deshalb, weil sie sich an Spezifik kalibrieren: Bröt-
    chen kauft man beim Bäcker auf die und die Weise, Eigentum- und Besitzverhältnisse sind,
    was Konzerne anbelangt, weitaus komplexer zu regulieren. (…). Programme sind nichts wei-
    ter als *Sinnspezifizierungsmaschinerien*« (Fuchs 2001a, 162).
209 »Die Codes, so könnte man auch sagen, pumpen Kontingenz in die Welten der Systeme, die
    sie aufblenden« (Fuchs 2001a, 163).

funktionsspezifische Beobachtung entspricht insofern der abstrakten Perspektive der Gesellschaft, als die Handhabung von Unterschieden nicht unterschieden wird. Sie erreicht den gleichen Abstraktionsgrad, weil jeder Code als Leitunterscheidung unhintergehbar gesetzt und dadurch eine Kontextur aufspannt wird, aus der die Funktionssysteme nicht ausbrechen können.

Wenn man unter dem Gesichtspunkt ›Gesellschaft‹ die Aufmerksamkeit von den spezifischen Selektionen der Kommunikation (von der Verkettung von je spezifischem *Was*) auf deren andere Seite richtet, also darauf, *dass* etwas kommuniziert wird (unter Absehung davon, *was* mitgeteilt wird), dann verlieren das Umfassende und die Differenzierung der Gesellschaft ihre räumliche Konnotation. Man hätte sich Gesellschaft nicht mehr als Feld oder Raum mit darin liegenden Subfeldern oder -räumen vorzustellen, sondern hätte es mit Schemawechseln von ›*all-inclusive*-Beobachtungen‹ zu tun. Die vertrauten Begriffe (System, Subsysteme, Systembeziehungen, Gesellschaft, funktionale Differenzierung etc.) würden dadurch ihren (Selbst-)Stand verlieren.[210] Und man darf zurecht fragen, ob im Anschluss daran noch an sozialwissenschaftliche Beobachtung und Beschreibung zu denken ist.[211] Man erkennt vor diesem Hintergrund aber auch, wer den gekerbten Raum einschleppt und welches Modell suggeriert, dass beispielsweise »die Wirtschaft in der Gesellschaft liegt, in der Wirtschaft Firmen sich aufhalten, in die wiederum Stäbe, Abteilungen, einfache Sozialsysteme eingebettet sind« (Fuchs 2001a, 155). Diese Auffassung kommt mit dem »cartesianisch instruierten Beobachter« (ebd., 155) ins Spiel, der Raumvorstellungen gebraucht »und ebendeshalb die Tendenz zur Hypostasierung mitführt« (ebd., 137). Die räumliche Verschachtelung von Umwelt, Gesellschaft und Funktionssystemen entsteht durch (und für) einen ›raumimplementierenden‹ Beobachter, der auf der Innenseite mit der Innen/Außen-Unterscheidung arbeitet, ohne die Abhängigkeit des Innen vom Außen zu registrieren. Dieser Beobachter bekommt System und Umwelt, Systeme und Systemdifferenzierungen zu Gesicht, nimmt dafür aber die »Hypostasierung der Differenzseiten (System/Umwelt; Innen/Außen)« in Kauf (ebd., 145).

> »Dabei entstehen (auch bei Anhängern der Systemtheorie) Besiedelbarkeiten mit Innen/Außen-Verhältnissen: die Gesellschaft, die Funktionssysteme und natürlich auch das von sich selbst bewohnte Bewusstsein, und sie entstehen als Orte und gerade nicht als Differenzen. Alles in allem generiert der naturale (naive) Beobachter eine zwar komplexe, aber dem Grunde nach ordentliche Welt, in der die Dinge ihren Sinn haben, wiewohl sie als Ding gerade keinen Sinn haben, in der Systeme ihren Ort haben, wiewohl sie (als fungierende Atopien) keinen Ort haben (…)« (ebd., 244).

Dieser Beobachter ist ein System-Beobachter, der Innen und Außen insofern unterscheidet, als für ihn Innen und Außen verschiedene Perspektiven sind, der aber

---

210 Vgl. Fuchs (2003b, 217). Übrig bleibt ein Beobachter mit Paradoxie-Problemen, denn um »die abstrakte Perspektive des Absehens von jeglichem Sinn zugänglich zu machen« (ebd., 166), müsste Sinn benutzt werden.

211 Wie hätte beispielsweise jene »faszinierende (sozusagen nicht-euklidische) Soziologie« auszusehen, von deren Möglichkeit Fuchs (2000, 47) schwärmt, und wären für diese nicht gänzlich neue Theoriemittel und eine vollkommen neue Sprache zu ersinnen?

(mehr oder weniger bewusst) ausblendet, dass die Unterscheidung von Innen und Außen innen getroffen wird. System und Umwelt (und weitere Ein- und Ausschachtelungen im System oder in der Umwelt) ›gerinnen‹ für den oszillierenden Beobachter, der seine Aufmerksamkeit erst auf die eine, dann die andere Seite richtet und die Barre der System/Umwelt-Unterscheidung stets überspringt.[212] Dieser Beobachter ist ein ›kondensierender Beobachter‹. Er registriert Systeme als Objekte, indem er die Differenz des Systems reifiziert, so dass die Theorie der Differenz (System/Umwelt) in eine Theorie des Systems umschlägt:

> »Das System kommt dann in Erscheinung als Raum, als Ort, als Innen eines Außen, als Begrenztes, und dass es Differenz sei, (…) dies driftet aus dem Blick, der damit genau möglich wird« (ebd., 246).

Der räumliche (oder ›räumelnde‹) Beobachter ist aber sozusagen der systemtheoretische ›Normalbeobachter‹, dessen Beobachtung stets auf die auflösebedürftige Paradoxie des Unterscheidens zurückführbar ist. Er sieht Elemente, verteilt Sinn, projiziert Räume, aber er blendet dabei aus, *dass* etwas unterschieden und bezeichnet wird (er verliert also die Gesellschaft als die andere Seite des Bezeichnens aus dem Blick) und gerade deswegen sieht er Elemente, Einheiten, Systeme, Umwelt und Systemdifferenzierung (parallel gelagerte Systeme in der Gesellschaft und intern ausdifferenzierte Systeme), Systembeziehungen, Überschneidungen etc.

Man wird hinzufügen müssen, dass auch der in systemtheoretischen Zusammenhängen vielfach beschworene Beobachter zweiter Ordnung ein räumlicher Beobachter ist, wenn er Beobachter beobachtet und dabei Systeme identifiziert, die bei ihrer Beobachtung mit der Metaphorik des Raums Verdinglichungen in Gang setzen. Auch der Beobachter zweiter Ordnung ist ein »sinnverarbeitendes System« (Fuchs 2001a, 153) und kann nicht zwei Seiten zugleich bezeichnen. Er wirft mit jeder Bezeichnung (eines Systems) Unterscheidungsseiten aus, von denen er eine bezeichnet und die andere nicht-bezeichnet. Er sieht unterschiedene Seiten und

---

212 Dieser Beobachter ist nicht nur ein räumlicher Beobachter, der Raumschemata benutzt, sondern auch ein Beobachter des ›Zu-Spät‹. Er braucht Zeit, um in oszillierenden Sequenzen System und Umwelt anzusteuern. Die Verschiedenheit des Gleichzeitigen (System/Umwelt) lässt sich nur im Nacheinander beobachten. Jede Bezeichnung einer Seite erfolgt insofern »retrokonstruktiv« (Fuchs 2001a, 68), als sie sinngemäß das ›Stattgefundenhaben‹ einer Unterscheidung impliziert, weil nichts bezeichnet werden kann, was nicht von allem anderen unterschieden wird und mit jeder Bezeichnung eine Unterscheidung einsetzt. Die geläufigste Bezeichnung für diesen fundamentalen, nicht-aufholbaren Aufschub (der sich eigentlich nicht bezeichnen lässt, weil das wiederum nur im zeitlichen Nachtrag – nachholend –geschieht) ist Derridas *différance*. Vgl. Derrida (1990) und Fuchs (2001a, 122): »Ohne den Aufschub, ohne den Nachtrag, ohne die Verzögerung, die durch das Unwort *différance* notiert ist (ohne all dies als Wesen von etwas zu behaupten), käme kein Sinn (auch dieser nicht) zustande.« Fuchs präferiert in seiner Argumentation die Zeit und deutet eine zeitliche Staffelung an, gemäß derer die Zeit den Raum im Schlepptau führt: »Die Leistung, die diese Bewegung in Gang hält (das, was die *différance* leistet: Verzögerung, Aufschub, Umweg, RE-serve und RE-präsentation), ist Zeit-Leistung, ist *temporisation*, durch die (später) *Verräumlichung* herangeführt wird« (ebd.).

nicht die Unterscheidung, konzipiert das System als Differenzseite und nicht als Differenz.[213] Auch bei der Beobachtung zweiter Ordnung ist Raum im Verzug.

Dass das Raumbild der Gesellschaft und der gesellschaftlichen Differenzierung in der Kommunikation mit hoher Evidenz daherkommt, mag vor diesem Hintergrund auch an der strukturellen Kopplung von Kommunikation und Bewusstsein liegen. In diesem Sinn könnte man mit der These fortfahren, »dass Raumkonzepte vorzugsweise da auftreten, wo Kommunikation Wahrnehmung in Anspruch nehmen muss« (Hard 2002, 297), weil die Operationen des Bewusstseins eine räumliche Welt errechnen.[214] Laut dieser Vermutung kommt die Kommunikation gewissermaßen den psychischen Systemen entgegen, »indem sie auf (räumliche) Wahrnehmungsversionen der Welt Rücksicht nimmt, die den psychischen Systemen so beruhigend vertraut sind« (ebd.).[215]

---

213 Auch der Beobachter zweiter Ordnung ist, insofern er Beobachter identifiziert und Systeme als Objekte generiert, »ein systematischer Beobachter, der über Innenseiten (Systeme) Informationen anhäuft und nicht oder kaum über die Amorphien der Außenseiten (Umwelten), die systemrelativ konzipiert sind« (Fuchs 2001a, 135). Auch der Beobachter zweiter Ordnung arbeitet deshalb im »*aufklärerischen Displacement*« (ebd.): »Er produziert schwierige Objekte (wie etwa Systeme) und kann sich selbst als System begreifen, das genau dies tut. Er stößt sogar (…) darauf, dass Systeme sich als Differenzen begreifen lassen (und nicht als Objekte, die in einen Raum eingelassen sind). Er kann also sehen, dass er nicht alles sieht, vor allem, dass er von einer Stelle aus sieht, die er nicht sieht, und: dass er als vollständiger Beobachter erstaunlicherweise einen unvollständigen Weltzugang hat, aber er muss es dabei bewenden lassen, das Erforschbare zu erforschen, und im übrigen innehalten, um das Unerforschliche in aller Ruhe zu verehren« (ebd.). Darin dürfte ein Großteil dessen Platz haben, was aus systemtheoretischer Sicht unter Beobachtung zweiter Ordnung verbucht wird. Dagegen wäre mit Fuchs (ebd., 136) einzuwenden, dass der Beobachter zweiter Ordnung wohlverstanden »Nicht-Struktur und Nicht-System-Beobachter« ist und im »*romantischen Displacement*« arbeitet: »Er ist in gewissem Sinne chaotisch, und er weigert sich, wie immer auch schwierige Objekte oder Subjekte zu erzeugen. Er beobachtet *daneben* und *zwischen den Grenzen*. Dabei richtet er seine Aufmerksamkeit auf die Unvollständigkeit jedes Weltzugangs. Deswegen wird er nicht scharfe, sondern diffuse Unterscheidungen oder, besser, präzis ›diffuse‹ Unterscheidungen kreieren, deren Präzision vom aufklärerischen Displacement her nicht (oder eben nur als diffus) wahrgenommen und verkannt werden kann« (ebd.). Darf man annehmen, dass dieser ›Nicht-System-Beobachter‹ bei der geringsten Unachtsamkeit zu verräumlichen beginnt und in eine ›System-Beobachter-Perspektive‹ rutscht?

214 Vgl. dazu Fuchs (2001a, 18): »Es ist sonderbar, aber die Prozesse der Kognition, von denen wir annehmen, dass sie auf Differenzen fußen (so sehr, dass wir uns nicht-differentielle Kognition nicht vorstellen können), erzeugen Dinge, Objekte, Einheiten. Irgendwo auf dem Weg zwischen dem Einsatz der Differenz und der Entstehung des Erlebens geht die Differenz verloren und verzeitlicht, verräumlicht sich; irgendwo auf diesem Weg wird die Kompaktheit des Welterlebens eingerichtet, die Frauen, die Männer, die Hunde, die Äpfel, die Sterne, der Kosmos.«

215 In welche Theoriegefilde das auch immer führen würde – vor dem Hintergrund der hier dargestellten Funktion von Raumsemantiken wird man jedenfalls nicht behaupten, dass Raumsemantiken sich »gegen die ausdifferenzierten Funktionssysteme moderner Gesellschaften« richten (Hard 2002, 298). Ebenso wenig spräche für die These, wonach raumbezogenes Denken vor-alphabetische Gesellschaften charakterisiert und »im Übergang zu komplexeren Formen der Gesellschaft verloren gegangen ist« (Esposito 2003, 36). Außerdem ist anzumerken, dass Luhmann bekanntlich für eine andere Verlagerung optiert und die Konstitution von

Andererseits ist aber auch genug theoretischer Spielraum (!) erarbeitet, um diese Verräumlichung der Beobachtung für nicht selbstverständlich zu halten und kommunikative Strategien der Verräumlichung auch dort aufzudecken, wo sie nicht durch auffällige Benennung angezeigt werden. Anders als in den theoretischen Konzeptionen von Stichweh oder Klüter, die den Raum in der Systemtheorie unterbringen, indem sie die Produktion von Raumkonstrukten in der sozialen Kommunikation thematisieren, könnte es vor systemtheoretischem Hintergrund (auch) darum gehen, entlang der räumlichen Schematisierung eine Reflexion der eigenen Beobachtung und Beschreibung in Angriff zu nehmen. So entsteht ein Ausgangspunkt für die Auseinandersetzung mit dem theoretischen Problem, Geographien der Praxis *zu beobachten*. Dieses betrifft den ›geographischen Blick‹ des sozialwissenschaftlichen Beobachters: die Landschaften, die er entfaltet und die Verortungen, die er unentwegt vornimmt: die Lagen, Schichten und Schachteln, die er konstruiert, um etwas (Gesellschaft) beobachten (unterscheiden) zu können, das sich der Beobachtung und Beschreibung entzieht, weil es »eigentlich Unterschiedslosigkeit« ist (Fuchs 2001a, 165).

Raum aus Kommunikation und Bewusstsein hinausbefördert und der ›neurophysiologischen Operationsweise des Gehirns‹ zurechnet.

7 Zweites Resümee

Zum theoretischen Problem, Geographien der Praxis
zu beobachten

Den Ausgangspunkt für eine Beschäftigung mit der Systemtheorie Luhmanns bildete die in ›kulturtheoretischen Ansätzen‹ identifizierte – hinsichtlich der Konstitution einer Perspektive wissenschaftlicher Beobachtung jedoch wenig reflektierte – Unterscheidung von Wissenschaft und Alltag, die als funktionale Ausdifferenzierung des gesellschaftlichen Teilsystems Wissenschaft begriffen werden kann. Wenn man im Sinne eines epistemologischen Konstruktivismus nach den Bedingungen der Möglichkeit wissenschaftlicher Erkenntnis fragt, wird man sich nicht damit begnügen, dass die Wissenschaft als gesellschaftliches Teilsystem institutionell gefestigt und somit ›nun mal da‹ ist. Ohne die Institutionalisierung gesellschaftlicher Kommunikations- und Handlungssysteme zu leugnen, wird man vielmehr versuchen, die Beobachterabhängigkeit der Unterscheidung von Wissenschaft und Alltag theoretisch einzuholen, um so die Bedingungen der eigenen Beobachtung zu reflektieren.

Betrachtet man Luhmanns revidierte funktionale Methode als eine Strategie der Virtualisierung, mittels derer eine systemtheoretisch ausgerichtete Sozialwissenschaft versucht, Verschiedenartiges in Vergleichshorizonte zu rücken, dann zeigt sich recht schnell, dass diese ihre Problemgesichtspunkte nur aus der Theorie beziehen kann und (implizit) eine strenge Trennung von Wissenschaft und Alltag voraussetzt. Nur unter einem durch abstrahierende Konstruktion gewonnen Problemgesichtspunkt lässt sich »Vorhandenes als kontingent und Verschiedenartiges als vergleichbar erfassen« (Luhmann 1984, 83). Die Problemkonstruktion einer äquivalenzfunktionalistischen Vergleichsmethode ist in der Selbstreferenz des Wissenschaftssystems begründet, welches sich (dadurch) gegenüber anderen Funktionssystemen abschließt. Gleichwohl soll diese Vergleichsmethode nicht in der Luft hängen. Sie bedarf daher einer Theorie, die den Fokus ihres Erkenntnisinteresses liefert. Das ist bei Luhmann zunächst eine Theorie sozialer Systeme, in der sinnhaft aufeinander bezogene Handlungen als faktische Systemzusammenhänge begriffen werden. Dies scheint der Theorie die Möglichkeit zu eröffnen, sich bei ihren Analysen schrittweise den konkreten Problemstellungen ›wirklicher Systeme‹ anzunähern. Unterstellt wird dabei ein Zusammenhang von wissenschaftlicher Problemstellung und alltäglicher Problemlage, welcher der

Systemtheorie den Vorwurf einer (uneingestandenen) Verpflichtung auf herr-schaftskonforme Fragestellungen und die Apologie des Bestehenden um seiner Bestandserhaltung willen einbringt. Luhmann beruft sich in seiner Entgegnung auf die Autonomie der Funktionssysteme moderner Gesellschaft, insbesondere auf die operativen Geschlossenheit des sozialen Systems Wissenschaft.

Soziale Systeme schließen sich gegenüber ihrer Umwelt ab und gewinnen Autonomie, indem sie Sinngrenzen – systemeigene Sinnverarbeitungsregeln und -strukturen – einrichten und aufrecht erhalten. Dieser Gedanke einer durch ope-rative Geschlossenheit erzeugten Autonomie wird durch den Ausbau der Theorie zu einer Theorie selbstreferentiell-geschlossener, autopoietischer Systeme präzi-siert und in den Vordergrund gerückt. Dabei wird (anstelle des Handelns) die Kommunikation als jene grundlegende Operation definiert, aus der soziale Sys-teme bestehen. Der Begriff der Kommunikation wird unter dem Gesichtspunkt der Unwahrscheinlichkeit einer Synthese der kontingenten Selektionen ›Informa-tion‹, ›Mitteilung‹ und ›Verstehen‹ eingeführt. Dadurch zeigt sich, dass das Funk-tionieren von Kommunikation an sprachliche Codierung sowie an die Ausbildung von speziellen Kommunikationsmedien und Semantiken (Programmen) gebun-den ist. Dass Kommunikation (insbesondere wenn Sprache verwendet wird) alle Kommunikationsprobleme wieder in den Kommunikationsprozess zurücklegt, bildet nun die Grundlage der Annahme einer operativen Geschlossenheit sozialer Systeme. Die Ausdifferenzierung gesellschaftlicher Funktionssysteme ist dann entlang der Codes von symbolisch generalisierten Kommunikationsmedien als Unterscheidung von Systemen zu verstehen, die durch den Einsatz von beobach-tungsleitenden Unterscheidungen Wirklichkeiten konstruieren. Das Wissen-schaftssystem operiert – auf Basis eines Codes, der die funktionsspezifische Perspektive dieses Teilsysteme konstituiert – überschneidungsfrei und autonom. Was immer unter dem Code wahr/unwahr kommuniziert wird, ist im Sinne der Systemtheorie Wissenschaft.

Für die theoretische Konzeption des Verhältnisses von Wissenschaft und All-tag ist jedoch mit entscheidend, dass soziale Systeme beobachtende Systeme sind, deren konstitutive Differenz die Unterscheidung von System und Umwelt ist. Die Reflexion dieser Unterscheidung setzt genau genommen ein System voraus, das diese Unterscheidung prozessiert und sich damit von seiner Umwelt unterschei-det. Systeme geraten daher in Paradoxien der Selbstanwendung, wenn sie die für sie konstitutive System/Umwelt-Differenz ansteuern. Vermittels der Figur des ›re-entry‹ wird darstellbar, dass komplexe Systeme die System/Umwelt-Differenz nicht nur blind verwenden, sondern auf der Innenseite, also im System, aufneh-men und sich selbst von ihrer Umwelt sowie Systeme in der Umwelt unterschei-den. In Bezug auf das Beobachtungsverhältnis von Sozialwissenschaft und Gesell-schaft wird so auf abstrakte Weise definiert, wie in der Gesellschaft ein Reflexions-zentrum entsteht, das die anderen Teilsysteme als seine innergesellschaftliche Umwelt behandelt und deren Beobachtungen mit einer externen Beobachtung und Beschreibung konfrontiert. Die Sozialwissenschaft könnte sich also darin ge-fallen, die Wirklichkeitskonstruktionen der Alltagskommunikation zu beobachten und das, was darin als natürlich und gegeben erscheint, als artifiziell und kontingent darzustellen. Sie versucht dabei, Distanz zu den Selbstverständlichkeiten des Alltags zu erzeugen, bleibt aber an die ›auflösebedürftigen Paradoxie des Unterscheidens‹ gebunden. Sie muss den Alltag, den sie beobachten möchte, selbst setzen und mit autologischen Implikationen rechnen, wenn sie die Differenz von Wissenschaft und Alltag innerhalb der Wissenschaft aufgreift.

Die Systemtheorie nistet sich in dieser Paradoxie ein und verknüpft ihre gesellschaftstheoretische Beobachtung zirkulär mit den erkenntnistheoretischen Bedingungen dieser Beobachtung. Funktionale Differenzierung von Beobachtungsverhältnissen ist in diesem Sinne eine Bedingung der Möglichkeit systemtheoretischer Beschreibung funktional differenzierter Gesellschaft. Die Systemtheorie kommt also in der Theorie sowohl auf der Subjekt- als auch auf der Objektseite vor. Diese Inklusion zwingt zur Einsicht, dass die Wissenschaft »selbst nur ein beobachtendes System ist, das das, was es beobachtet, im Prozess des Beobachtens und abhängig von dessen Formen (Unterscheidungen) konstruiert« (Luhmann 1990a, 646). Konsequenter Weise lässt sich die Sozialwissenschaft unter systemtheoretischen Vorgaben nicht (mehr) darauf ein, durch ihre Beschreibungen im Gegenstandsbereich vorgegebene Objekte abzubilden. Ihr Beitrag zur Selbstbeschreibung der Gesellschaft besteht vielmehr darin, dass sie ›selbstdisziplinierende‹ Beobachtungsmöglichkeiten freisetzt, die nicht an die institutionellen Selbstverständlichkeiten des Objektbereichs gebunden sind. Deshalb versucht sie durch Transparenz der Konstruktion eine hohe Resonanzfähigkeit zu generieren und Beschreibungen anzufertigen, die die beobachteten Systeme irritieren und zu Strukturvariationen motivieren können.

In der Frage nach dem Ort des Raums in der Systemtheorie erwecken verschiedene Äußerungen Luhmanns zunächst den Eindruck, als hätten räumliche Begriffe in seiner Theoriekonstruktion keinen Platz. Luhmann entlarvt die Vorstellung, Gesellschaften seien territoriale oder regionale Einheiten, an prominenter Stelle als Erkenntnishindernis (im Sinne Bachelards). Seine Charakterisierung moderner Gesellschaft erfolgt jedoch aus einer ›raumzentrierten‹ Perspektive, in der sich erst jene Entankerung abzeichnet, die (gemäß Luhmann) ein Merkmal gegenwärtiger Kommunikationsbeziehungen ist. Diese Ambivalenz veranlasste dazu, genauer nach der Konzeption von Raum in der Systemtheorie zu fragen.

An einer vielzitierten Stelle definiert Luhmann Raum als eine Art ›physiologische Basisstruktur‹. Er verlegt die Konstitution des Raums damit in die Umwelt sozialer Systeme und befördert sie aus dem Gegenstandsbereich einer Theorie sozialer Systeme hinaus. Wollte man unter diesen Vorgaben das Verhältnis von Gesellschaft und Raum thematisieren, müsste man aus sozialwissenschaftlicher Sicht nach den Bedingungen fragen, unter denen Elemente der Umwelt in der Gesellschaft Resonanz finden. Dem entgegnet Stichweh, dass die strukturelle Kopplungen sozialer Systemen mit ihrer Umwelt die fortdauernde (kausale) Abhängigkeit der Gesellschaft von räumlichen Vorgegebenheiten ins Blickfeld rücke. Während Stichwehs Entwurf einer systemtheoretischen ›Ökologie der Gesellschaft‹ dem Raum- oder Geodeterminismus der traditionellen Geographie nahe kommt, versucht Klüter in seinem sozialgeographischen Ansatz, Raum konsequent als Element sozialer Kommunikation zu thematisieren.

Kommunizierbare Raumabstraktionen sind laut Klüters bevorzugte Orientierungs- und Steuerungsmittel moderner Gesellschaft, insbesondere auf der Ebene von Organisationen. Auch Klüter landet jedoch bei einem ontologischen Raumbegriff, wenn er Raumabstraktionen als Projektionen von Sozialem auf physische Umwelt definiert. Der Umweg über Raumsemantiken führt letztlich zur ontologisch gedachten Einteilung der Welt in (mindestens) zwei verschiedenen Welten, in denen Physisches und Soziales beheimatet sind. Damit scheint jene Konstellation identifiziert, vor deren Hintergrund auch in neueren sozial- und kulturgeographischen Ansätzen Wissenschaft und Alltag unterschieden und auseinandergehalten werden. Während die semantische Verschmelzung von Physischem und Sozialem den Alltag und die Alltagssprache markiert, ist die Trennung der beiden ›Seinsregionen‹ ein Merkmal (differenzierter) sozialwissenschaftlicher Sprache und Theorie. Das erlaubt es den Sozialwissenschaften insgesamt und der sozial- oder kulturwissenschaftlichen Geographie im Speziellen, entlang der Verwendung von Raumbegriffen, die Verräumlichung und Verdinglichung des Sozialen und Kulturellen in alltagsweltlichen oder wissenschaftlichen Kontexten zu untersuchen.

Vor dem Hintergrund des Beobachtungsbegriffs der Systemtheorie Luhmanns scheint jedoch eine weiterreichende Dekonstruktion von Raumbegriffen möglich. Unter diesem Gesichtspunkt muss ein System als die Einheit begriffen werden, die die System/Umwelt-Differenz inszeniert. System und Umwelt sind nicht ohne ein System zu denken, das eine der beiden Seiten markiert, das aber gleichzeitig als jene Einheit fungiert, die die Unterscheidung von System und Umwelt trifft. Diese Paradoxie wird traktabel, wenn System und Umwelt als getrennte Räume behandelt und nacheinander angesteuert werden. Der Raum als Schema unterscheidungsabhängiger Beobachtung ermöglicht es, System und Umwelt als je eine Seite der System/Umwelt-Differenz zu identifizieren, führt aber eine Tendenz der Verdinglichung (von Systemen) mit sich, die der konstruktivistischen Grundhaltung der Systemtheorie zu schaffen macht. Diese Verdinglichung äußert sich beispielsweise im systemtheoretischen Verständnis von Gesellschaft und gesellschaftlicher Differenzierung. Gesellschaft wird in den meisten Versionen der Systemtheorie als das umfassende Sozialsystem begriffen, in dem die einzelnen Funktionssysteme wie Schachteln in einer Schachtel liegen.

Der Versuch eine nach systemtheoretischen Vorgaben ›enträumlichte‹ Vorstellung von Gesellschaft und gesellschaftlicher Differenzierung zu konzipieren, zeigt, dass Raum in jeder unterscheidungsabhängigen Beobachtung impliziert und ein Merkmal der Beschreibung von Systemen, Systemdifferenzierungen und Systembeziehungen ist. Auch der Beobachter zweiter Ordnung ist in aller Regel ein räumlicher Beobachter, der Systeme als irgendwie umrissene Einheiten – als Differenzseiten – ansteuert und dafür die Differenz aus dem Blick verliert.

Gerade das veranlasst aber zu fragen, welche Raumkonstrukte in der eigenen Beobachtung reproduziert werden, auch (oder vor allem) da, wo diese nicht als Projektionen auf physische Umwelt daherkommen. Die Auseinandersetzung mit Raum als Element sozialer Kommunikation bezieht sich dann auch auf die Forderung, bei sozialwissenschaftlichen Beobachtungen und Beschreibungen die Dekonstruierbarkeit aller Identitäten und Unterscheidungen im Auge zu behalten und die eigenen Konstruktionsprinzipien transparent zu machen. Mit dieser Verschiebung des theoretischen Problems, Geographien der Praxis *zu beobachten*, formiert sich eine Ausgangslage, vor deren Hintergrund es verstärkt darum gehen müsste, die räumliche Strukturierung sozialwissenschaftlicher Beobachtungen und Beschreibungen aufzudecken. Dies betrifft nicht nur territoriale oder regionale Definitionen von Gesellschaft, gesellschaftlichen Gruppen oder kulturellen Einheiten, sondern auch die Verortung von sozialen Systemen oder Akteuren in verschiedenen Feldern eines abstrakt gedachten sozialen oder kulturellen Raums.

Nach systemtheoretischem Verständnis wird auch das nur in der Oszillation des Beobachters möglich sein, d. h. im Nacheinander und Nebeneinander der Fokussierung von Innen und Außen. Während eine Theorie sozialer Konstellationen erkenntnistheoretische Fragen aufnehmen muss, setzt ›umgekehrt‹ eine erkenntnistheoretische Dekonstruktion gesellschaftstheoretischer Konstruktionen voraus, dass diese vor-gekommen sind. Wenn man das Verhältnis von theoretischer Konstruktion und erkenntnistheoretischer Dekonstruktion nach systemtheoretischem Vorbild auf Zirkularität umstellt und autologische Implikationen zulässt, dann ist dies nichts Verhängnisvolles. Die Frage kann allenfalls sein, wie die theoretisch-praktische Arbeit aussieht, die ein solches Hin-und-her enthält, wie also das theoretische Problem, *Geographien der Praxis* zu beobachten und das theoretische Problem, Geographien der Praxis *zu beobachten*, theoretisch zusammengehalten werden können.

Für die weitere Bearbeitung dieser Frage scheint ein neuerlicher ›Terrainwechsel‹ angezeigt. Bourdieus Theorie der Praxis ist dafür insofern eine geeignete Kandidatin, als dass sie der kritischen Auseinandersetzung mit sozialwissenschaftlichen Konstruktionsprinzipien einen zentrale Stellenwert zuschreibt. Loïc Wacquant (1996, 22) bemerkt daher, dass Bourdieus Theorie »in erster Linie als eine Theorie der Gewinnung von soziologischer Erkenntnis zu interpretieren« sei. Gleichzeitig bleiben Bourdieus Arbeiten aber der Aufgabe verpflichtet, eine Erklärung sozialer Alltagspraktiken zu leisten. Bourdieu (1976) stellt bereits in seinem *Entwurf einer Theorie der Praxis* der Erörterung zentraler Theoriebegriffe eine dezidierte Kritik subjektivistischer und objektivistischer Perspektiven voran. Diese erkenntniskritisch (Vor-)Arbeit ist nicht »einer Art zweckfreien Vorliebe für theoretische Auseinandersetzungen« (Bourdieu 1987, 56) geschuldet. Vielmehr soll sie dazu verhelfen, bei der Analyse von Alltagspraktiken jene ›Verzerrungen‹ aufzudecken, die durch die Verdinglichung theoretischer Konstruktionen auftreten. Die erkenntniskritische Arbeit zielt darauf ab, die »von der wissenschaftlichen Erkenntnis implizit angewandte Theorie der Praxis ans Licht zu ziehen und auf diese Weise eine wahrhaft wissenschaftliche Erkenntnis der Praxis und der praktischen Erkenntnis möglich zu machen« (Bourdieu 1987, 53). Dabei sind erkenntnistheoretische Reflexion und sozialwissenschaftliche Analyse keine irgendwie getrennten Sphären, sondern gleichermaßen Bestandteile einer »totale[n] Wissenschaft von der Gesellschaft« (Wacquant 1996, 28). Die erkenntnistheoretische Auseinandersetzung ist als eine Reflexion der eigenen Sozialität konzipiert, welche den Sozialwissenschaften schon dadurch auferlegt wird, dass sie sich selbst als Teil ihres Ge-

genstands (der Gesellschaft) begreifen müssen. Bourdieu ist, was die Aussichten dieser Selbstreflexion angeht, sehr hoffnungsvoll und sieht darin einen Weg, wie sich die Sozialwissenschaft durch Selbstreflexion (mit ihren eigenen Mitteln) von den Zwängen ihrer gesellschaftlichen Existenz befreien kann.

Die Bedeutung des Raumbegriffs in Bourdieus Werk, scheint dieses für die Beobachtung von Geographien der Praxis interessant zu machen. Als eine Metapher für die Beschreibung der sozialen Welt ist der ›soziale Raum‹ aus Bourdieus Theorie jedoch zu unterscheiden von dem für traditionelle geographische Belange relevanten ›physischen Raum‹ und von den durch die kulturtheoretische Sozialgeographie vielfach thematisierten Formen symbolischer Aneignung des physischen Raums. Auf der Basis einer Klärung des Raumbegriffs in Bourdieus Theorie soll zunächst die Ausdifferenzierung der Wissenschaft als ein autonomes Feld des sozialen Raums nachgezeichnet werden. Das Ziel besteht in der Folge darin, das angedeutete Selbstreflexionspotential einer Theorie der Praxis zu untersuchen und darzustellen, wie die reflexive Praxis einer Theorie der Praxis auszusehen hätte. Dazu wird vorgeschlagen, die Grundbegriffe einer Theorie der Praxis konsequent als erkenntniskritische Instrumente zu betrachten, die in erster Linie einer (produktiven) Verunsicherung der sozial- oder kulturwissenschaftlichen Sicht dienen und gewissermaßen auf der Kehrseite dieser Kritik eine Perspektive und eine ›andere Sicht‹ auf alltägliche Praktiken einräumen.

8 Sozialer Raum, Felder und Praktiken

In der sozial- und kulturwissenschaftlichen Literatur werden Bourdieus Arbeiten verschiedentlich als eine Version ›räumlichen Denkens‹ rezipiert und für die Konzeption von Theorien der Konstruktion des Raums herangezogen.[216] Die prominente Stellung, die Bourdieu dem Konzept des sozialen Raums zuweist, veranlasst sogar zu der Behauptung, Bourdieu habe »wie kein anderer den Raumbegriff in den Sozialwissenschaften populär gemacht« (Löw 2001, 179). Unter geographischen Gesichtspunkten wird man jedoch anmerken müssen, dass der soziale Raum aus Bourdieus Theorie vom ›geographischen‹ oder ›physischen Raum‹ sorgsam zu unterscheiden ist. In diesem Sinn bemerkt beispielsweise Painter (2000), dass Bourdieu trotz seiner häufigen Verwendung räumlicher Begriffe und Kategorien wenig über den ›geographischen Raum‹ zu sagen wisse. Bourdieus Verständnis der Bedeutung der Anordnung von sozial relevanten (physischen) Objekten im Raum sei, wie sich bei genauerer Betrachtung zeige, sogar merklich weniger elaboriert als dasjenige einschlägiger Konzeptionen aus der humangeographischen Theoriediskussion (ebd., 255). In der Tat ist es weder die Frage nach dem Verhältnis von Gesellschaft und (Erd-)Raum, noch die in der neueren Kulturgeographie verhandelte Thematik der räumlichen Repräsentation sozialer Wirklichkeit, die Bourdieu mit dem Begriff des sozialen Raums verfolgt.[217] Der Raum dient ihm vielmehr als Metapher für die Beschreibung der sozialen Welt und als Leitbild für ein relationales Verständnis derselben.[218]

---

216 Vgl. z. B. Painter (2000), Bormann (2001, 117ff. u. 293ff.) oder Mein/Rieger-Ladich (2004).

217 Gleichwohl trifft Painters Einschätzung nicht zu, denn Bourdieu behandelt kulturgeographische Fragen in seinen frühen Studien der kabylischen Gesellschaft oder in seiner Untersuchung der Erbfolge im französischen Béarn (vgl. Bourdieu 1976 u. 1987). In diesen von der strukturalen Anthropologie inspirierten Arbeiten analysiert Bourdieu, wie die Wahrnehmung der natürlichen und gebauten Umwelt sowie die raumbezogenen Alltagspraktiken (Wohnen, Feld-Arbeit, Kochen, Essen, Schlafen etc.) mit den symbolischen Strukturen einer Gesellschaft (oder Gruppe) zusammenhängen. Die wichtigsten Prinzipien (Gegensätze), nach denen die Beziehungen innerhalb der sozialen Gruppen organisiert seien, finden sich, wie Bourdieu in diesen Untersuchungen nachweist, immer wieder in der Aufteilung des bewohnten Raums.

218 Vgl. z. B. Schultheis (2004, 15f.): »Das Konzept ›Raum‹ ist für Bourdieus Blick auf die soziale Welt zunächst dadurch von heuristischer Bedeutung, dass es zum Denken in Relationen und Strukturen zwingt und sich in besonderer Weise dazu anbietet, einer substantialistischen bzw. essentialistischen Spontantheorie vorzubeugen.«

Kapitalformen und Felder des sozialen Raums

Wie Bourdieu in den ersten Zeilen seines Aufsatzes *Sozialer Raum und Klassen* klar stellt, verbindet sich mit der Konzeption des sozialen Raums ein »Bruch mit einer Reihe von Momenten der marxistischen Theorie« (Bourdieu 1985, 9). Gemeint sind damit in erster Linie die Abkehr von einer substantialistischen Auffassung von Klassen sowie die Aufgabe der »intellektualistischen Illusion«, theoretisch konstruierte Klassen seien »reale (...) oder tatsächlich mobilisierte« Gruppen (ebd.). Der genannte Bruch betrifft aber auch die Ablehnung einer ökonomistischen Sicht, die »das Feld des Sozialen (...) auf das Feld des Ökonomischen verkürzt, auf ökonomische Produktionsverhältnisse, die damit zu den Koordinaten der sozialen Position werden« (ebd.). Demgegenüber betont Bourdieu zum einen, dass die soziale Welt als ein *mehrdimensionaler* Raum mit verschiedenen Subräumen (Feldern) zu begreifen sei, in dem die Akteure relational (durch Beziehungen von Nähe und Ferne) definiert sind. Zum andern hebt er hervor, dass die Kategorien des sozialen Raums wissenschaftliche Konstruktionen und somit »theoretischer Natur« sind (ebd., 12). Wider den »Realismus des Intelligiblen« sei an die Differenz »zwischen den realen Gruppen und den aus dem sozialen Raum herauspräparierten Klassen« zu erinnern (ebd., 10). Gleichermaßen gelte es aber zu erkennen, dass der soziale Raum »ebenso wirklich« sei wie der geographische, »worin Stellenwechsel und Ortsveränderungen nur um den Preis von Arbeit, Anstrengung und vor allem Zeit zu haben sind« (ebd., 13).

Nach dem Begriff des sozialen Raums ist die Gesellschaft keine einheitliche, durch eine gemeinsame Kultur oder globale Autorität integrierte Totalität, sondern »ein Ensemble von relativ autonomen Spiel-Räumen, die sich nicht unter eine einzige gesellschaftliche Logik, ob Kapitalismus, Moderne oder Postmoderne, subsumieren lassen« (Wacquant 1996, 37). Bourdieu fasst die Mehrdimensionalität sozialer Wirklichkeit durch die Berücksichtigung verschiedener Formen von Kapital (vor allem ökonomisches, soziales und kulturelles Kapital). Sie stellen gewissermaßen die Koordinatenachsen des sozialen Raums dar. Die Bezeichnung Kapital steht dabei auch für ökonomisches Kapital im engeren Sinn, meint aber allgemeiner Formen der »Verfügungsmacht im Rahmen eines Feldes« (Bourdieu 1985, 10). Diese Verfügungsmacht kann beispielsweise auf sozialen Beziehungen, (Arbeits-)Verträgen, freundschaftlichen Verpflichtungen usw. beruhen (soziales Kapital) oder durch besondere Kenntnisse (Wissen, Bildung, Manieren) und entsprechende Kennzeichen (Bildungstitel, Namen, Stile) erlangt werden. Letztere sind Bestandteil des kulturellen Kapitals, welches u. a. die Fähigkeit umfasst, an spezifischen Sprachspielen in einem bestimmten Umfeld teilzunehmen und entsprechende Erwartungen zu erfüllen.

Die Verfügungs*macht* der Akteure unterscheidet sich laut Bourdieu nicht nur in Bezug auf das Gesamtvolumen, sondern auch hinsichtlich der Zusammensetzung der Kapitalsorten, die einzelne Akteure auf sich vereinigen. Damit hängt zusammen, dass die Kapitalsorten nur bedingt konvertierbar sind. Die Möglichkeit der Konvertierung von Kapital wird von Bourdieu zwar in Betracht gezogen, so dass im Rahmen seiner Konzeption des sozialen Raums der »Kampf um den

Wechselkurs der verschiedenen Kapitalarten« (Bourdieu 1993, 57) mit ins Blickfeld rückt. Gleichzeitig betont Bourdieu aber, dass die Verwendung von anderen
als der innerhalb eines sozialen Feldes dominanten Kapitalsorten zu einer Umstrukturierung des Feldes führt. So ist es durchaus vorstellbar, dass beispielsweise
im wissenschaftlichen Feld Geldzahlungen angeboten und Beweise ›gekauft‹ werden. Dabei hat man es aber mit einer Korruption zu tun, die den feldeigenen Prinzipien zuwider läuft und die Autonomie eines Feldes gefährdet. Dazu Bourdieu
anschaulich:

> »Wenn Sie einen Mathematiker ausstechen wollen, muss es mathematisch gemacht wer-
> den, durch einen Beweis oder eine Widerlegung. Natürlich gibt es immer auch die Mög-
> lichkeit, dass ein römischer Soldat einen Mathematiker köpft, aber das ist ein ›Katego-
> rienfehler‹, wie die Philosophen sagen. Pascal sah darin einen Akt der Tyrannei, die
> darin besteht, in einer Ordnung eine Macht zu benutzen, die einer anderen angehört.
> Aber ein solcher Sieg ist keiner, zumindest nicht nach den jeweils eigenen Normen des
> Feldes« (ebd., 28).

Die Felder des sozialen Raums sind gemäß Bourdieu (2001a, 30) »in sich abge-
schlossene und abgetrennte Mikrokosmen«. Ihre Autonomie beruht darauf, dass
alles, was in einem Feld geschieht, durch die feldimmanente Funktionslogik bestimmt wird. Jedes Feld hat »seine eigene Logik, seine spezifischen Regeln und
Regularitäten« (Bourdieu 1996, 134). Es ist also in der Lage, »seine eigenen Probleme hervorzubringen, statt sie fertig vorgegeben von außen zu beziehen« (ebd.,
142). Äußere Anforderungen und Zwänge werden an den Feldgrenzen gebrochen
und in eine feldspezifische Form gebracht; sie kommen »nur durch die Logik des
Feldes zum Tragen« (Bourdieu 1998c, 19). Die verschiedenen Sorten von Kapital
fungieren dabei als feldspezifische Distinktionsmedien, denn ein Feld ist laut
Bourdieu (ebd., 22) »der Ort der Entstehung einer besonderen Form von Kapital«.
Jedes Feld zeichnet sich demnach durch ein feldspezifisches Unterscheidungsprinzip (Kapital) aus, mit dem im entsprechenden Feld Bewertungen vorgenommen,
Positionen zugeschrieben, Ereignisse gedeutet und Probleme behandelt werden.

> »In hochdifferenzierten Gesellschaften besteht der soziale Kosmos aus der Gesamtheit
> dieser relativ autonomen sozialen Mikrokosmen, (…) dieser Orte einer jeweils spezifi-
> schen Logik und Notwendigkeit, die sich nicht auf die für andere Felder geltenden redu-
> zieren lassen. Zum Beispiel unterliegen das künstlerische, das religiöse oder das ökono-
> mische Feld einer jeweils anderen Logik: Das ökonomische Feld ist historisch als das
> Feld des ›Geschäft ist Geschäft‹ entstanden, *business is business*, aus dem die verklärten
> Verwandtschafts-, Freundschafts- und Liebesbeziehungen grundsätzlich ausgeschlossen
> sind; das künstlerische Feld dagegen hat sich in der und über die Ablehnung bzw. Um-
> kehrung des Gesetzes des materiellen Profits gebildet« (Bourdieu 1996, 127).

Dementsprechend werden auch die Grenzen von Feldern stets durch die Operationen im Feld selber festgelegt. Ein Feld besteht aus einem ›virtuellen‹ Raum, in
dem ein bestimmter ›Feldeffekt‹ wirksam ist. Die Grenzen eines Feldes »liegen
dort, wo die Feldeffekte aufhören« (ebd., 130).

Darüber hinaus betont Bourdieu, dass die Logik eines Feldes einen bestimmten Blickwinkel konstituiert, »der selbst nicht in den Blick kommt« (Bourdieu

1998c, 38). Die Akteure eines Feldes verwenden bestimmte Unterscheidungsprinzipien, mit denen sie sich und andere im sozialen Raum verorten, sind aber in der Regel »ihrer eigenen Sichtweise gegenüber blind« (ebd., 39). Felder können daher als Beobachtungsräume begriffen werden, die sich durch die Verwendung bestimmter Formen der Beobachtung und aufgrund ihrer exklusiven Beobachtungsweise voneinander unterscheiden.

Zu augenscheinlichen Parallelen des Feldbegriffs mit systemtheoretischen Vorstellungen der Ausdifferenzierung sozialer Systeme bemerkt Bourdieu:

> »Was die Systemtheorie angeht, so hat sie tatsächlich oberflächlich Ähnlichkeiten mit der Theorie der Felder. Die Begriffe ›Selbstreferenz‹ oder ›Selbstorganisation‹ ließen sich leicht in das zurückübersetzen, was ich mit dem Begriff Autonomie fasse: In beiden Fällen spielt ja der Differenzierungs- und Verselbständigungsprozess eine zentrale Rolle« (Bourdieu 1996, 134).

Er fügt aber sogleich hinzu, dass die beiden Ansätze in mehrfacher Hinsicht »radikal verschieden« seien (ebd.). Der Begriff des Feldes schließe funktionalistische Erklärungen aus. Er ziele vielmehr darauf ab, dass jedes Feld »ein Ort von Kräfte- und nicht nur Sinnverhältnissen und von Kämpfen um die Veränderung dieser Verhältnisse, und folglich ein Ort des permanenten Wandels« sei (ebd., 134f.). Daraus folge, dass die Kohärenz, »die in einem gegebenen Zustand des Feldes zu beobachten ist, seine scheinbare Ausrichtung auf eine einheitliche Funktion (...), (...) ein Produkt von Konflikt und Konkurrenz und kein Produkt irgendeiner immanenten Eigenentwicklung der Struktur« sei (ebd., 134). Dementsprechend reduziert Bourdieu die feldspezifische Distinktionslogik nicht auf die binäre Härte eines durchgängigen Codes. Er betont vielmehr die Strategien der Akteure und rechnet mit einer gewissen Heteronomie von Feldern. Diese zeige sich »wesentlich durch die Tatsache, dass (...) äußere Fragestellungen« in einem Feld auch »halbwegs ungebrochen zum Ausdruck kommen« können (Bourdieu 1998c, 19). Vor allem aber verbindet Bourdieu die in Feldern wirksamen Unterscheidungsprinzipien mit den Dispositionen der Akteure und stellt dabei einen Zusammenhang von objektiven und subjektiven Strukturen her. Auf diese Verknüpfung der Differenzierung sozialer Felder mit den handlungsleitenden Einstellungen individueller Akteure stellt u. a. der Begriff des symbolischen Kapitals ab.

Symbolisches Kapital wird üblicherweise als eine Form von Kapital neben dem sozialen, ökonomischen und kulturellen Kapital aufgeführt und als ›Prestige‹ oder ›Reputation‹ konkretisiert. Es nimmt aber insofern eine besondere Stellung ein, als es laut Bourdieu die »als legitim anerkannte Form der drei vorgenannten Kapitalien« (Bourdieu 1985, 11) und somit ein »anderer Name für Distinktion« ist (ebd., 22). Symbolisches Kapital ist damit keineswegs ›bloß‹ eine weitere Form von Kapital neben anderen, sondern »die Form, die jede Kapitalsorte annimmt, wenn sie über Wahrnehmungskategorien wahrgenommen wird, die das Produkt der Inkorporierung der in die Struktur der Distribution dieser Kapitalsorten eingegangenen (...) Gegensatzpaare sind (z. B. stark/schwach, groß/klein, reich/arm, gebildet/ungebildet usw.)« (Bourdieu 1998a, 108f.). Als symbolisches Kapital fungiert, mit anderen Worten, jede Form von Kapital, »wenn sie von sozialen Akteuren wahrgenommen wird, deren Wahrnehmungskategorien so beschaffen sind, dass sie sie zu erkennen (wahrzunehmen) und anzuerkennen, ihr Wert beizulegen, imstande sind« (ebd.).

Bourdieu sieht also die Unterscheidungsprinzipien sozialer Systeme – die Logik der Felder – in den Strukturen der Wahrnehmung, d. h. in den Bewusstseinsdispositionen der Akteure verankert. Diese Verankerung beruht auf einer ›Einübung‹ der feldspezifischen Distinktionsformen, die – als Inkorporierung gedacht – nicht durch reflektierendes Lernen erfolgt. Umgekehrt kommt auch die Veräußerung der so angeeigneten Prinzipen ohne reflexive Distanz aus. Vielmehr hat man es mit einem »System von strukturierten und strukturierenden Dispositionen« zu tun, welches »durch Praxis erworben wird und konstant auf praktische Funktionen ausgerichtet ist« (Bourdieu 1996, 154). Diese Dispositionen der Wahrnehmung und des Handelns bezeichnet Bourdieu als den Habitus der Akteure.

Die im Habitus gelagerten Wahrnehmungs- und Handlungsschemata erfordern es gerade nicht, dass Akteure für das Erkennen von Sinnzusammenhängen und für den Entwurf von anschlussfähigen Handlungen zur Praxis und zur Welt ›auf Distanz gehen‹, um diese vom Standpunkt einer distanzierten Reflexionsposition gewissermaßen ›von außen‹ zu betrachten (und dann für die Realisierung einer Handlung sozusagen wieder in die ›Welt des Handelns‹ eintreten, nur um dann für das Erkennen der Handlungsfolgen sogleich wieder daraus herauszutreten etc.). Sie generieren vielmehr eine praktische Beherrschung der in einem Feld wirksamen Unterscheidungsprinzipien und einen praktischen Sinn, einen »Sinn für das Spiel«, der »die fast perfekte Vorwegnahme der Zukunft in allen konkreten Spielsituationen ermöglicht« (Bourdieu 1987, 122). Dieser praktische Sinn sorgt dafür, dass Praktiken »unmittelbar für jedes Individuum mit Sinn für das Spiel Sinn und Daseinsgrund haben« (ebd.). Der Habitus kann als »praktisches Vermögen des Umgangs mit sozialen Differenzen« verstanden werden, welches »jenseits des Bewusstseins wie des diskursiven Denkens« zu verorten ist (Bourdieu 1982, 727f.). Bourdieu spricht in diesem Zusammenhang auch von einem »quasi körperlichen Antizipieren der dem Feld immanenten Tendenzen« (Bourdieu 2001a, 178).[219]

Bourdieu will mit dieser Konzeption die Perspektive seiner Theorie der Praxis auf die »komplexe, jenseits der gewöhnlichen Alternativen von Subjektivismus und Objektivismus (…) bestehende Relation zwischen den objektiven Strukturen und den subjektiven Konstruktionen« lenken (Bourdieu 1998a, 26). Der Habitus

---

219 Damit ist auch angesprochen, dass Dispositionen der Wahrnehmung und des Handelns »in den Körpern, in der körperlichen hexis« verankert sind und dass der Körper die »Präsenz in der Welt, des in der Welt Seins im Sinne des der Welt Angehörens« vermittelt (Bourdieu 2001a, 180f.). In diesem Sinn betont Bourdieu zum einen die ›Sozialisation des Körpers‹: »Wir lernen durch den Körper. (…) Die strengsten sozialen Befehle richten sich nicht an den Intellekt, sondern an den Körper, der dabei als ›Gedächtnisstütze‹ behandelt wird« (ebd., 181). Zum anderen verweist Bourdieu darauf, dass der Körper bzw. der ›leibgewordene‹ Habitus es erlaubt, »mit der Welt in Beziehung zu treten, (…) unmittelbar, ohne objektivierende Distanz (…) in der Welt anwesend« zu sein (ebd., 182).

»gibt dem Akteur eine generierende und einigende, konstruierende und einteilende Macht« (Bourdieu 2001a, 175); er erinnert aber auch daran, dass die »dauerhaften und übertragbaren Systeme der Wahrnehmungs-, Bewertungs-, und Handlungsschemata Ergebnis des Eingehens des Sozialen in die Körper« sind (Bourdieu 1996, 160). Der Habitus ist, mit anderen Worten, »auch in dem Feld ›zu Hause‹, in dem er sich bewegt und das er unmittelbar als sinn- und interessenhaltig wahrnimmt« (ebd., 162).

Die Verbindung von gesellschaftlicher Differenzierung und individuellen Dispositionen (Habitus) führt nicht in einen subjektzentrierten Ansatz, denn der Habitus ist ein ›Produkt‹ der Struktur des sozialen Raums, die sich in den Wahrnehmungs- und Handlungsschemata der Akteure niederschlägt, und gleichzeitig die ›Erzeugungsgrundlage‹ von Praktiken:

> »Die Habitus sind differenziert wie die Positionen, deren Produkt sie sind; aber auch differenzierend. Sie sind unterschiedlich und unterschieden und sie machen Unterschiede. Die Habitus sind Prinzipien zur Generierung von unterschiedlichen und der Unterscheidung dienenden Praktiken« (Bourdieu 1998a, 21).

Die Differenzierung der Habitus resultiert aus der Verortung der Akteure im sozialen Raum und der »mit der entsprechenden Positionierung verbundenen Konditionierung« (ebd.).

Gleichzeitig wird durch die begriffliche Konzeption des Habitus deutlich, dass in sozialen Praktiken stets Unterscheidungen gezogen und Bezeichnungen vorgenommen werden. Die Habitus sind Prinzipien zur Generierung von Praktiken, die Unterscheidung implizieren. Bourdieu zufolge wird eine Unterscheidung aber »nur dann zum sichtbaren, nicht indifferenten, sozial *relevanten* Unterschied«, wenn sie von jemandem wahrgenommen wird, »der in der Lage ist, *einen Unterschied zu machen* – weil er selber in den betreffenden Raum gehört und daher nicht *indifferent* ist und weil er über die Wahrnehmungskategorien verfügt, die Klassifizierungsschemata, den *Geschmack*, die es ihm erlauben, Unterschiede zu machen, Unterscheidungsvermögen an den Tag zu legen« (Bourdieu 1998a, 22). Die den sozialen Praktiken innewohnenden Unterscheidungen äußern sich gemäß Bourdieu in den Sichtweisen, Lebensstilen, Geschmacksrichtungen etc., entlang derer Akteure und Güter bezeichnet, klassifiziert und bewertet werden. Die dabei in Anschlag gebrachten Wahrnehmungskategorien und Klassifikationsschemata sind »das Ergebnis der Inkorporierung der Struktur der objektiven Unterschiede« (ebd., 23), d. h. sie sind mit der Position der Akteure im sozialen Raum verbunden.

Eine Produktion und Reproduktion von Unterschieden erfolgt nicht allein durch absichtsvolles Distinktionsverhalten. Jede praktische Tätigkeit implizierte Unterscheidung und Bezeichnung, die, wie Bourdieu (ebd., 22) andeutet, ein und dieselbe Operation sind. Soziale Praktiken involvieren Distinktion, ohne daraufhin angelegt zu sein:

> »Distinktion impliziert nicht notwendig, wie häufig in der Nachfolge von Veblens Theorie der *conspicious consumption* unterstellt wird, ein bewusstes Streben nach Distinktion.

Jeder Konsumakt, und allgemeiner: jede Praxis ist *conspicious*, ist sichtbar, gleichviel ob sie vollzogen wurde, *um gesehen zu werden*, oder nicht; sie ist distinktiv, Unterschied setzend, gleichviel ob jemand mit ihr die Absicht verfolgt oder nicht, sich bemerkbar zu machen, sich auffällig zu benehmen (*to make onself conspicious*), sich abzusetzen, distinguiert zu handeln. Als solche fungiert sie zwangsläufig als *Unterscheidungszeichen* und, sofern es sich um einen anerkannten, legitimen, gebilligten Unterschied handelt, als *Distinktionszeichen* (in seinen verschiedenen Bedeutungen)« (Bourdieu 1985, 21).[220]

Unterscheidung und Bezeichnung sind nicht zwingend die Folge einer entsprechenden Absicht oder Ausdruck eines Strebens nach Distinktion. Vielmehr beruhen sie darauf, dass alle sozialen Praktiken im weiteren Sinn Kommunikationen und als solche in einem spezifischen Kommunikationsmedium codiert sind, d. h. dass alle Objekte und Äußerungen die Form von symbolischem Kapital annehmen können, »zu symbolischen Unterschieden werden und eine regelrechte *Sprache* bilden« (Bourdieu 1998a, 22). In dieser symbolischen Ordnung ist jede Unterscheidung »nur eine Differenz (…), ein Abstand, ein Unterscheidungsmerkmal, kurz, ein relationales Merkmal, das nur in der und durch die Relation zu anderen Merkmalen existiert« (Bourdieu 1998a, 18). Positionen und Ensembles von Positionen sind darin »durch Relationen von Nähe und Nachbarschaft bzw. Entfernung wie auch durch Ordnungsrelationen wie über, unter und zwischen« bestimmt (ebd., 18).

Sozialer Raum und physischer Raum

Eine theoretisch-begriffliche Erörterung der Beziehung von sozialem und physischem Raum liefert Bourdieu in dem zuerst auf deutsch erschienenen Aufsatz *Physischer, sozialer und angeeigneter physischer Raum*.[221] Den Ausgangspunkt dieser Auseinandersetzung bildet die Feststellung, dass »menschliche Wesen zugleich biologische Individuen und soziale Akteure sind« (Bourdieu 1991, 25). Anhand ihrer Körperstandorte können Menschen im physischen Raum verortet werden. Sie sind aufgrund ihrer Körperlichkeit »örtlich gebunden (verfügen nicht über physische Ubiquität, die es ihnen erlaubte, an mehreren Orten gleichzeitig zu sein) und nehmen einen Platz ein« (ebd.). Als soziale Akteure sind sie nicht im physischen Raum, sondern »an einem Ort des sozialen Raums lokalisiert, der sich anhand seiner relativen Stellung gegenüber anderen Orten (oberhalb, unterhalb, zwischen und so weiter) und anhand seiner Entfernung von diesen definieren lässt« (ebd.). In Bezug auf die Lokalisierung im sozialen Raum sind weder Bilokation noch Ubiquität auszuschließen. Ebenso wenig gilt der Grundsatz, dass zwei Objekte nicht zur selben Zeit dieselbe Stelle einnehmen können. Es ist zumindest nicht einzusehen, weshalb Akteure (wie auch Gegenstände) nicht in verschiedenen Feldern gleichzeitig ›zu Hause‹ sein und Bedeutung haben können oder wes-

---

220 Vgl. Veblen (1960).
221 Vgl. Bourdieu (1991). Eine überarbeitete Fassung ist später unter dem Titel *Ortseffekte* (Bourdieu 1997a) erschienen.

halb eine Vielzahl von Akteuren nicht die gleiche soziale Position innehaben sollte.

Laut Bourdieu weist der soziale Raum die Tendenz auf, »sich mehr oder weniger strikt im physischen Raum in Form einer bestimmten distributionellen Anordnung von Akteuren und Eigenschaften niederzuschlagen« (ebd.). Der ›bewohnte Raum‹ ist dementsprechend als ein »angeeigneter physischer Raum« zu begreifen, der durch »eine dauerhafte Einschreibung der sozialen Realität in die physische Welt« zustande kommt (ebd., 26). Damit ist gemeint, dass sich beispielsweise die (ungleiche) gesellschaftliche Verteilung von ökonomischem, sozialem und kulturellem Kapital in der Geographie einer Stadt als »Konzentration von höchst seltenen Gütern und ihren Besitzern an bestimmten Orten des physischen Raums (Fifth Avenue, rue de Faubourg Saint-Honoré)« abzeichnet oder als Bildung von Regionen, in denen sich »ausschließlich die Ärmsten der Armen wiederfinden (bestimmte Vorstädte, Ghettos)« (Bourdieu 1997a, 161). Insgesamt könne man sagen, dass sich alle wesentlichen Gegensätze des sozialen Raums im bewohnten Raum wiederfinden:

> »So bringt sich die Struktur des Sozialraums in den verschiedenen Kontexten in Gestalt räumlicher Oppositionen zum Ausdruck, wobei der bewohnte (bzw. angeeignete) Raum wie eine Art spontane Symbolisierung des Sozialraums funktioniert. In einer hierarchisierten Gesellschaft gibt es keine Raum, der nicht hierarchisiert wäre und nicht Hierarchien und soziale Abstände zum Ausdruck brächte« (ebd., 160).

Der angeeignete oder bewohnte Raum ist, mit anderen Worten, eine Projektion von Sozialem auf Physis. Durch diese Projektion komme es zu einer »Objektivierung und Naturalisierung vergangener wie gegenwärtiger sozialer Ereignisse« (Bourdieu 1991, 28). Der bewohnte Raum ist deshalb nichts anderes, als der »verdinglichte, d. h. physisch verwirklichte bzw. objektivierte Sozialraum« (Bourdieu 1997a, 161).[222]

Laut Bourdieu wird diese Verdinglichung des Sozialen u. a. dadurch befördert, dass sich die im Raum verwirklichten sozialen Strukturen durch »andauernde und unzählige Male wiederholte Erfahrungen räumlicher Distanzen« (ebd., 162) in Wahrnehmungs- und Denkstrukturen verwandeln:

> »Die im physischen Raum objektivierten großen Gegensätze (...) tendieren dazu, sich im Denken und Reden in Gestalt konstitutiver Oppositionen von Wahrnehmungs- und Unterscheidungsprinzipien niederzuschlagen, also selber zu Kategorien der Wahrnehmung und Bewertung bzw. zu kognitiven Strukturen zu gerinnen (...)« (ebd.).

Bei dieser ›Verwandlung‹ handelt es sich um eine »Einverleibung der Strukturen der Gesellschaftsordnung« (ebd.), die als *Einverleibung* wörtlich zu nehmen ist, weil sie sich laut Bourdieu zu einem guten Teil »vermittels der Bewegung und

---

222 Ähnliches liest man beispielsweise bei Werlen (1997, 44), der argumentiert, dass durch derartige Verräumlichungen »›Natur‹, ›Kultur‹ und ›Gesellschaft‹ zu einer Einheit« zusammenwachsen und als Raumgebilde auftreten, »die durch ›natürliche‹ Grenzen zusammengehalten werden«.

Ortswechsel des Körpers« vollzieht (ebd.). Das unmittelbare Verhältnis von Habitus und Feld entsteht, wie Bourdieu an anderer Stelle erläutert, unter anderem dadurch, dass »die grundlegendsten Strukturen einer Gruppe in den ursprünglichen Erfahrungen des Leibes verwurzelt werden« (Bourdieu 1987, 132). Dies geschehe u. a. durch eine »Überfrachtung der elementaren Leibesübungen (aufwärts, abwärts, vorwärts oder rückwärts gehen usw.) (...) mit Bedeutungen oder Werten«, welche sich »außerhalb von Bewusstsein und Äußerung, also außerhalb der reflexiven Distanz« (ebd., 135) abspiele und deshalb zu einer ›intuitiven‹ Beherrschung der Praktiken in einem Feld – zu einem praktischen Sinn – führe.

> »Der praktische Sinn als Natur gewordene, in motorische Schemata und automatische Körperreaktionen verwandelte gesellschaftliche Notwendigkeit sorgt dafür, dass Praktiken in dem, was an ihnen dem Auge ihrer Erzeuger verborgen bleibt und eben die über das einzelne Subjekt hinausreichenden Grundlagen ihrer Erzeugung verrät, sinnvoll, d. h. mit Alltagsverstand ausgestattet sind« (ebd., 127).

Vermittels des Körpers und durch die Bewegung des Körpers im Raum werden laut Bourdeu also gesellschaftliche Unterscheidungen und Bedeutungen als quasi dinghaft erlebt und in Wahrnehmungs- und Verhaltensschemata verwandelt.[223]

Da sich »die heimlichen Gebote und stillen Ordnungsrufe der Strukturen des angeeigneten Raums« (Bourdieu 1997a, 162) direkt an den Körper richten und so der diskursiven Verhandelbarkeit entziehen, ist der Raum »auch der Ort, wo Macht sich behauptet und manifestiert, wobei sie in ihrer subtilsten Form als symbolische Gewalt zweifellos weitgehend unbemerkt bleibt« (ebd., 163). Außerdem sind, wie Bourdieu in der Folge betont, »die Orte und Plätze des verdinglichten Sozialraums (...) Gegenstand von Kämpfen« (ebd.). Für den wissenschaftlichen Beobachter stellen diese Orte, wie Bourdieu gleichfalls anmerkt, ›Fallen‹ dar, »und zwar dann wenn der unvorsichtige Beobachter (...) sie unhinterfragt als solche nimmt und damit unweigerlich in einen substantialistischen und realistischen Ansatz gerät« (Bourdieu 1991, 29).

Auch Bourdieus Darstellung der sozialen Aneignung des Raums droht stellenweise in einen substantialistischen Ansatz umzuschlagen. Bei dieser Darstellung thematisiert Bourdieu (1997a, 163f.) »räumliche Profite«, die mit der »Verfügung über einen physischen Raum« erzielt werden. Solche Profite ergeben sich gemäß Bourdieu (1991, 31) »aus der Ferne zu unerwünschten Dingen und Personen beziehungsweise durch die Nähe zu seltenen und begehrten Dingen (...) und Personen (...).« Sie entstünden u. a. dadurch, »dass man sich nahe bei knappen und erstrebenswerten Gütern (z. B. Bildungs-, Gesundheits-, oder Kultur-Einrich-

---

223 Man fände, wie Bourdieu (1987, 128) bemerkt, »kein Ende beim Aufzählen der Werte, die durch jene Substanzverwandlung verleiblicht worden sind, wie sie die heimliche Überredung durch eine stille Pädagogik bewirkt, die es vermag, eine komplette Kosmologie, Ethik, Metaphysik und Politik über so unscheinbare Ermahnungen wie ›Halte dich gerade!‹ oder ›Nimm das Messer nicht in die linke Hand!‹ beizubringen und über die scheinbar unbedeutendsten Einzelheiten von *Haltung, Betragen* oder körperliche und verbale *Manieren* den Grundprinzipien des kulturell Willkürlichen Geltung zu verschaffen, die damit Bewusstsein und Erklärung entzogen sind.«

tungen) befindet« (Bourdieu 1997a, 163). So könne z. B. eine prestigeträchtige Adresse eine Art ›räumliches Kapital‹ darstellen und unter Umständen zu sozialem Kapital (z. B. Zugang zu bestimmten sozialen Gruppen) verhelfen: Ähnlich wie ein exklusiver Club »weiht das schicke Wohnviertel jeden einzelnen seiner Bewohner symbolisch, indem es ihnen erlaubt, an der Gesamtheit des akkumulierten Kapitals aller Bewohner Anteil zu haben« (ebd., 166). Andererseits ist auch ersichtlich, dass allein die physische Nähe zu Bildungs-, Gesundheits- oder Kultureinrichtungen keineswegs den Zutritt zu diesen sichert, geschweige denn die Aneignung des entsprechenden Kapitals garantiert. In diesem Sinn bemerkt auch Bourdieu, dass der bloße Besuch des Centre Beaubourg nicht genügt, »um sich das dortige Museum für moderne Kunst geistig anzueignen« (Bourdieu 1991, 33). Es ist daher abwegig zu behaupten, die physische Nähe erleichtere die Akkumulation von Kapital im sozialen Raum. Genau in diese Richtung geht aber Bourdieus Argumentation an verschiedenen Stellen:

> »Die Nähe im physischen Raum erlaubt es der Nähe im Sozialraum, alle ihre Wirkungen zu erzielen, indem sie die Akkumulation von Sozialkapital erleichtert, bzw. genauer gesagt, indem sie es ermöglicht, dauerhaft von zugleich zufälligen und voraussehbaren Sozialkontakten zu profitieren, die durch das Frequentieren wohlfrequentierter Orte garantiert ist« (Bourdieu 1997a, 164).

Nicht die räumliche Nähe oder Distanz schafft, wie man an anderer Stelle lesen kann, »die besonderen Erscheinungen der Nachbarschaft oder Fremdheit« (Simmel 1983, 222), also die im sozialen Raum vollzogenen Grenzen und Einteilungen. Zwar mögen soziale Präferenzen häufig an physischen Markierungen festgemacht sein und im bewohnten Raum ihren Niederschlag finden. Aber nur wenn man jenen Substantialismus wieder aufbringt, den Bourdieu mit der Konzeption des sozialen Raums eigentlich auszuräumen hofft, kann man von der Kohabitation im physischen Raum auf eine gemeinsame Position im sozialen Raum schließen. Obwohl Bourdieu pointiert formuliert, dass es der Habitus ist, »der das Habitat macht« (Bourdieu 1991, 32), erweckt beispielsweise seine Analyse des so genannten »Klub-Effekts« (ebd., 33) immer wieder den Eindruck, als würde die Logik dieser These umgekehrt und von den Anordnungen im physischen Raum auf Verhältnisse im sozialen Raum geschlossen. Zwar betont Bourdieu, dass »die gängige Auffassung (...), nach welcher sich schon allein durch die räumliche Annäherung von im Sozialraum sehr entfernt stehenden Akteuren ein gesellschaftlicher Annäherungseffekt ergeben könnte« (Bourdieu 1997a, 165), in Frage zu stellen sei. Er bemerkt jedoch gleichzeitig, dass es unter den Eigenschaften, die für den Zugang zu einem bestimmten Ort vorausgesetzt werden, »einige nicht unbeträchtliche [gibt], die sich nur durch die langfristige Besetzung dieses Ortes (...) erwerben lassen« (ebd.). Das gelte insbesondere für »das Sozialkapital an Beziehungen und Verbindung (...)« (ebd.), welches demnach nur unter besonderen räumlichen Bedingungen (Kopräsenz) geschaffen (und aufrecht erhalten?) werden kann.

Die Ambivalenz von Bourdieus Erörterungen über den angeeigneten oder bewohnten Raum schlägt in einen ausgeprägten Raumdeterminismus um, wenn man andere Bemerkungen als theoretische Vorgaben hinnimmt – etwa die, »dass

der von einem Akteur eingenommene Ort und sein Platz im angeeigneten physischen Raum hervorragende Indikatoren für seine Stellung im sozialen Raum ab-
geben« (Bourdieu 1991, 26). Diese Äußerung mag eine treffende Formulierung
alltagsweltlicher Denk- und Handlungsweisen sein. Sie würde aber falsch verstanden, wenn man sie zur Grundlagen einer wissenschaftliche Beobachtung macht
und, wie es beispielsweise Friedrichs/Blasius (2000) tun, bei der Analyse benach-
teiligter Wohngebiete von der Annahme ausgeht, »dass wenn jemand in einem
benachteiligten Wohngebiet lebt, dann kann diese Person auch den unteren Klassen zugerechnet werden [sic!]'' (ebd., 195). Solche oder ähnliche Annahmen führen – auch wenn es sich dabei ›nur‹ um für die statistische Erhebung notwendige
Vereinfachungen handelt – zu einer »heimlichen Umkehrung von Ursache und
Wirkung« (Bourdieu 1997b, 93). Von der Lokalisierung sozialer Akteure im physischen Raum auf deren Positionen im sozialen Raum zu schließen, hieße, sich
selbst dem Naturalisierungseffekt zu unterwerfen, »der sich aus der Transformation des sozialen Raums in angeeigneten physischen Raum ergibt« (Bourdieu
1991, 34). Der wissenschaftliche Beobachter, der die alltagsweltlich praktizierten
Projektion von Sozialem auf Physis unter der Hand zur theoretischen Grundlage
der Erklärung von sozialen Phänomenen macht und die daraus resultierenden
›sozial-materiellen Ganzheiten‹ als analytische Basiskategorien verwendet, läuft
Gefahr, selbst in einen naturalisierenden Diskurs zu verfallen, der die soziale Logik der Konstitution und Mystifikation von ›benachteiligten Wohngebieten‹, ›problematischen Banlieues‹ oder ›sozialen Brennpunkten‹ eher verschleiert als sichtbar macht.[224]

Der einer Verräumlichung sozialer Konstellationen innewohnende Naturalisierungseffekt ist relativ leicht zu durchschauen. Weniger offenkundig aber ebenso
folgenschwer ist die Essentialisierung sozialer Verhältnisse, zu der allein das Konzept des sozialen Raums verleitet. Mit der Verwendung der Metapher eines sozialen Raums (mit entsprechenden Subräumen oder Feldern) für die Beschreibung
der sozialen Welt geht eine unterschwellige Ontologisierung einher, die dem Anspruch zuwider läuft, substantialistischen oder essentialistischen Konzeptionen
vorzubeugen. Dabei handelt es sich um jene Tendenz der Verdinglichung, die
auch in systemtheoretischen Entwürfen vorkommt, d. h. um die Vorstellung von
Systemen, die wie Schachteln oder Felder (Räume) in- und nebeneinander in der
Gesellschaft liegen.

Zwar betont Bourdieu (1998, 18), dass dem Begriff des Raums die »Idee von
Differenz, Abstand« zugrunde liegt und dass die für den sozialen Raum konstitutiven (feinen) Unterschiede praktizierte Distinktion, d. h. ein Produkt der Anwendung von Unterscheidungsprinzipien sind. Gleichzeitig wird aber explizit an
der Vorstellung festgehalten, dass diese Klassifizierungsschemata das Ergebnis der
Inkorporierung von ›real existierenden‹ sozialräumlichen Unterschieden sind.
Nicht nur, dass so die räumliche Metaphorik, auf die sich die Idee von Differenz
beruft, nicht ausgehebelt werden kann, es wird überdies recht unumwunden von
der ›realen Existenz‹ eines sozialen Raums ausgegangen. Das muss insofern er-

---

224 Vgl. Lossau/Lippuner (2004).

staunen, als Bourdieu mit der Konzeption des sozialen Raums dem ›Realismus des Intelligiblen‹ eine Absage erteilt und die marxistische Theorie dafür kritisiert, dass sie »von der Existenz in der Theorie zur Existenz in der Praxis oder, wie Marx sagt, ›von den Dingen der Logik zur Logik der Dinge‹« übergeht (ebd., 25). Es ist in erkenntnistheoretischer Hinsicht aber nicht viel gewonnen, wenn der Bruch mit der marxistischen Theorie nur darin besteht, dass bei der Beschreibung der Differenzierung der Gesellschaft die Bezeichnung ›Klasse‹ durch die Bezeichnungen ›Raum‹ und ›Feld‹ ersetzt und (durch Kursivsetzung) hervorgehoben wird, dass Akteure »anhand ihrer *relativen Stellung* innerhalb dieses Raums definiert« sind (Bourdieu 1985, 10, Hervorhebung im Original). Wie verhält es sich also mit dem erkenntnistheoretischen Status des sozialen Raums?

In *Sozialer Raum und ›Klassen‹* gibt Bourdieu (1985, 9) an, dass sich die soziale Welt als mehrdimensionaler Raum *darstellen* und als Kräftefeld *beschreiben* lasse. Der soziale Raum ist demnach eine wissenschaftliche Konstruktion, die vom wissenschaftlichen Beobachter entlang der »als Konstruktionsprinzipien fungierenden Eigenschaften« (ebd., 10) – d. h. entlang der verschiedenen Kapitalsorten – *konstruiert* werden muss. Durch diese Konstruktion gewinne man die Möglichkeit, »*theoretische Klassen* von größtmöglicher Homogenität in bezug auf die (…) Hauptdeterminanten der Praktiken und aller sich aus ihnen ergebenden Merkmale zu konstruieren« (Bourdieu 1998a, 23). Das bedeutet unter anderem, dass eine so herauspräparierte Klasse »keine reale, effektive Klasse, im Sinne einer kampfbereiten Gruppe« bildet (Bourdieu 1985, 12). Vielmehr ist diese »Klasse auf dem Papier (…) von *theoretischer* Natur«; sie »existiert als Theorie« (ebd.).[225]

Gleichzeitig ist aber mit Bourdieu davon auszugehen, dass durch die Konstruktion des sozialen Raums ›wirkliche‹ Unterschiede und Gliederungen der sozialen Welt beschrieben werden. Der soziale Raum ist keine wirklichkeitsfremde Fiktion, sondern eine Beschreibung jener Differenzierungen, die in der sozialen Praxis wirksam sind, gerade weil sie oft nicht benannt und in den Alltagspraktiken ›unbemerkt‹ reproduziert werden. Durch die Konstruktion des sozialen Raums wird laut Bourdieu (1998a, 23) die »unsichtbare, nicht herzeigbare und nicht anfassbare, den Praktiken und Vorstellungen der Akteure Gestalt gebende Realität« sichtbar gemacht. Die vom sozialwissenschaftlichen Beobachter identifizierten Gruppierungen im sozialen Raum sind demzufolge theoretische Konstrukte, die durch die wissenschaftliche Beschreibung hergestellt werden. Angenommen bzw. vorausgesetzt wird aber die Existenz von Unterschieden, auf die die Beschreibung von Positionsbeziehungen im sozialen Raum Bezug nimmt:

> »Was existiert ist ein sozialer Raum, ein Raum von Unterschieden, in denen die Klassen gewissermaßen virtuell existieren, unterschwellig, nicht als gegebene, sonder als *herzustellende*« (Bourdieu 1998a, 26)

---

225 Damit ist im Grunde nichts anderes gemeint, als dass man »Aussagen nicht mit ihren eigenen Gegenständen verwechseln [darf]; (…) dass (…) wissenschaftliche Aussagen nur wissenschaftliche Aussagen sind« (Luhmann 1984, 30).

Diese und ähnliche Bemerkungen[226] scheinen auf eine erkenntnistheoretische Mixtur von Konstruktivismus und Realismus hinauszulaufen. Loïc Wacquant (1996, 22) kommentiert diese Unbestimmtheit mit der Bemerkung, dass Bourdieus Werk »ständig in Bewegung« sei und dass es darin »immer wieder zu Verschiebungen, Kehrtwendungen und Brüchen« komme (ebd., 22f.). Bourdieu konstruiere in seiner theoretischen Konzeption »als erstes (…) jene Distribution der sozial wirksamen Ressourcen, die die von außen auf die Interaktionen und Vorstellungen einwirkenden Zwänge bedingen« und beziehe dann in einem zweiten Schritt »die unmittelbare Erfahrung der Akteure« wieder ein, »um so die Wahrnehmungs- und Bewertungskategorien (Dispositionen) explizit zu machen, die ihr Handeln und ihre Vorstellungen (die von ihnen bezogenen Positionen) von innen heraus strukturieren« (ebd., 29). Bourdieu selbst gibt an, dass seine Arbeit als ›strukturalistischer Konstruktivismus‹ oder als ›konstruktivistischer Strukturalismus‹ charakterisiert werden könne. Was dabei unter Strukturalismus und Konstruktivismus zu verstehen sei präzisiert er folgendermaßen:

> »Mit dem Wort ›Strukturalismus‹ oder ›strukturalistisch‹ will ich sagen, dass es in der sozialen Welt selbst (…) objektive Strukturen gibt, die vom Bewusstsein und Willen der Handelnden unabhängig und in der Lage sind, deren Praktiken oder Vorstellungen zu leiten und zu begrenzen. Mit dem Wort ›Konstruktivismus‹ ist gemeint, dass es eine soziale Genese gibt einerseits der Wahrnehmungs-, Denk-, und Handlungsschemata, die für das konstitutiv sind, was ich Habitus nenne, andererseits der sozialen Strukturen und da nicht zuletzt jener Phänomene, die ich als Felder und als Gruppen bezeichne, insbesondere die herkömmlicherweise so genannten sozialen Klassen« (Bourdieu 1992b, 135).

Die erkenntnistheoretisch Mixtur von Bourdieus Theorie bestünde demnach aus einem Anteil Strukturalismus, der es erlaubt (mit Hilfe wissenschaftlicher Methoden, insbesondere statistischer Verfahren) objektive Unterschiede und Relationen abzubilden und aus einem Anteil Konstruktivismus, der in Rechnung stellen soll, was die Akteure »zur Konstruktion der Sicht von sozialer Welt, und damit zur Konstruktion dieser Welt selber beitragen« (Bourdieu 1985, 16). Eine Besonderheit von Bourdieus Theorie der Praxis wäre demzufolge darin zu sehen, dass sie der »doppelten Realität der sozialen Welt« (Wacquant 1996, 29) Rechnung trägt, weil sie sowohl objektive Strukturen als auch subjektive Konstruktionen zu erfassen vermag. Darüber hinaus müsste aber konstatiert werden, dass Bourdieu dabei die objektiven Gegebenheiten – die Strukturen des sozialen Raums – den subjektiven Konstruktionen vorordnet. Der soziale Raum stellt für Bourdieu, wie sich in verschiedenen Äußerungen zeigt, das (ontologische) Fundament jeder Konstruktionspraxis dar:

---

226 Vgl. z. B. Bourdieu (1998a, 26): »Es gibt also Unterschiede (und genau das meine ich, wenn ich von sozialem Raum spreche) und wird sie weiter geben. Muss man aber deshalb schon die Existenz von Klassen akzeptieren oder behaupten? Nein. Es existieren keine sozialen Klassen (auch wenn die an der Theorie von Marx orientierte politische Arbeit in bestimmten Fällen dazu beigetragen haben mag, ihnen Existenz zumindest in Gestalt von Mobilisierungsinstanzen und Mandatsträgern zu geben).«

»Der soziale Raum ist eben doch die erste und letzte Realität, denn noch die Vorstellungen, die die sozialen Akteure von ihm haben können, werden von ihm bestimmt« (Bourdieu 1998a, 27).

Diese (ontologische) Setzung einer (ursprünglichen) Realitätsbasis mag als der re-
alistische Pol des erkenntnistheoretischen Doppelspiels von Bourdieus Theorie
begriffen werden. Sie lässt sich aber ebenso gut einer konstruktivistischen Grundhaltung zuordnen. Dass der soziale Raum als ›erste und letzte Realität‹ betrachtet
werden muss, weil jede Vorstellung von sozialem Raum von diesem (bzw. von der
Position im sozialen Raum) bestimmt wird, beschreibt nichts anderes als jene »paradoxe Beziehung doppelter Inklusion« (Bourdieu 2001a, 168) in der, gemäß konstruktivistischer Auffassung, jede Beobachtung ›gefangen‹ ist. An anderen Stellen
umschreibt Bourdieu dieses ›Erfasst-Sein‹ von dem, was erfasst wird mit einer ab-
gewandelten Formulierung Pascals[227]:

»›Die Welt enthält mich [me comprend] und umfasst mich als einen Punkt, aber ich ver-
stehe [comprends] sie‹. Die soziale Welt umfasst mich als einen Punkt. Aber dieser
Punkt ist ein Standpunkt, das Prinzip einer Sichtweise, zu der man von einem bestimmten Punkt im sozialen Raum aus kommt, eine Perspektive, die ihrer Form und ihrem Inhalt nach von der objektiven Position bedingt ist, von der aus man zu ihr kommt«
(Bourdieu 1998a, 26f.).[228]

Bourdieu kommentiert diesen Gedanken unzureichend mit der Bemerkung, dass
die soziale Realität sozusagen zweimal existiert, »in den Sachen und in den Köpfen, in den Feldern und in den Habitus, innerhalb und außerhalb der Akteure«
(Bourdieu 1996, 161). Darüber hinaus kommt in dieser Formulierung aber das
Selbstenthaltensein der Konstruktion von Welten in der Welt zum Ausdruck, d. h.
dass Beobachtungen und Beschreibungen der sozialen Welt stets in der sozialen
Welt stattfinden.[229] Das korrespondiert mit der konstruktivistischen Formel, nach
der »alle Erkenntnis Konstruktion der Welt in der Welt ist« (Luhmann 1993, 251).
Man hat es bei der Beobachtung und Beschreibung der sozialen Welt also mit der
Situation zu tun, dass der Beobachter selbst in dem von ihm Beobachteten enthalten ist. Er nimmt eine Position in der sozialen Welt ein und bezieht einen
Stanpunkt, von dem aus die soziale Welt beobachtet und somit konstruiert wird.
    Für den sozialwissenschaftlichen Beobachter bedeutet das, dass er sich mit
seiner Beschreibung des sozialen Raums in dem von ihm beobachteten und beschriebenen bzw. konstruierten Objekt – im sozialen Raum – (be-)findet, wo er einen perspektivischen Standpunkt einnimmt, »der eine bestimmte Verteilung von

---

227 Vgl. Pascal (1997, 81): »Durch den Raum erfasst und verschlingt das Universum mich wie ei-
     nen Punkt: Durch das Denken erfasse ich es.«
228 Vgl. Bourdieu (1996, 161) und Bourdieu (2001a, 167).
229 Vgl. Bourdieu (2001a, 167f.): »Das ›Ich‹, das den (…) sozialen Raum (…) erfasst (als Subjekt
     des Verbs ›erfassen‹ ist es nicht notwendig ein ›Subjekt‹ im Sinne der Bewusstseinsphiloso-
     phie, sondern eher ein Habitus, ein System von Dispositionen), wird selbst in einem anderen
     Sinn erfasst, nämlich eingeschlossen, einbeschrieben, einbezogen in diesen Raum; es nimmt
     dort eine Position ein (…).«

Hellsicht und Blindheit einschließt« (Bourdieu 1992a, 12), so dass eben nie ein perspektivenloser ›Blick von Nirgendwo‹ möglich ist:

> »La science sociale est donc une construction sociale d'une construction sociale. Il y a dans l'objet même, c'est-à-dire dans la réalité sociale dans son ensemble et dans le microcosme social à l'intérieur duquel se construit la représentation scientifique de cette réalité, le champ scientifique, une lutte à propos de (pour) la construction de l'objet, dont la science sociale participe doublement : prise dans le jeu, elle en subit les contraintes et elle y produit des effets, sans doute limités« (Bourdieu 2001b, 172f.).

Die Sozialwissenschaft als ein beobachtendes System, das den sozialen Raum beobachtet und beschreibt, ist demzufolge in dem sozialen Raum verortet, der durch diese Beobachtung und Beschreibung konstruiert wird. Bourdieu sieht in dieser paradoxen Konstellation einen »Befund (...), der von vornherein über die Alternative von Objektivismus und Subjektivismus hinausführt« (Bourdieu 2001a, 167). Dabei erhält er Unterstützung aus einer anderen Richtung: In Bezug auf die Position einer Soziologie, die »die Gesellschaft als ein sich selbst beschreibendes System beschreibt«, bemerkt Luhmann (1993, 255), dass diese sich als Beobachter in das von ihr Beobachtete einschließt; »und eben das dekonstruiert die Unterscheidung von Subjekt und Objekt« (ebd.).

Sozialwissenschaftliche Beobachtung ist unter diesen Bedingungen nur durch die Invisibilisierung einer Paradoxie möglich. Der sozialwissenschaftliche Beobachter muss ›übersehen‹, bzw. davon ›absehen‹, dass er die soziale Welt, die er beobachten möchte, selbst konstruiert; er muss, mit anderen Worten, die selbsttragende Konstruktion seiner Grundbegriffe ausblenden (oder aufschieben). Diese Invisibilisierung kommt bei Bourdieu durch die (ontologische) Setzung des sozialen Raums als ›erste und letzte Realität‹ zustande. Die Theorie versorgt sich so mit einer basalen Ontologie, die es ihr ermöglicht, das Beobachten (eines Gegenstandes bzw. Gegenstandsbereichs) aufzunehmen und Beschreibungen (des sozialen Raums) anzufertigen.

Ähnlich wie Luhmann, der seine Theorie sozialer Systeme mit der Bemerkung ›anschiebt‹, dass der Systembegriff etwas bezeichnet, was ›wirklich‹ ein System ist, setzt Bourdieu voraus, dass die Konstruktion des sozialen Raums ›wirkliche‹ Unterschiede sichtbar macht. Die Ausarbeitung einer Theorie des sozialen Raums (und der sozialen Praxis) erlaubt es aber, diesen performativen Vorschub wieder einzuholen und die dabei gemachte Setzung zu hinterfragen. Wenn auf der Basis dieser Minimalontologie eine Theorie (des sozialen Raums und der sozialen Praxis) entworfen und ein begriffliches Instrumentarium entwickelt worden ist, können mit Hilfe dieser Theorie die erkenntnistheoretischen Grundlagen wissenschaftlicher Beobachtung thematisiert werden, indem man die Analyseinstrumente auf die eigene Beobachtungs- und Beschreibungspraxis anwendet. Die Theorie der Praxis mutiert durch diese erkenntniskritische Wendung nicht zur Philosophie, sondern fragt mit den theoretischen Mittel einer Gesellschaftstheorie nach den wissenschaftlichen Sehgewohnheiten und Beschreibungspraktiken.

Eine Besonderheit von Bourdieus Theorie der Praxis besteht, so gesehen, weniger darin, dass sie die ›doppelte Realität der sozialen Welt‹ (Handeln und Struk-

tur, Freiheit und Determination) erfasst, sondern vor allem darin, »dass sie fortwährend das von ihr geschaffene wissenschaftliche Rüstzeug gegen sich selbst
kehrt« und sich dadurch »Einsichten in die soziale Determination« (Bourdieu
1989, 94) verschafft, der sie selbst unterliegt. Sie versucht, mit anderen Worten,
die Bedingungen der Möglichkeit wissenschaftlicher Beobachtung durch eine
Analyse des wissenschaftlichen Feldes und der wissenschaftlichen Beobachtungs-
und Beschreibungspraxis aufzudecken. Dabei behandelt die Theorie der Praxis erkenntnistheoretische Fragen als (praktische) Probleme der Beobachtung von Gesellschaft in der Gesellschaft. Sie findet also zu erkenntnistheoretischen Fragen zurück, indem sie mit den Methoden einer sozialwissenschaftlichen Theorie der
Praxis die Bedingungen wissenschaftlicher Beobachtung und Beschreibung in der
sozialen Wirklichkeit analysiert, d. h. die Ausdifferenzierung der Wissenschaft als
Feld des sozialen Raums thematisiert.[230]

Bourdieu führt diese Auseinandersetzung mit den sozialen Bedingungen (so-
zial-)wissenschaftlicher Praxis exemplarisch in seiner Arbeit über den *Homo academicus* (Bourdieu 1992a).[231] Diese Studie ist nichts anderes, als eine »kritische
Reflexion auf die wissenschaftliche Praxis« (ebd., 9). Sie ist aber mehr als ›bloß‹
eine Monographie über die französische Universitätslandschaft und auch mehr als
›bloß‹ eine soziologische Untersuchung des sozialen Systems Wissenschaft (des
wissenschaftlichen Feldes). Bourdieu führt darin (mit großem Aufwand an sozialwissenschaftlichen Forschungstechniken) ein Projekt durch, bei dem die Instrumente der Sozialwissenschaft auf die (Sozial-)Wissenschaft angewendet werden.
Bei diesem Bemühen um eine Art ›instrumentelle Reflexivität‹ werden nicht nur
die theoretischen Werkzeuge der Sozialwissenschaften auf diese angewendet, sondern es wird auch mit allen erdenklichen Verfahren der empirischen Sozialforschung gearbeitet. Diese materialreiche Studie ist jedoch nicht ›nur‹ eine mögliche
Anwendung der Theorie der Praxis auf ein mehr oder weniger nahe liegendes
Feld, sondern eine grundlegende theoriebautechnische ›Maßnahme‹ der Theorie
der Praxis:

> »Die Soziologie der Soziologie, mit der sich bereits vorliegende Errungenschaften dieser
> Wissenschaft gegen diese in ihrem Fortgang kehren lassen, ist ein unerlässliches Instru-
> ment der soziologischen Methode: Man treibt Wissenschaft – zumal Soziologie – mit de-
> ren und gegen deren Bestand« (Bourdieu 1985, 50).

Bourdieu (1989, 94) begreift diese »Soziologie der sozialen Determinanten der soziologischen Praxis« als eine Art Therapie, mit deren Hilfe die Sozialwissenschaft
»die Grundlage einer potentiellen Freiheit gegenüber diesen Determinanten«
schafft (ebd.). Die Reflexion ihrer eigenen Sozialität und die reflexive Einsicht in
die Bedingungen der eigenen Praxis versetzen die Sozialwissenschaft demnach in
die Lage, sich selbst der gesellschaftlichen Determination zu entziehen. In Bezug

---

230 Der Weg (zurück) zu erkenntnistheoretischen Problemstellungen führt mit anderen Worten
    »über eine Analyse realer Systeme der wirklichen Welt« (Luhmann 1984, 30).
231 In *Science de la science et réflexivité* liefert Bourdieu (2001b) eine Art theoretische Nachbe-
    trachtung und eine erweiterte ›Begründung‹ der Notwendigkeit dieser Selbstreflexion.

auf diese Aussicht auf eine ›Befreiung‹ der Wissenschaft von den ›Zwängen‹ ihrer gesellschaftlichen Existenz postuliert Bourdieu:

> »Die gesellschaftliche Einbindung des Wissenschaftlers als ein unüberwindliches Hindernis für die Entwicklung einer wissenschaftlichen Soziologie halten, hieße vergessen, dass der Soziologe Waffen gegen die gesellschaftlichen Determinismen doch gerade in der Wissenschaft findet, die sie offen legt (...)« (Bourdieu 1985, 50).

Inwiefern die ›Waffen‹ der Sozialwissenschaft, diese vor den Zwängen ihrer gesellschaftlichen Existenz ›schützen‹ und inwieweit sich die Sozialwissenschaft dadurch Autonomie verschafft, wird erkennbar, wenn man die Wissenschaft als ein Feld des sozialen Raums genauer betrachtet.

Das wissenschaftliche Feld

Die Ausdifferenzierung des wissenschaftlichen Feldes erfolgt laut Bourdieu als Entstehung eines ›sozialen Mikrokosmos‹, in dem »nach und nach die sozialen Bedingungen für die Entwicklung der Vernunft geschaffen werden« (Bourdieu 1998a, 216). Die Wissenschaft formiert sich dabei als ein mehr oder weniger geschlossenes ›soziales Universum‹, in dem »die Neigung und die Fähigkeit« vermittelt werden, »in Worten Interessen, Erfahrungen und Meinungen auszudrücken« (Bourdieu 2001a, 87). Institutionelle Ausprägungen des wissenschaftlichen Feldes sind in erster Linie Bildungseinrichtungen, angefangen mit der Schule, wo durch die »spielerische, zwecklose, im Modus des ›Tun als ob‹ durchgeführte Arbeit ohne (ökonomischen) Einsatz« (ebd., 23) eine ›scholastische Disposition‹ erworben und dauerhaft installiert werde. Die damit verbundenen Denk- und Handlungsschemata finden den institutionellen Rahmen ihrer Realisierung vor allem in Universitäten und Forschungseinrichtungen.

Das wissenschaftliche Feld, dessen Grenzen durch die Art und Weise der Beobachtung, d. h. durch die feldspezifischen Distinktionsprinzipien, festgelegt werden, deckt sich jedoch nicht mit diesen institutionellen Einrichtungen. Vielmehr erstreckt es sich auf jene besondere Form der Kommunikation, die sich auf der Basis einer ›scholastischen Disposition‹ wissenschaftlich gebärdet, d. h. auf ein Kommunikationsfeld, in dem »Beweise und Gegenbeweise triumphieren« (Bourdieu 1998c, 28). Als ein Kommunikationsfeld besteht das wissenschaftliche Feld – wie alle anderen Felder des sozialen Raums – aus Beobachtungsrelationen, die durch unterschiedliche Positionen und Standpunkte aufgespannt werden. Es ist als solches aber »unabhängig von den für diese Relationen charakteristischen Populationen« (Bourdieu 1996, 138). Eine besonderes Merkmal dieses Beobachtungs- und Kommunikationsraums besteht darin, dass »jeder des anderen Publikum« ist (Bourdieu 2001a, 29). Dadurch etabliert sich das wissenschaftliche Feld als eine (mehr oder weniger) autonome und geschlossene Diskurswelt. Diese Autonomie des wissenschaftlichen Feldes zeige sich vor allem in seiner Fähigkeit, »äußere Zwänge oder Anforderungen zu brechen, in eine spezifische Form zu bringen« (Bourdieu 1998c, 19):

>Das wissenschaftliche Feld ist eine soziale Welt, und als solche stellt sie Anforderungen, übt sie Zwänge aus, die allerdings einigermaßen unabhängig sind von den Zwängen der sie umgebenden sozialen Welt« (ebd.).

Diese Vorstellung von einer durch Selbstreferenz erzeugten Autonomie korrespondiert mit der Ansicht Luhmanns, der eine Besonderheit der Wissenschaft darin sieht, dass sie ihre »Arbeitsleistungen nicht asymmetrisch einem dadurch bedienten Publikum gegenüber[stellt]« (Luhmann 1990a, 625). Das Publikum der Wissenschaftler seien vielmehr die Wissenschaftler selbst. Daher sei die Wissenschaft, mehr als die anderen Funktionssystem, »durch die selbstgeschaffenen Probleme ihrer eigene Kommunikation« ausdifferenziert (ebd., 626). Anders als Luhmann hebt Bourdieu aber graduelle Unterschiede der Autonomie von Feldern und den ›Zwangscharakter‹ der Funktionslogik des wissenschaftlichen Feldes hervor. Die Abstufung der Autonomie von Feldern zeigt sich laut Bourdieu vor allem bei den innerwissenschaftlichen Unterschiede zwischen verschiedenen Subfeldern bzw. Disziplinen:

>Zu den wohl entscheidendsten Unterschieden zwischen jenen wissenschaftlichen Feldern, von denen man als Disziplinen spricht, gehört tatsächlich der Grad ihrer Unabhängigkeit, selbst wenn hier die Abstufungen nicht immer leicht zu messen sind« (Bourdieu 1998c, 18).

Die Einsicht in die unvollständige Autonomie des wissenschaftlichen Feldes (bzw. seiner Teilräume) rührt u. a. daher, dass das wissenschaftliche Feld auch als ein ›Kräftefeld‹ und als ein »Feld der Kämpfe um die Bewahrung oder Veränderung dieses Kräftefeldes« (ebd., 20) betrachtet wird. Die Heteronomie dieses Feldes offenbart sich unter diesem Gesichtspunkt vor allem dadurch, dass Akteure mit ›feldfremden‹ Interessen und Unterscheidungslogiken im Feld Wirkungen erzielen und so die Struktur des Feldes verändern können. Ohne damit gleich ein Maß der Unabhängigkeit angeben zu wollen, könne man in Bezug auf den Grad der Autonomie des wissenschaftlichen Feldes sagen:

>Je heteronomer (…) ein Feld (…), desto leichter fällt es den Akteuren, äußere Mächte in die wissenschaftlichen Kämpfe einzuschleusen. Je autonomer umgekehrt ein Feld ist (…), desto eher ist dort die Zensur eine rein wissenschaftliche, die rein gesellschaftliche Eingriffe (amtliche Verfügungen, sanktionierte Karrieren usw.) ausschließt« (ebd., 28).

Den Sozialwissenschaften falle es, im Vergleich zu anderen Disziplinen, besonders schwer diese ›Zensurhoheit‹ zu behaupten. Nicht zuletzt weil alle sozialen Akteure in gewisser Weise ›Experten‹ des Alltags und der alltäglichen Praxis sind und fortwährend alltagsweltliche ›Theorien‹ über jene Zusammenhänge herstellen, die von den Sozialwissenschaften beobachtet und beschrieben werden, sehen sich die Sozialwissenschaften (stärker als andere Disziplinen) mit außerwissenschaftlichen Beiträgen konfrontiert:

>[E]ine der größten Schwierigkeiten, denen die Sozialwissenschaften in ihrem Kampf um Autonomie begegnen, ist die Tatsache, dass sich weniger fachkundige Leute dort immer

wieder im Namen heteronomer Belange einmischen können, ohne schlagartig disqualifiziert zu werden« (ebd., 19).[232]

In Bezug auf den ›Zwangscharakter‹ der Funktionslogik des wissenschaftlichen Feldes hält Bourdieu fest, dass es die feldimmanenten Prinzipien sind, die festlegen, was die Akteure »tun können und was nicht« (ebd., 20). Die am Feld beteiligten Akteure mögen zwar Möglichkeiten haben, das Geschehen im Feld und die Grenzen des Feldes zu bestimmen, beispielsweise festzulegen, was eine wissenschaftliche Tatsache ist und was nicht, »und bis zu einem gewissen Grad sind sie auch für die Gestalt des Feldes verantwortlich« (ebd., 22). Sie sind dabei aber an die Verwendung der in diesem Feld vorherrschenden Unterscheidungsprinzipien, an die Produktionslogik dieses Feldes, gebunden: Eine wissenschaftliche Auseinandersetzung ist wissenschaftlich zu führen (unter Aufwendung der in den entsprechenden ›Programmen‹ vorgesehenen Semantiken: der Theorien, Methoden, Beweise, aber auch unter Verwendung der entsprechenden Vokabulare, Diskussionsnormen, Präsentationsformen etc.).[233]

Dass die Struktur des wissenschaftlichen Feldes die Handlungsmöglichkeiten und -grenzen der Akteure weitgehend festlegt, indem sie ihnen eine spezifische Beobachtungsform ›aufzwingt‹, bedeutet nun aber nicht, dass diese sich wie ein Korsett um die symbolische Produktion legt und sie als äußerer Zwang in ein bestimmtes Schema presst. Diese Auffassung würde nicht nur einen Reduktionismus implizieren, der die Strategien der Wissenschaftler auf soziale Determinanten verkürzt, sondern umgekehrt ebenso die Akteure als Subjekte überschätzen. Dies widerspräche aber in beiderlei Hinsicht grundlegend der Idee der Felder, mit der diesem Entweder-Oder (von äußeren Zwängen und individueller Freiheit der Subjekte) ausgewichen werden soll.[234]

---

232 Vgl. Bourdieu (2001b, 170): »Les sciences sociales, et tout particulièrement la sociologie, ont un objet trop important (…), trop brûlant, pour qu'on puisse le laisser à leur discrétion, l'abandonner à leur seule loi, trop important et trop brûlant du point de vue de la vie sociale, de l'ordre sociale et de l'ordre symbolique, pour que leur soit octroyé le même degré d'autonomie qu'aux autres sciences et que leur soit accordé le monopole de la production de la vérité. (…) La science sociale est donc particulièrement exposée à l'hétéronomie du fait que la pression externe y est particulièrement forte et que les conditions internes de l'autonomie sont très difficiles à instaurer (notamment par l'imposition d'un droit d'entrée).«

233 Dabei ist nicht ausgeschlossen, dass Feldteilnehmer faktisch von dieser Produktionslogik abweichen und ›feldfremde‹ Unterscheidungen einbringen: beispielsweise, wenn Einrichtungen aus administrativen oder politischen Erwägungen geschlossen oder wenn Leistungen, Abschlüsse oder Titel gegen Bezahlung ver- und erkauft werden. Diese feldfremden Einwirkungen werden umso stärker sanktioniert, je autonomer das Feld ist. Allerdings bleibt diese Sanktion im autonomen Feld der Wissenschaft eine wissenschaftliche. Vgl. dazu Derrida (2001), der darauf hinweist, dass die Autonomie der »unbedingten Universität« gleichzeitig der Grund für die Hilflosigkeit ist, »mit der sie sich gegen jene Mächte zur Wehr setzt, die über sie verfügen, sie belagern und sie einzunehmen trachten« (ebd., 16).

234 Ein solcher Reduktionismus wäre alles in allem ganz unangemessen: »Ganz offensichtlich sind die gesellschaftlichen Akteure nicht wie Teilchen, völlig den Kräften des Feldes ausgeliefert« (Bourdieu 1998c, 25). Gerade die Aneignung der Funktionslogik eines Feldes gibt den

Der ›Zwangscharakter‹ des wissenschaftlichen Feldes hängt vielmehr damit zusammen, dass die objektiven (symbolischen) Strukturen des Feldes von den Akteuren angeeignet (inkorporiert) und dabei in Wahrnehmungs-, Denk- und Handlungsschemata verwandelt werden, ohne sich ihnen offenkundig aufzuzwingen. Mit der Teilnahme am wissenschaftlichen Feld geht die Ausbildung eines wissenschaftlichen Habitus einher, der – als eine Art ›Gespür‹ oder ›Sinn für das Spiel‹ – dazu befähigt, gemäß den geltenden Regeln ›mitzuspielen‹ und ›Gewinne‹ zu erzielen, recht zu haben, aufzusteigen, Meinungen zu äußern, theoretische Standpunkte zu vertreten, Behauptungen aufzustellen etc.

Bei dieser Aneignung einer wissenschaftlichen Disposition geht es weder um ein ›Aufzwingen‹ von Seiten des Feldes, noch um ein ›Gezwungen-werden‹ auf Seiten der Akteure. Vielmehr handelt es sich um eine Art Sublimation externer Interessen, die die individuellen Strukturen der Motivation und des Vertrauens berührt, die Wahrnehmung beeinflusst und Handlungsoptionen eröffnet. Die mit dem Eintritt ins wissenschaftliche Feld verbundene ›Verpflichtung‹, die Prinzipien der feldspezifischen Unterscheidungs- und Produktionslogik zu beachten, »wird stillschweigend von jedem Neuzugang gefordert und in jener besonderen Form der *illusio* beschlossen (...), die zur Teilhabe am Feld notwendig gehört, also im Wissenschaftsglauben, einer Art interesselosem Interesse und Interesse an der Interesselosigkeit, das zur Anerkennung des Spiels bewegt, zum Glauben, dass es das wissenschaftliche Spiel, wie man sagt, wert ist, gespielt zu werden, dass es sich lohnt, und gleichzeitig die Gegenstände bestimmt, die des Interesses würdig, bemerkenswert, bedeutend sind, jene also, die den Einsatz lohnen« (ebd., 27). Bourdieu bezeichnet die im wissenschaftlichen Feld ausgebildete Disposition deshalb auch als eine »epistemische doxa« (Bourdieu 2001a, 24), deren besonderes Merkmal gerade darin besteht, dass sie »nicht in Form eines expliziten, seiner selbst bewussten Dogmas affirmiert werden« muss (ebd.).[235] Der wissenschaftliche Habitus formiert sich quasi zwanglos durch den Eintritt ins Feld und die Teilhabe am wissenschaftlichen Diskurs.

Die Strukturen des wissenschaftlichen Feldes sind, gemäß der Konzeption von Habitus und Feld, »in den Köpfen vorhanden, nämlich in Form der Dispositionen, die man in den Disziplinen der scientific community erwirbt« (Bourdieu 1998a, 217). Sie sind aber ebenso »in der Objektivität des wissenschaftlichen Feldes vorhanden, nämlich in der Form von Institutionen wie den Verfahren zur Regelung von Diskussion, Widerlegung, Dialog, vor allem aber vielleicht in Form der

---

Akteuren die Mittel an die Hand, in dem Feld Wirkungen zu erzeugen und Effekte der Differenzierungen hervorzurufen.

235 Vgl. Bourdieu (2001a, 20): »Die spezifische Logik eines Feldes nimmt als spezifischer Habitus Gestalt an, genauer genommen in einem gewöhnlich als (...) ›Geist‹ oder ›Sinn‹ bezeichneten Sinn für das Spiel, der praktisch niemals explizit artikuliert oder vorgeschrieben wird. (...) Wenn das, was die Involviertheit in ein Feld impliziert, implizit zu bleiben bestimmt ist, so deswegen, weil es mit einem bewussten und überlegten Engagement, einer ausdrücklichen vertraglichen Verpflichtung in der Tat nichts zu tun hat. Die ursprüngliche Investition hat keinen Ursprung, weil sie sich selbst stets vorausgeht und dann, wenn wir über Eintritt ins Spiel nachdenken, das Spiel schon mehr oder weniger gelaufen ist.«

– positiven oder negativen – Sanktionen, mit denen das Feld die individuellen Positionen belegt« (ebd.). Bourdieus Überzeugung, dass die Sozialwissenschaft durch die Analyse der Bedingungen ihrer Beobachtung »eine wirkliche *Freiheit* gegenüber diesen Bedingungen gewinnt« (Bourdieu 2001a, 152), beinhaltet vor diesem Hintergrund zweierlei: Zum einen betrifft sie die (unvollständige) Autonomie des wissenschaftlichen Feldes, d. h. die ›Fähigkeit‹, Probleme in eine feldspezifische Form zu bringen und gemäß den feldeigenen Beobachtungs- und Unterscheidungsprinzipien zu bearbeiten. Zum anderen bezieht sich diese ›Unabhängigkeitserklärung‹ auf die Beziehung von wissenschaftlichem Feld und Habitus, d. h. auf die Verinnerlichung von Strukturen des sozialen Raums und deren Bedeutung als Wahrnehmungs- und Handlungsschemata.

In dieser zweiten Hinsicht besteht, laut Bourdieu, ein ›Gewinn‹ der Selbstreflexion im Erkennen von ›Erkenntnishindernissen‹, die nicht auf eine unvollständige Überwindung des ›vorwissenschaftlichen Denkens‹ zurückzuführen sind, sondern gerade dadurch auftreten, dass alltägliche Praktiken *wissenschaftlich* beobachtet und beschrieben werden.[236] Durch die Analyse der Verschränkung von Habitus und Feld sowie der damit verbundenen Formierung von speziellen Dispositionen der Wahrnehmung, des Denkens und des Handelns verschaffen sich Sozialwissenschaftler Einsichten in die »sozialen Bedingungen des Denkens« (Bourdieu 2001a, 152), d. h. in die »auf dem Denken lastenden sozialen Determinationen« (ebd., 168), die das wissenschaftliche Denken und Handel umso mehr beeinflussen, je weniger sie erkannt werden. Eine solche ›Selbstanalyse‹ des Wissenschaftlers (als ein im sozialen Raum verorteter und entsprechend ›konditionierter‹ Beobachter) soll dazu verhelfen, »das erkennende Subjekt besser zu erkennen und also die Grenzen (vor allem die scholastischen) der zur Objekterkenntnis durchgeführten Operationen besser zu meistern« (Bourdieu 2001a, 264). Es ist also die Aussicht auf eine Schärfung des sozialwissenschaftlichen Blicks, die laut Bourdieu für eine (permanente) Auseinandersetzung mit den Bedingungen der eigenen Beobachtung spricht. Dabei geht es konkret darum, implizit angewandte Theorien und (Vor-)Einstellungen aufzudecken und »jene praktischen Gewissheiten aufzulösen, die sich in den wissenschaftlichen Diskurs einschleichen« (Bourdieu 1985, 67). Die mit Bourdieus Theorie der Praxis untrennbar verbundene Analyse »der spezifischen Logik und der sozialen Bedingungen der Möglichkeit wissenschaftlicher Erkenntnis (und besonders der von ihr implizit angewandten Theorie der Praxis)« (Bourdieu 1987, 56) ist also keineswegs einer besonderen Vorliebe für Erkenntnistheorie geschuldet. Vielmehr handelt es sich um eine »Bedingungen der Möglichkeit von Theorie« (Bourdieu 1976, 140) und um eine unabdingbare Voraussetzung für eine »richtige Theorie der sozialen Welt« (Bourdieu 1992b, 220). Diese Aussicht auf eine ›richtige Theorie der sozia-

---

236 Bourdieu umschreibt die (scheinbar verquere) Logik der Erkenntnis, die im Wissen um das eigene Nicht-Wissen liegt, erneut mit einer Formulierung Pascals: »Der Mensch erkennt, dass er elend ist. Er ist also elend, weil er es ist, aber er ist sehr groß, weil er es erkennt« (Pascal 1997, 85). Diese »Verkehrung von Für und Wider« enthalte, »wenn es um das Denken geht«, die Aussicht auf »einige Größe« und den Ausgangspunkt für eine Überwindung der »akademischen Alternative von Determinismus und Freiheit« (Bourdieu 2001a, 168).

len Welt‹, bildet den Gesichtspunkt, unter dem im nächsten Kapitel Bourdieus Entwurf einer Theorie der Praxis eingehender betrachtet werden soll.

In Bezug auf die Autonomie der Wissenschaft als ein selbstreferentiell-geschlossenes Feld im sozialen Raum, bedeutet die ›Befreiung‹ der Wissenschaft von den ›gesellschaftlichen Determinismen‹ nicht, dass die Wissenschaft aus der Gesellschaft ausscheren und von Beiträgen anderer Systeme (etwa Geldzahlungen, Erziehung, politischen Rahmenbedingungen etc.) unabhängig würde. Autonomie oder Unabhängigkeit beziehen sich dabei vielmehr auf die Exklusivität ihrer Beobachtungsweise, auf das Vermögen, feldfremde Belange ›abzuwehren‹ und feldspezifische Unterscheidungsprinzipien durchzusetzen. Dieses Vermögen ist an die Beobachtung der eigenen Beobachtung gebunden, durch die sich die Sozialwissenschaft ein ›epistemologisches Privileg‹ erarbeitet:

> »Indem sie die sozialen Determinierungen zutage fördert, die vermittels der Logik der Produktionsfelder auf allen kulturellen Produktionen lasten, zerstört die Soziologie keineswegs ihre eigenen Fundamente, sondern erhebt vielmehr noch den Anspruch auf ein epistemologisches Privileg: dasjenige, was ihr aus der Tatsache erwächst, dass sie ihre eigenen wissenschaftlichen Einsichten und Errungenschaften in Form einer soziologisch verstärkten epistemologischen Wachsamkeit wieder in die wissenschaftliche Praxis einbringen kann« (Bourdieu 1992a, 11).

Eine sozialwissenschaftliche Beobachtung (alltäglicher Praxis), bei der die eigene Beobachtung mitbeobachtet wird, erhebt Anspruch auf ein ›epistemologisches Privileg‹, weil sie sich Einsicht in die Art und Weise ihrer Beobachtung verschafft und dadurch sieht, dass sie die Dinge so sieht, wie sie sie sieht, weil sie sie so sieht. Sie entkommt also nicht der grundlegenden »Paradoxie der Sichtbarkeit« (Nassehi 1999b).[237] Sie erkennt aber u. U. die bei der Beobachtung des Alltags verwendeten Unterscheidungen, die herrschenden Verhältnisse und Gepflogenheiten im wissenschaftlichen Feld.

Weil die Sozialwissenschaft überdies darauf spezialisiert ist, Beobachtungs- und Beschreibungspraktiken zu beobachten, im Rahmen derer soziale Wirklichkeiten konstruiert werden, ist sie – und nur sie – in der Lage, die sozialen Bedingungen ihrer eigenen Beobachtungs- und Beschreibungs- bzw. Konstruktionspraxis zu erkennen. Das schützt sie freilich nicht davor, dass ein findiger Betriebswirt im zuständigen Ministerium auf seine Weise beobachtet, finanziellen Aufwand und Ertrag berechnet und dass (daraufhin) Mittel gekürzt, Stellen gestrichen oder Institute geschlossen werden. Solche Beobachtung nach den Beobachtungsprinzipien anderer Felder mag wissenschaftliche Beobachtung (in bestimmten Fällen) blockieren oder verhindern, unterwirft sie in ihrer speziellen Art zu beobachten aber nicht der Kontrolle durch ›feldfremde Mächte‹.

Ökonomischer Nutzen, juristische Rechtmäßigkeit oder moralische Verantwortbarkeit mögen wissenschaftlichen Forschungsvorhaben von außen zu- oder abgesprochen werden, welche Aussagen nach wissenschaftlichen Kriterien wahr

---

237 »Alles, was wir sehen, stößt uns auf das Paradox, dass wir es so sehen, weil wir es so sehen« (Nassehi 1999b, 359).

sind und wie die Kriterien für ›Wahrheit‹ festgelegt werden, dafür ist, im Sinne einer die Beobachtung betreffenden Autonomie, aber die Wissenschaft zuständig.[238] Es geht dabei gerade nicht um ›Wahrheit‹ als ein absoluter Wert, der sich allein anhand der Korrespondenz zwischen wissenschaftlichen Aussagen und einer unabhängig davon zu denkenden Welt der Tatsachen bestimmen ließe:

> »Gewiss ist der Soziologe kein unparteiischer Richter oder göttlicher Zuschauer (…), der als einziger zu sagen vermöchte, wo die Wahrheit liegt – oder in der Sprache des *common sense*: wer recht hat, was darauf hinausläuft, Objektivität mit einer augenfällig gerechten Verteilung von Recht und Unrecht gleichzusetzen. Aber er bemüht sich, die Wahrheit über jene Kämpfe und Auseinandersetzungen zu explizieren, in denen es – unter anderem – um die Wahrheit geht. Statt zum Beispiel kategorisch zu entscheiden, wer recht hat – diejenigen die die Existenz einer bestimmten Klasse, Region oder Nation behaupten, oder deren Kontrahenten, die das abstreiten –, sucht er der spezifischen Logik dieser Auseinandersetzung auf die Spur zu kommen und anhand der Analyse des herrschenden Kräfteverhältnisses wie der Mechanismen seiner Veränderung die jeweiligen Chancen der beiden Lager zu ermitteln. Seine Aufgabe ist es, ein wahrheitsgetreues Modell der Auseinandersetzung um die Durchsetzung einer ›wahren‹ Repräsentation der Wirklichkeit zu erstellen, die diese mit zu dem machen, was dann wissenschaftliche protokollierend erfasst wird« (Bourdieu 1985, 54f.).

Bei der hier beschworenen Wahrheit geht es um den Selbstbezug der wissenschaftlichen Beobachtung und um ›Wahrheit‹ als ein Platzhalter für die ›eigenverantwortliche‹ Festlegung der Maßgaben, nach denen Beobachtungen und Beschreibungen als ›wahrhaft wissenschaftliche‹ Beobachtungen und Beschreibungen anerkannt werden. Die von Bourdieu genannte Aufgabe der Sozialwissenschaft, die ›Wahrheit‹ über die (alltäglichen) sozialen Kämpfe zu explizieren und ein ›wahrheitsgetreues‹ Modell dieser Auseinandersetzungen zu erstellen, enthält demzufolge den Anspruch darauf, dass solche Beschreibungen (Explikationen und Modelle) im selbstregulierten Feld der Wissenschaft angefertigt und kontrolliert werden.

Diese Selbstreferenz führt nicht zu ›Beliebigkeit‹, sondern zur Forderung nach einer verstärkten ›epistemologischen Wachsamkeit‹. Wenn und insoweit sie ihre eigenen Beobachtungspraktiken (mit-)beobachtet und dadurch kontrolliert, verschafft sich die Wissenschaft die Autonomie eines sich selbst disziplinierenden Beobachters. Die Unabhängigkeit eines selbstreferentiell-geschlossenen Feldes der Wissenschaft betrifft in diesem Sinn die ›Alleinverantwortlichkeit‹ in Bezug auf die Möglichkeit, sagen zu können, was ›wahrhaft wissenschaftlich‹ ist und was

---

238 Vgl. dazu Derrida (2001), der in Bezug auf die Form und die Funktion der Universität bemerkt: »Die Universität macht die Wahrheit *zum Beruf* – und sie *bekennt sich zur* Wahrheit, sie legt ein Wahrheits*gelübde* ab. Sie erklärt und gelobt öffentlich, ihrer uneingeschränkten Verpflichtung gegenüber der Wahrheit nachzukommen. Gewiss lässt sich über Status und Herkommen des Wertes Wahrheit ad infinitum streiten (Wahrheit als Übereinstimmung oder als Offenbarkeit, Wahrheit als Gegenstand theoretisch-konstativer Diskurse oder Wahrheit als poetisch-performativer Ereignisse etc.). Aber dieser Streit wird eben vorzüglich *in der* Universität, und er wird insbesondere an den Fachbereichen ausgetragen, die zu den Humanities gehören« (ebd., 10).

nicht. Eine Entscheidung in dieser Frage lässt sich u. U. auch vor Gericht erzwingen oder durch Geldzahlungen erkaufen, wissenschaftlich ist sie aber nur vermittels einer (sozialwissenschaftlichen) Beobachtung der eigenen Beobachtungs- und Beschreibungspraktiken zu erreichen.

9 Theorie der Praxis und Praxis der Theorie

Als eine Besonderheit von Bourdieus Theorie der Praxis wird häufig die Aussicht auf eine Überwindung der Dichotomie von Subjektivismus und Objektivismus hervorgehoben. Bourdieu selbst legt diesen Fokus nahe, wenn er in seiner *Kritik der theoretischen Vernunft* schreibt, dass dieser Gegensatz der »grundlegendste und verderblichste« aller Gegensätze sei, die »die Sozialwissenschaften künstlich spalten« (Bourdieu 1987, 49). Ein beträchtlicher Teil der theoretischen Auseinandersetzung mit Bourdieus Werk verdankt sich der Diskussion dieser Spaltung und hält dabei die Dichotomie von Subjektivismus und Objektivismus künstlich aufrecht. In den entsprechenden Arbeiten wird entlang der zentralen Begriffen der Theorie der Praxis (Habitus, sozialer Raum, Feld, symbolisches Kapital, Distinktion etc.) mit unterschiedlicher Gewichtung dargelegt, inwiefern individuelle Dispositionen sozialer Akteure von überindividuellen Strukturen geprägt sind und umgekehrt eben diese sozialen Muster nur durch das Handeln der Akteure produziert und reproduziert werden. Dabei wird in aller Regel ausgeblendet, dass Subjektivismus und Objektivismus, so Bourdieu an derselben Stelle, zwei Erkenntnisweisen sind, die beide »gleichermaßen im Gegensatz zur praktischen Erkenntnisweise stehen« (ebd.).

In Bourdieus Kritik objektivistischer und subjektivistischer Einstellungen geht es demzufolge weniger um die Bestimmung einer mittleren Position, die geeignet wäre, »den Dualismus von Handlung und Struktur zu überwinden« (Stäheli 2000a, 58). Vielmehr zielt seine Kritik auf die *gemeinsamen* Grundannahmen subjektivistischer und objektivistischer Erkenntnisweisen, die diese von der ›normalen Erfahrung‹ und der ›alltagsweltlichen Praxis‹ unterscheiden. Wenn Bourdieu selbst der Auseinandersetzung mit den beiden Positionen (Objektivismus und Subjektivismus) viel Platz einräumt und fordert, dass »die Grundannahmen expliziert werden [müssen], die sie als wissenschaftliche Erkenntnisweise miteinander gemein haben« (ebd.), so ist dies insgesamt als Beitrag zu einer Analyse des Beobachtungsverhältnisses zwischen Sozialwissenschaft und Sozialwelt zu sehen.

Den sozialwissenschaftlichen Blick auf die soziale (Alltags-)Welt bezeichnet Bourdieu (1998a), in Anlehnung an John L. Austin, als »scholastische Sicht«. Austin verweise mit diesem Ausdruck auf einen Sprachgebrauch, der »eine ganz besondere Sicht der Welt, der Sprache oder jedes anderen Objekts des Denkens« (ebd., 203f.) impliziert – auf einen Sprachgebrauch, »bei dem man nicht den unmittelbar zur Sprachsituation passenden Sinn eines Wortes abruft, sondern statt-

dessen jeden möglichen Sinn dieses Wortes unabhängig von jedem Situationsbe-
zug aufführt und untersucht« (ebd., 203). Laut Bourdieu charakterisiert diese
Formulierung auf prägnante Weise die Einstellung des sozialwissenschaftlichen
Beobachters, der sich »von der Welt und vom Handeln in der Welt zurückzieht,
um über die Welt und das Handeln nachzudenken« (ebd., 206). Diese Charakterisierung treffe, wie Bourdieu an anderer Stelle ausführt, auf das Verhältnis zu, »das
jeder Beobachter zu dem Handeln hat, das er ausspricht und analysiert« (Bourdieu
1987, 63). Der Standpunkt, die Sicht und die Praxis des sozialwissenschaftlichen
Beobachters sind gemäß Bourdieu gekennzeichnet durch einen »unumgänglichen
Bruch mit dem Handeln und der Welt, mit den unmittelbaren Zwecken des kollektiven Handelns, mit der Evidenz der vertrauten Welt« (ebd.).

Damit wird nicht behauptet, dass Wissenschaftler keine gesellschaftlich Handelnden sind. Vielmehr postuliert Bourdieu, dass sozialwissenschaftliche Beobachtung und Beschreibung eine epistemologische und soziale ›Sonderstellung‹
erfordern, von der aus die gesellschaftliche Alltagspraxis zum Objekt wissenschaftlicher Dekonstruktions- und Repräsentationsarbeit werden kann. Mit dem
Hinweis auf die scholastische Sicht wird das Problem formuliert, in der Gesellschaft den Standpunkt einer Reflexionsinstanz zu bestimmen, die eben jene Bedeutungspraktiken beobachtet und beschreibt, mit denen ›alltägliche‹ Beobachter
soziale Wirklichkeit konstruieren. Diese Beobachtung zweiter Ordnung, die ein
Sonderfall des Sprechens über Sprache darstellt, wahrt/erzeugt eine Distanz zur
beobachteten Praxis.

Kritik der scholastischen Sicht

Das Versäumnis, den Standpunkt und die Perspektive der scholastischen Sicht einer kritischen Reflexion zu unterziehen, sei der Grund für den »schlimmsten
epistemologischen Fehler, den man in den Humanwissenschaften begehen kann«
(Bourdieu 1998a, 210). Denn ohne eine solche Reflexion laufe der wissenschaftliche Beobachter Gefahr, »an die Stelle des praktischen Verhältnisses zur Praxis das
Verhältnis des Beobachters zum Objekt« zu setzen (Bourdieu 1987, 65). Die wissenschaftliche Beobachtung, die sich »ohne kritische Reflexion auf die Praktiken
richtet« (Bourdieu 1998a, 207), neigt laut Bourdieu dazu, die Konstrukte ihrer Beobachtung mit den Prinzipien der beobachteten Praxis zu ›verwechseln‹ und so
letztlich »ihr Objekt schlicht und einfach zu zerstören« (ebd.):

> »Der Wissenschaftler, der nichts von dem weiß, was ihn als Wissenschaftler bedingt,
> nämlich die ›scholastische Sicht‹, läuft Gefahr, dass er seine eigene scholastische Sicht in
> die Köpfe der Akteure hineinverlagert; dass er in sein Objekt verlegt, was zu der Art und
> Weise gehört, wie er es wahrnimmt, zu seinem Modus der Erkenntnis« (ebd.).239

---

239 Die scholastische Sicht ist mit anderen Worten ein »Intellektualismus« oder »Intellektualo-
zentrismus«, der dazu verleitet, »der analysierten Praxis (...) das eigene Verhältnis des Beobachters zur Sozialwelt und damit eben jenes zu unterlegen, welches die Beobachtung möglich
macht« (Bourdieu 1987, 56).

Eine theoretisch und forschungspraktisch folgenreiche Konsequenz der scholastischen Sicht ist es, »alle sozialen Akteure nach dem Bilde des Wissenschaftlers zu sehen (des über seine Praktiken nachdenkenden Wissenschaftlers und nicht des handelnden Wissenschaftlers)« (ebd., 210). Damit verbinde sich die Neigung, Prinzipien, die zur Erklärung von Praktiken konstruiert wurden, in die Praktiken hinein zu verlegen. Die wissenschaftliche Erklärung von Praktiken tut mit anderen Worten so, »als ob die Konstruktionen, die der Wissenschaftler produzieren muss, um die Praktiken zu verstehen (...), das bestimmende Prinzip dieser Praktiken wären« (ebd.).[240]

Bourdieu geht es bei seiner Kritik subjektivistischer und objektivistischer Ansätze darum, die »wissenschaftlichen Irrtümer aufzuspüren, die (...) von der *scholastic fallacy* herrühren« (ebd., 209). Ihr Ziel ist nicht die richtige Gewichtung innerhalb der falschen Alternative von subjektivistischer und objektivistischer Perspektive. Diese Alternative stellt bloß »zwei komplementäre Momente desselben Vorgehens« zur Wahl (Bourdieu 1992a, 13). Subjektivismus und Objektivismus bilden eine falsche Alternative, die auf der einen Seite (auf der Seite subjektivistischer Ansätze) in ein »finalistisch-intellektualistisches Denken« (Bourdieu 1998a, 211) führt, bei dem der Wissenschaftler den beobachteten Akteuren dasselbe Verhältnis zur Praxis unterstellt, das er ihr als professioneller Interpret entgegen bringt. Gemeint ist ein Denken, das beispielsweise hinsichtlich des Sprechens und der Sprache so tut, »als wären die Sprecher Grammatiker« (ebd., 207). Auf der anderen Seite (in der objektivistischen Sicht strukturalistischer Ansätze) führt diese Alternative zu einem »Denken in Mechanismen« (Bourdieu 1998a, 211). Dabei werden Praktiken als Effekte einer präkonstituierten Realität erklärt, d. h. als Ereignisse, die in Erscheinung treten, wenn bestimmte Positionen eingenommen werden. Nach Bourdieus Auffassung setzt eine »richtige Theorie der Praxis« (Bourdieu 1998a, 211) eine theoretische Kritik voraus, die die Alternative zwischen (strukturalistischem) Objektivismus und (phänomenologischem) Subjektivismus »überhaupt zum Verschwinden bringt« (ebd.). Erst auf der Kehrseite dieser Kritik zeichnet sich die Einstellung einer praxeologischen Erkenntnisweise ab – die Erkenntnisweise einer Theorie, die die Bedingungen und Grenzen ihrer Perspektive kennt.

Mit Objektivismus überschreibt Bourdieu (1987, 57) strukturalistische Ansätze sozial- oder kulturwissenschaftlicher Forschung, deren Einstellung auf jene »ersten Operationen« zurückgeht, »mit denen Saussure den eigentlichen Gegenstand der Linguistik konstruiert hat« (ebd.). Das betrifft vor allem den klassischen Strukturalismus der ›Strukturalen Anthropologie‹ von Claude Lévi-Strauss (1977),

---

240 Die forschungspraktischen Konsequenzen der (unreflektierten) ›scholastischen Sicht‹ zeigen sich exemplarisch im Falle von Fragebögen, in denen Fragen gestellt werden, »auf die die Befragten immer eine Minimalantwort geben können – ja oder nein –, die sie sich selbst aber niemals zuvor gestellt haben und die sie sich nur wirklich stellen (...) könnten, wenn sie durch ihre Lebensbedingungen disponiert und vorbereitet wären, gegenüber der sozialen Welt und ihrer eigenen Praxis den scholastischen Standpunkt zu beziehen, von dem aus diese Fragen produziert worden sind; wenn sie also etwas vollkommen anderes wären, als was sie sind und was es gerade zu begreifen gilt« (Bourdieu 2001a, 76f.).

der die Sozial- und Kulturwissenschaft explizit an die sprachwissenschaftlichen
Methoden von Saussure und Jakobson anknüpft, d. h. jene Form von Sozial- oder
Kulturwissenschaft, die sich in Bezug auf die Erforschung ihrer Phänomene in einer Situation sieht, »die formal der des phonologischen Sprachforschers ähnelt«
(Lévi-Strauss 1977, 45). Die objektivistische Einstellung des strukturalistischen
Denkens gründet auf der »These vom Primat der Sprache« gegenüber dem Sprechen, dem daraus abgeleitete Vorrang »von synchron erfasster Logik und Struktur
vor Individual- oder Kollektivgeschichte« (Bourdieu 1987, 58) sowie der Vorstellung von Sprache als System von Elementen, deren Wert sich nicht aus ihrer besonderen Beschaffenheit, sondern aus ihrem Stellungsverhältnis zu anderen ergibt.[241]

Bourdieu zielt mit seiner Objektivismuskritik weniger auf die einzelnen Pos-
tulate verschiedener strukturalistischer Positionen, sondern vielmehr auf den
Standpunkt der objektivistischen Perspektive strukturalistischer Sicht sowie auf
das Verhältnis zwischen dem wissenschaftlichem Beobachter und den kulturellen,
sozialen oder sprachlichen (Alltags-)Praktiken, das sich aus diesem Standpunkt
ergibt. Er wendet gegenüber der objektivistischen Einstellung strukturalistischer
Denkweisen ein, dass

> »der Objektivismus (…), da er die Praxis nicht anders denn negativ, d. h. als *Aus-
> übung/Ausführung* zu entwerfen vermag, dazu verdammt [ist], entweder die Frage nach
> dem Erzeugungsprinzip der Regelmäßigkeiten gänzlich fallen zu lassen (…) oder aber
> verdinglichte Abstraktionen dank eines Fehlschlusses hervorzubringen, der darin be-
> steht, die von der Wissenschaft konstruierten Objekte wie ›Kultur‹, ›Struktur‹, ›soziale
> Klassen‹, ›Produktionsweisen‹ usw. wie autonome Realitäten zu behandeln, denen gesell-
> schaftliche Wirksamkeit eignet und die in der Lage sind, zu handeln als verantwortliche
> Subjekte historischer Aktionen oder als Macht, die fähig ist, auf Praxis Zwang auszu-
> üben« (Bourdieu 1976, 158f.).

Darin klingt zum einen die gängige (methodologische) Kritik der holistischen Argumentation von sozialwissenschaftlichen Erklärungen strukturalistischer Prägung an. Diese Kritik besagt, dass der Strukturalismus »ins Fahrwasser eines so-

---

241 Den Strukturalismus kennzeichnet laut Deleuze (1992) eine Präferenz für Positionsbeziehungen in einem »topologischen und strukturalen Raum« (ebd., 16), der eine symbolische Ordnung von Orten bildet, »in der die Orte wichtiger sind als das, was sie ausfüllt« (ebd., 17).
Diese symbolische Ordnung ist »nicht auf die Ordnung des Realen, nicht auf die des Imaginä-
ren reduzibel« (ebd., 13). Sie muss als eine »transzendentale Topologie« (ebd., 17) aufgefasst
werden, die unabhängig von jenen definiert ist, »die sie empirisch einnehmen« (ebd.) und die
»tiefer reicht« (ebd., 13) als institutionelle Arrangements oder kollektive Wissensbestände.
Ein wesentliches Merkmal des Strukturalismus ist die daraus abgeleitete Ansicht, dass Sinn
ein ›Effekt der Struktur‹ ist. Ein strukturalistisches Denken prägt demzufolge auch Foucaults
Untersuchung von »archäologischen Ebenen des Wissens« (Foucault 1971, 14): »Wenn Foucault Bestimmungen wie den Tod, das Begehren, die Arbeit, das Spiel definiert, so betrachtet
er sie nicht als Dimensionen der empirischen menschlichen Existenz, sondern zunächst als
die Qualifikation von Orten oder Stellungen, die jene zu Sterblichen und Sterbenden oder Be-
gehrenden und Arbeitern oder Spielern machen, welche sie eingenommen haben, sie jedoch
nur sekundär eingenommen haben, da sie ihre Rollen gemäß einer Ordnung der Nähe innehaben, welche die Struktur selbst ist.« (Deleuze 1992, 17).

zialen oder ökonomischen Determinismus« gerät, weil er die Kompetenz der handelnden Subjekte weitgehend bis nahezu vollständig negiert, »sie (...) sozusagen als ›Trottel‹ betrachtet« (Werlen 1995, 68). Sie bemängelt, dass die individuellen Dispositionen und Erfahrungen handelnder Subjekte sowie subjektive Intentionen und pragmatische Zwecksetzungen vernachlässigt werden. Zum anderen verweist Bourdieus Einwand aber auch auf den mit dem Standpunkt objektivistischer Sicht verbundenen ›scholastischen Irrtum‹ – auf die Tendenz, im Rahmen der wissenschaftlichen Beobachtung und Beschreibung ›verdinglichte Abstraktionen‹ hervorzubringen und die Konstrukte der Theorie als Momente der Praxis zu behandeln. Die problematischen Implikationen der strukturalistischen Sicht kommen demzufolge weniger in der Frage zum Ausdruck, ob und wie stark soziale Praktiken ›äußeren Zwängen‹ unterliegen und wie weit andererseits individuelle Motive, Absichten und Handlungskompetenzen reichen. Es geht gemäß Bourdieu »nicht darum, das Problem in Begriffen von Spontanität und Zwang, Freiheit und Notwendigkeit, Individuum und Gesellschaft zu stellen« (Bourdieu 1992b, 84). Vielmehr wirft Bourdieu die Frage auf, »was der Analysierende aufgrund der Tatsache, dass er dem Objekt äußerlich ist, es von fern und von oben beobachtet, in seine Wahrnehmung dieses Objekts hineinprojiziert« (Bourdieu 1996, 100).

In der strukturalistischen Konzeption von Sprache wird der Bruch zwischen dem wissenschaftlich-theoretischen und dem alltäglich-praktischen Verhältnis zur Praxis besonders deutlich. Er äußert sich im Unterschied zwischen dem »theoretischen Verhältnis dessen zur Sprache«, der sie »zum Objekt der Analyse macht, anstatt zum Denken und Reden zu gebrauchen« und dem »praktischen Verhältnis dessen zur Sprache, der sie für praktische Zwecke gebraucht, weil er verstehen will, um handeln zu können, und zwar gerade so viel, wie er praktisch braucht und wie in praxi dringend ist« (Bourdieu 1987, 59). Es ist laut Bourdieu der besondere »Status des Zuschauers, der sich aus der Situation zurückzieht, um sie zu beobachten« (ebd., 63), der den Wissenschaftler in die »logische Ordnung der Verstehbarkeit« (ebd., 58) hineinversetzt. Im Versäumnis, diesen epistemologischen Bruch mit dem Alltag und der Alltagssprache zu reflektieren, sieht Bourdieu die objektivistische Version des ›scholastischen Trugschlusses‹. Der Theoretiker, der über keine »Theorie des Unterschieds« zwischen wissenschaftlicher und alltäglicher Einstellungen verfügt, neigt laut Bourdieu dazu, die Praxis »stillschweigend als selbständiges und selbstgenügsames Objekt zu behandeln, d. h. als Zweckmäßigkeit ohne Zweck, jedenfalls ohne anderen Zweck als den, wie ein Kunstwerk interpretiert zu werden« (ebd., 59f.). Deshalb liege bei der objektivistischen Betrachtung letztlich auch die ›Logik der Praxis‹ im Dunkeln. Dem objektivistischen Betrachter bleibt die Entstehungsgrundlage der von ihm beobachteten Praktiken solange verborgen, wie er den Bruch mit dem Alltagsleben, der Alltagspraxis oder der Alltagssprache ausblendet und den Unterschied von ›Teilhaben‹ und ›Nicht-Teilhaben‹ in seiner Beobachtungspraxis übersieht.

Bourdieus Haupteinwand gegenüber der objektivistischen Sicht strukturalistischer Sozial- oder Kulturwissenschaft richtet sich also auf den darin eingebauten *theoretizistischen* oder *intellektualistischen bias* (Bourdieu 1996, 100) bzw. auf den damit verbundenen ›epistemologischen Fehler‹, wissenschaftliche Konstruktionen in positive Entitäten zu verwandeln und bei der Erklärung von Praktiken heimlich »vom Modell der Realität zur Realität des Modells« überzugehen (Bourdieu 1987, 75). Die scholastische Sicht verleitet den objektivistischen Betrachter dazu, theoretische Konstrukte (Kulturen, Strukturen, Klassen, Gruppen, Regionen) als Realitäten zu behandeln, »die auf die Gesellschaft wirken und die Praktiken direkt beherrschen können (…)« (ebd.).

Die Kritik der objektivistischen Perspektive strukturalistischer Ansätze ist nicht als Aufwertung der anderen Seite der falschen Alternative von Subjektivismus und Objektivismus zu begreifen. Vielmehr gilt es, die Einstellung jener Ansätze, die auf die »Primärerfahrung von sozialer Welt und deren Beitrag zur Konstruktion von sozialer Welt« (Bourdieu 1992a, 13) abzielen, ebenfalls einer theoretischen Kritik zu unterziehen. Bourdieu distanziert sich ausdrücklich von Ansätzen, die soziales Handeln als ein von den Handelnden stets bewusst an kodifizierten Regeln ausgerichtetes Verhalten begreifen – von Ansätzen, die im Stile einer *rational action theory* von klar geordneten Präferenzen und eindeutig festgelegten Zielen handelnder Individuen ausgehen.[242] Er wendet sich aber auch kritisch gegen sozialphänomenologische Theorien, in denen die soziale Wirklichkeit ein Produkt der Erfahrungen, Handlungen und Typisierungen von Individuen ist, denen die Welt durch ihre alltagsweltliche Einstellung unmittelbar vertraut und sinnhaft gegeben ist.

Bourdieu bestreitet weder, dass über das Alltagswissens eine primäre Erfahrung der sozialen Welt als eine sinnhaft gegebene erfolgt, noch negiert er die sozialkonstruktivistische These, »dass jede Erkenntnis von sozialer Welt einen spezifische Denk- und Ausdrucksschemata ins Werk setzenden Konstruktionsakt darstellt« (Bourdieu 1982, 729). Vielmehr ist Bourdieu (1996, 103) der Meinung, »dass es eine Primärerfahrung des Sozialen gibt, die, wie Husserl und Schütz gezeigt haben, auf einem Glaubensverständnis beruht, das uns die Welt als selbstverständlich hinnehmen lässt.« Darüber hinaus betont er, dass sozialwissenschaftliche Theorien zur Kenntnis nehmen müssen, dass die soziale Welt das Produkt von (symbolischen) Konstruktionspraktiken ist:

> »Noch die ihrem Anspruch nach objektivistischste Theorie muss die Vorstellung in sich aufnehmen, die sich die Akteure von der sozialen Welt machen, genauer: muss in Rechnung stellen, was diese zur Konstruktion der Sicht von sozialer Welt, und damit zur Konstruktion dieser Welt selber beitragen – vermittels jener unaufhörlichen Repräsentationsarbeit (im weitesten Sinne des Wortes), mit der sie ihre Weltsicht bzw. Auffassung von ihrer Stellung in dieser Welt, mit anderen Worten ihre gesellschaftliche Identität, durchzusetzen suchen« (Bourdieu 1985, 15f.).

---

242 Eine sozialwissenschaftliche Betrachtungsweise verbaue sich mit der Berufung auf Webers Idealtypus rationalen Handelns oder mit der ›Inkarnation‹ des Homo oeconomicus »ein Verstehen all jener Handlungen, die vernünftig sind, ohne deswegen das Produkt eines durchdachten Plans oder gar einer rationalen Begründung zu sein, denen eine Art objektiver Zweckmäßigkeit innewohnt, ohne dass sie deswegen auf einen explizit gesetzten Zweck bewusst hinorganisiert wären; die verstehbar und schlüssig sind, ohne aus gewollter Schlüssigkeit und reiflich überlegter Entscheidung hervorgegangen zu sein, die auf Zukunft abheben, ohne Ergebnis eines Vorhabens oder Plans zu sein« (Bourdieu 1987, 95).

Bourdieu fordert jedoch zugleich, dass man auch die »Frage nach den Bedingungen der Möglichkeit primärer Erfahrung« (Bourdieu 1976, 148) stellen und mehr als bloß eine beschreibende Bestandsaufnahme dessen leisten muss, was aus der ›primären Erfahrung‹ gegeben ist. Die wissenschaftliche Auseinandersetzung mit dem Alltag und dem Alltagswissen müsse »über die Beschreibung hinauskommen und die Frage nach den Bedingungen der Möglichkeit dieser doxischen Erfahrung stellen« (Bourdieu 1996, 103). Das laufe selbstredend darauf hinaus, »die Theorie der Theorie zurückzuweisen, die die Konstruktionen der Sozialwissenschaft reduziert auf ›Konstruktionen zweiten Grades, d. h. auf Konstruktionen von Konstruktionen jener Handelnden im Sozialfeld‹, wie es Schütz tut, oder auf *accounts* von *accounts*, die die Individuen hervorbringen und mittels derer sie den Sinn ihrer Welt hervorbringen, wie es Garfinkel tut« (Bourdieu 1976, 149).

Wie die Kritik am Objektivismus enthält auch die Kritik am Subjektivismus zweierlei. Neben dem gängigen (methodologischen) Einwand, dass subjektivistische Ansätze die objektiven oder objektivierten Bedingungen der alltäglichen Deutungs- und Handlungspraktiken vernachlässigen, enthält sie auch den Hinweis auf die subjektivistische Version der theoretischen Sicht »als einer äußerlichen, distanzierten, oder schlicht nicht-praktischen (…) Sicht« (Bourdieu 1992b, 80). In dieser zweiten Hinsicht richtet sich das Augenmerk der Kritik auf die Form und die Folgen des ›scholastischen Trugschlusses‹ subjektivistischer Ansätze. Dabei zeigt sich, »dass der Subjektivismus, ähnlich wie der das wissenschaftliche Verhältnis zum Objekt der Wissenschaft verallgemeinernde Objektivismus, die Erfahrung verallgemeinert, die das Subjekt des wissenschaftlichen Diskurses über sich selbst als Subjekt macht« (Bourdieu 1987, 86). Während die objektivistische Einstellung dazu verleitet, theoretische Konstrukte als praktische Realitäten zu behandeln, wird in der Perspektive eines subjektzentrierten Konstruktivismus die Sicht des ›professionellen Interpreten‹ unter der Hand auf die gesellschaftlich Handelnden übertragen und so eine falsche Grundlage alltäglicher Praktiken konstruiert.[243] Die Vertreter einer subjektivistischen Perspektive gewinnen ihre Einsichten in die sinnhafte Konstitution sozialer Wirklichkeit dank einer Modifikation der Praxis nach dem Modus ihrer eigenen Erkenntnisweise – dank einer Verallgemeinerung der distanzierten Haltung gegenüber der Praxis, mit der sie diese auf Prozesse des Verstehens und der Verständigung reduzieren. Der subjektivistische Beobachter interpretiert Praktiken im Grunde so, »als handle es sich dabei

---

243 Bourdieu expliziert den subjektivistischen ›Intellektualismus‹ oder ›Theoretizismus‹ unter Bezugnahme auf Sartres »extrem konsequente Formulierung der Philosophie des Handelns« (Bourdieu 1987, 79). Die Grundhaltung wie sie sich bei Sartre zeige, werde »stillschweigend von denen akzeptiert (…), die die Praktiken als Strategien beschreiben, die explizit auf von einem freien Vorhaben explizit formulierte Zwecke oder gar, wie bei manchen Interaktionisten, auf vorweggenommene Reaktionen anderer Handelnder ausgerichtet sind« (ebd.). Mit dem Etikett ›Interaktionisten‹ versieht Bourdieu u. a. die Ethnomethodologie (Garfinkel), die davon ausgeht, dass die soziale Wirklichkeit von kompetenten Akteuren fortwährend hergestellt und aufrecht erhalten wird, und den ›symbolischen Interaktionismus‹ (Blumer), der in Bezug auf die wechselseitige Abstimmung des Verhaltens in Interaktionsprozessen untersucht, wie Subjekte die Gegenstände und Ereignisse ihrer Erfahrungen mit Bedeutungen versehen. Vgl. dazu z. B. Joas (1988).

um Interpretationsverfahren« (Bourdieu 1987, 67), wie sie der wissenschaftliche Beobachter selbst fortwährend durchführt.

Dieser Einwand besagt nicht, dass alltägliche Praktiken nicht stets Interpretations- und Deutungsprozesse beinhalten oder dass die alltäglich Handelnden nicht in der Lage wären, in einem Moment des reflektierenden Innehaltens über ihre routinisierten Tätigkeiten Auskunft zu geben. Vielmehr ist damit gemeint, dass dem wissenschaftlichen Beobachter die ›spezifische Logik‹ der Praxis verborgen bleibt, wenn er durch die Übertragung seiner Beobachtungsweise auf die von ihm beobachteten Subjekte nicht sieht, was seine Erkenntnis dem ›besonderer Fall der Erfahrung‹ und dem Standpunkt wissenschaftlicher Beobachtung verdankt.

Sowohl die subjektivistische als auch die objektivistischen Beobachtung sind in diesem Sinn durch eine ›intellektualistische Nicht-Teilhabe‹ gekennzeichnet. Sie implizieren beide einen Standpunkt, von dem aus »sich die Sozialwelt wie ein von ferne und von oben herab betrachtetes Schauspiel, wie eine *Vorstellung* darbietet« (Bourdieu 1987, 53). Subjektivistische Ansätze haben mit der objektivistischen Einstellung strukturalistischer Theorien gemein, dass sie aufgrund ihrer nicht minder scholastischen Sicht im Grunde demselben »theoretizistischen Irrtum« unterliegen (Bourdieu 1996, 101). Sowohl in subjektivistischer als auch in objektivistischer Einstellung werden Elemente der wissenschaftlichen Beobachtung in Aspekte der Praxis verwandelt oder auf die beobachtete Praxis projiziert. Dies betrifft in objektivistischer Sicht v. a. beobachtete Regelmäßigkeiten, die im Rahmen der Erklärung sozialer Phänomene als strukturelle Bedingungen behandelt werden, die äußeren Zwang auf die Praxis ausüben. In subjektivistischer Einstellung besteht der analoge ›Trugschluss‹ darin, die vom wissenschaftlichen Beobachter in den Handlungs- und Deutungsmustern erkannten Regeln als Prinzipien zu behandeln, die irgendwie in den Köpfen der Akteure vorhanden sind und so (durch mehr oder weniger bewusste Anwendung) die Praxis lenken.[244]

Objektivistische Beschreibungen tendieren folglich dazu, das Auftreten von Regelmäßigkeiten dem Wirken von Mechanismen zuzuschreiben, denen die Praktiken unterliegen – Mechanismen, die scheinbar durch den Nachweis von Regelmäßigkeiten aufgedeckt werden. In subjektivistischer Haltung resultiert daraus eine Art ›konstruktivistischer Positivismus‹. So beruft sich die sozial- oder kulturwissenschaftliche Re- oder Dekonstruktion von alltäglichen, sozialen, kulturellen oder räumlichen Konstrukten in der Regel auf ein »präkonstruiertes Konkretes« (Bourdieu 1996, 104), d. h. auf einen durch die gesellschaftlich Handelnden im Modus von Bedeutungen konstituierten Ausschnitt der sozialen Wirklich-

---

244 Bourdieu verweist in diesem Zusammenhang auf die Konfusion, zu der es (nicht nur in den Sozialwissenschaften) regelmäßig in Bezug auf die unterschiedlichen Verwendungsweisen des Wortes ›Regel‹ kommt (Bourdieu 1976, 161 u. 1987, 74). Eine scharfsinnige Analyse der Mehrdeutigkeit des Regelbegriffs findet sich bekanntlich bei Wittgenstein (1984, 286f.), der laut Bourdieu (1987, 74) »wie spielerisch alle Fragen behandelt, um die sich die Strukturale Anthropologie und gewiss viel allgemeiner noch der Intellektualismus insofern drücken, als sie die von der Wissenschaft ermittelte objektive Wahrheit auf eine Praxis übertragen, die ihrem Wesen nach die theoretische Haltung ausschließt, welche die Ermittlung dieser Wahrheit erst möglich macht (…).« Vgl. dazu Bouveresse (1993).

keit. Vor dem Hintergrund der Unterscheidung von wissenschaftlicher Sicht und alltäglicher Praxis stellt sich aber die Frage, was die wissenschaftlichen Erkenntnisse der von Wissenschaftlern getroffenen Wahl verdanken, die Prinzipien der Konstruktion eben dieses oder jenes Ausschnitts als alltägliche Praxis zu untersuchen. Dabei wird nicht die Notwendigkeit solcher Selektionen für die theoretische Erkenntnis bestritten, sondern vielmehr gefragt, welchen Nutzen die theoretische Erkenntnis aus diesen Selektionen zieht und was das Versäumnis impliziert, diese Selektionen als Bedingungen der eigenen Beobachtung zu reflektieren.

Eine praxeologische Beobachtung und Beschreibung sozialer Praxis im Sinne Bourdieus ist nur durch »eine radikale Bekehrung des Blicks« möglich (Bourdieu 1998a, 208). Sie ist an eine Perspektive gebunden, zu der man erst vermittels einer »theoretischen Sicht der theoretischen Sicht« gelangt (ebd.). Das bedeutet, dass man die theoretische, »nicht-praktische, auf der Neutralisierung der praktischen Interessen und Anliegen beruhende Sicht« einer »theoretischen Kritik« unterziehen muss (ebd., 209). Erst dann habe man eine Chance, die ›spezifische Logik‹ der Praxis zu begreifen. Die Einsicht, dass sich der wissenschaftliche Beobachter »in Bezug auf das von ihm beobachtete und analysierte Verhalten nicht in der Position eines handelnden, an der Handlung beteiligten, beim Spiel und dem, was auf dem Spiel steht, engagierten Akteurs befindet« (ebd.), macht nicht nur die Bedingungen der Möglichkeit und die Grenzen einer theoretischen Erkenntnis der Praxis erkennbar. Sie ermöglicht umgekehrt auch jene ›wahrhaft wissenschaftliche‹ Erkenntnis der Praxis und der praktischen Erkenntnis, die Bourdieu (1987, 53) auf den ersten Seiten seiner *Kritik der theoretischen Vernunft* verspricht.

Die Auseinandersetzung mit den Bedingungen der Möglichkeit sozialwissenschaftlicher Beobachtung ist also keineswegs ›bloß‹ eine Spielerei im Theoriediskurs. Ebenso wenig geht es bei der Kritik der theoretischen oder scholastischen Sicht darum, den Anspruch auf eine wissenschaftliche Beobachtung und Beschreibung der Gesellschaft zu untergraben. Die Kritik der scholastischen Sicht ist weder Selbstzweck, noch ist sie durch ein Vergnügen am Denunzieren motiviert. Vielmehr handelt es sich dabei um eine notwendige Selbstreflexion, die auf ihrer Kehrseite die Grundzüge einer Theorie der Praxis und eine Perspektive für die Beobachtung und Beschreibung alltäglicher Praktiken erkennbar werden lässt. Die ›Logik der Praxis‹ wird auf dem Umweg einer Reflexion der Differenz von Wissenschaft und Alltag sowie vermittels einer kritischen Auseinandersetzung mit den eigenen Konstruktionen sichtbar:

> »Hat man die ignorierte oder verdrängte Differenz zwischen der gewöhnlichen Welt und den theoretischen Welten einmal zur Kenntnis genommen, dann gerät ohne ›primitivistische‹ Nostalgie und ›populistische‹ Schwärmerei etwas in den Blick, was jedem scholastischen Denken, das auf sich hält, praktisch unzugänglich bleibt: die Logik der Praxis (…)« (Bourdieu 2001a, 65).

Damit stellt Bourdieu in Aussicht, dass die kritische Reflexion wissenschaftlicher Beobachtung sich nicht in selbstreferentiellen Zirkularitäten verstricken muss, sondern in einer Theorie münden und letztlich zu einer Erkenntnis der (Logik der) Praxis führen kann. Er kündigt also an, dass aus der Selbstreflexion (auf der

Kehrseite der Kritik) wieder eine sozialwissenschaftliche Perspektive resultiert. Dabei handle es sich um eine Theorie der Praxis, die die »Grenze von Theorie und Praxis« kennt und daher auch in der Lage sei, »ein dem praktischen Wissen angemessenes Wissen zur produzieren« (ebd., 104).

Die Kehrseite der Kritik der scholastischen Sicht

Die Theorie der Praxis, die sich Bourdieu zufolge auf der Kehrseite der Kritik der scholastischen Sicht abzeichnet, zielt nicht darauf ab, die epistemologische Kluft zwischen Wissenschaft und Alltag zu überbrücken. Die Kehrseite der Kritik der scholastischen Sicht ist keine alltagsnahe Beschreibung alltäglicher Praktiken, weil *nicht* vergessen wird, »dass schon das Nachdenken über die Praxis und das Sprechen über sie uns von der Praxis trennt« (Bourdieu 2001a, 67). Vielmehr geht dieses Vorhaben von der u. a. von Bachelard aufgestellten Prämisse aus, dass wissenschaftliche Erkenntnis ›gegen die alltägliche Erkenntnis‹ gewonnen wird und dass »die Objekte der Erkenntnis *konstruiert* und nicht passiv registriert werden« (Bourdieu 1987, 97).[245] Es kann folglich nicht darum gehen, der Wissenschaft eine ›praktische Logik‹ und eine alltägliche oder alltagsweltliche Sicht zu verschaffen. Es geht vielmehr darum, »die praktische Logik (…) theoretisch zu rekonstruieren« (Bourdieu 2001a, 67f.). Eine solche Rekonstruktion ist jedoch nur als Konstruktion und nur über einen ›Umweg‹ zu haben. Sie verlangt eine stete »Bemühung um Reflexivität, das einzige, *selber scholastische* Mittel, scholastische Neigungen zu bekämpfen« (ebd., 68). Die Erkenntnis der Bedingungen und Grenzen der eigenen (wissenschaftlichen) Erkenntnisweise ist demzufolge der Dreh- und Angelpunkt für die Konzeption einer Theorie der Praxis, die es erlaubt, »zur Welt der Alltagsexistenz zurückzukehren, gerüstet jedoch mit einer Intellektualität, die ihrer selbst und ihrer Grenzen hinreichend bewusst ist, um fähig zu sein, die Praxis zu reflektieren, ohne sie dabei zu eskamotieren« (ebd., 65).

Die theoretische Reflexion der theoretischen oder ›theoretizistischen‹ Haltung sozialwissenschaftlicher Beobachtungen und Beschreibungen zeigt, inwiefern deren Erkenntnisse durch ›Nicht-Teilhabe‹, d. h. durch das wissenschaftliche Verhältnis zur beobachteten Praxis bedingt sind. Sie räumt aber auf ihrer Kehrseite gleichzeitig einen praktischen Standpunkt und ein praktisches Verhältnis zur Praxis ein. Dies eröffnet die Aussicht auf ein »Wissen um andere und ihre Praxis (…) – das allerdings ohne ein Wissen um sich selbst und seine eigene Praxis nicht zu haben ist (…)« (ebd., 72). Erst vermittels einer »Umkehrung des Blicks«, welche sich durch das »Infragestellen der Differenz zwischen dem theoretischen und dem praktischen Blickpunkt« (ebd., 70) einstellt, habe man »einige Aussicht« (ebd.,

---

245 Ein wissenschaftliches Objekt konstruieren, bedeutet, so Bourdieu an anderer Stelle, »zunächst und vor allem, mit dem *common sense* zu brechen, das heißt mit den Vorstellungen, die alle teilen, ob simple Gemeinplätze des Alltagslebens oder offizielle Vorstellungen, die sich oft zu Institutionen verfestigen, das heißt zugleich in die Objektivität der gesellschaftlichen Organisationen und in die Köpfe eingehen« (Bourdieu 1996, 269).

72), gewisse Züge von alltäglichen Praktiken und ihre ›praktische Logik‹ zu beobachten und ›adäquat‹ zu beschreiben.

Bourdieu erörtert die Besonderheiten eines praxeologischen Zugangs zur Alltagspraxis exemplarisch anhand eines Phänomens, das (mindestens) seit Marcel
Mauss nicht nur die ethnologische und anthropologische Forschung fasziniert: die
Gabe. Dabei bezieht er sich zunächst kritisch auf die strukturalistische Deutung
des Gabentauschs, wie sie vor allem durch Lévi-Strauss ins Werk gesetzt wurde.
Was Mauss noch mit einer gewissen phänomenologischen Sensibilität als eine
»totale gesellschaftliche Tätigkeit« (Evans-Pritchard 1990, 10) beschreibt, d. h. als
ein Phänomen, in dem »alle Arten von Institutionen gleichzeitig und mit einem
Schlag zum Ausdruck« (Mauss 1990, 17) kommen, werde von Lévi-Strauss »auf
die ›mechanistischen Gesetze‹ des Zyklus der Wechselseitigkeit« reduziert (Bourdieu 1987, 180). Während Mauss immer wieder die Einstellungen und das Verständnis der am Tausch beteiligten Akteure hervorhebt und auf Spielräume der
Handhabung der impliziten Verpflichtungen des Gabentauschs hinweist, erklärt
Lévi-Strauss die Struktur des Tauschs zur »unbewussten[n] Grundlage der Verpflichtung zum Schenken, der Verpflichtung zum Gegengeschenk und der Verpflichtung zur Annahme« (ebd.).

Lévi-Strauss (1989) ›entdeckt‹ in Mauss' Studie eine Sichtweise und eine Methode, deren Formulierung Mauss selber nie in Angriff genommen habe. Die wissenschaftliche Beobachtung des Phänomens der Gabe müsse deshalb, so Lévi-
Strauss weiter, jene Schwelle überschreiten, die »Mauss nie überwunden hat«
(ebd., 30). Gemeint ist der Durchbruch zu einer präzisen Beschreibung konstanter
Relationen, nach einer Methode, wie sie die strukturale Linguistik für die Sprachwissenschaft anbietet. Erst eine Beschreibung der Regeln, »nach welchen sich in
einem beliebigen Typus von Gesellschaft Reziprozitätszyklen bilden« (ebd., 29),
erlaube es, »über die empirische Beobachtung hinauszugehen und zu tieferen Realitäten zu gelangen« (ebd., 26). In einer strukturalen Beschreibung lasse sich das
Soziale als ein System fassen, »zwischen dessen Elementen man (…) Verbindungen, Äquivalenzen und Zusammengehörigkeiten entdecken kann« (ebd.). Dass
diese Methode bei Mauss nur skizzenhaft geblieben sei, liegt laut Lévi-Strauss vor
allem daran, dass es Mauss nicht gelingt, den Tausch »auf der Ebene der Tatsachen wahrzunehmen« (ebd., 30). Die den praktischen Verpflichtungen zu Grunde
liegenden oder vorausgehenden Prinzipien würden daher nicht erkennbar. Um
diese strukturellen Bedingungen zu erkennen, müsse man »den Austausch als das
(…) begreifen, was das ursprüngliche Phänomen konstituiert, und nicht die un-
steten Operationen, in welche das soziale Leben ihn zerlegt« (ebd., 30). Der Alltagsverstand, das Alltagswissen und die alltägliche Erfahrung können, Lévi-Strauss
(1989, 31) zufolge, »bestenfalls einen Einstieg« in die Strukturen (des Unbewussten) geben, die diesen Erfahrungen zugrunde liegen.[246]

---

246 Vgl. Lévi-Strauss (1989, 31): »Nachdem man die Auffassung der Eingeborenen freigelegt hat,
 müsste man sie durch eine objektive Kritik reduzieren, die die zugrunde liegende Realität zu
 erreichen erlaubt. Die Chance nun, dass diese sich in dem bewusst Durchgearbeiteten findet,
 ist viel geringer als die, dass sie in den unbewussten mentalen Strukturen liegt, die sich durch
 die Institutionen hindurch und besser noch in der Sprache fassen lassen.«

Dem entgegnet Bourdieu (1987, 192), dass man bei der »Analyse des Austauschs von Gaben, Worten oder Herausforderungen« die praktizierte Realisierung dieses Tauschs berücksichtigen müsse. Vor allem sei zu bedenken, »dass die Reihe von Akten, die sich von außen und nachträglich als Zyklus der Wechselseitigkeit darstellt, durchaus nicht wie eine mechanische Verkettung abläuft, sondern wirklich kontinuierlich geschaffen werden muss und jeden Augenblick unterbrochen werden kann und damit Gefahr läuft, rückwirkend ihres beabsichtigten Sinns entkleidet zu werden« (ebd.).[247] Diese praktische Handhabung werde in der strukturalistischen Betrachtung größtenteils ausgeblendet. Hervorgehoben werden stattdessen die objektiven Relationen, die den beobachteten Praktiken (als unbewusste mentale Strukturen) zugrunde liegen. Die strukturalistische Beschreibung unterstellt damit eine Art ›Sozialmechanik‹, die die praktischen Aspekte des Praktizierens von Praktiken verdeckt:

> »Indem der Wissenschaftler postuliert, dass das objektive Modell, (...) das immanente Gesetz der Praxis, die unsichtbare Grundlage der beobachteten Bewegungen sei, reduziert er die Handelnden auf den Status von Automaten oder trägen Körpern, die von obskuren Mechanismen auf Ziele hinbewegt werden, von denen sie selbst nichts wissen« (ebd., 180f.).

Einen Automatismus von Gabe und Gegengabe gibt es »nur in der Sicht des allwissenden und allgegenwärtigen Betrachters, der sich mit seiner Wissenschaft der Sozialmechanik in die verschiedenen Zeitpunkte des ›Zyklus‹ hineinversetzen kann« (ebd.). Diese Vorstellung entspricht keineswegs der praktizierten Logik des Wechselspiels von Geschenk und Gegengeschenk, denn »in Wirklichkeit kann (...) das Geschenk durchaus ohne Gegengeschenk bleiben, wenn man einen Unbekannten beschenkt, es kann als Beleidigung zurückgewiesen werden, sofern es die Möglichkeit der Wechselseitigkeit, also die Dankbarkeit unterstreicht oder gar einfordert« (ebd., 180f.). Solche Variationen und die sie ermöglichende ›praktische Logik‹ bleiben der wissenschaftlichen Betrachtung aus strukturalistischer Perspektive größtenteils verborgen.

Eine kritische Reflexion des Standpunktes objektivistischer Sicht verhilft also zunächst dazu, »sich dem Strukturrealismus zu entziehen« (ebd., 97). Sie räumt aber gleichzeitig den Standpunkt einer ›praktischen Sicht‹ ein und zeigt, dass »so lange Ungewissheit über den Ausgang der Interaktion [herrscht], wie die Handlungsfolge unabgeschlossen ist: der scheinbar gewöhnlichste Gabentausch des Alltags nach dem Motto: ›kleine Geschenke erhalten die Freundschaft‹ setzt Improvisation und folglich permanente Ungewissheit voraus, worin, wie es heißt, sein ganzer *Reiz* und damit seine ganze *soziale Wirksamkeit* besteht« (ebd., 181). Auch dass soziale Praktiken stets in einem speziellen Verhältnis zur Zeit stehen, wird auf der Kehrseite der Kritik der strukturalistischen Betrachtung erkennbar. Wenn man die strukturalistische Präferenz für synchrone Ordnungsrelationen durchbricht, zeigt sich, dass die Praxis des Gabentauschs Strategien der zeitlichen Verschiebung von Gabe und Gegengabe impliziert. Erst durch die Verzögerung

---

247 Vgl. dazu auch Bourdieu (1976, 217ff.).

der ›Widergabe‹ erscheinen Gabe und Gegengabe als ›großzügige Akte‹ und nicht als Tausch im Sinne einer ökonomischen, auf Gewinn oder Bezahlung bedachten Transaktion:

> »Wenn man bei der objektivistischen Wahrheit der Gabe stehen bleibt, drückt man sich um die Frage nach dem Verhältnis zwischen der als objektiv bezeichneten Wahrheit des Betrachters und der anderen, die schwerlich als subjektive Wahrheit bezeichnet werden kann, da sie die kollektive und sogar offizielle Definition des subjektiven Erlebnisses des Gabentauschs darstellt, die Tatsache nämlich, dass die Handelnden eine Abfolge von Handlungen als unumkehrbar praktizieren, die der Betrachter zu einer umkehrbaren macht. (…) Tatsächlich kann man in jeder Gesellschaft beobachten, dass die Gegengabe, wenn sie nicht zur Beleidigung werden soll, zeitlich verschoben und verschieden sein muss, weil sofortige Rückgabe eines genau identischen Gegenstandes ganz offenbar einer Ablehnung gleichkommt« (ebd., 192f.).

Die strukturalistische Objektivierung der Praxis des Gabentauschs, die einen ›Zyklus der Wechselseitigkeit‹ zum Vorschein bringt, bedarf deshalb selbst einer Objektivierung. Dadurch wird auch erkennbar, welches »Nebeneinander von Kennen und Verkennen« (Bourdieu 2001a, 247) die praktische und praktizierte ›Logik‹ des Tauschs ausmacht. Das praktizierte Wechselspiel von Gabe und Gegengabe erfordert schließlich eine Art »gebilligten Selbstbetrug« (Bourdieu 1987, 194), der für die ›praktische Kohärenz‹ des ganzen Spiels sorgt. Das Praktizieren von Gabe und Gegengabe setzt eine Kenntnis der ›Spielregeln‹ voraus und impliziert gleichzeitig ein ›Stillschweigen‹ bezüglich dieser Kenntnis (d. h. der ›objektiven Wahrheit‹), weil Gabe und Gegengabe sonst zum reinen Tausch mutieren:

> »Der Gabentausch ist eines jener sozialen Spiele, die nur gespielt werden können, wenn die Spieler sich weigern, die objektive Wahrheit des Spiels zu erkennen und vor allem anzuerkennen, also genau die Wahrheit, die das objektivistische Modell ans Licht zerrt, und wenn sie von vornherein bereitwillig eigene Anstrengungen, Mühe, Sorgfalt und *Zeit* aufwenden, um die kollektive falsche Erkenntnis zu erzeugen« (Bourdieu 1987, 194).[248]

Die Kritik des objektivistischen Modells räumt auf ihrer Kehrseite Platz für die Ansicht ein, dass alltägliche Praktiken »eher an Strategien orientiert als von Regeln geleitet oder gesteuert« sind (Bourdieu 1998a, 207). Sie schafft so erst die Bedingungen für ein Verständnis der Verhaltensweisen »der beim Spiel und dem, was auf dem Spiel steht, engagierten Akteure« (ebd., 208).

Umgekehrt zeigt die Kritik der scholastischen Sicht subjektivistischer Perspektiven ebenso deutlich, dass Praktiken nicht ohne weiteres zu ›subjektiven Projekten‹ gemacht werden können. Die Vorstellung von einem »frei, bewusst und, wie manche Utilitaristen sagen, *with full understanding*« (Bourdieu 2001a,

---

248 »Die Gabe ist einer jener sozialen Akte, deren Logik nicht zum *common knowledge* werden darf, wie die Ökonomen sagen (eine Information wird *common knowledge* genannt, wenn jeder weiß, dass jeder weiß … dass jeder über sie verfügt); oder genauer gesagt, sie darf nicht bekannt gegeben werden und (…) als *public knowledge*, offizielle Wahrheit, öffentlich verkündet werden« (Bourdieu 2001a, 247).

177) handelnden Subjekt ist ein wissenschaftliches Konstrukt, das in subjektivistischer Betrachtungsweise oft auf die Praxis bzw. die praktische Handelnden projiziert wird. Der ›theoretizistische‹ oder ›intellektualistische‹ *bias* der subjektivistischen Betrachtungsweise besteht, wie oben dargestellt, in der Neigung, den wissenschaftlichen Blick zu verallgemeinern und Praktiken auf die Verfolgung von
explizit formulierten Zielen zu reduzieren.

Eine subjektivistische Konzeption von Gabe und Gegengabe konstruiert unauflösbare Antinomien, indem sie den Individuen ›zumutet‹, zu entscheiden, ob
die aus einer freien Entscheidung hervorgegangene Gabe »eine wahre Gabe und
wahrhaft ein Gabe ist oder, was dasselbe ist, ob sie dem entspricht, was die Gabe
in ihrem Wesen ist, das heißt letztendlich, in dem, was sie zu sein hat« (ebd., 249).
Dem intentionalen Bewusstsein zugemutet, erzeugt die Frage, ob eine ›wahre
Gabe‹ gegeben wird, Paradoxien in der Art, dass diese uneigennützig zu sein hat
und nicht auf Gegengabe bedacht sein oder ›Pflichtschuldigkeit‹ erzeugen darf,
dass aber eben dadurch eine Erwartungshaltung entsteht. Der Geber darf vom
Empfänger keine Gegengabe erwarten. Er darf genau genommen keine Erwartungen haben, auch nicht die, dass der Empfänger das Spiel im Sinne der Intention
des Gebers spielt und die Erwartung erfüllt nicht zurückzugeben. Auf der Seite des
Empfängers erzeugt die intentionale Konzeption der Gabe gewissermaßen die
Pflicht zur ›Pflichtunschuldigkeit‹:

> »Damit es Gabe gibt, ist es nötig, dass der Gabenempfänger nicht zurückgibt, nicht be-
> gleicht, nicht tilgt, nicht abträgt, keinen Vertrag schließt und niemals in ein Schuldver-
> hältnis tritt. (Dieses ›es ist nötig‹ markiert bereits eine Pflicht, eine Pflicht des Nichtsol-
> lens: der Gabenempfänger soll (ist es sich schuldig) nicht zurückzugeben, er hat die
> Pflicht, nicht zu sollen (nicht schuldig zu sein) (…), und der Geber die, nicht mit der
> Rückgabe zu rechnen)« (Derrida 1993a, 24).

Im Fall der Gabe kreiert die subjektivistische Darstellung »ein theoretisches, faktisch unmögliches Ungeheuer«, nämlich eine »sich selbst aufhebende Erfahrung
großzügigen, unentgeltlichen Gebens« (Bourdieu 2001a, 250). Die subjektivistische Darstellung führt letztlich dazu, dass bereits die »Absicht zu geben die Gabe
zerstört« (ebd., 249).

Erst wenn man in Betracht zieht, dass subjektivistische Erklärungen die ›Logik
der Praxis‹ ebenfalls verkürzt darstellen, weil sie Praktiken nach dem Prinzip ihrer
wissenschaftlichen Logik konzipieren und das eigene Verhältnis zu den beobachteten Praktiken ins Bewusstsein der beobachteten Akteure verlegen, zeichnet sich
die ›praktische Logik‹ von Praktiken ab. Die theoretische Kritik der subjektivistischen Perspektive zeigt, dass die Praxis von Gabe und Gegengabe »nicht aus einem überlegt getroffenen, freien Entschluss hervor[geht], der auch anders hätte
ausfallen können« (Bourdieu 2001a, 249). Geber und Empfänger lassen sich nicht
nach einem Kalkül auf diesen ›Tausch‹ ein, sondern sind durch ihren Habitus
›prädisponiert‹, dieses ›soziale Spiel‹ nach einem bestimmten Muster zu ›spielen‹
und Praxisformen zu erzeugen, die mit den objektiven Bedingungen »in Einklang
stehen und gleichsam vorgängig deren objektiven Erfordernissen und Anforderungen angepasst sind« (Bourdieu 1976, 168):

»Für den, der über die zur Logik der Ökonomie der symbolischen Güter passenden Dispositionen verfügt, geht großzügiges Verhalten nicht aus einer Entscheidung für Freiheit und Tugend, nicht aus einem überlegt getroffenen, freien Entschluss hervor, der auch anders hätte ausfallen können: Es stellt sich ihm als ›das einzig Mögliche‹ dar« (Bourdieu 2001a, 249).

Entgegen der subjektivistischen Auffassung, dass »die praktische Beziehung zur Welt als ›Wahrnehmung‹ und diese Wahrnehmung als ›mentale Synthese‹ zu konzipieren ist« (ebd., 175), muss auf der Kehrseite der Kritik subjektivistischer Perspektiven in Rechnung gestellt werden, dass die Grundlage des ›Auf-Sich-Beziehens‹ von Welt »nicht ein erkennendes Bewusstsein« ist, sondern »der praktische, von der Welt, in der er wohnt, bewohnte Gewohnheits-Sinn des Habitus« (ebd., 182). Dahinter steht die Auffassung, dass Wahrnehmungs- und Handlungsdispositionen untrennbar mit kontingenten (historischen) Relationen im sozialen Raum verbunden sind – d. h. mit jenen relativ autonomen ›Spiel-Räumen‹, in denen der Einsatz spezifischer Formen von Kapital Effekte der Differenzierung erzeugt.

Die Kritik der subjektivistischen Sicht zielt jedoch nicht darauf ab, nur die Bedeutung von objektiven Strukturen (Gruppenstrukturen, Klassenlagen oder überindividuellen Handlungs- und Deutungsmustern) in Erinnerung zu rufen. Bourdieu beansprucht mit seiner Theorie der Praxis ›mehr‹ als einfach eine vermittelnde Position im Dualismus von Handlung und Struktur, d. h. mehr als bloß eine wechselseitige Anerkennung von überindividuellen strukturellen Ordnungen aus subjektivistischer Sicht sowie subjektiven Freiheiten und Konstruktionen aus objektivistischer Sicht. Die theoretische Reflexion der wissenschaftlichen Beobachtung führt laut Bourdieu (ebd., 264) zu einer »Erkenntnis dritten Grades«, die dazu befähigt, »die beiden ersten Erkenntnisformen auf der Grundlage der Erkenntnis ihrer jeweils spezifischen Logik und ihrer Unterschiedlichkeit zu integrieren«. Dadurch werde es möglich, die »sozialen Spiele (…) in ihrer doppelten Wahrheit (…) zu beschreiben« (ebd., 244).

Die ›doppelte Wahrheit‹ der Praxis zeigt sich exemplarisch im Fall der Gabe, deren Tausch als eine »diskontinuierliche Serie freier und großzügiger Akte« (ebd., 246) erfahren wird, so dass er eben kein ›Tausch‹ im Sinne jener ökonomischen Tauschlogik ist, die im objektivistischen Modell als ein Zyklus der Wechselseitigkeit abgebildet wird. Dass jede Gabe gleichwohl »ein Element einer die einzelnen Tauschakte transzendierenden Tauschbeziehung« (ebd.) darstellt, gehört aber andererseits ebenso zur ›Wahrheit‹ dieser Praxis. Die für den außenstehenden Beobachter erkennbaren Beziehungsmuster bilden gewissermaßen den ›blinden Fleck‹ in einem funktionierenden Gabentausch. Allerdings handelt es sich bei diesem ›blinden Fleck‹ weniger um etwas, was die am Spiel beteiligten Akteure nicht sehen können, sondern um einen verdrängten oder verleugneten Aspekt, den sie nicht sehen ›wollen‹ oder besser: nicht sehen wollen können. Die ›Verleugnung‹ oder ›Verdrängung‹ der ›objektiven Wahrheit‹ ist keine Unkenntnis der Situation, sondern eine ›strategische Verneinung‹, d. h. eine Art »individueller und kollektiver Selbstbetrug« (ebd.), der praktiziert und aufrecht erhalten werden muss:

»Niemand verkennt die Logik des Tauschs (sie liegt einem immer wieder fast auf der Zunge, etwa wenn man sich fragt, ob das Präsent als ausreichend gelten wird), aber niemand entzieht sich der Spielregel, die darin besteht, so zu tun, als ob man die Regel nicht kenne. Man könnte dieses Spiel, in dem jeder weiß – und nicht wissen will –, dass jeder die Wahrheit des Austauschs weiß – und nicht wissen will – als *common miscognition* (gemeinsames Verkennen) bezeichnen« (ebd., 247).[249]

Was hier am Beispiel der Gabe dargestellt wurde, kann nicht bruchlos auf andere Praktiken übertragen oder verallgemeinert werden. Eine ähnliche ›Umkehrung des Blicks‹ könnte aber bei der Beobachtung des ›sprachlichen Tauschs‹ und damit auch bei der Untersuchung von diskursiven Praktiken des ›Geographie-Machens‹ versucht werden. Dabei wäre zu prüfen, ob räumliche Diskurse und die Verwendung von Raumsemantiken durch ein vergleichbares ›kollektives Verkennen‹ gekennzeichnet sind.

Diskurspraktiken und Raumsemantiken

Begibt man sich mit Bourdieu (1990) auf die Ebene der Diskurse und der sprachlichen Kommunikation, so wird man zunächst mit der Perspektive der Sprachwissenschaft brechen, »die aus der Sprache mehr ein Objekt intellektueller Erkenntnis macht als ein Instrument des Handelns und der Macht« (ebd., 11). Die Sprachwissenschaft – zumal die in der Tradition Saussures stehende – neige dazu, »in der Sprache zu suchen, was doch in die Sozialbeziehungen gehört« (ebd., 12). Gemeint ist der Sinn von sprachlichen Äußerungen, der gemäß Bourdieu ein ›Distinktionswert‹ ist und sich nicht aus der ›Ordnung der Zeichen‹, sondern aus der Beziehung zwischen einem sprachlichen Produkt und »den in einem bestimmten sozialen Raum gleichzeitig angebotenen Produkten« ergibt (ebd.). Laut Bourdieu erfahren Diskurse den größten Teil der Bestimmung ihres praktischen Sinns ›von außen‹, d. h. durch das Verhältnis zwischen dem, was gesagt wird und dem, was in einer bestimmten sozialen Konstellation ›gesagt werden kann‹. Der praktische Sinn wird weiterhin bestimmt durch die Position des Sprechers (oder Autors) in dem Feld, in dem er seine sprachlichen Produkte ›anbietet‹ sowie durch gewollte oder ungewollte Effekte von Äußerungen in einem diskursiven Raum. Ebenso ist aber zu beachten, dass der ›Distinktionswert‹ (z. B. einer ›geschliffenen‹ Rede, eines gehobenen Stils, eines besonderen Dialekts oder einer pointierten Äußerung) nur in der Beziehung zu wahrnehmenden Subjekten existiert, die aufgrund ihrer Dispositionen in der Lage sind, »Unterschiede zwischen verschiedenen Sprechweisen zu machen« (ebd., 12). Dadurch werde »die eigentliche sprachliche Analyse des Codes« (ebd.) weder entwertet noch ersetzt. Vielmehr gehe es darum, die »Ökonomie des sprachlichen Tauschs« (ebd., 11) in den Blick zu nehmen.

Eine besondere Rolle spielen dabei jene performativen Äußerungen, in denen soziale Wirklichkeit nicht nur sprachlich zum Ausdruck gebracht, sondern durch

---

249 Es kommt, mit anderen Worten, darauf an, dass der ›Tausch‹ nicht unter dem Gesichtspunkt der Unterscheidung zahlen/nicht-zahlen beobachtet wird.

die Äußerung hervorgerufen wird, d. h. jene Äußerungen, durch die »Prinzipien der sozialen Gliederung (*di-vision*) und mit ihnen eine bestimmte Vorstellung (*vision*) von der sozialen Welt« (ebd., 95) in die Welt gesetzt werden. Solche Performanz durchzieht typischerweise den ›regionalistischen‹ Diskurs – die Rede von regionaler Identität im Speziellen und die Verwendung räumlicher Klassifizierungen im Allgemeinen:

> »Der regionalistische Diskurs ist ein performativer Diskurs; mit ihm soll einer neuen Definition der Grenzen zur Legitimität und der auf diese Weise abgegrenzten Region zur Kenntlichkeit und Anerkennung gegenüber der herrschenden Definition verholfen werden (…)« (ebd., 97).

Bei dieser diskursiven Setzung und Durchsetzung von Grenzen und Einteilungen kommt der Naturalisierungseffekt der Verräumlichung zum Tragen, der soziale Grenzen als ›in der Natur der Dinge liegend‹ und somit ›vorgegeben‹ erscheinen lässt.[250] Bourdieu sieht in dieser ›Substanzverwandlung‹ einen »Akt sozialer Magie«, bei dem es darum geht, »dem Benannten Existenz zu verleihen« (ebd., 98). Dieser performative Akt könne allerdings nur gelingen, »wenn derjenige, der ihn vollzieht, der Macht seines Wortes (…) Anerkennung verschaffen kann« (ebd.):

> »Die Wirkung des performativen Diskurses, der den Anspruch erhebt, das Gesagte mit dem Akt des Sagens herbeizuführen, ist so groß wie die Autorität dessen, der spricht« (ebd.).

Umgekehrt ›bemisst‹ sich die Autorität eines Sprechers u. a. daran, inwieweit es diesem gelingt, mit der Verkündung der Identität einer (regionalen) Gruppe ein Vorstellungs- und Gliederungsprinzip durchzusetzen. Unter diesem Gesichtspunkt sind räumliche oder regionalistische Diskurse »eine Stätte ständiger Kämpfe um die Definition von ›Realität‹« (ebd., 99).

Der wissenschaftliche Beobachter, der die dabei verwendeten Raumsemantiken entschlüsselt und die sinnkonstituierenden (Sprach-)Strukturen zu Tage fördert, läuft aber Gefahr, dem gleichen ›intellektualistischen‹ oder ›theoretizistischen‹ Trugschluss zu unterliegen, wie derjenige, der den praktizierten ›Tausch‹ von Gaben als Zyklus der Wechselseitigkeit beschreibt. Er verkennt u. U. die praktische Realität und den ›strategischen Sinn‹ der Raumkonstrukte, die in den ›symbolischen Kämpfen‹ um eine bestimmte räumliche Einteilung der Welt produziert und reproduziert werden. Einsichten in die praktische Realität (den ›praktischen Sinn‹ und die ›praktische Logik‹) solcher Diskurspraktiken sind, laut Bourdieu, nur auf dem Umweg einer kritischen Auseinandersetzung mit der wissenschaftlichen Betrachtungsweise zu haben. Dabei geht es nicht darum, die Differenz von Wissenschaft und Alltag aufzuheben, sondern darum, aus der Reflexion der eigenen Beobachtung einen ›Mehrwert‹ für die wissenschaftliche Beobachtung und Beschreibung alltäglicher Praktiken zu gewinnen. Ein solcher ›Mehrwert‹ besteht – wenn es ihn gibt – in einer Art reziproken Einsicht in die ›Logik der Praxis‹, die sich auf der Kehrseite der Kritik der wissenschaftlichen Sicht ergibt.

---

250 Vgl. Kapitel 8.

Vom Standpunkt des nicht-praktisch-involvierten Beobachters aus betrachtet, entpuppen sich Raumsemantiken rasch als ›kommunikative Kürzel‹, in denen Soziales und Physisch-Materielles zu ›onto-semantischen‹ Einheiten verschmelzen. Ihre kommunikative Funktion (Steuerungspotential) beruht unter anderem auf der dadurch erreichten ›Vereinfachung‹ von komplizierten Zurechnungsproblemen. Die Akteure befinden sich aber nicht im Irrtum, wenn sie sich auf diese ›diskursiven Spiele‹ einlassen, sondern vielmehr in einer praktischen Haltung gegenüber den Praktiken. Unter dem Gesichtspunkt der ›Ökonomie des sprachlichen Tauschs‹ zeichnet sich die Produktion und Verwendung von Raumsemantiken durch eine ›strategische Verdrängung‹ aus. Dabei geht es weniger um ein bewusstes Vorenthalten von Wissen, sondern vielmehr um den Aufschub einer (reflektierenden) Beobachtung zweiter Ordnung. Die Praxis unterliegt, so gesehen, einem ›kollektive Verkennen‹, das nicht mit Unkenntnis gleichzusetzen ist, denn es kommt auch dann zum Tragen, wenn jeder weiß, dass der andere weiß… dass die Identität einer Region nicht ›in der Natur der Sache‹ liegt. Entscheidend für die Funktion von Raumsemantiken ist, dass die ›objektive Wahrheit‹, die eine wissenschaftliche Betrachtung unter dem Gesichtspunkt der Unterscheidung von Physischem und Sozialem zu Tage fördert, nicht ausgesprochen wird. Dieses Ausblenden der kontingenten Synthese von Sozialem und Physischem ist aus praxeologischer Sicht nicht als ›Naivität‹ zu taxieren, sondern weist auf die praktische Beherrschung der ›Logik der Praxis‹ hin. Auch in Bezug auf die Funktion und Verwendung von Raumsemantiken bietet es sich also an, einer Art strategischen ›Blindheit‹ seitens der Akteure Platz einzuräumen.

Im wissenschaftlichen Diskurs über die Konstruktion von Regionen, über regionale Identitäten und Differenzen wird dies jedoch selten in Betracht gezogen. Meist schwankt dieser Diskurs zwischen zwei falschen Alternativen: »zwischen Objektivismus und Subjektivismus, Lob und Tadel, mystisch unklarem und selber mystifizierendem Einverständnis und reduzierender Entmystifizierung« (Bourdieu 1990, 102). Die dabei vielfach diagnostizierte Essentialisierung und Verdinglichung sozialer Verhältnisse ist jedoch nur die halbe Wahrheit dieser diskursiven Praxis. Die theoretische Sicht, die die ›schöne Landschaft‹ ebenso als Konstrukt entlarvt wie die vermeintlich ›natürlichen‹ geographischen Grenzen, offenbart nicht den ›praktische Sinn‹, der unter Umständen die Verwendung von Raumsemantiken anleitet. Eine kritische Auseinandersetzung mit dieser Betrachtungsweise räumt hingegen Platz für die Auffassung ein, dass die Akteure unter Umständen gar kein Interesse daran haben, ihre diskursiven Konstrukte (Räume und Regionen) unter dem Gesichtspunkt der Unterscheidung von Sozialem und Physischem zu reflektieren. Diese ›Verdrängung‹ beruht weniger auf ›unlauteren‹ Motiven oder der Absicht, jemanden zu täuschen, sondern vielmehr auf der Verinnerlichung von Prinzipien der ›Ökonomie des sprachlichen Tauschs‹, welche dazu befähigt, Diskurse zu führen, in denen räumliche Einteilungen und Einheiten symbolische und materielle Gewinne erbringen.

Dass die Performanz des regionalistischen Diskurses natürliche Grenzen suggeriert, wo doch ›eigentlich‹ die Grenzen und mit ihr die Regionen stets »das Ergebnis willkürlicher Festlegungen« (Bourdieu 1990, 96) sind, mag eine treffende

Analyse der Alltagssprache mit ihren ›onto-semantischen Verschmelzungen‹ sein. Bei dieser Feststellung stehen zu bleiben, bedeutet aber, den ›praktischen Sinn‹ auszublenden, der bei der Verwendung von räumlichen Zuschreibungen und Einteilungen waltet. Dadurch übersieht man, dass die Akteure der Objektivierung ihres Sprachspiels und dem Wissen um die kontingenten Grundlagen ihrer räumlichen Klassifikationen unter Umständen wenig Wert beimessen.[251] Der praktische Sinn befähigt nicht nur, ›die sozialen Spiel zu spielen‹ sondern auch, sie *ernsthaft* zu ›spielen‹. ›Ernsthaft spielen‹ bedeutet, Raumsemantiken und räumliche Konstrukte nicht unter dem Gesichtspunkt der Unterscheidung von Sozialem und Physischem zu reflektieren, wenn es nicht um Wahrheit, sondern um etwas ganz anderes geht, z. B. um Geld, Macht oder Liebe. Das bedeutet auch, dass eine selbstreflexive Entmystifizierung der Sprachpraxis, eine Beobachtung zweiter Ordnung, nicht zugelassen wird, wenn das Sprachspiel diese nicht erträgt. Auch in Bezug auf den ›sprachlichen Tausch‹ ist daher zu beachten, dass »die sozialen Akteure zugleich als Täuscher und Getäuschte erscheinen können« und dass die ›Täuschung‹ genau genommen niemanden täuscht, da sie auf »unausgesprochenes Einverständnis trifft« (Bourdieu 2001a, 247f.).[252]

Raumsemantiken stellen deshalb noch in einem ganz anderen Sinn ›Fallen‹ für die wissenschaftliche Beobachtung dar, als dies oben im Zusammenhang mit der Aneignung von physischem Raum erörtert wurde.[253] Sie sind sozusagen ›Scholastiker-Fallen‹, in die der wissenschaftliche Beobachter tritt, wenn er die geographischen ›Mythen des Alltags‹ dekonstruiert, aber bei seinem »Vergnügen am Entmystifizieren (…) verkennt, dass diejenigen, denen er die Augen zu öffnen oder die Maske wegzureißen meint, die Wahrheit, die ihnen zu enthüllen er behauptet, sowohl kennen als leugnen« (ebd., 244). Anstatt bei der Demystifizierung von Raumsemantiken der Alltagssprache selber Verdinglichungen zu produzieren

---

251 Antje Schlottmann (2002 u. 2003) zeigt in einer materialreichen Untersuchung des Diskurses über die Wiedervereinigung von Ost- und Westdeutschland, wie in der Alltagssprache Regionen (›Ost‹ und ›West‹) als Konstrukte, d. h. als Bestandteile einer sozial konstruierten Wirklichkeit und als Ergebnisse von Zuordnungen verhandelt und reflektiert werden, ohne dass dabei die ›Container-Metapher‹ und die mit der Zuordnung zu einem Raum gegebenen Eigenschaften (etwa die ›typischen Merkmale‹ von Ostdeutschen und Westdeutschen) grundsätzlich in Frage gestellt würde. Bezeichnenderweise kommt es im Diskurs über ›Ost und West‹ fortwährend zu ineinander verschachtelten Bejahungen und Verneinungen. So wird beispielsweise die Kontingenz der Unterscheidung Ost/West mit der Aussage bekräftigt, es gebe ja Personen aus dem Osten, bei denen man gar nicht merke, dass sie aus dem Osten kommen.

252 Eine sozial- oder kulturwissenschaftliche Geographie, die sich im Sinne einer Theorie der Praxis mit der diskursiven Produktion und Reproduktion von Raumsemantiken (oder Raumabstraktionen) befasst, bemüht sich dementsprechend weniger um eine Dekonstruktion von essentialistischen Raumbegriffen. Vielmehr untersucht sie den Einsatz und den ›praktischen‹ oder ›strategischen‹ Sinn von räumlichen Einteilungen und Zuordnungen, d. h. »den praktisch, handelnd oder denkend hergestellten Bezug zu diesen Klassifizierungen« (Bourdieu 1990, 102f.). Nicht nur dass und wie symbolische Geographien alltäglich gemacht und aufrecht erhalten werden, ist dann von Interesse, sondern auch wozu sie produziert und eingesetzt werden.

253 Vgl. Kapitel 8.

oder die im wissenschaftlichen Sprachgebrauch relevante und im System der Wissenschaft institutionalisierte Unterscheidung von Sozialem und Physischem auf die Alltagssprache zu projizieren, könnten und sollten Sozial- und Kulturwissenschaftler auch die Raumsemantiken wissenschaftlicher Diskurse und Theorien untersuchen und ihre eigenen Raumbegriffe in Frage stellen. Eine reflexive Grundhaltung dieser Art würde es beispielsweise verbieten, räumliche Klassifikationsschemata (etwa nationale oder regionale Kategorien) bei der Erhebung und Auswertung von Daten anzuwenden, ohne zu fragen, was die dadurch sichtbar werdenden Unterschiede den räumlichen Kategorien verdanken, nach denen die Daten geordnet werden. Sie richtet sich aber auch auf die räumliche Semantik von scheinbar ›unräumlichen‹ Begriffen – beispielsweise auf die implizite Territorialität der Zentralbegriffe der Theorie der Praxis selber. In Bezug auf das Habitus-Konzept kann dies exemplarisch anhand einer Kritik dargestellt werden, in der Michel de Certeau Bourdieus Entwurf einer Theorie der Praxis würdigt.

De Certeau (1988) weist darauf hin, dass in Bourdieus frühen Studien ein recht genau umrissener Ort (das kabylische Dorf oder die Region des Béarn) für die Kohärenz von überindividuellen Strukturen und alltäglichen Praktiken sorgt. Es ist, wie de Certeau betont, letztlich dieser Ort, der für die Verbindung der beobachteten Praktiken mit dem kollektiven Organisationsprinzip der lokalen Gemeinschaft sorgt und sie als kohärentes Ganzes erscheinen lässt. Die ›geographische Isolation‹ einer ›Regionalgesellschaft‹ und der damit verbundene ›lokale Wissensbestand‹ der Akteure ermöglichen es dem Ethnologen (Bourdieu), das Bild einer Vielfalt von Praktiken zu zeichnen, die stets die symbolische Ordnung der Gruppe reproduzieren.

Durch die theoretische Verallgemeinerung der Beobachtungsweise in Bourdieus späteren Arbeiten geht diese territoriale oder räumliche ›Kammerung‹ verloren. Bei der Entwicklung einer allgemeinen Theorie der Praxis und bei deren Anwendung im Rahmen einer »Ethnographie Frankreichs« (Bourdieu 1982, 11) kann nicht mehr von kleinmaßstäblichen Verhältnissen oder einer räumlichen Begrenzung des sozialen Systems ausgegangen werden. An die Stelle der speziellen räumlichen (geographischen) Bedingungen treten dann die Konzeption des sozialen Raums und der Habitus, d. h. eine ›Kammerung‹ oder Regionalisierung der sozialen Welt und das Prinzip einer Verinnerlichung und Veräußerung von Strukturen. Mit der Konzeption des Habitus wird die Vorstellung einer räumlichen Verankerung also in eine Form gebracht, die ohne die Vorraussetzung einer geographisch definierten ›Regionalgesellschaft‹ auskommt, d. h. auch unter den Bedingungen translokaler oder globaler Kommunikation tragfähig ist. Damit wird das Prinzip einer räumlichen Verankerung aber nicht außer Kraft gesetzt: In Bezug auf den sozialen Raum ist der Habitus nichts anderes als ein Set von ›lokal‹ oder ›regional‹ verankerten Handlungs- und Deutungsmustern.

Praxis der Theorie

Wenn die ›Logik der Praxis‹ nur auf dem Umweg einer permanenten Reflexion der sozialwissenschaftlichen Beobachtung und Beschreibung von Praktiken erfasst werden kann, dann stellt sich abschließend (erneut) die Frage, wo diese Selbstreflexion theoretisch zu verorten wäre und wie die theoretische Praxis aussehen könnte, die sich auf diese Selbstreflexion einlässt. Welches sind, mit anderen Worten, die Anforderungen an sozialwissenschaftliche und sozialgeographische Analysen, bei denen, wie von Bourdieus Theorie der Praxis gefordert, die eigenen Beobachtungs- und Beschreibungspraktiken einer »soziologischen Kritik« (Bourdieu 1990, 102) unterzogen werden.

Eine theoretische Praxis, die bei der Beobachtung und Beschreibung alltäglicher Praktiken die eigene Beobachtung im Blick behält, erfordert laut Bourdieu keine Neuerfindung sozialwissenschaftlicher Theorie jenseits der bekannten Begriffe und Konzepte. Vielmehr kann und muss mit den Mitteln der Theorie der Praxis die wissenschaftliche Praxis selbst analysiert werden.[254] Diese Reflexivität zwingt die theoretische Arbeit (auch diejenige einer Theorie der Praxis) zu einer permanenten Auseinandersetzung mit ihren eigenen Begriffen und Klassifizierungen. Sie betrifft nicht nur theoretische Positionen, Konzepten und Begriffen, sondern auch die empirische Forschung.

Bourdieu betont verschiedentlich, dass seine theoretische Konzeption in wesentlichen Punkten auf Erfahrungen aus empirischer Arbeit beruhe. Darüber hinaus bekundet er, »dass Forschung ohne Theorie blind und Theorie ohne Forschung leer« sei (Bourdieu 1996, 198) – was nicht bedeutet, theoretische Konstruktion und empirische Forschung seien zwei getrennte Reiche und ließen sich als unabhängige Wege der Erkenntnisgewinnung auseinander halten. Die Äußerung, dass (empirische) Forschung ohne Theorie blind und theoretische Konstruktion ohne empirischen Bezug leer sei, besagt genau das Gegenteil. Jede empirische Forschungsarbeit beinhaltet theoretische Annahmen und Einstellungen, die die Perspektive, den Gesichtspunkt, die Problemstellung und die Vorgehensweise organisieren.[255] Umgekehrt ist jede sozial- oder kulturwissenschaftliche Theorie insofern ›empirisch‹, als sie einen Gegenstandsbezug hat und von etwas handelt:

---

254 Dazu bedarf es, Bourdieu zufolge, eher einer ›reflexiven Disposition‹, d. h. einer Konditionierung des wissenschaftlichen Habitus und des wissenschaftlichen Feldes, als eines theoretischen und methodischen Neuanfangs. Gefordert ist eine ›epistemologische Wachsamkeit‹, die dazu veranlasst, eine Beobachtung der eigenen Konstruktionsprinzipien nicht nur ex post vorzunehmen (in Bezug auf das strukturierte Produkt), sondern fortlaufend und vorgreifend die strukturierende Praxis mit zu analysieren (Bourdieu 2001b, 174): »Pour être en mesure d'appliquer à leur propre pratique les techniques d'objectivation qu'ils appliquent aux autres sciences, les sociologues doivent covertir la réflexivité en une disposition constitutive de leur habitus scientifique, c'est-à-dire une *réflexivité réflexe*, capable d'agir non *ex post*, sur l'*opus operatum*, mais a priori, sur le *modus operandi* (...).«

255 Vgl. Wacquant (1996, 61), der unter Bezugnahme auf Bourdieu bemerkt: »Jede noch so geringfügige empirische Operation – die Wahl einer Messskala, eine Entscheidung bei der Kodierung, die Konstruktion eines Indikators oder die Aufnahme einer Frage in einen Fragebogen – beinhaltet bewusste oder unbewusste theoretische Entscheidungen« (ebd.).

von der selbstreferentiell konstituierten sozialen Welt und von den darin identifizierten gesellschaftlichen Praktiken, Akteuren, Handlungen, Kommunikationen, Systemen oder Feldern und Beziehungen. Laut Wacquant steht Bourdieu auf dem Standpunkt, »dass jeder Forschungsakt empirisch ist (da er es mit der Welt der beobachtbaren Erscheinungen zu tun hat) und zugleich theoretisch (da er notwendig mit Hypothesen über die grundlegende Struktur von Relationen arbeitet, die durch die Beobachtung erfasst werden sollen)« (Wacquant 1996, 61). Wissenschaftliche Theorie ist in diesem Sinn nichts anderes als »ein Wahrnehmungs- und Handlungsprogramm« (Bourdieu 1996, 197), das die wissenschaftliche Praxis praktisch anleitet und strukturiert. Die reflexive Praxis der Theorie der Praxis versucht daher, die theoretischen Einstellungen und Gewissheiten hervorzukehren, die der wissenschaftlichen Beobachtung und Beschreibung zu Grunde liegen, unabhängig davon, ob diese im herkömmlichen Sinne theoretisch oder empirisch ist. Sie unterscheidet sich deshalb auch von den reflexiven Methoden der empirischen Sozialforschung.

Vor allem in subjektzentrierten Ansätzen interpretativer Sozialwissenschaft und in der Methodendiskussion qualitativer Forschung ist ›Reflexivität‹ ein nahezu selbstverständlicher Wert und ein Leitmotiv für das methodische Design von Forschungsvorhaben. Reflexivität gilt darin als ein Merkmal adäquater Forschungspraxis, wobei sich der Anspruch auf eine reflexive Haltung sowohl auf die Person als auch auf die Tätigkeit des Forschers bezieht, der alltägliche Deutungs- und Handlungsmuster interpretativ zu erschließen sucht.

In Bezug auf die forschende Person wird (oft mittels biographischer Notizen) kenntlich gemacht, welche Motive dem Forschungsvorhaben zugrunde liegen, welche (zufälligen) Ereignisse im ›persönlichen Umfeld‹ zur Entwicklung der Fragestellung beigetragen und das Vorhaben vorangebracht oder behindert haben, inwieweit der Forschende dem Gegenstand durch emotionale Verbundenheit ›verpflichtet‹ oder beispielsweise aufgrund einer besonderen (sozialen, politischen oder kulturellen) Herkunft ins Untersuchungsfeld involviert ist. Solche Selbstreflexionen beruhen in der Regel auf der Annahme, dass Forschungsprozesse stets Dialoge oder Interaktionen sind, in denen sich »Forscher und Gegenstand verändern« (Mayring 2002, 32). Darüber hinaus wird zuweilen postuliert, dass »das Zulassen eigener subjektiver Erfahrungen mit dem Forschungsgegenstand ein legitimes Erkenntnismittel ist« (ebd., 25).

Obwohl Bourdieus eigene Selbstanalyse in einem *soziologischen Selbstversuch* über weite Strecken einer autobiographischen Erzählung entspricht[256], muss diese Art der Darstellung des Lebenslaufs und der individuellen Erfahrungen des Autors mit Bourdieu (2001, 175) als ›narzisstische‹ Reflexivität bezeichnet werden. Sie hebt die Einzigartigkeit der Forschung und des Forschenden hervor und bestätigt, gewissermaßen im Spiegelbild einer vorangestellten Nachbetrachtung, die dezidiert kritische und deshalb in besonderem Maße wissenschaftlich-reflektierende Einstellung. Solcherart Reflexivität ist laut Bourdieu (ebd.) oft nicht mehr als ein eitles Bekenntnis zu kritisch-reflektierender Wissenschaft ohne praktischen

---

256 Vgl. »Esquisse pour une auto-analyse« in Bourdieu (2001b, 184ff.) und Bourdieu (2002).

Effekt (außer dem, dass auf diese Weise die eigene Forschungspraxis und ihre Ergebnisse in ein besonderes Licht gestellt und ›symbolisch aufgewertet‹ werden).

In Bezug auf die interpretativen Tätigkeiten der Forschenden zeichnet sich qualitative Sozialforschung, ihrem Selbstverständnis und ihrem Methodenideal zufolge, durch besondere Umsicht bei der Erhebung und Auswertung von Daten aus. Außerdem erlaubt die Verwendung qualitativer Methoden eine differenziertere Dekodierung der darin eingelagerten Sinn- und Bedeutungszusammenhänge. Bereits bei der Aufzeichnung von Daten ist, im Sinne qualitativer Forschung, eine Reflexion des Forschers über seine Forschung gefragt:

> »Anders als bei quantitativer Forschung wird bei qualitativen Methoden die Kommunikation des Forschers mit dem jeweiligen Feld und den Beteiligten zum expliziten Bestandteil der Erkenntnis, statt sie als Störvariable so weit wie möglich ausschließen zu wollen. (…) Die Reflexionen des Forschers über seine Handlungen und Beobachtungen im Feld, seine Eindrücke, Irritationen, Einflüsse, Gefühle etc. werden zu Daten, die in die Interpretationen einfließen, und in Forschungstagebüchern oder Kontextprotokollen dokumentiert (…)« (Flick 2002, 19).

Auch bei der Auswertung von Daten – der kontrollierten Interpretation von Texten und Bildern – ist durch qualitative Verfahren eine besondere Reflexivität gesichert bzw. gefordert. Ein wesentliches Kriterium guter qualitativer Forschung ist laut Flick (ebd., 341) die Reflexivität der Erklärung, d. h. »der Grad der Bewertung der Effekte des Forschers und der verwendeten Forschungsstrategien auf die Ergebnisse und/oder der Umfang, in dem Lesern Informationen über den Forschungsprozess geliefert werden.«

Die in der qualitativen Forschung geforderte Reflexion der Forschungspraxis gründet auf der Einsicht, dass das Beobachtete nicht vom Beobachter und dessen Beobachtungsweise – d. h. von den beobachtungsleitenden Annahmen und Kategorien – zu trennen ist. Solche Reflexion kann, wie Bourdieu (2001b, 175) einräumt, zu einer produktiven Verunsicherung der Sozialwissenschaft führen, wenn sie (anhaltende) positivistische Überzeugungen erschüttert und unhinterfragte Voraussetzungen aufdeckt, die in die routinemäßige Klassifikation und Interpretation eingehen. Sie umfasst aber nur einen Teil dessen, was eine reflexive Praxis im Sinne der Theorie der Praxis enthalten soll.

Die Reflexivität der theoretischen Arbeit der Theorie der Praxis macht sich nicht an der Person des Forschenden fest; sie zielt nicht auf die individuellen Erfahrungen der Forschenden, ihre subjektiven Einstellungen, Gründe, Motive etc. Vielmehr muss man laut Bourdieu (1992b, 219) mit den Mitteln der sozialwissenschaftlichen Beobachtung und Beschreibung »den objektivierenden Standpunkt objektivieren«. Gefordert ist eine sozialwissenschaftliche Analyse des wissenschaftlichen Feldes, die »zu den ungedachten Denkkategorien vordringen lässt, die das Denkbare wie das Gedachte vorab bestimmen und begrenzen« (Bourdieu 1985, 51). Die kritische Reflexion der in konkreten Forschungspraktiken stillschweigend vorausgesetzten und dabei fortwährend reproduzierten Annahmen ist zu einer generellen Auseinandersetzung mit den Bedingungen der Möglichkeit und den Grenzen wissenschaftlicher Erkenntnis auszubauen (Bourdieu 2001b,

176). Sie soll den sozialen und epistemologischen Bruch mit dem Alltag sichtbar machen, der den Standpunkt und die Perspektive wissenschaftlicher Beobachtung konstituiert und als unerkannte Bedingung allen Operationen wissenschaftlicher Beobachtung zu Grunde liegt. Dabei geht es gerade nicht um eine Aufhebung der für wissenschaftliche Beobachtung der Alltagspraktiken notwendigen Distanz, sondern um die Aufdeckung der sozialen Bedingungen, die diese Distanz und damit die wissenschaftliche Beobachtung und Beschreibung möglich machen. Es geht bei der kritische Reflexion der Forschungspraxis mit anderen Worten darum, eine theoretische Sicht der theoretischen Sicht zu gewinnen, die sich oft »nur verborgen in der von ihr gestalteten wissenschaftlichen Praxis« manifestiert (Bourdieu 1996, 196). Eine Objektivierung der Konstruktionsbedingungen sozialwissenschaftlicher Beobachtung gelingt nur dann vollständig, »wenn sie den Ort der Objektivierung, diesen nicht gesehenen Gesichtspunkt, diesen blinden Fleck einer jeden Theorie, nämlich das intellektuelle Feld und seine Interessenskonflikte, in dem sich manchmal, dank eines notwendigen Zufalls, das Interesse für Wahrheit einstellt, zur objektiven Darstellung bringt« (Bourdieu 1982, 798).

Diese Objektivierung des objektivierenden Standpunkts muss laut Bourdieu (2001b, 183f.) auf drei Ebenen erfolgen. In Bezug auf die Wissenschaft als ein autonomes soziales Universum muss nach der Position der Wissenschaft, des Wissenschaftlers und seiner Disziplin im sozialen Raum gefragt werden. Aufzuzeigen sind dabei etwa die ›Eintrittsbeschränkungen‹ eines Feldes oder Subfeldes, die implizit oder explizit geforderten Verhaltensregeln, die diskursiven Normen und Gepflogenheiten, die Beobachtungs- und Repräsentationsformen, kurz: die ›Logik des Feldes‹, mit der es sich gegenüber seiner innergesellschaftlichen Umwelt abgrenzt. Dazu kommt die Frage nach dem Status wissenschaftlicher Beobachtungen, die Frage danach, wie sozialwissenschaftliche Erkenntnisse in anderen Feldern gehandhabt werden.

Auf einer zweiten Ebene ist die Position des Forschenden sowie die seiner Disziplin im Feld der Wissenschaft zu eruieren. Die Objektivierung des objektivierenden Standpunkts betrifft hier die Darstellung der disziplinären Traditionen und ihrer (nationalen) Eigenheiten, der damit verbundenen Verpflichtungen, Problemstellungen, Denkweisen und Sehgewohnheiten, d. h. der vertretbaren Paradigmen und der darin eingelagerten Selbstverständlichkeiten, aber auch der (offenen oder versteckten) ›Zensuren‹ und Zwänge (sowohl hinsichtlich der Produktion als auch der Publikation von Ergebnissen). Diese Objektivierungsarbeit soll schließlich auch jene (impliziten) Voraussetzungen wissenschaftlicher Arbeit zu Tage fördern, die im Sinne des Doppelverhältnisses von Feld und Habitus sowohl in der Geschichte einer Disziplin als auch in den Wahrnehmungs-, Bewertungs-, und Handlungsschemata ›verankert‹ sind und eine Art ›kollektives Unterbewusstes‹ einer Disziplin (l'inconscient académique) bilden (ebd.).[257]

---

257 In Bezug auf Positionierungen im wissenschaftlichen Feld kann auch gefragt werden, wer mit welchen Interessen, in wessen Auftrag, mit welchen Mitteln (mit welchem theoretischen Vokabular und mit welchen methodischen Instrumenten aber auch: mit welchen zeitlichen, ökonomischen, sozialen und institutionellen Ressourcen) die wissenschaftliche Interpretations- und Repräsentationsarbeit macht, d. h. die Forschungsfragen stellt, die Projekte reali-

Auf einer dritten Ebene soll die scholastische Sicht als der vorrangige Modus wissenschaftlicher Beobachtung zum Gegenstand gemacht werden. Dies betrifft die im wissenschaftlichen Feld vorherrschenden Einstellungen und Sichtweisen, die im blinden Fleck derer liegen, die sie annehmen. Mit Blick auf das wissenschaftliche Feld und darauf, was die ›Involviertheit‹ in dieses Feld impliziert, soll dargestellt werden, inwiefern sich das wissenschaftliche Interesse des wissenschaftlichen Beobachters von all den praktischen Interessen derjenigen unterscheidet, deren Verhalten beschrieben wird. Nur wenn auf diese Weise zur Kenntnis genommen wird, dass erst das Ausblenden der praktischen Interessen den Standpunkt wissenschaftlicher Beobachtung und die wissenschaftliche Beschreibung der Praxis möglich macht, kann evtl. vermieden werden, dass die von Wissenschaftlern konstruierten Modelle (unter der Hand) auf die Praxis übertragen werden. Auf dieser dritten Ebene geht es (anders als auf der zweiten Ebene) nicht um die spezifischen (disziplinären) Interessen bei der Erforschung alltäglicher Praktiken (spezielle Erkenntnisinteressen, fachspezifische Ausrichtungen, Forschungsaufträge etc.), sondern um das Bestreben, einen Beobachtungsstandpunkt einzunehmen, von dem aus sich die Welt ›wie ein Schauspiel‹ darbietet; ein Standpunkt der nur durch die Aufhebung von praktischen Interessen eingenommen werden kann.

Diese theoretische Arbeit am objektiverenden Standpunkt hinterfragt die Theorie und die theoretischen Einstellungen (auch und gerade diejenige der empirischen Forschung). Dabei beruft sie sich auf die Theorie der Praxis, deren theoretisches Vokabular der Beschreibung von Praktiken sie verwendet. Man kann in dieser Berufung eine Performativität sehen, die die Theorie der Praxis aufruft und als theoretischen Rahmen ins Werk setzt. Diese Performativität, die den Standpunkt und die theoretische Sicht der Theorie der Praxis untermauert, wird ›umgekehrt‹ eben dadurch unterlaufen, dass die wissenschaftliche Beobachtungspraxis und das wissenschaftliche Beobachtungsfeld sozialwissenschaftlich analysiert und so die theoretische Sicht hinterfragt wird. Die reflexive Praxis der Theorie der Praxis stellt auf diese Weise die durch sie ermöglichte theoretischen Praxis in Frage und bezieht genau und ausschließlich durch dieses Infragestellen die epistemologische Sonderstellung einer Beobachtung zweiter (oder dritter?) Ordnung. Sie unterminiert also in keiner Weise die eigenwillige Beobachtungsform der Wissenschaft. Sie schafft, im Gegenteil, die Grundlage für eine Beobachtungsweise, die

---

siert und die Ergebnisse kontrolliert. Wie beeinflusst deren Stellung im wissenschaftlichen Feld (studentische Hilfskraft, Doktorand, wissenschaftlicher Mitarbeiter, Projektleiter, Professor) die praktische Forschungsarbeit? Welche Rolle spielen Differenzen, Spannungen und Machtverhältnisse im wissenschaftlichen Feld? Welcher Kollege ist der ›eigentliche‹ Adressat einer Studie, die das Gegenteil von dem beweisen soll, was eine andere Untersuchung zuvor offen gelegt hat? Was bewirkt der ›Qualifikationsdruck‹? Was kommt nicht in Betracht, weil Gutachter, Doktorväter, Vorgesetzte und andere daran ›Anstoß nehmen‹ könnten? Wie wirken sich institutionelle Strukturen im wissenschaftlichen Feld (etwa Disziplingrenzen) auf den Inhalt, die Fragestellung, das Vorgehen und die Veröffentlichung von Forschungsvorhaben aus? Welche Bedeutung erlangt in diesem Zusammenhang beispielsweise die professorale Gretchenfrage: ›Ist das noch Geographie?‹

sich nicht von den Alltagspraktiken, der Alltagssprache oder dem Alltagswissen
›vereinnahmen‹ lässt. Sie ›begründet‹ das ›epistemologische Privileg‹ einer Beobachtung, die ihre Beschränkungen nicht aus dem Objektbereich bezieht, sondern
selbst konstruiert.

Die theoretische Arbeit am objektivierenden Standpunkt bleibt auf grundlegende Weise mit der theoretischen Arbeit an den Alltagspraktiken verbunden.
Der Sozialwissenschaftler muss den Blick auf die Alltagspraxis riskieren. Zwar ist
dieser Blick insofern riskant, als er die Gefahr birgt, dass ein theoretisches Konstrukt unter der Hand in ein Moment der beobachteten Praxis verwandelt und
dadurch die Praxis nach dem Modus der eigenen Betrachtungsweise modifiziert
wird. Aber nur, wenn dieses Risiko in Kauf genommen wird, verschafft sich die
wissenschaftliche Beobachtung die Möglichkeit, Einsicht in die eigene Beobach-
tungs- und Beschreibungspraxis zu gewinnen. Die sozial- oder kulturwissenschaftliche Auseinandersetzung mit der Konstruktion von Raum ›braucht‹ eine
Form von Alltag, Alltagshandeln oder Alltagskommunikation. Sie braucht diese
»unvermeidliche Exteriorität« (de Certeau 1988, 129), weil die Beobachtung der
eigenen Beobachtung nur im Anschluss an stattfindende Beobachtung erfolgen
kann. Die wissenschaftliche Beobachtung bleibt also voll und ganz in der Dichotomie von Wissenschaft und Alltag gefangen. Sie gewinnt aber Einsicht in die
Funktion dieser Unterscheidung und erlangt Kontrolle über die Effekte dieser
Abhängigkeit, wenn sie die Beobachtung des Alltags auch für die Beobachtung der
eigenen Beobachtung nutzt.

10 Drittes Resümee

Zum theoretischen Problem, Geographien der Praxis zu beobachten

Sozial- und Kulturwissenschaftler, die auf der Basis einer konstruktivistischen Grundhaltung soziale Konstruktionen von Raum beschreiben wollen, sehen sich mit einem doppelten theoretischen Problem konfrontiert. Wenn der Alltag der Ort ist, wo durch alltägliche kulturelle Praktiken Geographien im Modus von Bedeutungen hergestellt, reproduziert und verändert werden, dann muss dieses alltägliche ›Geographie-Machen‹ beobachtet und beschrieben werden. Das theoretische Problem, *Geographien der Praxis* zu beobachten, wird in dieser Hinsicht durch die theoretischen und methodischen Schwierigkeiten einer kulturtheoretischen Sozialwissenschaft repräsentiert, die darauf abzielt, kulturelle Praktiken der Bedeutungsproduktion zu erschließen. Durch diese theoretische (Neu-)Ausrichtung und vor dem Hintergrund der Feststellung einer zunehmenden Globalisierung und Kulturalisierung des Sozialen verliert die scheinbar natürliche geographische Ordnung der Dinge ihre unhinterfragte Plausibilität. In den Blickpunkt einer kulturtheoretischen Perspektive rücken stattdessen Geographien der Subjekte und der Kommunikation, kontingente Weltordnungsbeschreibungen, die veränderbar sind und verändert werden.

Im Zuge ihrer kulturtheoretischen Wende fällt die Kontingenz der Verhältnisse auf die Sozialwissenschaften selber zurück. Der sozialwissenschaftliche Beobachter muss einsehen, dass er selbst an einer kulturellen Praxis der Bedeutungsproduktion teil hat und dass auch seine Beschreibungen selbsttragende Konstruktion sind. Er findet seine Beobachtungsgegenstände nicht unbearbeitet in der Wirklichkeit vor, sondern muss sie im Rückgriff auf theoretische Vorgaben konstruieren. Eine kulturtheoretische Sozialgeographie sieht sich deshalb auch mit dem theoretischen Problem konfrontiert, Geographien der Praxis *zu beobachten*. Die theoretische Schwierigkeit besteht in dieser Hinsicht darin, das Verhältnis von alltäglichem ›Geographie-Machen‹ und Geographie, von Alltag und Wissenschaft, zu reflektieren.

In der anglophonen Geographie zeichnet sich eine kulturtheoretische Wende Anfang der 1990er-Jahre ab. In den Texten dieser ›neuen Kulturgeographie‹ werden das Alltagsleben und alltägliche Praktiken eher implizit als das (empirische) Feld angenommen, auf dem Prozesse der kulturellen Produktion stattfinden. Eine explizite Thematisierung des Alltags findet dagegen in den kritischen Einwänden gegenüber der kulturtheoretischen Wende satt. Die Aufwertung des Alltagsbegriffs schlägt sich in der humangeographischen Theoriediskussion in Form einer zunehmenden Ausbreitung teilweise ambitionierter Theorien der Praxis nieder. Sowohl von einer marxistisch informierten kritischen Sozialgeographie als auch von Seiten einer (poststrukturalistischen oder postkolonialistischen) Kulturgeographie und von Vertretern einer theoretisch kaum schlüssig zuzuordnenden *non-representational theory* wird eine verstärkte Beschäftigung mit den ›konkreten‹ Bedingungen des täglichen Lebens, mit alltäglichen (kulturellen) Praktiken und ›gewöhnlichen Menschen‹ eingefordert. Zur Beobachtung und Beschreibung von Geographien der Praxis kommt aber, im Sinne der zweifachen Problemstellung, die Frage nach der Konstitution des Alltags als Gegenstand sozial- oder kulturgeographischer Beobachtung hinzu. In der aktuellen sozial- und kulturgeographischen Theoriediskussion scheint diese Frage – trotz teilweise elaborierter Reflexionsbemühungen – weit weniger Aufmerksamkeit auf sich zu ziehen. Demgegenüber macht der subjektzentrierte Ansatz einer Sozialgeographie alltäglicher Regionalisierungen klar, dass der Alltag in Opposition zur Wissenschaft als ein besonderer Erfahrungs-, Wissens- und Handlungsstil definiert werden muss. Eine gesellschaftstheoretisch schlüssige Antwort auf die Frage nach den Bedingungen der Möglichkeit dieser Differenzierung bleibt die sozialphänomenologisch informierte Konzeption Werlens aber letztlich schuldig. Sie geht im Grunde davon aus, dass Wissenschaft als soziale Institution in der modernen Gesellschaft etabliert ist und dass deshalb die Differenz zum Alltag aus gesellschaftstheoretischer Sicht auch nicht weiter hinterfragt werden muss.

In systemtheoretischen Begriffen bezeichnet die Unterscheidung von Wissenschaft und Alltag das Beobachtungsverhältnis zwischen einem System – der Wissenschaft – und seiner innergesellschaftlichen Umwelt – dem Alltag. Die Konzeption von Wissenschaft als selbstreferentiell-geschlossenes System der Gesellschaft kann als eine Art nachgetragene Begründung für die in der äquivalenzfunktionalistischen Erkenntnisdirektive der Systemtheorie stets mitgeführte Unterscheidung von Wissenschaft und Alltag begriffen werden. Die Systemtheorie findet ihre Problemgesichtspunkte nicht im Objektbereich, dem Alltag oder der Alltagskommunikation, sondern nur innerhalb einer Theorie, die diesen Objektbereich konstituiert und strukturiert. Das ist im Fall der Systemtheorie Luhmanns eine Theorie funktional differenzierter Gesellschaft, in der funktionale Differenzierungen als Beobachtungsverhältnisse zwischen Systemen begriffen werden, die füreinander Umwelt sind. In dieser Theorie kommen das System der Wissenschaft und die Systemtheorie als Programm wissenschaftlicher Beobachtung selber vor. Unter der Prämisse, ›dass es Systeme gibt‹, bezeichnet die gesellschaftstheoretische Beobachtung eines selbstreferentiell-geschlossenen Systems Wissenschaft die erkenntnistheoretische Grundlage der gesellschaftstheoretischen Beobachtung.

Im Rahmen des Beobachtungsverhältnisses, das durch die Dichotomie von Wissenschaft und Alltag aufgespannt wird, ist die Unterscheidung von Wissenschaft und Alltag eine System/Umwelt-Differenz, deren Einheit als unauflösbare Koproduktion gedacht werden muss. Die Thematisierung einer ihrer Differenzseiten ist (ebenso wie die Thematisierung der Differenz) nur vermittels einer Wiederaufnahme der Unterscheidung und vermittels einer asymmetrischen Aufmerksamkeitsverteilung zu bewerkstelligen. Diese Konstellation setzt Paradoxieauflösungen bzw. Invisibilisierungen in Gang, mit denen Raum unweigerlich als Schema des Unterscheidens ins Spiel kommt. Der Beobachter von Systemen, Systemdifferenzierungen und Systembeziehungen in der innergesellschaftlichen Umwelt der Wissenschaft ist – genauso wie der (Selbst-)Beobachter des Systems Wissenschaft – ein räumlicher oder ›raumimplementierender‹ Beobachter, der System und Umwelt nebeneinander sowie Systeme und Subsysteme auseinander zu halten weiß. Eine Auseinandersetzung mit den Raumschemata wissenschaftlicher Beobachtung und Beschreibung kann daher als eine Form der Reflexion der Bedingungen der eigenen Beobachtung sowie der eigenen Konstruktionsprinzipien in Betracht gezogen werden. Welche praktischen Konsequenzen solche Reflexionsbestrebungen für eine sozial- oder kulturwissenschaftliche Beobachtung und Beschreibung alltäglicher Praktiken haben, zeigt sich, wenn man das theoretische Problem, Geographien der Praxis zu beobachten, auf das Terrain einer Theorie der Praxis (Bourdieu) verschiebt.

In Bourdieus theoretischer Konzeption dient der Begriff des Raums als leitende Metapher für die Beschreibung der sozialen Welt. Der heuristische Wert dieser Metapher besteht laut Bourdieu vor allem darin, dass mit ihr ein nicht-essentialistisches Bild der relationalen Positionierung sozialer Akteure und Gruppen erzeugt werden kann. Maßgabe für die Bestimmung der Positionsverhältnisse in der sozialen Welt ist im Sinne dieses Raumkonzepts die Verteilungsstruktur von sozialem, ökonomischem und kulturellem Kapital, anhand derer Akteure, Praktiken, Äußerungen oder Gegenstände im sozialen Raum verortet werden. Diese Kapitalsorten können, insofern sie alle auch als symbolisches Kapital auftreten, als primäre Distinktionsmedien begriffen werden. Sie sind unterscheidungs- und beobachtungsleitende Gliederungsprinzipien, anhand derer soziale Akteure ein Bild der sozialen Welt und damit die soziale Welt selber konstruieren. Ihre Anwendung in kulturellen Praktiken der Bedeutungsproduktion basiert gemäß Bourdieu auf der Inkorporierung entsprechender Schemata und auf der Ausbildung eines Habitus, der dafür sorgt, dass Praktiken (auch und gerade ohne vollständige und permanente reflexive Durchdringung) in den Augen ihrer Produzenten sinnvoll erscheinen, d. h. mit überindividuellen Symbolordnungen im Einklang stehen.

Gesellschaftliche Differenzierung wird mit der Konzeption des sozialen Raums als eine Unterteilung desselben in unterschiedliche Felder, in relativ autonome ›soziale Mikrokosmen‹, erfasst. Die Konstitution der Felder des sozialen Raums ist, ähnlich wie die Autopoiesis sozialer Systeme in der Theorie Luhmanns, als eine Art operative Schließung konzipiert. Neben augenscheinlichen Parallelen bestehen aber ebenso unübersehbarer Unterschiede zwischen diesen beiden Theorien. Luhmann zufolge wird die operative Schließung sozialer Systeme von einem durchgängigen Zentralcode ermöglicht, der den Systemen als exklusives Beobachtungsmedium dient. In Bourdieus Konzeption sozialer Felder fungiert dagegen eine je spezifische Form von Kapital als das feldeigene Beobachtungs- und Unterscheidungsprinzip, mit dem im Feld (von den Feldteilnehmern) kommunikative

Probleme bearbeitet, Bewertungen vorgenommen, Positionen zugewiesen, aber auch die Feldgrenzen abgesteckt werden. Im Unterschied zu Luhmann rechnet Bourdieu zudem explizit mit der Heteronomie von Feldern, und er hebt den ›Kampf‹ um die Geltung und den Geltungsbereich von Kapitalsorten hervor. So ist die Möglichkeit der Substitution einer Kapitalsorte sowie des Einsatzes feldfremder Unterscheidungs- und Bewertungsprinzipien (als eine Form von Korruption und als Gefährdung der Autonomie) mitbedacht. Ein wesentlicher Unterschied besteht darüber hinaus in der ›Verankerung‹ dieser Unterscheidungsprinzipien in den Köpfen und Körpern der Akteure, d. h. in der Idee einer ›Duplizierung‹ der Struktur des sozialen Raums durch den Habitus. Laut Bourdieu wird damit aber keineswegs ein subjektivistischer Ansatz propagiert, da der Habitus als generatives Prinzip von Praktiken selbst das Produkt der Struktur des sozialen Raums ist bzw. das Ergebnis der Verinnerlichung (Inkorporierung) von sozialräumlichen Gliederungsprinzipien. Darin zeichnet sich bereits ab, dass Bourdieu im Vermittlungsverhältnis von Habitus und sozialem Raum dem sozialen Raum den Vorrang gibt. Dieser Eindruck verdichtet sich, wenn man das Konzept des sozialen Raums vor dem Hintergrund seiner argumentativen Verknüpfung mit dem physischen Raum betrachtet.

Mit dem Verhältnis von physischem und sozialem Raum befasst sich Bourdieu unter dem Gesichtspunkt der sozialen Aneignung des physischen Raums. Dabei argumentiert er, dass sich der soziale Raum ›mehr oder weniger strikt‹ im physischen Raum niederschlage. Durch die Projektion von Sozialem auf Physis komme es zu einer Objektivierung und Verdinglichung (bzw. Naturalisierung) sozialer Verhältnisse. Bourdieu mahnt verschiedentlich, dass solcherart physisch objektivierte soziale Strukturen den Beobachter, der sie als gegeben hinnimmt, zu einem substantialistischem Denken verleiten können. Ironischer Weise scheint Bourdieu selbst stellenweise in diese ›Raumfalle‹ zu treten, etwa wenn er mit Blick auf die Lokalisierung von Akteuren und Gegenständen im physischen Raum bemerkt, dass die (physische) Nähe zu bestimmten Objekten ›Raumprofite‹ abwerfe.

Es ist aber nicht allein eine Ambivalenz in Bezug auf das Verhältnis von sozialem und physischem Raum, aus der sich Probleme mit dem Raum in Bourdieus Theorie ergeben. Auch in der Konzeption eines sozialen Raums, der in vielfache Subräume (Felder) unterteilt ist, steckt eine Tendenz der Verdinglichung. Wie in Varianten der Systemtheorie, die Systeme und Subsysteme beschreiben, die wie Felder in einem Superfeld (der Gesellschaft) liegen, so entsteht auch in Bourdieus Theorie durch die Raummetaphorik ein ontologischer Überhang, der einer konstruktivistischen Grundhaltung zuwider läuft und dem Anspruch entgegen wirkt, mit dem Konzept des sozialen Raums einem substantialistischem Denken vorzubeugen. Die Konzeption des sozialen Raums scheint mit den von Bourdieu an anderen Stellen gemachten Bekenntnissen zu einem kulturtheoretischen Konstruktivismus nicht ohne weiteres verträglich. Das tritt insbesondere an jenen Stellen deutlich hervor, an denen Bourdieu schreibt, dass der soziale Raum die ›erste und letzte Realität‹ sei, weil die Vorstellungen, die die Akteure vom sozialen Raum und von ihrer Stellung im sozialen Raum haben, vom sozialen Raum bzw. von ihrer Position im sozialen Raum bestimmt sind. Auf der Basis genau dieser Annahme kann das Konzept des sozialen Raums aber auch dem konstruktivistischen Paradigma zugeordnet werden. Die scheinbar realistisch-ontologische Annahme einer beobachterunabhängigen Existenz des sozialen Raums beschreibt im Grunde nichts anderes als die paradoxe Konstellation einer ›doppelten Inklusion‹, die aus konstruktivistischer Sicht jede Beobachtung sozialer Welt kennzeichnet. Alltägliche, aber auch wissenschaftliche Beobachtungen und Beschreibungen sozialer Welt sind gemäß dieser Auffassung Konstruktionspraktiken, die einen perspektivischen Standpunkt – eine Position im sozialen Raum – voraussetzen, von dem aus die soziale Welt beobachtet bzw. konstruiert wird. Für den sozialwissenschaftlichen Beobachter, der den sozialen Raum konstruiert, bedeutet das, dass er selbst in dem von ihm konstruierten Raum enthalten ist. Ein perspektivenloser ›Blick von Nirgendwo‹ wird somit ausgeschlossen. Die sozialwissenschaftliche Beobachtung und Beschreibung der sozialen Welt als ein sozialer Raum mit entsprechenden Subräumen (Feldern) erfolgt von einem Standpunkt im sozialen Raum, d. h. aus einer bestimmten Perspektive und mittels einer speziellen Beobachtungsform. Der erkenntnistheoretische Vorrang des sozialen Raums in Bourdieus Theoriekonzeption ist demzufolge eine Konsequenz der Art und Weise, wie mit dieser Theorie die soziale Welt beschrieben wird, nämlich als ein sozialer Raum, der unterschiedliche Standpunkte und Perspektiven enthält, von denen aus die soziale Welt auf je unterschiedliche Art und Weise beobachtet und beschrieben, d. h. konstruiert wird. Unter diesen Vorgaben muss sozialwissenschaftliche Beobachtung mit einer basalen Ontologie beginnen, beispielsweise mit der realistisch-ontologischen Setzung eines sozialen Raums. Sie kann dann mit Hilfe einer Theorie der Produktion und Reproduktion des sozialen Raums beobachten und (wissenschaftlich) beschreiben, dass sie selbst eine Position in diesem sozialen Raum einnimmt, von wo aus sie kontingente Weltordnungsbeschreibungen anfertigt.

Bourdieu sieht in dieser Selbstreflexion ein Mittel, mit dem sich die Sozialwissenschaft von den auf ihrer Beobachtungspraxis ›lastenden‹ sozialen Determinationen ›befreien‹ und von den Bedingungen ihrer gesellschaftlichen Existenz ›unabhängig‹ machen kann. Dabei ist nicht an einen Ort außerhalb der Gesellschaft oder an eine ›autarke Selbstversorgung‹ der Sozialwissenschaft gedacht, sondern an die Autonomie der (Sozial-)Wissenschaft als Beobachter in der Gesellschaft. Diese Beobachterautonomie wird durch die operative Schließung der (Sozial-)Wissenschaft möglich und gegebenenfalls steuerbar, wenn die Wissenschaft als ein beobachtendes Teilsystem der Gesellschaft im Hinblick auf ihre Beobachtungspraxis beobachtet wird. Wenn man aus sozialwissenschaftlicher Perspektive die Konstruktionsprinzipien der eigenen Beobachtungen und Beschreibungen mitbeobachtet, ist man laut Bourdieu auch in der Lage, die »zur Objekterkenntnis durchgeführten Operationen besser zu meistern« (Bourdieu 2001a, 264). Eine permanente Auseinandersetzung mit den eigenen Beobachtungs- und Beschreibungspraktiken ist deshalb keine erkenntnistheoretische ›Spielerei‹, sondern eine »Bedingungen der Möglichkeit von Theorie« (Bourdieu 1976, 140). Bourdieu stellt somit in Aussicht, dass eine selbstreflexive Beobachtung der eigenen Beobachtung sich nicht in Zirkularitäten verstricken oder in einen infiniten Regress führen muss, sondern in eine Theorie der sozialen Welt münden kann.

Bourdieus Kritik objektivistischer und subjektivistischer Perspektiven ist vor diesem Hintergrund nicht als Versuch der Bestimmung einer mittleren oder vermittelnden Position zu interpretieren, sondern als Beitrag zur allgemeineren Kritik der ›scholastischen Sicht‹ sozial- oder kulturwissenschaftlicher Forschung. Subjektivismus und Objektivismus führen laut Bourdieu zu derselben *scholastic fallacy*. Sie besteht darin, die Konstrukte, die Wissenschaftler bei der Beobachtung und Beschreibung von alltäglichen Praktiken herstellen, unter der Hand in Momente dieser Alltagspraktiken zu verwandeln und als deren bestimmende Prinzipien zu betrachten. Die objektivistische Version dieses ›Denkfehlers‹ ist ein *theoretizistischer bias*, der dazu verleitet, das wissenschaftliche Verhältnis zum Objekt auf die alltägliche Praxis zu übertragen und die theoretischen Abstraktionen zu verdinglichen. Der objektivistische Betrachter modifiziert die beobachtete Praxis, wenn er die von ihm zur Beschreibung von Praktiken erstellten Konstrukte in positive Entitäten verwandelt und die beobachteten Regelmäßigkeiten als Ergebnis der Ausführung oder Ausübung impliziter Regeln darstellt. Die subjektivistische Version des ›scholastischen Trugschlusses‹ besteht darin, die Sicht und die Einstellung des wissenschaftlichen Beobachters, der die Praktiken zum Gegenstand seiner interpretativen Studien macht, den praktisch Handelnden zu unterstellen. Auch der Subjektivismus impliziert eine theoretische Sicht des nicht in die beobachtete Praxis involvierten Beobachters. Er verleitet dazu, die beobachteten Akteure nach dem Bild des Wissenschaftlers zu sehen, d. h. ihnen eben jenes Verhältnis zur Praxis zu unterstellen, das den Standpunkt des professionellen Interpreten kennzeichnet.

Ein (notabene *theoretisches*) Verständnis der nicht-theoretischen Sicht und des praktischen Verhältnisses zu den Praktiken erfordert hingegen eine theoretische Kritik der theoretischen Sicht. Erst auf der Kehrseite der Kritik von objektivistischer und subjektivistischer Betrachtungsweise (ent)stehen eine praxeologischen Perspektive und ein praxeologisches Verständnis der Praxis und des praktischen Sinns von Praktiken. Durch das Infragestellen der Differenz zwischen dem theoretischen und dem praktischen Blickpunkt verschafft man sich laut Bourdieu erst den Ausgangspunkt für eine Beobachtung und Beschreibung von Praktiken und ihrer praktischen Logik. Diese ›Umkehrung des Blicks‹ lässt sich anhand von Bourdieus Kritik der sozial- und kulturwissenschaftlichen Auseinandersetzung mit dem Phänomen der Gabe (bzw. dem Gabentausch) exemplarisch dargestellt. Dem objektivistischen Betrachter, der in strukturalistischer Manier die Mechanismen der Wechselseitigkeit von Gabe und Widergabe beschreibt, zeigt sich dieses ›soziale Spiel‹ als ein Tausch mit einer ökonomischen Tauschlogik, die die Akteure scheinbar unbewusst reproduzieren. Seine Betrachtungsweise zeigt ihm jedoch nicht, dass dieses Wechselspiel praktisch praktiziert werden muss – u. a. durch die Handhabung der Sequenz von Gabe und Gegengabe – und dass dabei Spielraum für strategische Variationen besteht. Während die strukturalistische Darstellung die Gabe auf einen Zyklus der Wechselseitigkeit reduziert, führt die subjektivistische Betrachtung die Unmöglichkeit der Gabe vor Augen: Eine subjektivistische Darstellung der Gabe, die diese als ein absichtsvolles Verhalten uneigennützigen Gebens beschreibt, verstrickt sich in unauflösbaren Antinomien, weil bereits durch die Verpflichtung ›nicht zurückzugeben‹ (und ›keine Gegengabe zu erwarten‹) ein ›Schuldverhältnis‹ entsteht, das dem Prinzip der Gabe widerspricht. Die subjektivistische Betrachtungsweise offenbart jedoch nicht, dass die Gabe als ›Akt der Großzügigkeit‹ gleichwohl praktiziert wird, weil die sozialen Akteuren die ›Tauschlogik‹ sowohl kennen als auch leugnen. Die Kritik der subjektivistischen Betrachtungsweise räumt ein, dass die Gabe eben doch ein Element einer ›Tausch‹-Beziehung ist, wobei genau dies in der Praxis von den Akteuren, die über entsprechende Dispositionen verfügen, ausgeblendet oder verdrängt wird.[258] Dieses Ausblenden oder Verdrängen kann als eine Art ›strategische Blindheit‹ von Akteuren begriffen werden – von Akteuren, die wissen, dass die anderen wissen, dass sie wissen… dass ein ›Tausch‹ stattfindet. Was die ›praktische Logik‹ des Gaben-›Tauschs‹ demnach auszeichnet, ist ein praktiziertes Nebeneinander von Kennen und Verkennen der ›Ökonomie‹ des Gabentauschs.

Eine vergleichbare ›Umkehrung des Blicks‹ ist für die praxeologische Betrachtung der diskursiven Produktion und Reproduktion von Raumsemantiken denkbar. Bei der in Sozial- und Kulturgeographie beliebten Dekonstruktion und Demystifikation von symbolischen Geographien wird die essentialistische Konzeption von Räumen und Orten in der Regel einer Verdinglichung zugeschrieben, auf die die Akteure ›hereinfallen‹, wenn sie semantische Einheiten verwenden, in denen Soziales und Physisches (Kultur und Natur) ontologisch verschmelzen. Solche Diagnosen beruhen auf jener theoretischen oder scholastischen Sicht, in der der praktische Sinn des ›Geographie-Machens‹ oft verkannt wird. Eine kritische Reflexion dieser sozial- oder kulturwissenschaftlichen Betrachtungsweise räumt hingegen ein, dass auch bei der Produktion und Reproduktion von Raumsemantiken mit einer Art ›strategischen Blindheit‹ und mit einem ›Nebeneinander von Kennen und Verkennen‹ zu rechnen ist. Die Performanz räumlicher oder regionalistischer Diskurse beruht so gesehen auf einer praktizierten Invisibilisierung, die dazu befähigt, ›soziale Spiele‹ *ernsthaft* zu spielen und Diskurse zu führen, in denen der Einsatz von Raumsemantiken und die mit ihnen einhergehenden Essentialisierungen auf ›unausgesprochenes Einverständnis‹ treffen. Vom Standpunkt einer praxeologischen Betrachtung aus interessiert daher nicht allein, dass und wie durch Raumsemantiken Verdinglichungen zustande kommen, sondern vor allem, wozu sie eingesetzt werden, wenn die Kommunikation in den Medien Geld, Recht, Macht, Glaube oder Liebe stattfindet.

Vor dem Hintergrund der Kritik der theoretischen Sicht wissenschaftlicher Beobachtung kann es nicht darum gehen, der alltagssprachlichen Verwendung von Raumsemantiken die ›wissenschaftliche Wahrheit‹ über regionalistische oder ›räumelnde‹ Diskurse entgegen zu stellen, oder nachzuweisen, dass in alltäglichen Diskursen Verdinglichungen von Sozialem und Kulturellem sowie Verwechslungen von Räumlichem und Nicht-Räumlichem auftreten (was den in die entspre-

---

258 Dem praktizierten ›Tausch‹ von Gaben liegt laut Bourdieu (2001, 248) »nicht die bewusste Absicht (ob berechnend oder nicht) eines einzelnen Individuums zugrunde, sondern jene *Disposition* des Habitus, die Großzügigkeit, die, ohne es explizit und ausdrücklich darauf abgesehen zu haben, zur Erhaltung oder Vermehrung des symbolischen Kapitals tendiert.«

chenden Diskurse involvierten Akteuren ohnehin belanglos vorkommen muss, weil es zwar wahr sein mag, aber keinen symbolischen oder materiellen Gewinn erbringt, wenn finanzielle, rechtliche, religiöse oder andere Fragen zur Debatte stehen). Dass eine semantische Entdifferenzierung von Physischem und Sozialem (oder Natürlichem und Kultürlichem) nur »mittels naiver Prämissen und unter großen Verlusten« (Hard 2002, 237) erfolgen kann, mag für den wissenschaftlichen Sprachgebrauch gelten. In Bezug auf die Alltagssprache (den außerwissenschaftlichen Sprachgebrauch) wird man es aber mit Sprachwelten zu tun haben, die gerade nicht auf diese Weise strukturiert sind. Was im wissenschaftlichen Sprachgebrauch zur einen oder anderen Diskurswelt gehört, ist in der Alltagssprache oft *nicht* in *einer* dieser Welten beheimatet (sondern in beiden, in keiner oder wird überhaupt ganz anders verhandelt). Man würde bloß die wissenschaftstheoretisch relevante Unterscheidung von physischer und sozialer Welt in den Alltag projizieren, wenn man bei der Behauptung stehen bliebe, dass in der Alltagssprache vielfach semantische Verschmelzungen auftreten, die Nichträumliches als räumlich-materiell Fixierbares oder Physisch-Materielles erscheinen lassen. Eine demystifizierende Beschreibung der alltagssprachlichen Verwendung von Raumsemantiken, die postuliert, dass Räumliches und Nichträumliches (Physisches und Soziales, Natur und Kultur) ›eigentlich‹ voneinander verschieden sind und deshalb getrennt gehören, enthüllt kaum den praktischen Sinn von Raumsemantiken. Die Dekonstruktion von Raumsemantiken verstört vielmehr die alltagsweltliche Plausibilität von Symbolorten, regionalen Identitäten, verdinglichten ›Kulturräumen‹, (Stadt-)Landschaften, Heimaten usw. und setzt ihnen eine Wahrheit entgegen, die keine Aussicht auf eine Wiederherstellung der (partiellen) Einheiten von Raum und Gesellschaft oder Natur und Kultur enthält.

Dem praxeologischen Beobachter geht es andererseits auch nicht darum, die ›richtigen Kriterien‹ für die Bestimmung des Sinns von Grenzen und Regionen anzugeben oder Raumabstraktionen »für andere Systeme zu rationalisieren, zu verbessern, aufnahmefähiger zu machen« (Klüter 1994: 166). Für den praxeologischen Betrachter gilt die Devise, »sich gar nicht erst auf die Alternative von ›entmystifizierendem‹ Registrieren objektiver Kriterien und mystisch unklarer und selber mystifizierender Ratifizierung von Vorstellungen und Absichten einzulassen« (Bourdieu 1990, 102). Dieser Alternative von Mystifizierung und Entmystifizierung kann sich der wissenschaftliche Beobachter nur entziehen, wenn er seine eigene Praxis einer ›soziologischen Kritik‹ unterzieht und sich selbst in seiner Funktion als Beobachter von alltäglichen Praktiken hinterfragt.

Das theoretische Problem, Geographien der Praxis zu beobachten, wird auf diese Weise nicht gelöst. Angeben lassen sich vor diesem Hintergrund aber Anforderungen an eine reflexive theoretische Beobachtungs- und Beschreibungspraxis, die fortwährend ihr ›wissenschaftliches Rüstzeug‹ gegen sich selbst kehrt. Solcherart Reflexivität erfordert laut Bourdieu keine komplette Neuerfindung sozialwissenschaftlicher Theorie und Methode, sie geht jedoch über die in der qualitativen Sozialforschung verbreitete Reflexivität der Forschung (der Forschungsprozesse, der Verfahren und der verwendeten Techniken) hinaus. Das ›wissenschaftliche Rüstzeug‹ der Theorie der Praxis gegen sich selbst zu kehren, bedeutet, in die

Theorie der Praxis »eine Theorie der Diskrepanz von Theorie und Praxis einzufügen« (Bourdieu 1992b, 220), um mit den Mitteln der Theorie der Praxis die Praxis der Theorie, die theoretische Arbeit, in den Blick zu nehmen.

Diese Mitbeobachtung der eigenen Beobachtung erschöpft sich nicht im Kenntlichmachen der Rolle der Forschenden im Forschungsprozess oder in der Anwendung ›reflexiver Methoden‹ aus dem Spektrum der qualitativen Sozialforschung. Über die Reflexion der in konkreten Forschungsvorhaben verwendeten (interpretativen) Verfahren und Techniken hinaus ist eine sozialwissenschaftliche Kritik der Bedingungen sozialwissenschaftlicher (Beobachtungs-)Praxis anzustreben. Diese Bedingungen sind, im Sinne der Theorie der Praxis, wissenschaftliche Dispositionen, d. h. Denk- und Sehgewohnheiten, die im wissenschaftlichen Feld ebenso verankert sind wie in den wissenschaftlichen Habitus. Im Rahmen einer reflexiven Praxis der Theorie der Praxis rücken deshalb die Verhältnisse im wissenschaftlichen Feld mit ins Zentrum einer sozialwissenschaftlichen Beobachtung der eigenen Beobachtung. In Frage gestellt werden dadurch aber auch die theoretischen Begriffe und Konzepte der Theorie der Praxis selber, insbesondere jene, die räumlich strukturiert sind (ohne dies durch einen offenkundigen Raumbezug anzugeben).

Das Ergebnis dieser theoretischen Arbeit am ›objektivierenden Standpunkt‹ und an der ›objektivierenden Praxis‹ ist kein neues theoretisches Werk. Die reflexive Praxis der Theorie der Praxis produziert kein solides theoretisches Fundament, kein zeitüberdauerndes theoretisches Vokabular, dessen man sich bei der Beobachtung und Beschreibung des Alltags fortan bedienen könnte. Vielmehr stellt sie auch die Begriffsneufindungen in Frage, zu denen sie vielleicht verleitet. Sie untergräbt dadurch aber keineswegs den Anspruch auf eine wissenschaftliche Beobachtung und Beschreibung des Alltags, sondern schafft, wenn sie vollzogen wird, einen theoretischen Ort, an dem »nichts außer Frage steht«, weder die »Idee der Kritik als theoretischer Kritik, (…) noch die Autorität der Form ›Frage‹, des Denkens als Befragung« (Derrida 2001, 14). Ein solcher Ort der Produktion, der Erprobung und der bedingungslosen Infragestellung von Wissen eröffnet sich immer dort, wo diese theoretische Arbeit stattfindet.

Nach allem, was bisher gesagt wurde, geschieht dies vorzüglich durch die selbstreferentielle, operativ geschlossene Beobachtung der Wissenschaft; d. h. im autonomen ›sozialen Universum‹ des wissenschaftlichen Feldes. Auch eine theoretische Arbeit, bei der über die Bedingungen und die Grenzen der Wissenschaft (und über die der Sozial- oder Kulturwissenschaft) nachgedacht wird, findet als wissenschaftlicher Diskurs *in* der Wissenschaft und *in* den Sozial- oder Kulturwissenschaften statt. Sie besetzt, behauptet, beschwört keinen ›anderen Ort‹, keinen Zwischenraum, wenn sie diesen Einschluss reflektiert und die räumliche Ordnung der sozial- oder kulturwissenschaftlichen Beobachtung von Alltagspraktiken thematisiert. Sie ist keine mystische Demystifikation, sondern eine Theoriearbeit, die an sozial- oder kulturwissenschaftliche Beobachtung gebunden bleibt und sich auf nichts anderes beruft als auf das, wovon die Rede ist: auf die irreduzible Differenz von Wissenschaft und Alltag.

Literatur

Agnew, John (1994): The territorial trap: the geographical assumptions of international relations theory. In: Review of International Political Economy 1, 53-80.

Albrow, Martin (1997): Auf Reisen jenseits der Heimat. Soziale Landschaften in einer globalen Stadt. In: Ulrich Beck (Hg.): Kinder der Freiheit. Frankfurt a. M., 288-314.

Alleyne-Dettmers, Patricia (1997): Tribal Arts: A Case Study of Global Compression in the Notting Hill Carnival. In: John Eade (ed.): Living the Global City. Globalisation as a Local Process. London, 163-180.

Bachelard, Gaston (1974): Epistemologie. Ausgewählte Texte. Frankfurt a. M.

Bachelard, Gaston (1987): Die Bildung des wissenschaftlichen Geistes. Beitrag zu einer Psychoanalyse der objektiven Erkenntnis. Frankfurt a. M. [1938]

Bachelard, Gaston (1988): Der neue wissenschaftliche Geist. Frankfurt a. M. [1934]

Backhaus, Norman (1999): Zugänge zur Globalisierung. Konzepte, Prozesse, Visionen. Geographisches Institut der Universität Zürich, Schriftenreihe Anthropogeographie, Band 17, Zürich.

Baecker, Dirk (1990): Die Dekonstruktion der Schachtel: Innen und Außen in der Architektur. In: Niklas Luhmann, Frederick D. Bunsen & Dirk Baecker: Unbeobachtbare Welt. Über Kunst und Architektur. Bielefeld, 67-104.

Baecker, Dirk (1995): Auf dem Rücken des Wals. Das Spiel mit der Kultur – die Kultur als Spiel. In: Lettre International 29, 24-28.

Baecker, Dirk (2000): Wozu Kultur? Berlin.

Bahrenberg, Gerhard (1987): Über die Unmöglichkeit von Geographie als »Raumwissenschaft« – Gemeinsamkeiten in der Konstituierung von Geographie bei A. Hettner und D. Bartels. In: G. Bahrenberg, J. Deiters, M. M. Fischer, W. Gaebe, G. Hard & G. Löffler (Hg.): Geographie des Menschen. Dietrich Bartels zum Gedenken. Bremer Beiträge zur Geographie und Raumplanung, Heft 11, 225-239.

Barnett, Clive (1998): The Cultural Turn: Fashion or Progress in Human Geography? In: Antipode 30, no. 4, 379-394.

Bartels, Dietrich (1968): Zur wissenschaftstheoretischen Grundlegung einer Geographie des Menschen. Erdkundliches Wissen 19, Wiesbaden.

Bartels, Dietrich (1970): Einleitung. In: Dietrich Bartels (Hg.): Wirtschafts- und Sozialgeographie. Köln/Berlin, 13-45.

Bartels, Dietrich (1979): Theorien nationaler Siedlungssysteme und Raumordnungspolitik. In: Geographische Zeitschrift 67, Heft 2, 110-146.

Barthes, Roland (1964): Mythen des Alltags. Frankfurt a. M.

Bauman, Zygmunt (2000): Community. Seeking Security in an Insecure World. Cambridge.

Beck, Ulrich (1997): Was ist Globalisierung? Frankfurt a. M.

Beck, Ulrich; Anthony Giddens & Scott Lash (1996): Reflexive Modernisierung. Eine Kontroverse. Frankfurt a. M.

Berger, Peter L. & Thomas Luckmann (1999): Die gesellschaftliche Konstruktion der Wirklichkeit. Eine Theorie der Wissenssoziologie. 16. Aufl., Frankfurt a. M. [1966]

Bergmann, Werner (1981): Lebenswelt, Lebenswelt des Alltags oder Alltagswelt. Ein grundbegriff-
liches Problem ›alltagstheoretischer Ansätze‹. In: Kölner Zeitschrift für Soziologie und Sozialpsychologie 33, 50-72.

Bhabha, Homi K. (2000): Die Verortung der Kultur. Tübingen.

Blotevogel, Hans Heinrich (2000): Geographische Erzählungen zwischen Moderne und Postmoderne. In: Hans H. Blotevogel, Jürgen Ossenbrügge & Gerald Wood (Hg.): Lokal verankert –
weltweit vernetzt. Tagungsbericht und wissenschaftliche Abhandlungen. Stuttgart, 465-478.

Blotevogel, Hans Heinrich (2003): »Neue Kulturgeographie« – Potenziale und Risiken einer kultu-
ralistischen Humangeographie. In: Berichte zur deutschen Landeskunde 77, Heft 1, 7-34.

Bohman, James (1991): New Philosophy of Social Science. Problems of Indeterminacy Cambridge.

Bohman, James; David Hiley & Richard Schusterman (eds.) (1991): The Interpretative Turn.
Ithaca.

Bormann, Regina (2001): Raum, Zeit, Identität. Sozialtheoretische Verortungen kultureller Prozesse. Opladen.

Bourdieu, Pierre (1974): Zur Soziologie der symbolischen Formen. Frankfurt a. M.

Bourdieu, Pierre (1976): Entwurf einer Theorie der Praxis. Frankfurt a. M.

Bourdieu, Pierre (1977): Outline of a Theory of Practice. Cambridge.

Bourdieu, Pierre (1982): Die feinen Unterschiede. Kritik der gesellschaftlichen Urteilskraft.
Frankfurt a. M.

Bourdieu, Pierre (1985): Sozialer Raum und ›Klassen‹. Leçon sur la leçon. Zwei Vorlesungen.
Frankfurt a. M.

Bourdieu, Pierre (1987): Sozialer Sinn. Kritik der theoretischen Vernunft. Frankfurt a. M.

Bourdieu, Pierre (1989): Satz und Gegensatz. Über die Verantwortung des Intellektuellen. Frankfurt a. M.

Bourdieu, Pierre (1990): Was heißt sprechen? Die Ökonomie des sprachlichen Tauschs. Wien.

Bourdieu, Pierre (1991): Physischer, sozialer und angeeigneter physischer Raum. In: Martin Wentz
(Hg.): Stadt-Räume. Frankfurt a. M., 25-34.

Bourdieu, Pierre (1992a): Homo academicus. Frankfurt a. M.

Bourdieu, Pierre (1992b): Rede und Antwort. Frankfurt a. M.

Bourdieu, Pierre (1993): Soziologische Fragen. Frankfurt a. M.

Bourdieu, Pierre (1996): Pierre Bourdieu und Loïc J. D. Wacquant. Die Ziele der reflexiven Soziologie. Chicago-Seminar, Winter 1987. In: Pierre Bourdieu & Loïc J. D. Wacquant: Reflexive
Anthropologie. Frankfurt a. M., 95-249.

Bourdieu, Pierre (1997a): Ortseffekte. In: Das Elend der Welt. Zeugnisse und Diagnosen alltäglichen Leidens an der Gesellschaft. Konstanz, 159-167.

Bourdieu, Pierre (1997b): Männliche Herrschaft revisited. In: Feministische Studien 15, 88-99.

Bourdieu, Pierre (1998a): Praktische Vernunft. Zur Theorie des Handelns. Frankfurt a. M.

Bourdieu, Pierre (1998b): Über das Fernsehen. Frankfurt a. M.

Bourdieu, Pierre (1998c): Vom Gebrauch der Wissenschaft. Für eine klinische Soziologie des wissenschaftlichen Feldes. Konstanz.

Bourdieu, Pierre (2001a): Meditationen. Zur Kritik der scholastischen Vernunft. Frankfurt a. M.

Bourdieu, Pierre (2001b): Science de la science et réflexivité. Paris.

Bourdieu, Pierre (2002): Ein soziologischer Selbstversuch. Frankfurt a. M.

Bourdieu, Pierre et al. (1997): Das Elend der Welt. Zeugnisse und Diagnosen alltäglichen Leidens
an der Gesellschaft. Konstanz.

Bromley, Roger (1999): Cultural Studies gestern und heute. In: Roger Bromley, Udo Göttlich &
Carsten Winter (Hg.): Cultural Studies. Grundlagentexte zur Einführung. Lüneburg, 9-24.

Bronfen, Elisabeth & Benjamin Marius (1997) (Hg.): Hybride Kulturen. Beiträge zur anglo-ameri-
kanischen Multikulturalismusdebatte. Tübingen.

Canguilhem, Georges (1979): Die Geschichte der Wissenschaften im epistemologischen Werk
Gaston Bachelards. In: ders.: Wissenschaftsgeschichte und Epistemologie. Gesammelte Aufsätze. Herausgegeben von Wolf Lepenies, Frankfurt a. M., 7-21.

Canguilhem, Georges (1989): Grenzen medizinischer Rationalität. Historisch-epistemologische Untersuchungen. Tübingen.

Certeau, Michel de (1988): Die Kunst des Handelns. Berlin.

Certeau, Michel de (1997): Theoretische Fiktionen. Geschichte und Psychoanalyse. Wien.

Chambers, Iain (1986): Popular Culture. London.

Cloke, Paul; Chris Philo & David Sadler (1991): Approaching Human Geography. An Introduction to Contemporary Theoretical Debates. London.

Cosgrove, Denis E. (1984): Social Formation and Symbolic Landscape. Wisconsin.

Cosgrove, Denis E. & Peter Jackson (1987): New directions in cultural geography. In: Area 19, no. 2, 95-101.

Crang, Mike & Nigel Thrift (2000): Introduction. In: Mike Crang & Nigel Thrift (eds.): Thinking Space. London, 1-30.

Danielzyk, Rainer (2000): Geographie zwischen dem 19. und 21. Jahrhundert. Sonderveranstaltung: Paradigmen der Humangeographie des 21. Jahrhunderts – ein Theoriediskurs. Einleitung. In: Hans H. Blotevogel, Jürgen Ossenbrügge & Gerald Wood (Hg.): Lokal verankert – weltweit vernetzt. Tagungsbericht und wissenschaftliche Abhandlungen. Stuttgart, 461-465.

Daum, Egbert & Benno Werlen (2002): Geographie des eigenen Lebens. Globalisierte Wirklichkeit. In: Praxis Geographie 32, Heft 4, 4-9.

Deleuze, Gilles (1992): Woran erkennt man den Strukturalismus? Berlin.

Deleuze, Gilles & Félix Guattari: Rhizom. Berlin.

Derrida, Jacques (1990): Die différance. In: Peter Engelmann (Hg.): Postmoderne und Dekonstruktion. Texte französischer Philosophen der Gegenwart. Stuttgart, 76-113.

Derrida, Jacques (1993a): Falschgeld. Zeit geben I. München.

Derrida, Jacques (1993b): Wenn es Gabe gibt – oder: ›Das falsche Geldstück‹. In: Michael Wetzel & Jean-Michel Rabaté (Hg.): Ethik der Gabe. Denken nach Jacques Derrida. Berlin, 93-136.

Derrida, Jacques (2001): Die unbedingte Universität. Frankfurt a. M.

Diamond, Jared (1997): Guns, Germs, and Steel. The Fates of Human Societies. New York.

Drepper, Thomas (2003): Der Raum der Organisation – Annäherung an ein Thema. In: Thomas Krämer-Badoni & Klaus Kuhm (Hg.): Die Gesellschaft und ihr Raum. Raum als Gegenstand der Soziologie. Opladen, 103-129.

Duncan, James S. (1980): The Superorganic in American Cultural Geography. In: Annals of the Association of American Geographers 70, no. 2, 181-198.

Duncan, James S. (1990): The City as Text. The Politics of Landscape Interpretation in the Kandyan Kingdom. Cambridge.

Duncan, James S. & David Ley (eds.) (1993): Place/Culture/Representation. London.

Duncan, James S. & Nancy Duncan (1988): (Re)reading the landscape. In: Environment and Planning D: Society and Space 6, 117-126.

Durkheim, Emile (1912): Les formes élémentaires de la vie religieuse. Paris.

Durkheim, Emile (1980): Regeln der soziologischen Methode. 6. Aufl., Darmstadt/Neuwied.

Eagleton, Terry (2001): Was ist Kultur. München.

Eickelpasch, Rolf (1997): ›Kultur‹ statt ›Gesellschaft‹? Zur kulturtheoretischen Wende in den Sozialwissenschaften. In: Claudia Rademacher (Hg.): Postmoderne Kultur? Soziologische und philosophische Perspektiven. Opladen, 10-21.

Eisel, Ulrich (1982): Die schöne Landschaft als kritische Utopie oder als konservatives Relikt. In: Soziale Welt 33, Nr. 2, 157-168.

Eisel, Ulrich (1987): Landschaftskunde als ›Materialistische Theologie‹. Ein Versuch Aktualisierter Geschichtsschreibung der Geographie. In: G. Bahrenberg, J. Deiters, M. M. Fischer, W. Gaebe, G. Hard & G. Löffler (Hg.): Geographie des Menschen. Dietrich Bartels zum Gedenken. Bremer Beiträge zur Geographie und Raumplanung, Heft 11, 89-109.

Elias, Norbert (1978): Zum Begriff des Alltags. In: Kurt Hammerich & Michael Klein (Hg.): Materialien zur Soziologie des Alltags. Kölner Zeitschrift für Soziologie und Sozialpsychologie, Sonderheft 20, Opladen, 22-29.

Ellrich, Lutz (1999): Verschriebene Fremdheit. Die Ethnographie der kulturellen Brüche bei Clifford Geertz und Stephen Greenblatt. Frankfurt a. M.

Engelmann, Jan (1999): Think different. Eine unmögliche Einleitung. In: Jan Engelmann (Hg.): Die kleinen Unterschiede. Der Cultural Studies Reader. Frankfurt a. M., 7-31.

Esposito, Elena (1996): Geheimnis im Raum, Geheimnis in der Zeit. In: Dagmar Reichert (Hg.): Räumliches Denken. Zürich, 303-330.

Esposito, Elena (2003): Virtualisierung und Divination. Formen der Räumlichkeit der Kommunikation. In: Rudolf Maresch & Niels Werber (Hg.): Raum – Wissen – Macht. Frankfurt a. M., 33-48.

Evans-Pritchard, Edward E. (1990): Vorwort. In: Marcel Mauss: Die Gabe. Form und Funktion des Austauschs in archaischen Gesellschaften. Frankfurt a. M.

Falter, Reinhard & Jürgen Hasse (2001): Landschaftsgeografie und Naturhermeneutik. In: Erdkunde 55, 121-137.

Feyerabend, Paul (1983): Wider den Methodenzwang. Frankfurt a. M.

Filippov, Alexander (1999): Der Raum der Systeme und die großen Reiche. In: Claudia Honegger, Stefan Hardill & Franz Traxler (Hg.): Grenzenlose Gesellschaft? Verhandlungen des 29. Kongresses der Deutschen Gesellschaft für Soziologie, des 16. Kongresses der Österreichischen Gesellschaft für Soziologie, des 11. Kongresses der Schweizerischen Gesellschaft für Soziologie in Freiburg i. Br. 1998, Teil 1, Opladen, 344-358.

Flick, Uwe; Ernst von Kardoff & Ines Steinke (2000): Was ist qualitative Forschung? Einleitung und Überblick. In: Uwe Flick, Ernst von Kardoff & Ines Steinke (Hg.): Qualitative Forschung. Ein Handbuch. Reinbek bei Hamburg, 13-29.

Flick, Uwe (2002): Qualitative Sozialforschung. Eine Einführung. 6. Aufl., Reinbek bei Hamburg.

Flitner, Michael (1998): Konstruierte Naturen und ihre Erforschung. In: Geographica Helvetica, Nr. 3, 89-95.

Flitner, Michael (1999): Im Bilderwald. Politische Ökologie und die Ordnungen des Blicks. In: Zeitschrift für Wirtschaftsgeographie 43, Heft 3-4, 169-183.

Foerster, Heinz von (1987): Erkenntnistheorien und Selbstorganisation. In: Siegfried J. Schmidt (Hg.): Der Diskurs des Radikalen Konstruktivismus. Frankfurt a. M., 133-158.

Foerster, Heinz von (1992): Entdecken oder Erfinden. Wie lässt sich Verstehen verstehen? In: Einführung in den Konstruktivismus, München, 41-88.

Foucault, Michel (1977): Überwachen und Strafen. Die Geburt des Gefängnisses. Frankfurt a. M.

Foucault, Michel (1981): Archäologie des Wissens. Frankfurt a. M.

Foucault, Michel (1999): Andere Räume. In: Michel Foucault: Botschaften der Macht. Reader Diskurs und Medien. Herausgegeben von Jan Engelmann, Stuttgart, 145-157.

Friedrichs, Jürgen & Jörg Blasius (2000): Leben in benachteiligten Wohngebieten. Opladen.

Fuchs, Peter (2000): Vom Unbeobachtbaren. In: Oliver Jahrhaus & Nina Ort (Hg.): Beobachtungen des Unbeobachtbaren. Konzepte radikaler Theoriebildung in den Geisteswissenschaften. Unter Mitwirkung von Benjamin Marius Schmidt, Weilerswirst, 39-71.

Fuchs, Peter (2001a): Die Metapher des Systems. Studien zu der allgemein leitenden Frage, wie sich der Tänzer vom Tanz unterscheiden lasse. Weilerswirst.

Fuchs, Peter (2001b): Theorie als Lehrgedicht. In: K. Ludwig Pfeiffer, Ralph Kray & Klaus Städtke (Hg.): Theorie als kulturelles Ereignis. Berlin, 62-74.

Fuchs, Peter (2003a): Das psychische System und die Funktion des Bewusstseins. In: Oliver Jahrhaus & Nina Ort (Hg.): Theorie – Prozess – Selbstreferenz. Systemtheorie und transdisziplinäre Theoriebildung. Konstanz, 25-46.

Fuchs, Peter (2003b): Die Theorie der Systemtheorie – erkenntnistheoretisch. In: Jens Jetzkowitz & Carsten Stark (Hg.): Soziologischer Funktionalismus. Zur Methodologie einer Theorietradition. Opladen, 205-218.

Garfinkel, Harold (1967): Studies in Ethnomethodology. New Jersey.

Garfinkel, Harold & Harvey Sacks (1986): On Formal Structures of Practical Action. In: Harold Garfinkel (ed.): Ethnomethodological Studies of Work. London, 160-193.

Gebhardt, Hans; Paul Reuber & Günter Wolkersdorfer (2003): Kulturgeographie – Leitlinien und Perspektiven. In: Hans Gebhardt, Paul Reuber & Günter Wolkersdorfer (Hg.): Kulturgeographie. Aktuelle Ansätze und Entwicklungen. Heidelberg, 1-27.

Geertz, Clifford (1983): ›Deep Play‹: Bemerkungen zum balinesischen Hahnenkampf. In: Clifford Geertz: Dichte Beschreibung. Beiträge zum Verstehen kultureller Systeme. Frankfurt a. M., 202-260.

Gelinsky, Eva (2001): Ästhetik in der traditionellen Landschaftsgeographie und in der postmodernen Geographie – die Renaissance eines klassischen Paradigmas? In: Erdkunde 55, 138-150.

Giddens, Anthony (1979): Central Problems in Social Theory. Action, Structure and Contradiction in Social Analysis. London.

Giddens, Anthony (1984): Interpretative Soziologie. Eine kritische Einführung. Frankfurt a. M.

Giddens, Anthony (1991): Modernity and Self-Identity. Cambridge.

Giddens, Anthony (1992a): Die Konstitution der Gesellschaft. Grundzüge einer Theorie der Strukturierung. Studienausgabe, Frankfurt a. M.

Giddens, Anthony (1992b): Kritische Theorie der Spätmoderne. Wien.

Giddens, Anthony (1995): Konsequenzen der Moderne. Frankfurt a. M.

Glasersfeld, Ernst von (1992): Konstruktion der Wirklichkeit und des Begriffs der Objektivität. In: Einführung in den Konstruktivismus, München, 9-39.

Glasersfeld, Ernst von (1996): Radikaler Konstruktivismus. Ideen, Ergebnisse, Probleme. Frankfurt a. M.

Glasersfeld, Ernst von (1997): Wege des Wissens. Konstruktivistische Erkundungen durch unser Denken. Heidelberg.

Glückler, Johannes (1999): Neue Wege geographischen Denkens? Eine Kritik gegenwärtiger Raumkonzeptionen und ihrer Forschungsprogramme in der Geographie. Frankfurt a. M.

Goffman, Erving (1974): Das Individuum im öffentlichen Austausch. Mikrostudien zur öffentlichen Ordnung. Frankfurt a. M.

Göttlich, Udo (1999): Unterschiede durch Verschieben. Zur Theoriepolitik der Cultural Studies. In: Jan Engelmann (Hg.): Die kleinen Unterschiede. Der Cultural Studies Reader. Frankfurt a. M., 49-63.

Göttlich, Udo & Carsten Winter (1999): Wessen Cultural Studies? Zur Rezeption der Cultural Studies im deutschsprachigen Raum. In: Roger Bromley, Udo Göttlich & Carsten Winter (Hg.): Cultural Studies. Grundlagentexte zur Einführung. Lüneburg, 25-39.

Gregory, Derek (1994a): Geographical Imaginations. Cambridge.

Gregory, Derek (1994b): Social Theory and Human Geography. In: Derek Gregory, Ron Martin & Graham Smith (eds): Human Geography. Society, Space and Social Science. London, 78-109.

Gregory, Derek (1995): Between the book and the lamp: imaginative geographies of Egypt, 1849-50. In: Transactions of the Institute of British Geographers, New Series 20, 29-57.

Gregory, Derek (1998): Power, knowledge and geography. In: Derek Gregory: Explorations in critical human geography. Hettner-Lecture 1997, Heidelberg, 9-40.

Gregory, Derek (1999): Scripting Egypt. Orientalism and the cultures of travel. In: James Duncan & Derek Gregory (eds.): Wirtes of Passage. Reading travel writing. London, 114-150.

Gregory, Derek (2000): Cultures of travel and spatial formations of knowledge. In: Erdkunde 54, 297-319.

Gregory, Derek & John Urry (1985): Introduction. In: Derek Gregory & John Urry (eds.): Social Relations and Spatial Structures. London, 1-8.

Gregory, Derek & David Ley (1988): Editorial: Cultures Geographies. In: Environment and Planning D: Society and Space 6, no. 2, 115-116.

Gregson, Nicky (1993): ›The initiative‹: delimiting or deconstructing social geography? In: Progress in Human Geography 17, no. 4, 525-530.

Gren, Martin & Wolfgang Zierhofer (2003): The unity of difference: a critical appraisal of Niklas Luhmann's theory of social systems in the context of corporality and spatiality. In: Environment and Planning A 35, 615-630.

Grossberg, Lawrence (1999): Der Crossroad Blues der Cultural Studies. In: Andreas Hepp & Rainer Winter (Hg.): Kultur – Medien – Macht. Cultural Studies und Medienanalyse. 2. überarb. und erw. Aufl., Opladen, 15-31.

Habermas, Jürgen (1971): Theorie der Gesellschaft oder Sozialtechnologie? Eine Auseinandersetzung mit Niklas Luhmann. In: Jürgen Habermas & Niklas Luhmann: Theorie der Gesellschaft oder Sozialtechnologie. Frankfurt a. M., 142-290

Habermas, Jürgen (1973): Erkenntnis und Interesse. Frankfurt a. M.

Habermas, Jürgen (1985): Der normative Gehalt der Moderne: Exkurs zu Luhmanns systemtheoretischer Aneignung der subjektphilosophischen Erbmasse. In: Jürgen Habermas: Der philosophische Diskurs der Moderne. Zwölf Vorlesungen. Frankfurt a. M., 426-445.

Hall, Stuart (1999): Cultural Studies. Zwei Paradigmen. In: Roger Bromley, Udo Göttlich & Carsten Winter (Hg.): Cultural Studies. Grundlagentexte zur Einführung. Lüneburg, 113-138.

Hammerich, Kurt & Michael Klein (Hg.) (1978): Materialien zur Soziologie des Alltags. Kölner Zeitschrift für Soziologie und Sozialpsychologie, Sonderheft 20, Opladen.

Hard, Gerhard (1970a): »Was ist eine Landschaft?« Über Etymologie als Denkform in der geographischen Literatur. In: Dietrich Bartels (Hg.): Wirtschafts- und Sozialgeographie, Köln/Berlin, 66-84.

Hard, Gerhard (1970b): Die ›Landschaft‹ der Sprache und die ›Landschaft‹ der Geographen. Colloquium Geographicum 11, Bonn.

Hard, Gerhard (1982): Landschaft als wissenschaftlicher Begriff und als gestaltete Umwelt des Menschen. In: Biologie für den Menschen. Aufsätze und Reden der Senckenbergischen Naturforschenden Gesellschaft 31, Frankfurt a. M. 113-146.

Hard, Gerhard (1983): Zu Begriff und Geschichte der ›Natur‹ in der Geographie des 19. und 20. Jahrhunderts. In: Götz Großklaus & Ernst Oldemeyer (Hg.): Natur als Gegenwelt. Beiträge zur Kulturgeschichte der Natur. Karlsruhe, 141-167.

Hard, Gerhard (1985a): Alltagswissenschaftliche Ansätze in der Geographie. Zeitschrift für Wirtschaftsgeographie 29, Heft 3/4, 190-200.

Hard, Gerhard (1985b): Die Alltagsperspektive in der Geographie. In: Wolfgang Isenberg: Analyse und Interpretation der Alltagswelt. Osnabrücker Studien zur Geographie, Band 7, Osnabrück, 15-77.

Hard, Gerhard (1986): Der Raum – einmal systemtheoretisch gesehen. In: Geographica Helvetica 41, Nr. 2, 77-83.

Hard, Gerhard (1995a): Spuren und Spurenleser. Zur Theorie und Ästhetik des Spurenlesens in der Vegetation und anderswo. Osnabrücker Studien zur Geographie, Band 16, Osnabrück.

Hard, Gerhard (1995b): Szientifische und ästhetische Erfahrung in der Geographie. Die verborgene Ästhetik einer Wissenschaft. In: Samuel Wälty & Benno Werlen (Hg.): Kulturen und Raum. Theoretische Ansätze und empirische Kulturforschung in Indonesien. Chur/Zürich, 45-64.

Hard, Gerhard (1995c): Ästhetische Dimensionen in der wissenschaftlichen Erfahrung. In: Peter Jüngst & Oskar Meder (Hg.): Aggressivität und Verführung, Monumentalität und Territorium. Zähmung des Unbewussten durch planerisches Handeln und ästhetische Formen? Urbs et Regio 62, Kassel, 323-367.

Hard, Gerhard (1998): Eine Sozialgeographie alltäglicher Regionalisierungen. In: Erdkunde 52, 250-253.

Hard, Gerhard (1999): Raumfragen. In: Peter Meusburger (Hg.): Handlungszentrierte Sozialgeographie. Benno Werlens Entwurf in kritischer Diskussion. Stuttgart, 133-162.

Hard, Gerhard (2002): Landschaft und Raum. Aufsätze zur Theorie der Geographie, Band 1. Osnabrück.

Hard, Gerhard (2004): Dimensionen geographischen Denkens. Aufsätze zur Theorie der Geographie, Band 2, Osnabrück.

Hartke, Wolfgang (1959): Gedanken über die Bestimmung von Räumen gleichen sozialgeographischen Verhaltens. In: Erdkunde 13, 426-436.

Hartke, Wolfgang (1962): Die Bedeutung der geographischen Wissenschaft in der Gegenwart. In: Tagungsberichte und Abhandlungen des 33. Deutschen Geographentages in Köln. Wiesbaden, 113-131.

Harvey, David (1973): Social Justice and the City. Oxford.

Harvey, David (1989): The Condition of Postmodernity. Oxford.

Harvey, David (1990): Postmodern morality plays. In: Antipode 24, 300-326.

Harvey, David (1996): Justice, Nature and the Geography of Difference. Oxford.

Hasse, Jürgen (1999): Das Vergessen der Gefühle in der Anthropogeographie. In: Geographische Zeitschrift 87, Heft 2, 63-83.

Hausmann, Ricardo (2001): Raus aus der Falle des Raums. In: Die Zeit, Nr. 18, 26. April 2001, 13.

Helbrecht, Ilse & Jürgen Pohl (1995): Pluralisierung der Lebensstile: Neue Herausforderungen für die sozialgeographische Stadtforschung. In: Geographische Zeitschrift 83, Heft 3/4, 222-237.

Heller, Agnes (1981): Das Alltagsleben. Versuch einer Erklärung der individuellen Reproduktion. Frankfurt a. M.

Herder, Johann Gottfried (1995): Ideen zur Philosophie der Geschichte der Menschheit. Bodenheim. [1784-1791]

Hettner, Alfred (1927): Die Geographie. Ihre Geschichte, ihr Wesen und ihre Methoden. Breslau.

Hitzler, Ronald (2000): Sinnrekonstruktion. Zum Stand der Diskussion (in) der deutschsprachigen interpretativen Soziologie. In: Schweizerische Zeitschrift für Soziologie 26, Nr. 3, 459-484.

Husserl, Edmund (1985): Die phänomenologische Methode. Ausgewählte Texte I. Stuttgart.

Isenberg, Wolfgang (Hg.) (1985): Analyse und Interpretation der Alltagswelt. Lebensweltforschung und ihre Bedeutung für die Geographie. Osnabrücker Studien zur Geographie, Band 7, Osnabrück.

Jackson, Peter (1989): Maps of Meaning. London.

Joas, Hans (1988): Symbolischer Interaktionismus. Von der Philosophie des Pragmatismus zu einer soziologischen Forschungstradition. In: Kölner Zeitschrift für Soziologie und Sozialpsychologie 40, 417-446.

John Austin (1972): Zur Theorie der Sprechakte. (How to do things with Words). Stuttgart.

Johnson, Richard (1999): Was sind eigentlich Cultural Studies? In: Roger Bromley, Udo Göttlich & Carsten Winter (Hg.): Cultural Studies. Grundlagentexte zur Einführung. Lüneburg, 139-188.

Kant, Immanuel (1968): Physische Geographie. Herausgegeben von Friedrich Theodor Rink. In: Kants Werke. Akademie Textausgabe, Band IX, Logik Physische Geographie, Pädagogik. Berlin, 151-436. [1802]

Kant, Immanuel (1974a): Kritik der Urteilskraft. Werkausgabe Band X. Herausgegeben von Wilhelm Weischedel. Frankfurt a. M. [1790]

Kant, Immanuel (1974b): Kritik der reinen Vernunft 1. Werkausgabe Band III. Herausgegeben von Wilhelm Weischedel. Frankfurt a. M. [1781]

Kleinspehn, Thomas (1975): Der verdrängte Alltag. Henri Lefebvres marxistische Kritik des Alltagslebens. Gießen.

Klüter, Helmut (1986): Raum als Element sozialer Kommunikation. Giessener Geographische Schriften, Heft 60, Giessen.

Klüter, Helmut (1987): Räumliche Orientierung als sozialgeographischer Grundbegriff. In: Geographische Zeitschrift 75, Nr. 2, 86-98.

Klüter, Helmut (1994): Raum als Objekt menschlicher Wahrnehmung und Raum als Element sozialer Kommunikation. In: Mitteilungen der Österreichischen Geographischen Gesellschaft 136, Wien 143-178.

Klüter, Helmut (1999): Raum und Organisation. In: Peter Meusburger (Hg.): Handlungszentrierte Sozialgeographie. Benno Werlens Entwurf in kritischer Diskussion. Stuttgart, 187-212.

Klüter, Helmut (2003): Raum und Kompatibilität. In: Geographische Zeitschrift 90, Heft 3/4, 142-156.

Klüver, Jürgen (1988): Die Konstruktion der sozialen Realität Wissenschaft: System und Alltag. Braunschweig.

Kneer, Georg (1996): Rationalisierung, Disziplinierung und Differenzierung. Zum Zusammenhang von Sozialtheorie und Zeitdiagnose bei Jürgen Habermas, Michel Foucault und Niklas Luhmann. Opladen.

Kneer, Georg & Armin Nassehi (1993): Niklaus Luhmanns Theorie sozialer Systeme. Eine Einführung. München.

Knorr-Cetina, Karin (1984): Die Fabrikation der Erkenntnis. Frankfurt a. M.

Knorr-Cetina, Karin (1988): Das naturwissenschaftliche Labor als Ort der ›Verdichtung‹ von Gesellschaft. In: Zeitschrift für Soziologie 17, Heft 2, 85-101.

Knorr-Cetina, Karin (1989): Spielarten des Konstruktivismus. Einige Notizen und Anmerkungen. In: Soziale Welt 40, 86-96.

Konau, Elisabeth (1977): Raum und soziales Handeln. Studien zu einer vernachlässigten Dimension soziologischer Theoriebildung. Göttinger Abhandlungen zur Soziologie 25, Stuttgart.

Kosik, Karel (1986): Dialektik des Konkreten. Eine Studie zur Problematik der Menschen und der Welt. Frankfurt a. M.

Kuhm, Klaus (2000): Raum als Medium gesellschaftlicher Kommunikation. In: Soziale Systeme 6, 321-348.

Kuhm, Klaus (2003a): Was die Gesellschaft aus dem macht, was das Gehirn dem Bewusstsein und das Bewusstsein der Gesellschaft zum Raum ›sagt‹. In: Thomas Krämer-Badoni & Klaus Kuhm (Hg.): Die Gesellschaft und ihr Raum. Raum als Gegenstand der Soziologie. Opladen, 13-32.

Kuhm, Klaus (2003b): Die Region – parasitäre Struktur der Weltgesellschaft. In: Thomas Krämer-Badoni & Klaus Kuhm (Hg.): Die Gesellschaft und ihr Raum. Raum als Gegenstand der Soziologie. Opladen, 175-196.

Kuhn, Thomas S. (1967): Die Struktur wissenschaftlicher Revolutionen. Frankfurt a. M.

Lacoste, Yves (1975): Die Geographie. In: François Châtelet (Hg.): Geschichte der Philosophie. Band VII. Die Philosophie der Sozialwissenschaften (1860 bis heute). Frankfurt a. M., 231-287

Lecourt, Dominique (1975): Kritik der Wissenschaftstheorie. Marxismus und Epistemologie (Bachelard, Canguilhem, Foucault). Berlin.

Lefebvre, Henri (1966): Der dialektische Materialismus. Frankfurt a. M.

Lefebvre, Henri (1972): Das Alltagsleben in der modernen Welt. Frankfurt a. M.

Lefebvre, Henri (1974): La production de l'espace. Paris.

Lefebvre, Henri (1975): Metaphilosophie. Prolegomena. Frankfurt a. M.

Lefebvre, Henri (1977a): Kritik des Alltagslebens. Band 1, Kronberg.

Lefebvre, Henri (1977b): Kritik des Alltagslebens. Band 2, Kronberg.

Lefebvre, Henri (1977c): Kritik des Alltagslebens. Band 3, Kronberg.

Lefebvre, Henri (1991): The Production of Space. Oxford.

Leithäuser, Thomas (1976): Formen des Alltagsbewusstseins. Frankfurt a. M.

Leithäuser, Thomas; Birgit Volmerg, Gunter Salje, Ute Volmerg & Bernhard Wutka (1977): Entwurf zu einer Empirie des Alltagsbewusstseins. Frankfurt a. M.

Lepenies, Wolf (1987): Vergangenheit und Zukunft der Wissenschaftsgeschichte – Das Werk Gaston Bachelards. In: Gaston Bachelard: Die Bildung des wissenschaftlichen Geistes. Beitrag zu einer Psychoanalyse der objektiven Erkenntnis. Frankfurt a. M., 7-35.

Lévi-Strauss, Claude (1977): Strukturale Anthropologie I. Frankfurt a. M.

Lévi-Strauss, Claude (1989): Einleitung in das Werk von Marcel Mauss. In: Marcel Mauss, Soziologie und Anthropologie 1. Theorie der Magie, Soziale Morphologie. Mit einer Einführung von Claude Lévi-Strauss. Frankfurt a. M., 7-41.

Lossau, Julia (2000): Für eine Verunsicherung des geographischen Blicks: Bemerkungen aus dem Zwischen-Raum. In: Geographica Helvetica 55, Heft 1, 23-30.

Lossau, Julia (2002a): Die Politik der Verortung. Eine postkoloniale Reise zu einer ANDEREN Geographie der Welt. Bielefeld.

Lossau, Julia (2002b): Politische Geographie und Geopolitik. Bemerkungen zu einem (un-)bestimmten Verhältnis. In: Erdkunde 56, 73-81.

Lossau, Julia & Roland Lippuner (2004): Geographie und *spatial turn*. In: Erdkunde 58, Heft 3, 201-211.

Löw, Martina (2001): Raumsoziologie. Frankfurt a. M.

Luhmann, Niklas (1962): Funktion und Kausalität. In: Kölner Zeitschrift für Soziologie und Sozialpsychologie 14, 617-644.

Luhmann, Niklas (1964): Funktionale Methode und Systemtheorie. In: Soziale Welt 15, 1-25.

Luhmann, Niklas (1967): Soziologie als Theorie sozialer Systeme. In: Kölner Zeitschrift für Soziologie und Sozialpsychologie 19, 615-644.

Luhmann, Niklas (1971a): Sinn als Grundbegriff der Soziologie. In: Jürgen Habermas & Niklas Luhmann, Theorie der Gesellschaft oder Sozialtechnologie. Frankfurt a. M., 25-100.

Luhmann, Niklas (1971b): Systemtheoretische Argumentationen. Eine Entgegnung auf Jürgen Habermas. In: Jürgen Habermas & Niklas Luhmann: Theorie der Gesellschaft oder Sozialtechnologie. Frankfurt a. M., 291-405.

Luhmann, Niklas (1975): Soziologische Aufklärung 2. Aufsätze zur Theorie der Gesellschaft. Opladen.

Luhmann, Niklas (1980): Gesellschaftsstruktur und Semantik. Studien zur Wissenssoziologie der Moderne. Band 1, Frankfurt a. M.

Luhmann, Niklas (1981): Soziologische Aufklärung 3. Soziales System, Gesellschaft, Organisation. Opladen.

Luhmann, Niklas (1984): Soziale Systeme. Grundriss einer allgemeinen Theorie. Frankfurt a. M.

Luhmann, Niklas (1986a): Die Lebenswelt – nach Rücksprache mit Phänomenologen. In: Archiv für Rechts- und Sozialphilosophie 72, 176-194.

Luhmann, Niklas (1986b): Ökologische Kommunikation: Kann die moderne Gesellschaft sich auf ökologische Gefährdungen einstellen? Opladen.

Luhmann, Niklas (1988): Wie ist Bewusstsein an Kommunikation beteiligt? In: Hans-Ulrich Gumbrecht & K. Ludwig Pfeiffer (Hg.): Materialität der Kommunikation. Frankfurt a. M., 884-905.

Luhmann, Niklas (1990a): Die Wissenschaft der Gesellschaft. Frankfurt a. M.

Luhmann, Niklas (1990b): Weltkunst. In: Niklas Luhmann, Frederick D. Bunsen & Dirk Baecker: Unbeobachtbare Welt. Über Kunst und Architektur. Bielefeld, 7-45.

Luhmann, Niklas (1991): Am Ende der kritischen Soziologie. In: Zeitschrift für Soziologie 20, 147-152.

Luhmann, Niklas (1992a): Beobachtungen der Moderne. Opladen.

Luhmann, Niklas (1992b): Operationale Geschlossenheit psychischer und sozialer Systeme. In: Hans Rudi Fischer, Arnold Retzer & Jochen Schweizer (Hg.): Das Ende der großen Entwürfe. Frankfurt a. M., 117-131.

Luhmann, Niklas (1993): ›Was ist der Fall?‹ und ›Was steckt dahinter?‹. In: Zeitschrift für Soziologie 22, Heft 4, 245-260.

Luhmann, Niklas (1996): Die Realität der Massenmedien. Opladen.

Luhmann, Niklas (1997): Die Kunst der Gesellschaft. Frankfurt a. M.

Luhmann, Niklas (1998): Die Gesellschaft der Gesellschaft. 2 Bände, Frankfurt a. M.

Luhmann, Niklas (1999): Die Unwahrscheinlichkeit der Kommunikation. In: Claus Pias, Joseph Vogl, Lorenz Engell, Oliver Fahle & Britta Neitzel (Hg.): Kursbuch Medienkultur. Die maßgeblichen Theorien von Brecht bis Baudrillard. Stuttgart, 55-66.

Luhmann, Niklas (2001): Erkenntnis als Konstruktion. In: Niklas Luhmann: Aufsätze und Reden. Hersausgegeben von Oliver Jahraus, Stuttgart, 218-242.

Marx, Karl & Friedrich Engels (MEW 40): Karl Marx/Friedrich Engels Werke, Band 40, Schriften und Briefe. Dietz Verlag Berlin 1985. [1844]

Massey, Doreen (1985): New Directions in Space. In: Derek Gregory & John Urry (eds.): Social Relations and Spatial Structures. London, 9-19.

Massey, Doreen (1995): Imagining the World. In: John Allen & Doreen Massey (eds.): Geographical Worlds. The Shape of the World, Explorations in Human Geography 1, New York, 5-52.

Massey, Doreen; John Allen & Philip Sarre (eds.) (1999): Human Geography Today. Cambridge.

Maton, Karl (2003): Reflexivity, Relationism & Research. Pierre Bourdieu and the Epistemic Conditions of Social Science Knowledge. In: Space & Culture 6, No. 1, 52-65.

Matthes, Joachim (Hg.) (1973): Alltagswissen, Interaktion und gesellschaftliche Wirklichkeit. Zwei Bände, Reinbek bei Hamburg.

Maturana, Humberto R. (1987): Kognition. In: Siegfried J. Schmidt (Hg.): Der Diskurs des Radikalen Konstruktivismus. Frankfurt a. M., 89-118.

Maturana, Humberto R. & Francisco J. Varela (1982): Autopoietische Systeme. Eine Bestimmung der lebendigen Organismen. In: Humberto R. Maturana: Erkennen. Die Organisation und Verkörperung von Wirklichkeit. Ausgewählte Arbeiten zur biologischen Epistemologie. Braunschweig, 170-235.

Maturana, Humberto R. & Francisco J. Varela (1987): Der Baum der Erkenntnis. Die biologischen Wurzeln menschlichen Erkennens. Bern/München.

Mauss, Marcel (1990): Die Gabe. Form und Funktion des Austauschs in archaischen Gesellschaften. Frankfurt a. M. [1950]

Mayring, Phillip (2002): Einführung in die qualitative Sozialforschung. Eine Anleitung zu qualitativem Denken. 5. Aufl., Weinheim/Basel.

McDowell, Linda (1994): The Transformation of Cultural Geography. In: Derek Gregory, Ron Martin & Graham Smith (eds.): Human Geography. Society, Space and Social Science. London 1994, 146-173.

Mein, Georg & Markus Rieger-Ladich (2004): Soziale Räume und kulturelle Praktiken. Eine Einleitung. In: Georg Mein & Markus Rieger-Ladich (Hg.): Soziale Räume und kulturelle Praktiken. Über den strategischen Gebrauch von Medien. Bielefeld, 7-13.

Meusburger, Peter (1999): Einleitung – Entstehung und Zielsetzung dieses Buches. In: Peter Meusburger (Hg.): Handlungszentrierte Sozialgeographie. Benno Werlens Entwurf in kritischer Diskussion. Stuttgart, VII-IX.

Michel, Karl Markus & Harald Wieser (Hg.) (1975): Kursbuch 41: Alltag. Berlin

Miggelbrink, Judith (2002a): Konstruktivismus? „Use with caution" ... Zum Raum als Medium der Konstruktion gesellschaftlicher Wirklichkeit. In: Erdkunde 56, Heft 4, 337-350.

Miggelbrink, Judith (2002b): Der gezähmte Blick. Zum Wandel des Diskurses über „Raum" und „Region" in humangeographischen Forschungsansätzen des ausgehenden 20. Jahrhunderts. Beiträge zur Regionalen Geographie, Institut für Länderkunde Leipzig 55, Leipzig.

Mikesell, Marvin (1978): Tradition and Innovation in Cultural Geography. In: Annals of the Association of American Geographers 68, no. 1, 1-16.

Mitchell, Don (1995): There's no such thing as culture: towards a reconceptualization of the idea of culture in geography. in: Transactions of the Institute of British Geographers, New Series 20, 102-116.

Mitchell, Don (2000): The End of Culture? – Culturalism and Cultural Geography in the Anglo-American ›University of Excellence‹. In: Geographische Revue 2, 3-17.

Müller, Hans-Peter (1994): Kultur und soziale Ungleichheit. Von der klassischen zur neueren Kultursoziologie. In: Ingo Mörth & Gerhard Fröhlich (Hg.): Das symbolische Kapital der Lebensstile. Zur Kultursoziologie der Moderne nach Pierre Bourdieu. Frankfurt a. M., 55-74.

Müller-Schöll, Ulrich (1999): Das System und der Rest. Kritische Theorie in der Perspektive Henri Lefebvres. Mössingen-Talheim.

Nagel, Thomas (1992): Der Blick von Nirgendwo. Frankfurt a. M.

Nash, Catherine (2000): Performativity in practice: some recent work in cultural geography. In: Progress in Human Geography 24/4, 653-664.

Nassehi, Armin (1995): Der Fremde als Vertrauter. Soziologische Beobachtungen zur Konstruktion von Identitäten und Differenzen. In: Kölner Zeitschrift für Soziologie und Sozialpsychologie 47, 1995, 443-463.

Nassehi, Armin (1999a): Globalisierung. Probleme eines Begriffs. In: Geographische Revue 1, 21-32.

Nassehi, Armin (1999b): Die Paradoxie der Sichtbarkeit. Für eine epistemologische Verunsicherung der (Kultur-)Soziologie. In: Soziale Welt 50, 349-362.

Noller, Peter (1994): Stadtlandschaften. Büroparks, Konsumgalerien und Museen. In: Peter Noller; Walter Prigge & Klaus Ronneberger (Hg.): Stadt-Welt. Über die Globalisierung städtischer Milieus. Die Zukunft des Städtischen, Frankfurter Beiträge Band 6, Frankfurt a. M.

Noller, Peter (1999): Globalisierung, Stadträume und Lebensstile. Kulturelle und lokale Repräsentationen des globalen Raums. Opladen.

Ort, Nina (2003): Volition – zu einem nicht-empirischen operativen Zeichenbegriff. In: Oliver Jahrhaus & Nina Ort (Hg.): Theorie – Prozess – Selbstreferenz. Systemtheorie und transdisziplinäre Theoriebildung. Konstanz.

Painter, Joe (2000): Pierre Bourdieu. In: Mike Crang & Nigel Thrift (eds.): Thinking Space. London, 239-259.

Parsons, Talcott (1951): Toward a General Theory of Action. Cambridge Mass.

Parsons, Talcott (1964): The Social System. New York.

Pascal, Blaise (1997): Gedanken über die Religion und einige andere Themen. Stuttgart. [um 1660]

Philo, Chris (1991a): Introduction, Acknowledgements and Brief Thoughts on Older Words and Older Worlds. In: Chris Philo (comp.): New Words, New Worlds: Reconceptualising Social and Cultural Geography. Lampeter, 1-13.

Philo, Chris (1991b): De-Limiting Human Geography: New Social and Cultural Perspectives. In: Chris Philo (comp.): New Words, New Worlds: Reconceptualising Social and Cultural Geography. Lampeter, 14-27.

Philo, Chris (2000): More words, more worlds. Reflections on the ›cultural turn‹ and human geography. In: Ian Cook, David Crouch, Simon Nayler & James R. Ryan (eds.): Cultural Turns/Geographical Turns: Perspectives on Cultural Geography. Harlow, 26-53.

Pile, Steve (1997): Introduction. Opposition, Political Identities and Spaces of Resistance. In: Steve Pile & Michael Keith (eds.): Geographies of Resistance. London, 1-32.

Pile, Steve & Nigel Thrift (1995): Mapping the Subject. In: Steve Pile & Nigel Thrift (eds.): Mapping the Subject. Geographies of Cultural Transformation. London,13-51.

Plewe, Ernst (1967): Regionale Geographie. In: Werner Storkebaum (Hg.): Zum Gegenstand und zur Methode der Geographie. Darmstadt, 82-110.

Popper, Karl R. (1973): Objektive Erkenntnis. Ein evolutionärer Entwurf. Hamburg.

Reckwitz, Andreas (1999a): Praxis – Autopoiesis – Text. Drei Versionen des Cultural Turn in der Sozialtheorie. In: Andreas Reckwitz & Holger Siewert (Hg.): Interpretation, Konstruktion, Kultur. Ein Paradigmenwechsel in den Sozialwissenschaften. Opladen, 19-49.

Reckwitz, Andreas (2000): Die Transformation der Kulturtheorie. Zur Entwicklung eines Theorieprogramms. Weilerswirst.

Reese-Schäfer, Walter (1992): Luhmann zur Einführung. Hamburg.

Reuber, Paul & Günter Wolkersdorfer (Hg.) (2001): Politische Geographie. Handlungsorientierte Ansätze und Critical Geopolitics. Heidelberger Geographische Arbeiten, Bd. 112, Heidelberg.

Ritzer, George (1993): The McDonaldization of Society. An Investiagtion Into the Changing Charakter of Contemporary Social Life. Thousand Oaks.

Ritzer, George (1999): The McDonaldization Thesis. Explorations and Extensions. London.

Robertson, Roland (1992): Globalization. London.

Robertson, Roland (1998): Glokalisierung. Homogenität und Heterogenität in Raum und Zeit. In: Ulrich Beck (Hg.): Perspektiven der Weltgesellschaft. Frankfurt a. M., 192-210.

Rorty, Richard (1981): Der Spiegel der Natur. Eine Kritik der Philosophie. Frankfurt a. M.

Rorty, Richard (1992): Kontingenz, Ironie und Solidarität. Frankfurt a. M.

Rorty, Richard (1993): Ist Naturwissenschaft eine natürliche Art? In: ders.: Eine Kultur ohne Zentrum. Stuttgart, 13-47.

Rorty, Richard (1994): Hoffnung statt Erkenntnis. Wien.

Ruppert, Karl & Franz Schaffer (1969): Zur Konzeption der Sozialgeographie. In: Geographische Rundschau 21, Heft 6, 205-214.

Said, Edward W. (1994): Kultur und Imperialismus. Einbildungskunst und Politik im Zeitalter der Macht. Frankfurt a. M.

Schlottmann, Antje (2002): Zur Verortung von Kultur in kommunikativer Praxis – Beispiel »Ostdeutschland«. Geographische Zeitschrift 91, Heft 1, 40-51.

Schlottmann, Antje (2003): Räumliche Sprache und gesellschaftliche Wirklichkeit. Zur Theorie signifikativer „Regionalisierungen" – Fallbeispiel „Ostdeutschland". Dissertation an der Friedrich-Schiller-Universität Jena.

Schmid, Christian (2003): Stadt, Raum und Gesellschaft. Henri Lefebvre und die Theorie der Produktion des Raumes. Dissertation an der Friedrich-Schiller-Universität Jena.

Schmidt, Holger (2004): Theorieimport in die Sozialgeographie. Eine Analyse und Interpretation von Texten und Interviews mit Helmut Klüter und Benno Werlen. OSG-Materialien Nr. 55, Osnabrück.

Schmithüsen, Josef (1964): Was ist eine Landschaft? Erdkundliches Wissen 9, Wiesbaden.

Schultheis, Franz (2002): Nachwort. In: Pierre Bourdieu: Ein soziologischer Selbstversuch. Frankfurt a. M., 133-151.

Schultheis, Franz (2004): Das Konzept des sozialen Raums. Eine zentrale Achse in Pierre Bourdieus Gesellschaftstheorie. In: Georg Mein & Markus Rieger-Ladich (Hg.): Soziale Räume und kulturelle Praktiken. Über den strategischen Gebrauch von Medien. Bielefeld, 15-26.

Schultz, Hans-Dietrich (1980): Die deutschsprachige Geographie von 1800 bis 1970. Ein Beitrag zur Geschichte ihrer Methodologie. Abhandlungen des Geographischen Instituts – Anthropogeographie, Band 29, Berlin.

Schütz, Alfred (1971): Gesammelte Aufsätze. Band 1: Das Problem der Sozialen Wirklichkeit. Den Haag.

Schütz, Alfred (1981): Theorie der Lebensformen. Frankfurt a. M.

Schütz, Alfred & Thomas Luckmann (1979): Strukturen der Lebenswelt. Band 1, Frankfurt a. M.

Sedlacek, Peter (1978): Einleitung. In: Peter Sedlacek (Hg.): Regionalisierungsverfahren. Darmstadt, 1-19.

Sedlacek, Peter (1979): Einleitung. In: Peter Sedlacek (Hg.): Zur Situation der deutschen Geographie zehn Jahre nach Kiel. Osnabrück.

Serres, Michel (1981): Der Parasit. Frankfurt a. M.

Shields, Rob (1999): Lefebvre, Love and Struggle. Spatial dialectics. London.

Sievert, Holger & Andreas Reckwitz (1999): »Aber irgendwann wechselt die Farbe...« In: Andreas Reckwitz & Holger Sievert (Hg.): Interpretation, Konstruktion, Kultur. Ein Paradigmenwechsel in den Sozialwissenschaften, Opladen, 6-16.

Simmel, Georg (1983): Soziologie des Raumes. In: Georg Simmel: Schriften zur Soziologie. Frankfurt a. M., 221-242.

Soeffner, Hans-Georg (1989): Auslegung des Alltags – Der Alltag der Auslegung. Frankfurt a. M.

Stäheli, Urs (2000a): Poststrukturalistische Soziologien. Bielefeld.

Stäheli, Urs (2000b): Sinnzusammenbrüche. Eine dekonstruktive Lektüre von Niklas Luhmanns Systemtheorie. Weilerswirst.

Stegmüller, Werner (1969): Probleme und Resultate der Wissenschaftstheorie und Analytischen Philosophie. Band 1, Berlin.

Stichweh, Rudolf (2000): Raum, Region und Stadt in der Systemtheorie. In: Rudolf Stichweh: Die Weltgesellschaft. Frankfurt a. M., 184-206.

Stichweh, Rudolf (2003): Raum und moderne Gesellschaft. Aspekte der sozialen Kontrolle des Raums. In: Thomas Krämer-Badoni & Klaus Kuhm (Hg.): Die Gesellschaft und ihr Raum. Raum als Gegenstand der Soziologie. Opladen, 93-102.

Storkebaum, Werner (Hg.) (1967): Zum Gegenstand und zur Methode der Geographie. Darmstadt.

Storkebaum, Werner (Hg.) (1969): Sozialgeographie. Darmstadt.

Thomale, Eckhard (1972): Sozialgeographie. Eine disziplingeschichtliche Untersuchung zur Entwicklung der Anthropogeographie. Marburger Geographische Schriften, Heft 53, Marburg.

Thrift, Nigel (1983): On the determination of social action in space and time. In: Environment and Planning D: Society and Space 1, 23-56.

Thrift, Nigel (1996): ›Strange Country‹: Meaning, Use and Style in Non-Representational Theories. In: Nigel Thrift: Spatial Formations. London, 1-50.

Thrift, Nigel (1997): The Still Point. Resistance, Expressive Embodiment and Dance. In: Steve Pile & Michael Keith (eds.): Geographies of Resistance. London, 124-151.

Thrift, Nigel (1999): Steps to an Ecology of Place. In: Doreen Massey, John Allen & Philip Sarre (eds.): Human Geography Today. Cambridge, 295-322.

Thrift, Nigel (2000): Introduction. Dead or alive? In: Ian Cook, David Crouch, Simon Nayler & James R. Ryan (eds.): Cultural Turns/Geographical Turns: Perspectives on Cultural Geography. Harlow, 1-6.

Troll, Carl (1947): Die geographische Wissenschaft in Deutschland in den Jahren 1933 bis 1945. Eine Kritik und Rechtfertigung. In: Erdkunde 1, Heft 1, 3-48.

Veblen, Thorstein (1960): Theorie der feinen Leute. Eine ökonomische Untersuchung der Institutionen. Köln. [1899]

Vielmetter, Georg (1998): Die Unbestimmtheit des Sozialen. Zur Philosophie der Sozialwissenschaften. Frankfurt a. M.

Vielmetter, Georg (1999): Postempirische Philosophie der Sozialwissenschaften. Eine Positionsbestimmung. In: Andreas Reckwitz & Holger Sievert (Hg.): Interpretation, Konstruktion, Kultur. Ein Paradigmenwechsel in den Sozialwissenschaften. Opladen 50-66.

Wacquant, Loïc J. D. (1996): Auf dem Weg zu einer Sozialpraxeologie. Struktur und Logik der Soziologie Pierre Bourdieus. In: Pierre Bourdieu & Loïc J. D. Wacquant: Reflexive Anthropologie. Frankfurt a. M., 17-93.

Waldenfels, Bernhard (1985): In den Netzen der Lebenswelt. Frankfurt a. M.

Waldenfels, Bernhard (2001a): Leibliches Wohnen im Raum. In: Gerhart Schröder & Helga Breuninger (Hg.): Kulturtheorien der Gegenwart. Ansätze und Positionen. Frankfurt a. M., 179-201.

Waldenfels, Bernhard (2001b): Gespräch mit Bernhard Waldenfels. »...jeder philosophische Satz ist eigentlich in Unordnung, in Bewegung.« In: Matthias Fischer, Hans-Dieter Gondek und Burkhard Liebsch (Hg.): Vernunft im Zeichen des Fremden. Zur Philosophie von Bernhard Waldenfels. Frankfurt a. M., 408-459.

Weichhart, Peter (1999): Die Räume zwischen den Welten und die Welt der Räume. In: Peter Meusburger (Hg.): Handlungszentrierte Sozialgeographie. Benno Werlens Entwurf in kritischer Diskussion. Stuttgart, 67-94.

Weber, Max (1973): Der Sinn der ›Wertfreiheit‹ der soziologischen und ökonomischen Wissenschaften. In: ders.: Gesammelte Aufsätze zur Wissenschaftslehre. Hrsg. von Johannes Winckelmann. 4. erneut durchgesehene Auflage, Tübingen, 489-540.

Werlen, Benno (1984): Grundkategorien funktionalen Denkens in Sozialwissenschaft und Sozialgeographie. In: Cahiers de l'institut de geographie de Fribourg, no. 2, 1-30.

Werlen, Benno (1988): Gesellschaft, Handlung und Raum. Grundlagen einer handlungstheoretischen Sozialgeographie. 2. Aufl., Stuttgart.

Werlen, Benno (1993a): Identität und Raum. Regionalismus und Nationalismus. In: Soziographie 7, 39-73.

Werlen, Benno (1993b): Gibt es eine Geographie ohne Raum? Zum Verhältnis von traditioneller Geographie und zeitgenössischen Gesellschaften. In: Erdkunde 47, Heft 4, 241-255.

Werlen, Benno (1995): Sozialgeographie alltäglicher Regionalisierungen Band 1. Zur Ontologie von Gesellschaft und Raum. Stuttgart.

Werlen, Benno (1997): Sozialgeographie alltäglicher Regionalisierungen Band 2. Globalisierung, Region und Regionalisierung. Stuttgart.

Werlen, Benno (1998): »Länderkunde« oder Geographien der Subjekte? Zehn Thesen zum Verhältnis von Regional- und Sozialgeographie. In: Heinz Karrasch: Geographie: Tradition und Fortschritt. HGG-Journal 12, Heidelberg, 106-125.

Werlen, Benno (1999): Handlungszentrierte Sozialgeographie. Replik auf die Kritiken. In: Peter Meusburger (Hg.): Handlungszentrierte Sozialgeographie. Benno Werlens Entwurf in kritischer Diskussion. Stuttgart, 247-268.

Werlen, Benno (2000): Sozialgeographie. Eine Einführung. Bern.

Werlen, Benno (2001): Stichwort: ›Alltag‹. In: Lexikon der Geographie, Band 1, Berlin, 39.

Werlen, Benno (2003): Cultural Turn in Humanwissenschaften und Geographie. In: Berichte zur deutschen Landeskunde 77, Heft 1, 35-52.

Werlen, Benno (2004): Geographieunterricht ohne Raum. Ein Blick auf die Geographien der Subjekte. In: Christian Vielhaber (Hg.): Fachdidaktik alternativ – innovativ. Acht Impulse um (Schul-)Geographie und ihre Fachdidaktik neu zu denken. Materialien zur Didaktik der Geographie und der Wirtschaftskunde, Band 17, Institut für Geographie und Regionalforschung der Universität Wien.

Williams, Raymond (1982): The Sociology of Culture. New York.

Winter, Rainer (1999): Spielräume des Vergnügens und der Interpretation. Cultural Studies und die kritische Analyse des Populären. In: Jan Engelmann (Hg.): Die kleinen Unterschiede. Der Cultural Studies-Reader. Frankfurt a. M., 35-48.

Winter, Rainer (1999): Spielräume des Vergnügens und der Interpretation. In: Jan Engelmann (Hg.): Die kleinen Unterschiede. Der Cultural Studies-Reader. Frankfurt a. M., 35-48.

Wirths, Johannes (2001): Georaphie als Sozialwissenschaft!? Über Theorie – Probleme in der jüngeren deutschsprachigen Humangeographie. Urbs et Regio 72, Kassel.

Wittgenstein, Ludwig (1984): Tractatus logico-philosophicus. Werkausgabe Band 1, Tractatus logico-philosophicus, Tagebücher 1914-1916, Philosophische Untersuchungen. Frankfurt a. M.

Wolkersdorfer, Günter (2001): Politische Geographie und Geopolitik zwischen Moderne und Postmoderne. Heidelberger Geographische Arbeiten, Band 11, Heidelberg.

Ziemann, Andreas (2003): Der Raum der Interaktion – eine systemtheoretische Beschreibung. In: Thomas Krämer-Badoni & Klaus Kuhm (Hg.): Die Gesellschaft und ihr Raum. Raum als Gegenstand der Soziologie. Opladen, 131-153.

Zierhofer, Wolfgang (1999): Geographie der Hybriden. In: Erdkunde 53, Heft 1, 1-13.

Zierhofer, Wolfgang (2002): Gesellschaft. Transformation eines Problems. Wahrnehmungsgeographische Studien, Band 20, Oldenburg.

Geographisches Taschenbuch 2005/2006

28. Ausgabe 2005.
Ca. 470 Seiten
Kart. € 38,– / sFr 60,80.
ISBN 3–515–08651–x

Subskriptionspreis bis
30. September 2005:
€ 33,– / sFr 52,80

Begründet von **Emil Meynen,** herausgegeben von **Andreas Dittmann** im Einvernehmen mit: Deutsche Gesellschaft für Geographie, Österreichisches IGU-Nationalkomitee, Verband Geographie Schweiz / Association Suisse de Géographie

Das Geographische Taschenbuch ist das Vademekum der geographischen Forschung und weit darüber hinaus eine Quelle der Unterrichtung für alle, die an der geographischen Forschung und der landeskundlichen Arbeit Interesse haben. Die Neuauflage in jedem zweiten Jahr bringt die Angaben stets auf den neuesten Stand. Die beteiligten Fachkollegen gewährleisten die Zuverlässigkeit des Inhalts. Der neue Band umfaßt neben den Anschriften der Geographen auch die der geographischen Institutionen.

PRESSESTIMMEN ZU VORIGEN AUFLAGEN

„Wer Kontakte mit geographischen Institutionen oder mit Fachkollegen sucht, oder wer sich über die im deutschsprachigen Raum bestehenden fachlich orientierten Einrichtungen informieren will, wird die neue Ausgabe des Geographischen Taschenbuches immer wieder gerne benützen."   *Die Höhle*

„Mit ihren leicht handhabbaren Registern ist das Geographische Taschenbuch ein Wegweiser durch die Geographie im deutschsprachigen Raum und deren Randgebieten."   *Praxis Geographie*

Franz Steiner Verlag

Geographie

Postfach 101061, 70009 Stuttgart
www.steiner-verlag.de
service@steiner-verlag.de